EXPÉDITIONS SCIENTIFIQUES

DU TRAVAILLEUR ET DU TALISMAN

POISSONS

CORBEIL. — IMPRIMERIE CRÉTÉ

EXPÉDITIONS SCIENTIFIQUES

DU

TRAVAILLEUR ET DU TALISMAN

PENDANT LES ANNÉES 1880, 1881, 1882, 1883

Ouvrage publié sous les auspices du Ministre de l'Instruction publique

SOUS LA DIRECTION DE

A. MILNE-EDWARDS

MEMBRE DE L'INSTITUT

PRÉSIDENT DE LA COMMISSION DES DRAGAGES SOUS-MARINS

PROFESSEUR-ADMINISTRATEUR DU MUSÉUM D'HISTOIRE NATURELLE

POISSONS

PAR

L. VAILLANT

Professeur-Administrateur du Muséum d'histoire naturelle.
Membre de la Commission des dragages sous-marins.

PARIS

G. MASSON, ÉDITEUR

120, Boulevard Saint-Germain, en face de l'École de Médecine

1888

AVIS DE L'ÉDITEUR

Les explorations faites en 1880, 1881 et 1882 à bord du *Travailleur* et celles accomplies en 1883 à bord du *Talisman* ont été l'objet de rapports préliminaires où se trouvent indiqués les principaux résultats obtenus. Les collections considérables recueillies dans le cours de ces expéditions ont été confiées à divers naturalistes qui se sont chargés d'en faire l'étude et d'en publier la description complète.

L'ouvrage formera au moins 4 volumes in-4°, accompagnés de nombreuses planches noires ou en couleur et de gravures dans le texte; il comprendra les divisions suivantes :

Introduction. par M. MILNE-EDWARDS, membre de l'Institut, président de la Commission des dragues sous-marines. Cette introduction sera accompagnée d'une carte en couleur des parties de l'océan Atlantique parcourues par le *Travailleur* et le *Talisman*, l'indication des points où ont été effectués les sondages et les dragages, et une note rédigée par le commandant PARFAIT sur les appareils employés dans ces recherches.

Poissons. par M. L. VAILLANT, professeur au Muséum.

Crustacés. par M. MILNE-EDWARDS.

Mollusques. — Bryozoaires. — Annélides.   Échinodermes.   Coralliaires. Éponges. — Protozoaires.

Afin que chacune de ces Monographies puisse paraître aussitôt son achèvement, elle portera une pagination spéciale, et l'ordre dans lequel elles devront être groupées dans les différents volumes sera indiqué sur des titres définitifs distribués au moment où l'ouvrage sera terminé et destinées à remplacer les titres provisoires.

EXPÉDITIONS

DU TRAVAILLEUR ET DU TALISMAN

POISSONS

CONSIDÉRATIONS GÉNÉRALES

SUR LA FAUNE ICHTYOLOGIQUE DES GRANDES PROFONDEURS

La faune des grandes profondeurs, pour ce qui concerne les Poissons, a pris aujourd'hui une importance qu'on était loin de soupçonner il y a encore peu de temps, car ces animaux Vertébrés, en raison de leur élévation organique relative, ne paraissaient guère, *à priori*, susceptibles de s'accommoder aux conditions biologiques anormales que nous supposons exister dans ces abîmes. Un fait, il est vrai, la pêche traditionnelle des squales à Sétubal, aurait pu éclairer sur ce point, mais il était resté ignoré du monde savant et, pour les ichtyologistes, les seules connaissances positives se bornaient aux indications vagues données par les pêcheurs sur certaines espèces exceptionnellement prises et recueillies d'ordinaire à la suite de grandes tourmentes, circonstances qui faisaient légitimement regarder ces animaux comme habitant des points inaccessibles aux moyens habituels de capture.

Le perfectionnement des moyens de pêche, la part active prise par les marines des grandes nations à ces recherches, ont aujourd'hui augmenté dans des proportions inattendues nos connaissances sur ce sujet, et l'abondance des récoltes a suivi de près les heureuses modifications apportées successivement aux engins destinés à prendre les êtres des grandes profondeurs; il suffit, pour s'en convaincre, de comparer les listes de ces animaux récoltés dans les premières expéditions du *Porcupine* et du *Lightning* avec celles données après les dragages du *Challenger*, du *Blake*, avec l'énumération qu'on trouvera plus loin, résumant le produit des récoltes du *Travailleur* et du *Talisman* pour ce groupe. C'est surtout en ce qui concerne les poissons que la substitution du chalut à la drague a produit des effets merveilleux. Il est aujourd'hui hors de doute que dans les régions profondes la faune ichtyologique ne se montre pas moins riche que celle des Classes inférieures et est absolument spéciale, les espèces, qui se trouvent passé une certaine limite, ne se rencontrant pas dans les niveaux supérieurs et réciproquement.

L'étude de cette partie de la faune abyssale présente toutefois, dans l'état actuel de la science, de grandes difficultés, car les moyens d'action dont nous pouvons disposer sont loin d'atteindre la perfection voulue pour nous renseigner avec toute la précision désirable sur plusieurs faits importants.

Il est essentiel de ne pas perdre de vue que beaucoup de ces animaux, grâce à la perfection de leur appareil locomoteur, de leurs organes sensoriels, doivent échapper aux instruments mis en usage et, de plus, que la manière dont agissent ceux-ci peut souvent nous laisser dans le doute sur le point exact où les êtres ont été pris.

La rapidité bien connue avec laquelle se meuvent la plupart des poissons doit leur permettre souvent de fuir la drague ou le chalut; nous pouvons même regarder le fait comme positif, en ayant égard aux espèces le plus souvent capturées. Ainsi dans les listes données plus loin, ce sont surtout les animaux les moins bien doués au point de vue des appareils locomoteurs, ceux dont les nageoires sont peu développées, particulièrement la caudale, organe principal d'impulsion, qu'on prend en plus grande quantité, les *Macruridæ*, si caractéristiques de la faune abyssale, peuvent être cités comme exemple. D'un autre côté, il n'est guère douteux que les

Squales du groupe des *Spinacidæ* ne soient nombreux dans les zones profondes, si on réfléchit, d'une part, à la grande quantité qui en est pêchée à Sétubal, d'autre part, à ce que, dans les différentes expéditions et en des lieux très éloignés les uns des autres, quelques rares exemplaires appartenant à ce même groupe ont cependant été recueillis. Cela vraisemblablement ne tient-il pas à l'engin employé? En réalisant ailleurs le mode de pêche usité sur les côtes de Portugal, on trouverait sans doute la même abondance de ces poissons carnassiers.

Le moment et par suite la profondeur exacte auxquels sont capturés ces animaux ne seraient pas moins importants à connaître avec précision; toutefois, sous ce rapport, en ce qui concerne les poissons surtout, nous sommes imparfaitement renseignés. L'engin étant traîné pendant plusieurs heures, la hauteur du fond varie souvent; cependant les sondages opérés au moment de l'immersion, de la rentrée de la drague et même au cours de l'opération, peuvent renseigner à ce sujet ou indiquer au moins les confusions possibles de ce fait; ce ne pourrait être là d'ailleurs, dans la plupart des cas, qu'une cause d'erreur de médiocre importance. Il n'en est pas de même des erreurs résultant de la capture possible de poissons pendant la descente ou l'ascension de l'engin, capture qu'on peut comprendre comme ayant lieu pour ces êtres en des points très divers.

La pêche du plus grand nombre des autres animaux marins ne donne pas prise aux mêmes incertitudes; les Rayonnés, même les plus élevés en organisation, tels que les Oursins ou les Astéries, ne quittent point le sol et sont forcément saisis sur le fond; on peut en dire autant des Mollusques, un petit nombre sont capables de nager réellement et, en tous cas, les Lamellibranches, les Gastéropodes, de beaucoup les plus importants dans ces études, sont assimilables sous ce rapport aux Rayonnés. La question est différente en ce qui concerne les Crustacés, dont plusieurs sont bons nageurs; toutefois la plupart des Brachiures restent sur les fonds et les Macroures eux-mêmes s'en écartent peu; aucun d'eux en somme ne paraît être susceptible de se maintenir longtemps au milieu des eaux. Pour les poissons au contraire ce mode de station est connu comme habituel dans les espèces dites pélagiques, et le plus grand nombre de ces animaux ne touchent ordinairement le sol qu'à de rares intervalles; il en résulte que l'engin peut les prendre sur tout son parcours. On doit donc faire une certaine attention à la manière dont le poisson est ramené. Lorsqu'il a pénétré au fond de la poche du chalut au milieu de la vase avec les animaux fundicoles, Zoophytes, Mollusques, etc., on ne peut guère douter qu'il n'ait été pris en même temps qu'eux; mais lorsqu'il se trouve simplement engagé dans les fauberts, il est possible qu'il ait été accroché à un moment quelconque de l'opération.

En somme il serait fort désirable d'arriver à construire un appareil tel, qu'on pût savoir le moment où il entrerait et celui où il cesserait d'être en action, comme un chalut s'ouvrant et se fermant suivant qu'il touchera ou non le fond (1).

Si l'incertitude du point précis auquel ont été pris les poissons peut jeter parfois quelque doute sur leur distribution bathymétrique exacte, dans l'état actuel de la science, en ce qui concerne l'ensemble de la faune profonde, les mêmes objections n'existent pas, et il résulte de recherches aujourd'hui assez nombreuses pour entraîner la conviction, qu'elle présente des caractères spéciaux et qu'il est en général facile de reconnaître les poissons lui appartenant.

On peut regarder comme un fait acquis que les poissons ramenés dans les dragages à grandes profondeurs, même sur des points rapprochés de lieux habituels de pêche, appartiennent, pour la grande majorité, à des espèces inconnues ou rarement prises. Pour ces dernières, que les anciens ichtyologistes avaient déjà, on l'a vu, indiquées comme devant habiter de grandes profondeurs, cette opinion était basée sur ce que ces poissons se trouvaient capturés à la suite de tempêtes ayant profondément bouleversé les mers, ou encore dans l'estomac d'autres poissons, remarquables par la rapidité de leur locomotion, souvent connus comme espèces migratrices, ce que nous savons devoir être rapporté moins à des déplacements en surface qu'à des déplacements en profondeur.

Un fait, qui parle dans le même sens, est celui des pêches effectuées à Sétubal, où l'on peut étudier à côté l'une de l'autre la pêche côtière, la pêche en mer profonde, et par des procédés qui ne peuvent laisser aucun

(1) Je rappellerai que notre excellent collègue, M. le marquis de Follin, a fait quelques tentatives dans cette voie.

doute sur le lieu précis où sont capturés les poissons. Nulle confusion n'existe là entre les faunes, elles sont parfaitement distinctes.

A ces preuves peuvent en être jointes d'autres résultant de la nature même des êtres, ou plutôt de certains caractères extérieurs, qui leur donnent, dans le plus grand nombre des cas, un faciès particulier. Sans parler du faible développement habituel des nageoires, surtout de la caudale, ils présentent souvent des couleurs ternes ou sombres, allant jusqu'au noir le plus profond, et n'offrent que par exception une coloration vive un peu brillante (*Neoscopelus macrolepidotus* Johns., *Sebastes dactylopterus* Delar. *S. Kuhlii* Bowd.). D'autres fois ils présentent certains appareils lumineux, organes oculiformes, ou mieux photodotiques, dont l'utilité biologique peut s'expliquer en raison de l'obscurité naturelle qui régnerait dans ces profondeurs, et de l'absence de lumière solaire ; la présence de ces appareils semblerait donc devoir complètement caractériser les poissons qui les possèdent, comme animaux bathyoïkésites. Il est vrai que des *Scopelidæ* abondamment pourvus de ces organes sont parfois capturés dans les filets de surface (1), mais ces poissons sont également connus des eaux profondes, et comme c'est habituellement la nuit qu'on les pêche en des points plus élevés, il est supposable qu'ils remontent à ce moment pour redescendre dans les fonds pendant le jour. Un autre caractère, dont la valeur n'est pas moindre, se tire de la couleur de la pupille, laquelle dans certaines espèces, *Spinax*, *Centroscymnus*, *Centrophorus*, *Malacosteus*, *Aulopus*, etc., au lieu de présenter sa teinte noire ordinaire, est d'un magnifique vert émeraude, ce qui donne à l'œil un aspect très singulier. Cette particularité, dont la raison physiologique nous est encore inconnue, se relie certainement à l'habitat spécial de ces êtres, et n'a jamais été observée sur des poissons appartenant aux régions supérieures ; malheureusement on ne la signale que sur un petit nombre d'animaux, de plus elle ne peut être reconnue que sur le frais (2).

(1) Voir en particulier : *Sur les recherches zoologiques poursuivies durant la seconde campagne de l'Hirondelle*, 1886, par le prince Albert de Monaco (*Comp. rend. Acad. sc.*, t. CIV, p. 452. — 14 févr. 1887).

(2) Le *Centrina Salviani* Risso, d'après ce caractère, doit très vraisemblablement appartenir à la faune abyssale. Bien qu'on n'ait pas, que je sache, de renseignements sur la profondeur exacte à laquelle il se rencontre, partout il est signalé comme rare.

En joignant à ces observations certains faits relatifs à la décompression qui, chez les poissons pourvus d'une vessie natatoire, amène la rupture de celle-ci et la projection de l'estomac par la bouche, on arrive à un ensemble de preuves, lesquelles ne laissent d'ordinaire aucun doute sur la profondeur considérable à laquelle ont été capturés les poissons.

Au point de vue de la répartition des animaux marins on peut, dans l'état actuel de nos connaissances, admettre trois grandes régions bathymétriques. La première, soumise à l'action des marées, est connue depuis longtemps sous le nom de RÉGION LITTORALE (1). Une seconde, qui, toujours submergée, participe cependant des conditions que présente la précédente, en ce qui concerne la température, la lumière, et dans laquelle la pression est faible, renferme des végétaux en grande abondance, c'est la RÉGION CÔTIÈRE. La troisième, ou RÉGION ABYSSALE, diffère de la précédente par les conditions de température, celle-ci, tendant à s'égaliser sur de vastes espaces, s'abaisse progressivement; par les conditions de lumière, laquelle s'affaiblit avec la profondeur et finirait par disparaître; enfin la hauteur de la masse liquide y exagère la pression dans des proportions énormes; les végétaux y font défaut (2).

Si théoriquement cette division se présente avec une certaine netteté, lorsqu'il s'agit de la réaliser dans la pratique, on éprouve un embarras sérieux, qui résulte du fait d'une gradation suivie dans les circonstances diverses énoncées plus haut, aussi l'on ne peut établir ces régions en grande partie que d'une façon arbitraire. Lorsqu'on connaîtra mieux le point précis où s'arrêterait la pénétration des rayons lumineux, estimé vers 400 mètres par MM. Fol et Sarasin, celui où cesse la végétation, 250 à 300 mètres, peut-être trouvera-t-on là une base pour déterminer la limite qui sépare les régions côtière et abyssale.

Pour donner une idée de la répartition bathymétrique des poissons de

<hr>

(1) Voir les travaux d'Audouin et Milne Edwards, Sars, OErsted, Forbes, etc., résumés dans : Remarques sur les zones littorales (*Mém. Soc. biol.*, 3ᵉ sér., t. III, p. 165, 1871).

(2) Il y a une quatrième région à établir, la RÉGION PÉLAGIQUE, dans laquelle les animaux et végétaux toujours flottants restent isolés du sol et dont l'importance, au point de vue de la répartition générale des êtres marins, est très grande, mais elle ne rentre pas directement dans nos études actuelles.

la faune marine profonde, j'ai, dans le tableau ci-joint, dressé la liste de
ceux de ces êtres cités par les auteurs ou observés dans nos expéditions, en
indiquant pour chacun d'eux les hauteurs maximum et minimum où ils
ont été rencontrés. Ceci ne doit être considéré que comme un essai fort
imparfait, vu en premier lieu l'impossibilité où je me suis trouvé dans
bien des cas d'apprécier la valeur de certaines espèces, leur détermination
avec les éléments dont nous pouvons disposer présentant une difficulté
extrême.

Certaines d'entre elles, anciennement connues et citées dans les traités
généraux d'ichtyologie, sont bien décrites, figurées pour la plupart et
représentées le plus souvent par des exemplaires typiques dans les principaux musées; sous ce rapport les collections du Muséum d'histoire naturelle sont d'une grande richesse. Pour les espèces découvertes dans ces
derniers temps, le travail le plus spécial sur la matière est celui publié par
M. Günther en 1877 et 1878, travail qui doit être considéré comme une
simple prise de date et n'a pas été jusqu'ici donné *in extenso* avec tous les
développements nécessaires. Il aurait été utile de pouvoir examiner sur
place les exemplaires rapportés par l'expédition du *Challenger* au British
Museum, lesquels sont étudiés à l'heure actuelle par ce savant ichtyologiste, mais la proposition que j'avais faite de me rendre à Londres pour
ce travail n'ayant pu être accueillie, les documents encore imparfaits dont
il a été question plus haut sont les seuls dont les zoologistes puissent
disposer. Il faut y joindre quelques descriptions données par les auteurs
américains, en particulier par MM. Goode et Bean; bien qu'elles soient
plus complètes que celles fournies par M. Günther, il est souvent assez
difficile d'arriver par leur moyen à des déterminations rigoureuses, d'autant que plusieurs de ces espèces sont établies sur des exemplaires fort
défectueux.

Dans cette liste il y a donc bon nombre de déterminations, qui devront
être modifiées ultérieurement, soit qu'il s'agisse d'assimilations erronées,
les brèves diagnoses données pouvant bien convenir à plusieurs espèces
d'un même genre, soit au contraire de distinctions fautives résultant
de descriptions imparfaites. Ce sont des incorrections inévitables dans
l'état actuel des choses; les études et les comparaisons ultérieures pour-

ront seules y remédier. Pour faciliter et hâter autant que possible ces rectifications, je m'attacherai, dans la partie descriptive de ce travail, à faire de chaque espèce douteuse un examen méthodique aussi complet que possible et accompagné de figures qui faciliteront l'intelligence du texte.

D'un autre côté, les renseignements bathymétriques ne doivent pas non plus être acceptés sans réserve. Nos connaissances sur les niveaux occupés par chaque espèce peuvent être entachées d'erreur par les raisons sur lesquelles je me suis assez longuement étendu plus haut; en second lieu, les observations dans une partie de la science aussi neuve sont trop peu nombreuses, si on compare la faible étendue de l'espace exploré à l'immensité des océans, pour qu'on puisse les regarder comme suffisantes. Cependant les faits recueillis dans les explorations différentes sur des points très divers, parlant tous dans le même sens, il est présumable que la répartition bathymétrique des Poissons, telle que l'indique le tableau, donne une idée approchée de ce qu'elle est réellement.

La région littorale n'existe pas à proprement parler pour les Poissons, car si certains *Gobius*, *Gunellus*, etc., s'y rencontrent souvent, aucune de ces espèces ne peut être regardée comme lui étant propre. Je suppose la région côtière arrêtée à 300 mètres, c'est-à-dire vers la limite inférieure de la végétation. Quant à la région abyssale, j'ai cru devoir la subdiviser en une partie supérieure dans laquelle se rencontrent en assez grand nombre encore des formes de la région côtière, sa limite approximative serait vers 1,000 ou 1,500 mètres, point auquel paraissent s'arrêter les Élasmobranches hypotrèmes et les Pleuronectes; quant aux colonnes dans lesquelles sont divisées ces sous-régions, elles n'ont d'autre but que de rendre plus facile l'étude bathymétrique comparée des espèces. Cette liste comprend de plus un certain nombre de Poissons qui, tout en n'atteignant pas la profondeur de 300 mètres, s'en rapprochent et, étant rares dans la région côtière, peuvent, avec assez de vraisemblance, être regardés comme se rapportant aux zones plus profondes. Pour les espèces réellement côtières, qui ne descendent qu'accidentellement dans les régions abyssales supérieures, on s'est contenté souvent d'indiquer les niveaux inférieurs; ces animaux étant habituellement pris par les pêcheurs, qui approvisionnent nos marchés, les hauteurs auxquelles ils s'élèvent n'ont pas en général été notées d'une manière précise et nous n'avons que des renseignements vagues à cet égard (1).

(1) Parmi les travaux modernes qui ont fourni les plus utiles renseignements je dois citer :

PETERS (W.). Ueber eine neue mit *Haliculæa* verwandte Fishgattung, *Dibranchus*, aus dem Atlantischen Ocean (*Monatsb. Berlin*, 1775, p. 736; 1 pl.).

GÜNTHER (A.). Preliminary notes on new Fishes collected in Japan during the expedition of H. M. S. « Challenger » (*Ann. Mag. nat. Hist.*, 4ᵉ sér., t. XX, p. 433, 1877).

— Preliminary notices of deep sea Fishes collected during the voyage of H. M. S. « Challenger » (*ibid.*, 5ᵉ sér., t. II, p. 17, 179 et 248, 1878).

— Exploration of the Faroe Channel, during the summer of 1880 in H. M.'s hired Ship « King Errant » (*Proc. R. Soc. Edinburg*, t. XI, p. 677, 1882).

GOODE (G.). Descriptions of seven new species of Fishes from deep soundings on the southern New-England coast, with diagnoses of two undescribed genera of Flounders and a genus related to *Merluccius* (*Proc. U. S. nat. Mus.*, t. III, p. 337, 1880).

— Fishes from the Deep-Water on the south coast of New-England, obtained by the United States Fish Commission in the summer of 1880 (*id.*, p. 467).

— *Notacanthus phasganorus*, a new species of Notacanthidæ from the Grand Banks of New Foundland (*id.*, p. 535).

COLLETT (R.). Den Norske Nordhavs-Expedition, 1876-1878. Fiske. Christiania, 1880.

BEAN (T.-H.). Notes on some fishes, collected by James G. Swan in Washington territory, including a new species of Macrurus (*Proc. U. S. nat. Mus.*, t. VI, p. 362, 1883).

— Description of a new species of Plectromus (*P. crassiceps* taken by the United States fish Commission (*id.*, t. VIII, p. 73, 1885).

GOODE (G.) et BEAN (T.-H.). Descriptions of two new species of fishes *Macrurus Bairdii* and *Lycodes Verrillii*) recently discovered by the U. S. Fish Commission, with notes upon the occurrence of several unusual forms (*Amer. Journ. sc. and arts*, p. 470, 1877).

— Description of a new species of Fish (*Apogon pandionis*) from the deep water off the mouth of Chesapeake bay (*Proc. U. S. nat. Mus.*, t. III, p. 160, 1880).

— *Benthodesmus*, a new genus of deep-sea fishes allied to *Lepidopus* (*id.*, p. 379).

— Description of *Leptophidium cervinum* and *L. marmoratum*, new fishes from deep-water off the Atlantic and Gulf coasts (*id.*, t. VIII, 1885, p. 422).

— Descriptions of new fishes obtained by the United States Fish Commission, mainly from deep water off the Atlantic and Gulf coasts (*id.*, p. 589).

GILL (Th.). Diagnosis of new genera and species of deep-sea fish like vertebrates (*id.*, t. VI, 1883, p. 253).

GILL (Th.) et RYDER (J.-A.). Diagnoses of new genera of Nemichthyoid Eels (*id.*, p. 260).

GIGLIOLI (H.). New deep-sea fish from the Mediterranean (*Nature*, t. XXVII, p. 198 London, 1883).

DES POISSONS DE LA RÉGION ABYSSALE

	RÉGION CÔTIÈRE	RÉGION ABYSSALE				
		SUPÉRIEURE.			INFÉRIEURE.	
	0-300 mèt.	300-500 mèt.	500-1000 mèt.	1000-2000 mèt.	2000-4000 mèt.	4000-5394 mèt.
ELASMOBRANCHII.						
Pleurotremata.						
Fam. Scylliidæ.						
1. *Pristiurus atlanticus (1), N. sp ...	»	»	540	»	»	»
2. Scyllium canescens, Günt........	»	»	732	»	»	»
3. * — spinacipellitum, N. sp..	»	»	975	»	»	»
4. * acutidens, N. sp.......	»	»	946	»	»	»
Fam. Spinacidæ.						
5. *Centrocymnus cœlolepis, Boc., Cap.	»	»	»	1230-1853	»	»
6. * — obscurus, N. sp....	»	»	»	1435	»	»
7. *Centrophorus squamosus, L. Gm.	»	»	»	1230-1853	»	»
8. * — calceus, Lowe.....	»	»	»	1230-1853	»	»
9. *Spinax pusillus, Lowe.........	»	»	580	»	»	»
10. *Centroscyllium Fabricii. Reinh...	»	366	»	1495	»	»
Hypotremata.						
Fam. Rajidæ.						
11. *Raja fullonica, Linné..........	»	»	614	»	»	»
12. radiata, Donov...........	»	»	839	»	»	»
13. hyperborea, Coll.........	»	»	839	»	»	»
14. plutonia, Garm..........	»	418	609	»	»	»
15. — ornata, Garm.............	252-260	»	»	»	»	»
Holocephala.						
Fam. Chimeridæ.						
16. *Chimera monstrosa. Linné......	»	»	800	1257	»	»
17. abbreviata, Gill......	»	»	»	1290	2359	»

(1) Les espèces marquées d'un astérisque * ont été rencontrées dans les dragages du *Travailleur* et du *Talisman*: elles sont étudiées dans la partie descriptive de ce mémoire sous le même numéro d'ordre.

| | RÉGION CÔTIÈRE | RÉGION ABYSSALE | | | | |
| | | SUPÉRIEURE. | | INFÉRIEURE. | | |
	0-300 mèt.	300-500 mèt.	500-1000 mèt.	1000-2000 mèt.	2000-4000 mèt.	4000-5394 mèt.
TELEOSTEI.						
Apoda.						
Fam. Murænidæ.						
18. *Myrus pachyrhynchus, N. SP.....	»	410	»	1917	»	»
19. *Nettastoma melanurum, RAF....	75	»	640	»	»	»
20. — procerum, G. et B...	»	325	»	1183	»	»
21. * proboscideum, N. SP.	»	»	»	»	2200	»
22. parviceps, GÜNT.....	»	»	631	»	»	»
23. *Uroconger vicinus, N. SP........	»	»	598	1495	»	»
24. *Synaphobranchus pinnatus, GRAY.	201	»	»	»	3250	»
25. — bathybius, GÜNT...	»	»	»	»	3429-3749	»
26. — brevidorsalis, GÜNT.	»	»	»	1966	2515	»
27. — affinis, GÜNT......	»	»	631	»	»	»
28. Histiobranchus infernalis, GILL...	»	»	»	»	3165	»
29. *Cyema atrum, GÜNT.......... ...	»	»	»	»	2200-3292	»
30. *Nemichthys scolopacea, RICH....	»	460	»	1915	»	»
31. * — infans, GÜNT...	»	»	914	»	»	4572
32. Serrivomer Beanii, GIL. et R.....	»	»	»	1563	»	»
33. Spinivomer Goodei, GIL. et R....	»	»	»	»	»	4318
34. Labichthys carinatus, GIL. et R...	»	»	»	1657	»	»
35. — elongatus, GIL. et R...	»	»	»	»	2977	»
36. Simenchelys parasiticus, GILL....	»	»	891	»	»	»
Fam. Leptocephalidæ.						
37. *Hyoproporus messinensis, KÖLL...	»	»	550	»	»	»
38. *Leptocephalus Morrisii, L. GM...	»	»	»	1105-1550	»	»
Abdominales.						
Fam. Salmonidæ.						
39. Bathylagus antarcticus, GÜNT....	»	»	»	»	3566	»
40. — atlanticus, GÜNT.....	»	»	»	»	3731	»
41. Hyphalonedrus chalybeius, GOOD.	219	426	»	»	»	»
Fam. Bathythrissidæ.						
42. Bathythrissa dorsalis..........	»	»	631	»	»	»
Fam. Sternoptychidæ.						
43. *Neostoma bathyphilum, NG. et SP.	»	»	»	1420	2285	»
44. * — quadrioculatum, N. SP..	»	»	950	»	»	4415
45. *Gonostoma denudatum, RAF.....	»	460	»	1180	»	»
46. — microdon, GÜNT......	»	»	914	»	»	5304

| | RÉGION CÔTIÈRE | RÉGION ABYSSALE | | | | |
| | | SUPÉRIEURE. | | INFÉRIEURE. | | |
	0-300 mèt.	300-500 mèt.	500-1000 mèt.	1000-2000 mèt.	2000-4000 mèt.	4000-5394 mèt.
47. Gonostoma elongatum, Gunt.. ..	"	"	660	1463	"	"
48. — gracile, Gunt.......	"	"	631	1463	"	"
49. 'Chauliodus Sloani, Bl. Schn. ...	"	"	891	"	"	4682
50. Sigmops stigmaticus, Gill.......	"	"	"	"	"	4318
51. Polyipnus, sp., Gunt.......... ...	"	466	"	"	"	"
52. 'Sternoptyx diaphana, Herm.....	"	"	"	1123	2792	"
53. 'Argyropelecus hemigymnus, Cocc.	"	411	"	1534	(?) 2059	"
54. ' — Olfersii, Cuv......	"	"	950	1615	"	"
55. 'Ichthyococcus ovatus, Cocc.... .	"	"	950	"	2030	"
56. 'Opisthoproctus soleatus, NG. et sp.	"	"	"	"	2030	"
57. Bathyophis ferox, Gunt....	"	"	"	"	"	5029
58. Echiostoma microdon, Gunt... .	"	"	"	"	"	4463
59. — micripnus, Gunt.....	"	"	"	"	3932	"
60. Malacosteus indicus, Gunt.......	.	"	914	"	"	"
61. ' — choristodactylus, n.sp.	.	"	"	1400	2220	"
62. Cyclothone lusca, G. et B.......	"	"	835	"	2982	"
63. 'Eustomias obscurus, n. g. et sp..	"	"	"	"	2792	"
64. 'Stomias boa, Risso............	"	"	550	1917	"	"
65. Hyperchoristus Tanneri, Gill.....	"	"	"	1748	"	"
66. Astronesthes niger, Rich........	"	"	"	"	"	4570

Fam. Scopelidæ.

	0-300 mèt.	300-500 mèt.	500-1000 mèt.	1000-2000 mèt.	2000-4000 mèt.	4000-5394 mèt.
67. Inops Murrayi, Gunt...........	"	"	"	"	2925-3475	"
68. Nannobrachium nigrum, Gunt...	"	"	914	"	"	"
69. Odontostomus humeralis, Gunt..	.	"	914	"	"	"
70. 'Scopelus Gemellarii, Cocc.......	"	"	550	1635	"	"
71. — Mülleri, Gmel..........	"	"	556	"	2030	"
72. — engraulis, Gunt.	.	466	"	"	"	
73. antarcticus, Gunt......	.	"	"	"	3612	
74. myzolepis, Gunt........	"	"	"	1463	.	"
75. — Dumerilii, Gunt........	"	"	393	"	"	"
76. — crassipes, Gunt..	"	"	"	1234	2743	"
77. macrostoma, Gunt......	"	"	"	"	"	4436
78. microps, Gunt.........	.	"	"	"	2515	"
79. 'Neoscopelus macrolepidotus, Joh.	"	"	950	1590	"	"
80. 'Aulopus Agassizi, Bonap...	"	460	"	1440	"	"
81. — nigripinnis, Gunt.......	219	"	"	"	"	"
82. gracilis, Gunt..........	"	"	"	"	2012-2606	"
83. Bathypterois longifilis, Gunt.....	"	"	951	1152	"	"
84. — longipes, Gunt.....	"	"	"	"	"	4847
85. — quadrifilis, Gunt...	"	"	914	1408	"	"

| | RÉGION CÔTIÈRE | RÉGION ABYSSALE | | | | |
| | | SUPÉRIEURE. | | INFÉRIEURE. | | |
	0-300 mèt.	300-500 mèt.	500-1000 mèt.	1000-2000 mèt.	2000-4000 mèt.	4000-5394 mèt.
86. Bathypterois longicauda, Günt...						4663
87. * — dubius, N. SP......			834	1917		
88. Bathysaurus ferox, Günt........					2012	
89. ... mollis, Günt......					3429	4362
90. * — obtusirostris, N. SP..					3655	
91. * — Agassizii, G. et B...				1183	2200	
92. 'Scopelogadus cocles, N. G. et SP..				1090	3655	
Fam. Alopocephalidæ.						
93. *Alepocephalus rostratus, Risso...			830		3655	
94. — niger, Günt......				1661	2560	
95. * macropterus, N. SP.			865		2115	
96. — Agassizii, G. et B..				1686		
97. — productus, Gill...					2471	
98. Platytroctes apus, Günt........					2743	
99. Bathytroctes microlepis, Günt....				1993		
100. ... rostratus, Günt......				1234		
101. — macrolepis, Günt....					3932	
102. * — homopterus, N. SP...				1113		
103. * — melanocephalus, N. SP.				1435	2600	
104. * — attritus, N. SP.......				1442	3655	
105. 'Anomalopterus pinguis, N. G. et SP.				1400		
106. Xenodermichthys nodulosus, Günt.			631			
107. * — socialis, N. SP...			717	1350		
108. 'Leptoderma macrops, N. G. et SP..				1319	2333	
Fam. Halosauridæ.						
109. 'Halosaurus macrochir.. Günt....				1183	2995	
110. * — Owenii, Jon.........			830	1617		
111. * — Johnsonianus, N. SP..			865		2115	
112. affinis, Günt........				1033		
113. * phalacrus, N. SP.....				1103	2220	
114. — rostratus, Günt......						4572
115. ... Goodei, Gill........					2008-3165	
Anacanthini.						
Fam. Pleuronectidæ.						
116. Platysomatichthys hippoglossoi-des, Walb..................	142-217					
117. Hippoglossoides platessoides, Fab.	225	408				
118. 'Pleuronectes megastoma, Donov.	60		560			

POISSONS.

	RÉGION CÔTIÈRE	RÉGION ABYSSALE				
		SUPÉRIEURE.			INFÉRIEURE.	
	0-300 mèt.	300-500 mèt.	500-1000 mèt.	1000-2000 mèt.	2000-4000 mèt.	4000-5394 mèt.
119. Limanda Beanii, GOODE	230					
120. *Solea variegata, DONOV	60	306				
121. * — profundicola, N. SP	250			1290		
122. Pleuronectes cynoglossus, LINNÉ	157			1438		
123. Citharichthys arctifrons, GOODE	137	360				
124. — unicornis, GOODE	210-283					
125. *Ammopleurops lacteus, BONAP	60	420				
126. Aphoristia nebulosa, G. et B		418				
127. Monolene sessilicauda, GOODE	210-283					
128. Thyris pellucidus, GOODE	157-210					

Fam. Eurypharyngidæ.

	0-300 mèt.	300-500 mèt.	500-1000 mèt.	1000-2000 mèt.	2000-4000 mèt.	4000-5394 mèt.
129. Saccopharynx flagellum, MITCH				1642		
130. *Eurypharynx pelecanoides, VAILL				1050	2300	
131. Gastrostomus Bairdii, GILL. et R			712		2683	

Fam. Macruridæ.

	0-300 mèt.	300-500 mèt.	500-1000 mèt.	1000-2000 mèt.	2000-4000 mèt.	4000-5394 mèt.
132. Bathygadus cottoides, GÜNT			951	1280		
133. — multifilis, GÜNT			914			
134. * — melanobranchus, N.SP			830	1590		
135. *Hymenocephalus italicus, GIGL		410			2033	
136. — carinatus, GÜNT			914			
137. — occidentalis, G. et B.	241					
138. — villosus, GÜNT			558			
139. * — crassiceps, GÜNT			951		2995	
140. — cavernosus, G. et B.	154					
141. * — longifilis, G. et B				1324-1635		
142. * — dispar, N. SP				1105		
143. * — lilicauda, GÜNT					3292	4846
144. — macrops, G. et B			613			
145. Coryphænoides microlepis, GÜNT		393				
146. — carapinus, G. et B.				1686		4101
147. — rupestris, GÜNN			958			
148. — asper, GÜNT			914		3429	
149. — leptolepis, GÜNT			640		3749	
150. — Murrayi, GÜNT				1100	2012	
151. — variabilis, GÜNT	247					4436
152. — altipinnis, GÜNT				1033	3429	
153. — nasutus, GÜNT			631	1033		
154. * — æqualis, GÜNT	140				2200	
155. — serrulatus, GÜNT				1280		

| | RÉGION CÔTIÈRE | RÉGION ABYSSALE | | | | |
| | | SUPÉRIEURE. | | INFÉRIEURE. | | |
	0-300 mét.	300-500 mét.	500-1000 mét.	1000-2000 mét.	2000-4000 mét.	4000-5394 mét.
156. Coryphænoides affinis, GUNT......					3475	
157. — longifilis, GUNT......				1033		
158. * — asperrimus, N. SP....				1257-1590		
159. * — gigas, N. SP.........						4165-4255
160. — sulcatus, G. et B....			863			
161. — rudis, GUNT........			914	1190		
162. — denticulatus, GUNT..		503	950			
163. — sclerorhynchus, GUNT				1983		
164. Chalinura simula, G. et B.......			609			4101
165. *Macrurus sclerorhynchus, VAL...			640		3655	
166. * — holotrachys, GUNT				1097	2200	•
167. * — smiliophorus, N. SP....		460		1319		
168. * — zaniophorus, N. SP.....			830	1350		
169. — Bairdii, G. et B... ...	274			1338		
170. * — cœlorhynchus, Risso...	140		580			
171. — caribbæus, G. et B.....	260	384				
172. — fasciatus, GUNT........		448				
173. * — trachyrhynchus, Risso.		405		1495		
174. * — japonicus, SCHLEG......		460			2220	
175. — carminatus, GOODE.....	210		849			
176. — longirostris, GUNT.....				1280		
177. — asper, G. et B........			556		2272	

Fam. Ophidiidæ.

	0-300 mét.	300-500 mét.	500-1000 mét.	1000-2000 mét.	2000-4000 mét.	4000-5394 mét.
178. *Dicrolene introniger, G. et B ...			849	1495		
179. Porogadus miles, G. et B........					2136	
180. * — nudus, N. SP.........					2324-3200	
181. * — subarmatus, N. SP....					3200	
182. Sirembo laticeps, GUNT..........						4572
183. — compressus, GUNT......						4572
184. — gracilis, GUNT........ .				1661		
185. — Messieri, GUNT........			631			
186. — grandis, GUNT.........					3429	
187. — macrops, GUNT........			686			
188. — brachysoma, GUNT.....			640			
189. — ocellatus, GUNT........			640			
190. — catena, G. et B........					2683	
191. — pectoralis, G. et B......					2616	
192. * — Guentheri, N. SP........					3200	
193. * — metriostoma, N. SP......				1230-1442		
194. * — muraenolepis, N. SP.....		410				

| | RÉGION CÔTIÈRE | RÉGION ABYSSALE | | | | |
| | | SUPÉRIEURE. | | INFÉRIEURE. | | |
	0-300 mèt.	300-500 mèt.	500-1000 mèt.	1000-2000 mèt.	2000-4000 mèt.	4000-5394 mèt.
195. *Sirembo microphthalmus, N. SP..	»	»	»	»	3200	»
196. * oncerocephalus, N. SP...	»	»	»	»	3200	»
197. Leptophidium profundorum, GILL.	213	389	»	»	»	»
198. cervinum. G. et B.	102-186	»	»	»	»	»
199. marmoratum, G. et B.	»	389	»	»	»	»
200. Bassozetus normalis. GILL.......	»	»	»	»	2843	»
201. Rhodichthys regina. COLL.......	»	»	»	»	2341	»
202. Acanthonus armatus, GÜNT......	»	»	»	1966	»	»
203. Typhlonus nasus. GÜNT.........	»	»	»	»	3932	4463
204. Aphyonus gelatinosus. GÜNT.....	»	»	»	»	2560	»
205. *Bythites crassus, N. SP..........	»	»	»	»	»	4255
206. — Gilli. G. et B..........	203	»	»	»	»	»
207. *Alexeterion Parfaiti, N. G. et SP..	»	»	»	»	»	5005

Fam. Gadidæ.

| | RÉGION CÔTIÈRE | RÉGION ABYSSALE | | | | |
| | | SUPÉRIEURE. | | INFÉRIEURE. | | |
	0-300 mèt.	300-500 mèt.	500-1000 mèt.	1000-2000 mèt.	2000-4000 mèt.	4000-5394 mèt.
208. Chiasmodon niger. JOHNS.......	»	»	»	»	2743	»
209. *Motella tricirrhata. BL.	112	»	640	»	»	»
210. — macrophthalma. STCH...	146	»	987	»	»	»
211. Haloporphyrus lepidion, RISSO...	»	»	631	1097	»	»
212. rostratus, GÜNT...	»	»	»	1097	2515	»
213. — viola, G. et B....	283	»	»	»	2272	»
214. Onos cimbrius, LINNÉ..........	»	325	»	»	»	»
215. — Reinhardi, KR............	»	»	»	1203	»	»
216. — fulvus, GILL.............	»	»	»	»	2023	»
217. Melanonus gracilis, GÜNT.......	»	»	»	»	3612	»
218. Lotella marginata, GÜNT........	219	»	631	»	»	»
219. *Læmonema robustum, GÜNT.....	»	410	636	»	»	»
220. — barbatula, G. et B...	»	411-426	»	»	»	»
221. *Phycis albidus. L. GM...........	40	460	»	»	»	»
222. * — mediterraneus, DELAR...	»	»	614	»	»	»
223. — Chuss, WALB..........	80-261	»	»	»	»	»
224. — regius, WALB..........	119	426	»	»	»	»
225. — tenuis, MITCH...........	»	»	556	»	»	»
226. — Chesteri. G. et B........	283	»	595	»	»	»
227. *Physiculus Dalwigkii, GÜNT.....	»	»	640-782	»	»	»
228. Brosmius brosme, MÜLL.........	»	»	969	»	»	»
229. *Brosmiculus imberbis. N. SP......	»	410-460	»	»	»	»
230. *Hylargyreus brevipes. N. SP......	»	»	»	1319	»	»
231. *Mora mediterranea. RISSO........	»	»	614	1367	»	»
232. *Merluccius vulgaris (L.), FLEM....	99	»	640	»	»	»
233. — bilinearis, MITCH......	137	»	891	»	»	»

| | RÉGION CÔTIÈRE | RÉGION ABYSSALE | | | | |
| | | SUPÉRIEURE. | | INFÉRIEURE. | | |
	0-300 mét.	300-500 mét.	500-1000 mét.	1000-2000 mét.	2000-4000 mét.	4000-5394 mét.
234. Hypsicometes gobioides, Goode...	210	»	»		»	»
235. *Merlangus argenteus. Gthr......	»	411	550	»	»	»
Fam. Lycodidæ.						
236. Barathrodemus manatinus, G. et B.	»	»	»	1183	»	»
237. Lycodes seminudus. Rein.......	»	475	»	»	»	»
238. — Esmarkii, Coll.........	»	475	640	»	»	»
239. — frigidus, Coll.........	»	475	»	»	2438	»
240. — pallidus, Coll.........	»	475	987	»	»	»
241. — Lutkenii, Coll.........	»	»	839	»	»	»
242. * — macrops, Gthr.........	»	»	»	1283	»	4060
243. * — albus, n. sp...........	»	»	»	»	»	4060
244. * — (?) mucosus, Rich.......	»	»	»	1100-1230	»	»
245. — paxillus, G. et B.......	»	»	668-891	»	»	»
246. — paxilloides, G. et B.....	»	»	556-853	»	»	»
247. Murœna, Coll.........	»	»	640	1203	»	»
248. Verrillii, G. et B.......	»	»	481	1102	»	»
249. *Gymnolycodes Edwardsi, n. sp...	»	»	»	1319	»	»
250. Lycodonus mirabilis, G. et B.....	»	»	»	1353	»	»
251. Melanostigma gelatinosum, Gthr.	»	»	723	»	»	»
252. Gymnelis viridis, Fabr.........	»	481	»	»	»	»
Acanthopterygii.						
Fam. Notacanthidæ.						
253. *Notacanthus mediterraneus, Fil. et Ver...........	»	»	932	1495	»	»
254. — Bonaparti, Risso....	»	»	732	»	»	»
255. -- analis, Gill........	»	»	»	1000	»	»
256. * — Rissoanus, Fil.etVer.	»	»	»	»	2212-3429	»
Fam. Centriscidæ.						
257. *Centriscus scolopax, Linné.....	120-235	»	»	»	»	»
Fam. Aulostomatidæ.						
258. *Aulostoma longipes, n. sp.......	»	»	»	1163	»	»
Fam. Cyclopteridæ.						
259. Liparis vulgaris (L.), Flem......	»	»	987	»	»	»
260. — Bathybii, Coll.........	»	»	»	1203	»	»
261. — aff. ranula, G. et B......	»	411	»	»	»	»

| | RÉGION CÔTIÈRE | RÉGION ABYSSALE | | | | |
| | | SUPÉRIEURE. | | | INFÉRIEURE. | |
	0-300 mét.	300-500 mét.	500-1000 mét.	1000-2000 mét.	2000-4000 mét.	4000-5394 mét.
262. Eumicrotremus spinosus, Müll...	237	»	»	»	»	»
263. Careproctus Reinhardi, Kr......	»	481	»	1203	»	»
264. Anarrhichas lupus, Linné........	»	477	»	»	»	»
Fam. Pediculati.						
265. Mancalias uranoscopus, Murr....	»	»	681	»	3507	»
266. Ceratias, sp., Günt............	»	»	»	»	»	4390
267. Halieutæa senticosa, Goode......	»	435	»	»	»	»
268. *Dibranchus atlanticus, Peters...	»	347	658	»	»	»
269. *Chaunax pictus, Lowe..........	»	351	830	»	»	»
270. *Melanocetus Johnsonii, Günt.....	»	»	»	»	2516	4789
271. — bispinosus, Günt....	»	»	658	»	»	»
272. *Lophius piscatorius, Linné.......	219	668	»	»	»	»
Fam. Gobiidæ.						
273. *Gobius Lesueurii, Risso........	80	445	»	»	»	»
274. *Callionymus lyra, Linné........	90	411	»	»	»	»
275. * — phaeton, Günt......	»	560	»	»	»	»
Fam. Trichiuridæ.						
276. Lepidopus, sp., Günt....	»	631	»	»	»	»
277. Benthodesmus elongatus, Clarke.	146	»	»	»	»	»
Fam. Scombridæ.						
278. Caranx amblyrhynchus, C. V....	»	»	»	»	2535	»
279. *Cyttus roseus, Lowe............	»	410	»	»	»	»
280. *Capros aper, Linné.............	»	355	»	»	»	»
281. *Gyrinomene nummularis, n. g. et sp.	»	»	»	1105	»	»
Fam. Trachinidæ.						
282. Bathydraco antarcticus, Günt....	»	»	»	»	2305	»
283. Lopholatilus chamaeleoniceps, G. et B.......................	154	»	»	»	»	»
Fam. Sparidæ.						
284. *Dentex macrophthalmus, Bl.....	120	410	»	»	»	»
Fam. Scleroparidæ.						
285. *Trigla cavillone, Lacép........ .	75	355	»	»	»	»
286. * — pini, Bl.................	»	306	»	»	»	»
287. * — lyra, Linné........... ...	»	411	»	»	»	»

	RÉGION CÔTIÈRE	RÉGION ABYSSALE SUPÉRIEURE			RÉGION ABYSSALE INFÉRIEURE	
	0-300 mèt.	300-500 mèt.	500-1000 mèt.	1000-2000 mèt.	2000-4000 mèt.	4000-5394 mèt.
288. Peristedium miniatum, GOODE	119	351	»	»	»	»
289. Agonus decagonus, SCHNEID	225	475	»	»	»	»
290. Cottunculus microps, COLL	»	349	987	»	»	»
291. * — torvus, GOODE	»	»	849	1495	»	»
292. * — inermis, N. SP	»	»	930	1495	»	»
293. Cottus bathybius, GÜNT	»	329	»	1033	»	»
294. — Thomsonii, GÜNT	»	»	»	1014		»
295. Centridermichthys uncinatus, REIN	225	408	»	»	»	»
296. Icelus uncinatus, REIN	»	»	559	»	»	»
297. Triglops Pingelii, REIN	91	481	»	»	»	»
298. Amitra liparina, GOODE	»	»	891	»	»	»
299. *Sebastes dactylopterus, DELAR	75	»	975	»	»	»
300. * — Kuhlii, BOWD	»	»	640	»	2330	»
301. *Setarches Guentheri, JOHNS	»	400	580	»	»	»
302. — fidjiensis, GÜNT	»	392	»	»	»	»
303. — parmatus, GOODE	219	325	»	»	»	»

Fam. Percidæ.

| 304. *Pomatomus telescopus, RUSSO | » | 410 | 971 | » | » | » |

Fam. Berycidæ.

305. *Hoplostethus mediterraneus. C. V.	140	»	»	1435	»	»
306. Polymixia, sp., GÜNT	»	·	631	»	»	»
307. Melamphaes, sp., GÜNT	»	366	»	»	»	»
308. Beryx, sp., GÜNT	»	358	»	»	»	»
309. Caulolepis longidens, GILL	»	»	»	»	2462	»
310. Plectromus suborbitalis, GILL	»	·	»	»	3173	»
311. — crassiceps, BEAN	»	»	»	1563	»	5394
312. Poromitra capito, G. et B.	»	»	»	»	2984	»
313. Stephanoberyx Monæ, GILL	»	»	»	»	2291	»

Cyclostomata.

Fam. Myxinidæ.

| 314. *Myxine glutinosa, LINNÉ | 261 | » | 858 | » | · | » |
| 315. — australis, JEN | » | » | 631 | · | » | » |

Fam. Petromyzontidæ.

| 316. Petromyzon Bairdii, GILL | » | » | 1000 | » | » | » |

D'après ce tableau, trois des sous-classes, qui composent le groupe des Poissons, manqueraient dans la faune abyssale : les Ganoïdes, les Dipnées, les Leptocardiens; la seconde est, à la vérité, aujourd'hui confinée dans les eaux douces, et les mers anciennes, qu'habitaient les Ganoïdes en si grande abondance, étaient, suivant toute probabilité, peu profondes. Parmi les trois sous-classes restantes, l'une, celle des TÉLÉOSTEI, maintient son énorme supériorité numérique, les deux autres représentent à peine 6 p. 100 du total, les CYCLOSTOMATA y entrant pour un peu moins de 1 p. 100.

Les ELASMOBRANCHII sont, nous en avons donné la raison probable, plus abondants, sans doute, que ne semble l'indiquer le nombre de ceux qui ont été recueillis. On devrait peut-être en augmenter la liste de quelques espèces réputées bathyoïkésites, telles que les *Lœmargus*, avec l'*Oxynotus centrina* Lin. et le *Chlamydoselachus*, mais les niveaux exacts auxquels ces animaux se rencontrent sont imparfaitement connus. Les espèces réellement de zones profondes appartiennent au groupe des *Holocephala;* les *Pleurotremata*, bien que nous ayons vu pêcher des *Centrophorus* et des *Centroscymnus* par 1,853 mètres, se tiennent en général à des niveaux plus élevés et ne descendent guère au delà de 1,000 à 1,500 mètres; les *Hypotremata*, animaux de fond dans les zones côtières, n'atteignent même pas la première de ces profondeurs.

Les Téléostéens méritent de fixer l'attention d'une manière spéciale. On remarquera tout d'abord que les ordres aberrants des Lophobranches et des Plectognathes font absolument défaut, les Chorignathes seuls étant représentés dans leurs quatre grands sous-ordres, quoique d'une manière fort inégale pour chacun de ceux-ci.

Parmi les APODA, la famille des MURŒNIDÆ seule paraît réellement appartenir à la faune abyssale. Bien que nous ayons ramené dans plusieurs dragages profonds quelques Leptocéphales et que MM. Goode et Bean citent une espèce indéterminée de ce groupe prise par 411 mètres, il me reste des doutes à cet égard et l'on est en droit de se demander si ces êtres, trouvés en petit nombre jusqu'ici, n'appartiennent pas à la faune pélagique, ils auraient été accidentellement pris à la surface; la question me paraît, au moins, devoir être réservée. Il n'en est pas de même pour certaines espèces de vrais Apodes, que la drague ramène très habituellement des grandes profondeurs, tel est en particulier le *Synaphobranchus pinnatus* Gray, que, dans les opérations du *Talisman*, nous avons ramené vingt-cinq fois par des profondeurs variant de 760 à 3,250 mètres. D'autres espèces peuvent être citées comme habitant les zones les plus inférieures : *Nemichthys scolopaceu* Rich. (4,572 mèt.), *Spinivomer Goodei* Gill et R. (4,318 mètres). Cependant les Apodes n'entrent en somme que pour très peu plus de 6 p. 100 dans le nombre total des espèces bathyoïkésites, ce sous-ordre pris dans son ensemble n'a pas, il est vrai, l'importance numérique des suivants.

Les Abdominales sont plus nombreux, la liste donnée en énumère 77 espèces, encore conviendrait-il d'ajouter au moins le *Bathophilus nigerrimus* Gigl. et un *Myctophum*, cité sans désignation spécifique par M. Goode, tous deux de la famille des Stomiatidæ et appartenant, le premier au moins, d'une manière incontestable, aux grandes profondeurs, les niveaux exacts auxquels ils ont été rencontrés ne sont malheureusement pas donnés, cela fait en somme près du quart. 24 p. 100 du nombre total. Six familles se partagent ces espèces, trois d'entre elles ont une moindre importance, les Salmonidæ, les Bathythrissidæ, les Halosauridæ, ces deux-ci sont toutefois des plus intéressantes comme caractéristiques de la faune abyssale, les derniers surtout, qui peuvent descendre jusqu'à 4,572 mètres. Les trois autres avec les Alepocephalidæ 16, les Sternoptychidæ[1] 24, les Scopelidæ 26 espèces, renferment la presque totalité des types bathyoïkésites du sous-ordre. La première famille ne comprend que des poissons de grands fonds, les Sternoptychidæ, tout en étant à peu près dans le même cas, offrent certains types pélagiques, enfin des genres entiers de la famille des Scopelidæ, les *Saurus*, les *Sudis*, les *Paralepis* sont entièrement côtiers ou pélagiques et les *Scopelus* eux-mêmes, pour quelques espèces au moins, peuvent abandonner les profondeurs et gagner la surface dans certaines circonstances.

Quoi qu'il en soit, la majorité des Poissons du sous-ordre des Abdominales

---

[1] Dans ce tableau les Stomiatidæ sont indiqués comme faisant partie de cette famille, la présence d'un barbillon génial ne me paraissant pas un caractère assez important pour justifier une division de telle valeur.

rencontrés dans les dragages en eau profonde se trouvent à des niveaux très bas, s'élevant rarement au-dessus de 500 mètres, dépassant parfois 4,000 mètres et pouvant aller au delà de 5,000 mètres : *Bathyophis ferox* Günt. (5,029 mèt.), *Gonostoma microdon* Günt. (5,304 mèt.).

Les Anacanthini, lesquels, à considérer les quatre divisions de l'ordre des Chondroptani d'une manière générale, n'arrivent qu'en troisième ligne, et d'assez loin, au point de vue du nombre des formes spécifiques, sont cependant de beaucoup les plus riches en espèce dans la faune profonde, car en prenant le chiffre brut des espèces énumérées dans le tableau, nous en trouvons 137, soit 43 p. 100 environ, plus des deux cinquièmes. Pour les Pleuronectoïdei la liste peut en être regardée comme un peu forcée, car certaines espèces admises par les auteurs comme des grands fonds ne dépassent pas en réalité la zone côtière, mais par contre je n'ai pas porté sur le tableau l'*Hippoglossus vulgaris* (L.) Flem., le *Limanda ferruginea* Storer, faute de renseignements précis sur leur habitat (1), ni un *Pleuronectes* indéterminable, que nous avons trouvé par une profondeur de 608 mètres ; en somme ces poissons sont peu nombreux, 13, et, non plus que les Eurypharyngidae dont la place exacte dans la série ne peut être regardée comme définitivement établie, ne changent pas sensiblement le résultat, le chiffre auquel se monte le nombre des véritables Gadoïdei restant de 121 environ.

Les Pleuronectidae, animaux presque absolument attachés au sol, mauvais nageurs et par conséquent ne pouvant fuir facilement la drague, ne sont pas abondants dans les profondeurs, ils dépassent rarement 500 mètres et n'atteignent qu'exceptionnellement 1,000 à 1,500 mètres, point vers lequel j'ai cru devoir placer le niveau inférieur pour la première zone de la région abyssale.

Les Eurypharyngidae, encore imparfaitement connus, sont surtout intéressants comme très caractérisés en tant qu'espèces bathyoïkésites, mais c'est parmi les Gadoïdei qu'il convient de chercher les véritables types de cette faune, qu'il s'agisse soit du nombre des espèces, soit de l'abondance des individus. La famille des Macruridae se fait remarquer sous ce double point de vue, il y a peu de temps encore on pouvait à peine y compter

(1) Duhamel (*Traité des Pêches*, t. III, sect. ix, chap. i, p. 272 et 273) rapporte cependant qu'au dire des pêcheurs, les Flétans se prennent par 100 et 500 brasses (162 et 812 mètres) suivant la saison.

une douzaine d'espèces, le tableau en renferme 46 et on n'y trouve que celles dont les niveaux de capture sont connus, bien que, pour les trois ou quatre types restant, il ne puisse guère être douteux qu'il ne s'agisse d'animaux habitant également les grands fonds. Quant à leur abondance il suffira de citer le *Macrurus sclerorhynchus* Val, rencontré dans 50 dragages et dont 331 individus ont été pris dans nos différentes campagnes. D'un autre côté si ces Poissons gagnent parfois la région côtière, ils sont plus habituels dans les zones réellement profondes et peuvent atteindre des niveaux très bas : *Coryphænoïdes variabilis* Günt. (4,436 m.), *Hymenocephalus filicauda* Günt. (4,846 mèt.).

Quoique moins nombreuse, 30 espèces, et moins abondamment répandue, la famille des OPHIDIIDÆ joue encore un rôle important dans la zone abyssale, ses représentants appartiennent tous au groupe des BROTULINA, dans lequel nous trouvons un mélange de genres, souvent très voisins, les uns connus des régions supérieures, il y a même un genre des eaux douces, *Lucifuga*, les autres de mer profonde. Les espèces composant ces derniers s'élèvent plus rarement dans la région côtière que les MACRURIDÆ et descendent à des profondeurs aussi considérables : *Typhlonus nasus* Günt. (4,463 mèt.), *Alexeterion Parfaiti* n. sp. (5,005 mèt.). On peut remarquer que si, chez les MACRURIDÆ, les yeux sont toujours bien développés, parfois même grands, chez les OPHIDIIDÆ ils sont toujours médiocres, et souvent disparaissent ou se trouvent tout au moins singulièrement atrophiés, les genres *Typhlonus*, *Aphyonus*, *Alexeterion*, en sont des exemples, le même phénomène se présente dans le genre *Lucifuga* cité plus haut.

Les GADIDÆ, relevés comme appartenant à la faune profonde, sont au nombre de 28, c'est-à-dire dans la même proportion à peu près que les précédents; on pourrait, il est vrai, ajouter quelques noms : *Gadus morrhua* Lin., *Haloporphyrus australis* Günt., *Onos septentrionalis* Coll.; ces animaux atteignent vraisemblablement les zones supérieures des régions abyssales sans toutefois qu'on en ait encore la preuve directe. Les Poissons de cette famille remontent en tous cas plus volontiers dans la région côtière, comme on peut faire juger le tableau, qui renferme bon nombre d'espèces anciennement connues. On y rencontre moins de types caractéristiques des zones profondes, celui qui descend le plus bas serait le *Melanonus gracilis* Günt. (3,612 mèt.).

Au contraire, les Lycodidæ, dont le nombre s'est singulièrement accru dans ces dernières années, quoique moins abondants en espèces, 17, sont beaucoup plus spéciaux comme types de zones profondes; ils remontent peu au-dessus de 500 mètres et descendent au delà de 4,000 : *Lycodes macrops* Günt., *L. albus* n. sp. (4,060 mèt.).

Un fait très frappant, en ce qui concerne la faune abyssale, c'est la pauvreté relative du sous-ordre des Acanthopterygii, le plus riche en types spécifiques dans la période actuelle parmi les Téléostéens; encore faut-il remarquer que sur le tableau sont portées un certain nombre de familles, qui ne semblent se trouver qu'accidentellement à de bas niveaux, tels sont les Gobiidæ, les Trichiuridæ, les Sparidæ, lesquels ne dépassent guère 500 mètres et, pour les espèces bien connues, se trouvent en même temps et plus abondamment dans la région côtière. Il est douteux que les Centriscidæ atteignent le niveau de 300 mètres, et quant à l'*Aulostoma longipes* n. sp., on peut se demander si ce n'est pas une espèce pélagique recueillie près de la surface. La famille des Scombridæ n'est-elle pas dans le même cas? le *Gyrinomene nummularis* n. sp. est imparfaitement connu encore, et si les *Cyttus* avec les *Capros* habitent certainement à une certaine profondeur quoique faible, on est étonné de rencontrer le *Caranx amblyrhynchus* C. V., cité par MM. Goode et Bean comme pris par 2,535 mètres. Pour les Trachinidæ et les Cyclopteridæ, la certitude devient plus grande; le *Bathydraco antarcticus* habite sans aucun doute les zones profondes, et les *Cyclopteridæ* sont trop mal doués au point de vue des organes locomoteurs, pour qu'il n'y ait pas toute probabilité qu'ils ont bien été recueillis aux niveaux indiqués par les sondages.

Les Scleropamidæ nous offrent un plus grand nombre de types bathyoïkésites, mais il faut avoir égard aux groupes en lesquels on peut partager cette famille. Les Triglina, *Trigla, Peristedium, Agonus*, auxquels il faudrait peut-être ajouter les *Aspidophoroïdes monopterygius* Val. et *Prionotus alatus* G. et B. n'habitent pas à proprement parler les régions profondes, la plupart d'entre eux sont côtiers et ne descendent qu'accidentellement sans dépasser jamais 500 mètres. Les Cottina, pour

les espèces citées, atteignent un niveau inférieur et sont moins habituellement trouvées dans les régions élevées; il en est de même pour les Scor-
pœnina dont une espèce : *Sebastes Kuhlii* Bowd, atteint 2330 mètres; le
genre *Setarches* est même assez caractéristique de la faune abyssale supérieure. Il faudrait peut-être ajouter à cette liste le *Sebastes marinus* Lin.,
que M. Collett cite comme ayant été trouvé par 269 mètres, et le
Bathysebastes albescens Hilgend., sur lequel je n'ai pu trouver aucun
renseignement quant à la zone qu'il habite, mais d'après le nom générique
il doit se rencontrer sans doute dans les régions abyssales.

Les Percidæ, cette famille, de beaucoup la plus étendue dans le sous-
ordre des Acanthopterygii, n'offre qu'un représentant encore d'un type
très anormal, le *Pomatomus telescopus*, Risso, qui, connu d'ancienne
date, est très caractéristique de la faune abyssale; il faudrait ajouter,
d'après MM. Goode et Bean, un *Apogon*, *A. Pandionis*, ce qui est d'autant
plus singulier que les autres espèces du genre ont jusqu'ici été regardées
plutôt comme de la région côtière, presque littorales; la profondeur
exacte à laquelle ce poisson a été pris n'est pas indiquée par ces auteurs.

Toutefois ce sont surtout les familles des Notacanthidæ, des Pediculati et
des Berycidæ, qui, pour ce Sous-Ordre, doivent être spécialement
remarquées. La première, dont la position dans la série ichtyologique est douteuse, ne comprend qu'un petit nombre d'espèces, toutes
de grands fonds. Les Pectorales pédiculées, dans leur ensemble, offrent
un mélange d'espèces côtières et bathyoïkésites, le *Lophius piscatorius* Lin., devrait même plutôt être considéré comme appartenant aux
premières, bien qu'ils descendent parfois au delà de 600 mètres, mais les
genres *Dibranchus*, *Chaunax*, *Melanocetus*, ces derniers surtout, dont une
espèce a été trouvée par 4789 mètres, sont très caractéristiques. Il en est
de même pour les *Berycidæ* dont certains genres : *Myripristis*, *Beryx*,
sont presque exclusivement de surface, tandis que l'*Hoplostethus*, qui en est
très voisin, ne quitte guère les profondeurs; c'est à cette famille qu'appartient le *Plectromus crassiceps*, Bean, pris par 5394 mètres, point le plus
bas, jusqu'à ce jour, où l'on ait constaté la présence de Poissons.

Les Cyclostomata sont rares dans la faune abyssale, soit comme types
spécifiques (ils sont, il est vrai, très peu nombreux), soit comme individus.

Dans les quatre campagnes effectuées, par le *Travailleur* et par le *Talisman*, il n'a été capturé qu'un exemplaire du *Myxine glutinosa* Lin. Cependant ces animaux ne paraissent pas doués d'une grande agilité, se tiennent à la surface des fonds vaseux et se trouveraient par suite, semble-t-il, dans les conditions les plus favorables pour être facilement dragués.

En résumé, les Poissons, qui peuvent, dans l'état actuel de nos connaissances, être regardés comme spécialement caractéristiques de la faune abyssale, sont en premier lieu les MACRURIDÆ et les OPHIDIDÆ du sous-ordre des ANACANTHINI ; les STERNOPTYCHIDÆ, les SCOPELIDÆ, les ALEPOCEPHALIDÆ, de celui des ABDOMINALES, devraient être placés auprès d'eux, enfin les NOTACANTHIDÆ, les BERYCIDÆ, parmi les ACANTHOPTERYGII, quelques espèces d'APODA, les SPINACIDÆ, parmi les ELASMOBRANCHII, viendraient compléter cet ensemble.

Il résulte de ces considérations que la faune abyssale, en ce qui concerne les Poissons, n'est pas sans présenter certains rapports avec les faunes polaires. Cette conclusion ne peut sans doute être présentée qu'avec réserve, car la répartition par niveaux n'étant pas encore suffisamment établie, dans l'état actuel de nos connaissances, la faune dont il est ici particulièrement question renferme des éléments hétérogènes ; cependant la présence des LYCODIDÆ, des MACRURIDÆ, des NOTACANTHIDÆ, des COTTINA, des MYXINIDÆ, pour ne parler que des groupes les plus importants, établit entre les deux faunes une affinité non douteuse. Le fait peut avoir sa raison d'être dans la température basse des régions abyssales ; c'est sans doute aussi là qu'il faut chercher l'explication de ce fait que les Poissons des zones froides ou tempérées peuvent se rencontrer à des latitudes beaucoup moins hautes, mais dans ce cas à des profondeurs plus grandes, par exemple le *Centroscyllium Fabricii* Reinh., le *Merluccius vulgaris* (L.) Flem, trouvés par 1495 et 640 mètres sur les côtes d'Afrique. Il faut d'ailleurs ajouter, comme différence importante, que la faune abyssale renferme un grand nombre d'ABDOMINALES, dans les faunes polaires ce sont au contraire les ACANTHOPTERYGII, en particulier ceux appartenant à la famille des TRACHINIDÆ, qui dominent.

Enfin plusieurs faits semblent témoigner d'une homogénéité frappante dans toute la faune ichtyologique abyssale, ce qu'on observe également pour

les deux faunes polaires. Non seulement en effet les mêmes genres se trouvent
sur des points très éloignés, les *Bathysaurus*, *Halosaurus*, *Bathypterois*,
Macrurus, *Coryphænoides*, qui se rencontrent à la fois dans l'Atlantique
et le grand océan Pacifique, mais des espèces peuvent avoir une aire de
répartition fort étendue. Nombre d'entre elles ont été prises sur les points
les plus éloignés d'un même Océan: le *Dicrolene introniger* G. et B. existe
à la fois dans le voisinage de l'Amérique septentrionale et sur les côtes du
Soudan; le *Macrurus holotrachys* Günt., découvert à l'embouchure du
Rio de la Plata, a été dragué sur les côtes du Maroc. L'extension peut
aller encore plus loin : le *Stomias boa* Risso, des profondeurs de la
Méditerranée, a été retrouvé dans l'océan Arctique, sur des points nombreux de l'Atlantique, enfin par Peters dans l'océan Pacifique. On verra
plus loin que sur les côtes du Soudan, aux Açores et aux îles du Cap-
Vert, nous avons capturé un Macroure, qu'il ne paraît pas possible de
distinguer du *Macrurus japonicus* Schlegel. Les exemples pourraient être
multipliés, mais il faudrait comparer directement les types, ce qui n'a pu
jusqu'ici être fait, pour avoir une certitude absolue.

Il serait fort intéressant d'étudier à un autre point de vue la répartition des poissons dans les grandes profondeurs, pour se rendre compte
de leurs rapports mutuels en cherchant quelles espèces, sur un même
point, cohabitent les unes avec les autres : cette question, déjà fort
difficile à résoudre pour les espèces côtières, devient on peut dire impossible, avec les matériaux dont nous pouvons disposer pour l'étude des
animaux des grandes profondeurs. Nous remarquons toutefois que, si
l'on rencontre dans les poissons, comme dans tous les groupes d'animaux,
des différences considérables dans l'extension horizontale de certaines
espèces, les unes étant étroitement limitées, tandis que d'autres occupent
une aire très étendue, des différences analogues se rencontrent dans
l'extension verticale pour la faune des mers profondes.

Le tableau ci-joint énumère quelques types essentiellement bathyoïkésites et tous, comme l'indique une première colonne, rencontrés
dans un assez bon nombre de dragages, ce qui donne plus de certitude quant aux niveaux, puisque cela semble indiquer qu'ils sont abondamment répandus et moins aptes à fuir. Les deux colonnes suivantes

donnent les hauteurs extrêmes, auxquelles ils ont été pris, et en retranchant la hauteur minimum on obtient une *différence ascensionnelle* exprimant l'aire d'extension verticale, qu'une espèce peut occuper d'après ces observations.

	NOMBRE de dragages.	PROFONDEURS.		DIFFÉRENCE ascensionnelle.
		Minimum.	Maximum.	
		Mètres.	Mètres.	Mètres.
Synaphobranchus pinnatus, GRAY......	25	201	3250	3049
Macrurus sclerorhynchus, VAL	50	640	3655	3015
Alepocephalus rostratus, RISSO........	14	830	3655	2825
Coryphænoides æqualis, GÜNT.........	9	140	2200	2060
Hymenocephalus italicus, GIGL........	18	410	2033	1623
Stomias boa, RISSO...................	11	550	1917	1367
Hoplostethus mediterraneus, C. V.....	22	140	1435	1295
Bathypterois dubius, N. SP...........	21	834	1917	1083
Halosaurus Owenii, JOHNS............	15	830	1617	787
Bathygadus melanobranchus, N. SP....	25	830	1590	760

D'après les renseignements puisés dans les auteurs, la différence irait encore plus loin, 4189 mètres, pour le *Coryphænoides variabilis* Günt.

On ne peut établir, d'une manière même approchée, les rapports que peut avoir avec les faunes perdues la faune abyssale, nos connaissances en ce qui concerne celle-ci devant être regardées comme encore très incomplètes, et je me bornerai à la considération générale des groupes.

En ce qui concerne les Élasmobranches, la difficulté des comparaisons est des plus grandes, malgré les progrès que les recherches de M. Hasse ont fait faire dans ces dernières années à cette partie de la science. Ces animaux, sauf dans des cas exceptionnels, ne sont connus que par des débris (vertèbres, dents, aiguillons, scutelles cutanées, etc.), qui nous donnent une idée d'autant plus imparfaite de leurs caractères zoologiques, que ces différentes parties, comme depuis longtemps Agassiz en a fait la remarque, sont le plus souvent trouvées disjointes, laissant dans le doute la question de savoir comment rattacher à une espèce donnée ses différents organes. Cependant on peut croire que les *Spinax* et les *Centrophorus*, de la famille des SPINACIDÆ, sont représentés les premiers dans le jurassique inférieur, les seconds dans les parties les plus récentes du terrain crétacé ; quant aux SCYLLIDÆ on en connaît, et d'assez exactement déterminés, du jurassique supérieur. Pour les *Raja*, les espèces fossiles comparables par la brièveté du museau aux espèces bathyoïkésites n'ont apparu que dans les terrains tertiaires supérieurs, il en est sans doute de même du genre *Chimæra*, car si les HOLOCEPHALA sont signalés dans les terrains secondaires anciens, tels que le Lias, les genres de cette époque paraissent fort différents du genre actuel.

Pour les Téléostéens, quoique les documents soient plus complets, la majorité des familles, et sans contredit les plus caractéristiques au point de vue qui nous occupe, font défaut. Tels sont les différents groupes des GADOIDEI, les STERNOPTYCHIDÆ, les ALEPOCEPHALIDÆ, les HALOSAURIDÆ, les SCORPENINA, ces derniers assez importants, leur aspect ne permettant guère de les méconnaître. Un certain nombre sont certainement représentés dans les terrains tertiaires : APODA, PEDICULATI, GOBIIDÆ, TRACHINIDÆ, SPARIDÆ; ou dans la craie supérieure, PLEURONECTIDÆ, SCOMBRIDÆ, BERYCIDÆ. Mais on remarquera que ces différentes familles ne sont pas moins bien représentées et même mieux dans la faune côtière; aussi pouvons-nous en conclure, sans insister sur cette question encore à l'étude, que la faune abyssale, au moins en ce qui concerne les Téléostéens, est de date peu reculée et caractéristique en quelque sorte de l'époque actuelle. Ceci s'accorderait d'une part avec la moindre profondeur des mers anciennes, d'autre part avec l'élévation plus grande de leur température.

Pour terminer cet exposé général, je donnerai ici l'énumération, par ordre de profondeurs, des dragages dans lesquels ont été capturés des poissons, avec le nombre des espèces et des individus. Cette sorte de statistique ne comprend que les opérations effectuées pendant la campagne de 1883, de beaucoup d'ailleurs la plus importante.

On verra en premier lieu que l'abondance des poissons recueillis est extrême, ce qui ressort du nombre des individus, lequel dépasse 3 900, et que ces animaux ont été rencontrés dans la grande majorité des dragages. Ceux-ci, d'après le tableau dressé par M. Alphonse Milne Edwards, sont au nombre de 147, si on compte les numéros doubles et en en réunissant quatre (Dr. LV et LVI, LXXX et LXXXI, qui ont été groupés deux à deux. Il convient de déduire cinq opérations (Dr. XXIV[a], XXXVIe, XCVIII *bis*, CVIII, CIX), qui ont servi pour des sondages ou à puiser de l'eau à diverses profondeurs, deux autres (Dr. CIII, CIII*) pour la pêche spéciale du corail, sept dans lesquelles différents accidents ont empêché le fonctionnement régulier des engins (Dr. XXXV, LIII, LVII, LXXXIX, CXV, CXXVIII, CXLI); on peut joindre à ceux-ci douze dragages nuls ou n'ayant ramené que très peu d'animaux (Dr. I, VII, XV, XXIV, XXV, XXVII, XXIX, LXXV, CXIII, CXVII, CXXIV CXXVI); enfin pour cinq (Dr. LIV, LV et LVI, CIV, CV, CXXV), exécutés par faibles profondeurs dans le voisinage des côtes, les renseignements n'ont pas été recueillis. Resteraient en somme 116 dragages, dont 106 ont fourni des poissons en plus ou moins grande abondance.

Ils se répartissent de la manière suivante, eu égard aux profondeurs :

De   0 à   300 mètres....................... 15 dragages.
      300 à   500   —   4   —
      500 à 1000   —   24   —
     1000 à 2000   —   33   —
     2000 à 4000   24   —
     4000 à 5005   6   —

En ce qui concerne la quantité d'individus pêchés, un certain nombre d'opérations méritent d'être particulièrement citées :

Dragages CX   par   410 à   460 mètres.......   935 individus.
   —   CXI   par   400 à   580   —   290   —
   —   XCV   par 1230 à 1160   —   172   —
          XCIII   par 1495 à 1283   —   150   —
          LXXXVII par 1013 à 1113   —   134   —

On voit que, même par des profondeurs assez considérables, des récoltes fructueuses peuvent être faites pour l'ichtyologie. J'indiquerai encore les dragages XLI par 2115 mètres, CI par 3200 mètres, ayant rapporté le premier 29 poissons, le second 28, pour montrer que, dans ces abîmes, nos moyens de capture peuvent, dans des circonstances favorables, agir efficacement.

L'examen des listes, en nous indiquant les espèces qui cohabitent les unes avec les autres, fait voir en même temps que quelques-unes prouvent, par leur abondance sur un point, des habitudes de sociabilité

comme nous l'observons pour quelques poissons de nos côtes, qui vivent
en troupes ou bancs. Tels sont :

Hymenocephalus italicus, Gigl.....	Dr. CX............	780 individus.
	Dr. CXI............	198 —
	Dr. CXIII.........	40 —
Xenodermichthys socialis, n. sp....	Dr. XCV.........	133 —
Leptoderma macrops, n. sp........	Dr. XCIII.........	47
Bathygadus melanobranchus, n. sp.	Dr. LXXXVII.......	46 —
	Dr. L............	25 —
Macrurus sclerorhynchus, Val. ...	Dr. LXXXVII......	45 —
	Dr. LXXXV........	35 —
Halosaurus Johnsonianus, n. sp....	Dr. LXXIX........	33 —
Dicrolene introniger, G. et B.......	Dr. XCIII.........	28 —

S'il était permis de chercher à tirer une conclusion d'observations encore
très incomplètes, cette courte énumération montrerait qu'ici également
les espèces du groupe des GADOIDEI méritent d'être comptées parmi les
plus sociables.

CAMPAGNE DU TALISMAN 1883

Énumération statistique, par ordre de profondeur, des dragages
dans lesquels des Poissons ont été pêchés

Drag. v. — Prof. 60 mètres. — Golfe de Cadix. —
Temp.? — Vase et coquilles. — Grand chalut.

Torpedo marmorata (L.), Risso	1	
Pleuronectes megastoma, Bonap	16	
Solea vulgaris (L.), Risso	2	
— variegata, Bonap	47	
Ammopleurops lacteus, Bonap	1	71
Gobius, sp., (jun.)	1	
Capros aper, Lin	1	
Sargus annularis, Lin	1	
Centropristis hepatus, L. Gm	1	

Drag. cvi. — Prof. 75 à 30 mètres. — Rade de Porto-
Grande. — Temp.? — Sable coquillier. — Petit chalut.

Saurus fasciatus, Risso	2	
Pleuronectes Grohmanni, Bonap	4	
Xyrichthys novacula, Lin	4	13
Dactylopterus volitans, L. Gm	1	
Scorpaena scrofa, Lin	1	
Rhypticus saponaceus, Bl. Schn	1	

Drag. cvii. — Prof. 90 à 75 mètres. — Canal de Saint-

81

Vincent Saint-Antoine. — Temp.? — Sable coquillier,
coraux. — Petit chalut.

Nettastoma melanurum, RAF. (*jun.*)	2
Muræna, sp. IND. (*jun.*)	4
Saurus fasciatus, RISSO	3
Pleuronectes Grohmanni, BONAP	1
Fierasfer imberbis, LIN	1
Lepadogaster bimaculatus, PENN	2
Gobius minutus, LIN. (*jun.*)	8
Callionymus lyra, LIN	1
Neopercis atlanticus, VAILL	1
Uranoscopus scaber, LIN	2
Trigla cavillone, LACÉP	3
Sebastes dactylopterus, DELAR	9
Scorpæna scrofa, LIN., var	3
— senegalensis, STEIND	24
Rhyptieus saponaceus, BL. SCHN	1
Centropristis hepatus, L. GM	3
Serranus cabrilla, LIN. (var. macrospilodus)	4

Total : 72

Drag. II. — Prof. 99 mètres. — Golfe de Cadix. —
Temp. 15°,5. — Vase et coquilles. — Grand chalut.

Pleuronectes megastoma, BONOV	2
— citharus, SPINOL	19
Solea variegata, BONOV	35
Merluccius vulgaris (L.), FLEM. (*jun.*)	2
Blennius ocellaris, LIN	2
Callionymus lyra, LIN	2
Trigla cavillone, LACÉP	4
Sebastes dactylopterus, DELAR	1
Scorpæna scrofa, LIN., var	1

Total : 68

Drag. LXVIII. — Prof. 102 mètres. — Cap Bojador. —
Temp.? — Sable coquillier. — Grand chalut.

Pleuronectes Grohmanni, BONAP	1
Gobius minutus, LIN. (*jun.*)	1
Scorpæna scrofa, LIN., var	2
Serranus cabrilla, LIN	1

Total : 5

229

Drag. iii. — Prof. 106 mètres. — Golfe de Cadix. —
Temp. 17°,5. — Vase et coquilles. — Grand chalut.

Pleuronectes Grohmanni, Bonap................................	43	
Solea variegata, Donov.....................................	12	
Blennius ocellaris, Lin	1	64
Cepola rubescens, Lin.......................................	2	
Callionymus lyra, Lin......................................	5	
Centropristis hepatus, L. Gm.............	1	

Drag. iv. — Prof. 118 mètres. — Golfe de Cadix, —
Temp. 15°,5. — Vase et coquilles. — Grand chalut.

Scyllium stellare, Lin. (Œuf de)...	1	
Pleuronectes megastoma, Donov..............................	2	
— citharus, Spinol...........................	1	
Solea variegata, Donov....................................	1	
Merluccius vulgaris (L.), Flem............................	1	16
Gobius minutus, Lin.......................................	5	
Capros aper, Lin...........	1	
Scorpæna scrofa, Lin., var................................	4	

Drag. xxiii. — Prof. 120 mètres. — Cap Blanc (Maroc). — Temp.? — Roches, coquilles, sables. — Petit
chalut.

Pleuronectes Grohmanni, Bonap....	3	
Acantholabrus Palloni, Risso.............................	1	
Centriscus scolopax, Lin.................................	1	
Capros aper, Lin.......	10	42
Dentex macrophtalmus, Bl.................................	1	
Trigla cavillone, Lacép..................................	4	
Scorpæna scrofa, Lin., var...............................	22	

Drag. vi. — Prof. 126 mètres. — Baie de Cadix. —
Temp.? — Vase et coquilles. — Grand chalut.

Pleuronectes megastoma, Donov............................	2	
Solea variegata, Donov...................................	1	7
Capros aper, Lin.......	1	
Centropristis hepatus, L. Gm......	3	

358

Drag. LXVII. — Prof. 130 mètres. — Cap Bojador. — Temp.? — Sable coquillier. — Grand chalut.

Pleuronectes Grohmanni, BONAP..........	10	
Solea variegata, DONOV...................	2	
Centriscus scolopax, LIN.................	1	
Capros aper, LIN........................	1	17
Dentex macrophtalmus, BL. *(jun.)*.......	1	
Trigla cavillone, LACÉP.................	2	

Drag. XCII. — Prof. 140 mètres. — Nord du banc d'Arguin. — Temp.? — Sable vasard, coquiller. — Petit chalut.

Ammopleurops lacteus, BONAP.............	4	
Macrurus cœlorhynchus, RISSO............	3	
Coryphænoides æqualis, GÜNT.............	38	
Centriscus scolopax, LIN...............	6	
Capros aper, LIN......................	79	150
Dentex chrysophtalmus, BL.............	5	
Trigla cavillone, LACÉP..............	4	
Sebastes Kuhlii, BOWD.................	5	
Hoplostethus mediterraneus, C. V......	6	

Drag. LXVI. — Prof. 175 mètres. — Cap Bojador. — Temp.? — Sable coquillier, coraux. — Grand chalut.

Pleuronectes Grohmanni, BONAP..........	3	
Capros aper, LIN. *(jun.)*.............	4	11
Dentex macrophtalmus, BL. *(jun.)*.....	1	
Trachinus draco, LIN.................	3	

Drag. XC. — Prof. 175 mètres. — Nord du banc d'Arguin. — Temp. 15°. — Sable vasard, coquillier. — Petit chalut.

Centriscus scolopax, LIN..............	2	
Capros aper, LIN.....................	9	14
Trigla cavillone, LACÉP..............	2	
Sebastes Kuhlii, BOWD................	1	

Drag. xci. — Prof. 235 mètres. — Nord du banc d'Arguin. — Temp.? — Sable vasard verdâtre, coquillier. —
Petit chalut.

Conger vulgaris (L.), Cuv.	1	
Solea vulgaris (L.), Risso	2	
Ammopleurops lacteus, Bonap.	1	
Coryphænoides æqualis, Günt.	2	
Macrurus cœlorhynchus, Risso	24	
Centriscus scolopax, Lin.	1	218
Capros aper, Lin.	20	
Dentex macrophthalmus, Bl.	1	
Sebastes dactylopterus, Delar.	26	
— Kuhlii, Bowd.	41	
Hoplostethus mediterraneus, C. V.	99	

Drag. lxv. — Prof. 250 mètres. — Cap Bojador. —
Temp.? — Sable coquillier, coraux. — Grand chalut.

Solea profundicola, n. sp.	1	
Ammopleurops lacteus, Bonap.	1	4
Capros aper, Lin.	1	
Trigla cavillone, Lacép.	1	

Drag. lxiv. — Prof. 355 mètres. — Cap Bojador. —
Temp.? — Sable coquillier, coraux. — Grand chalut.

Capros aper, Lin.	7	
Dentex macrophthalmus, Bl.	1	10
Trigla cavillone, Lacép.	2	

Drag. cxii. — Prof. 347 à 405 mètres. — Canal Saint-
Vincent Saint-Antoine. — Temp. 11°,5 et 10°. — Sable,
gravier. — Grand chalut.

Synaphobranchus pinnatus, Gray	1	
Aulopus Agassizi, Bonap. (jun.)	16	
Stomias boa, Risso	1	21
Macrurus trachyrhynchus, Risso	1	
Dibranchus atlanticus, Peters	1	
Sebastes dactylopterus, Delar (jun.)	1	

803

**Drag. LXIX. — Prof. 410 mètres. — Cap. Bojador. —
Temp.? — Sable vasard. — Grand chalut.**

Hymenocephalus italicus. GIGL	46	
Coryphænoides æqualis, GÜNT	3	
Macrurus cœlorhynchus, RISSO	2	
Bathyonus murænolepis, N. SP	2	
Merlangus argenteus, GÜICH	9	87
Cyttus roseus, LOWE	2	
Dentex macrophthalmus, BL	1	
Sebastes dactylopterus, DELAR	1	
Pomatomus telescopus, RISSO	1	
Hoplostethus mediterraneus, C. V	20	

**Drag. CX. — Prof. 410 à 460 mètres. — Canal de Saint-
Vincent Saint-Antoine. — Temp.? — Sable, graviers. —
Petit chalut.**

Myrus pachyrhynchus, N. SP	2	
Gonostoma denudatum. RAF	1	
Aulopus Agassizi, BONAP	7	
Hymenocephalus italicus, GIGL	780	
Macrurus smiliophorus, N. SP	1	
— cœlorhynchus. RISSO. (*jun.*)	2	
— japonicus, SCHLEG	10	935
Lœmonema robustum, GÜNT	3	
Brosmiculus imberbis, N. SP	2	
Lophius piscatorius, LIN	2	
Sebastes dactylopterus, DELAR	1	
— — — (*jun.*)	120	
Setarches Guentheri, JOHNS	4	

**Drag. VIII. — Prof. 540 mètres. — Cap Spartel. —
Temp.? — Vase. — Grand chalut.**

Pristiurus atlanticus, N. SP	1	
Scopelus, SP. IND	1	
Hymenocephalus italicus, GIGL	8	
Macrurus sclerorhynchus, VAL	2	28
Merlangus argenteus, GÜICH	10	
Sebastes dactylopterus, DELAR	2	
Hoplostethus mediterraneus. C. V	4	

1853

Drag. XVII. — Prof. 550 mètres. — Devant Mazaghan.
— Temp. 13°. — Vase. — Grand chalut.

Hyoprorus messinensis, Köll..	1	
Pleuronectes megastoma, Donov.......	2	
Hymenocephalus italicus, Gigl........................	57	
Macrurus sclerorhynchus, Val.......................	11	88
Merlangus argenteus, Grich..	5	
Sebastes dactylopterus, Delar................... .	1	
Hoplostethus mediterraneus, C. V............... ...	11	

Drag. XVIII. — Prof. 550 mètres. — Devant Mazaghan.
— Temp. 13°. — Vase jaunâtre. — Grand chalut.

Scopelus Gemellarii, Cocco.........................	1	
Hymenocephalus italicus, Gigl........................	22	
Macrurus sclerorhynchus, Val.......................	1	33
Sebastes dactylopterus, Delar............ ...	2	
Hoplostethus mediterraneus, C. V............... .	7	

Drag. CXXIII. — Prof. 560 mètres. — En vue de Fayal.
— Temp. 12°,5. — Sable, graviers. — Petit chalut.

Pleuronectes megastoma, Donov......................	1	
Hymenocephalus italicus, Gigl.......................	4	
Macrurus coelorhynchus, Risso. (*jun.*)	2	
Callionymus phaeton, Günt..........................	3	13
Lophius piscatorius, Lin............................	1	
Sebastes dactylopterus, Delar.......................	1	
Hoplostethus mediterraneus, C. V......	1	

Drag. CXI. — Prof. 400 à 580 mètres. — Canal de Saint-
Vincent Saint-Antoine. — Temp.? — Sable, gravier. —
Petit chalut.

Spinax pusillus, Lowe..............................	1	
Gonostoma denudatum, Raf..........................	1	
Aulopus Agassizi, Bonap............................	6	
Hymenocephalus italicus, Gigl..	198	
Coryphænoides æqualis, Günt.............	4	

		1987
Macrurus cœlorhynchus, Risso	6	296
— japonicus, Schleg	7	
Lœmonema robustum, Gunt	20	
Lophius piscatorius, Lin	1	
Sebastes dactylopterus, Delar	40	
Setarches Guentheri, Johns	6	

Drag. ix. — Prof. 622 mètres. — Cap Spartel. — Temp.? — Vase. — Grand chalut.

Scopelus, sp. ind	1	
Hymenocephalus italicus, Gigl	12	
Macrurus sclerorhynchus, Val	7	
— trachyrhynchus, Risso	1	33
Mora mediterranea, Risso	3	
Pomatomus telescopus, Risso	1	
Hoplostethus mediterraneus, C. V	8	

Drag. cxiv. — Prof. 633 à 598 mètres. — Canal de Saint-Vincent Saint-Antoine. — Temp. 10°. — Sable, roches. — Grand chalut.

Uroconger vicinus, n. sp	1	3
Macrurus sclerorhynchus, Val	2	

Drag. lxiii. — Prof. 640 mètres. — Cap Bojador. — Temp. 9°,5. — Sable, coraux. — Grand chalut.

Hymenocephalus italicus, Gigl	8	
Macrurus sclerorhynchus, Val	6	27
Merluccius vulgaris, Flem	1	
Hoplostethus mediterraneus, C. V	12	

Drag. lxxi. — Prof. 640 mètres. — Côte du Soudan. — Temp.? — Sable vasard, coquilles, coraux. — Grand chalut.

Nettastoma melanurum, Raf	1	
Macrurus sclerorhynchus, Val	4	
Motella tricirrhata, Bloch	1	
Physiculus Dalwigkii, Kaup	5	

2340

2340

Sebastes dactylopterus, Delar.......................	1	27
— Kuhlii, Bowd............................	1	
Pomatomus telescopus, Risso....	1	
Hoplostethus mediterraneus, C. V......	13	

Drag. x. — Prof. 717 mètres. — Cap Spartel (Maroc). — Temp. 12°. — Corail. -- Grand chalut.

Xenodermichthys socialis, N. sp...................... ..	1	3
Macrurus sclerorhynchus, Val.........................	1	
Sebastes dactylopterus, Delar.......................	1	

Drag. cxiii°. — Prof. 760 à 618 mètres. — Canal de Saint-Vincent Saint-Antoine. — Temp.? — Sable vasard. — Grand chalut.

Nettastoma melanurum, Raf.......	1	55
Scopelus, sp. ind.......	1	
Hymenocephalus italicus, Gigl..	40	
Coryphænoides æqualis, Gunt............	1	
Macrurus sclerorhynchus, Val.....................	1	
Lœmonema robustum, Gunt........................	5	
Chaunax pictus, Lowe.......................	4	
Lophius piscatorius, Lin....................	1	
Pomatomus telescopus, Risso........................	1	

Drag. lxii. — Prof. 782 mètres. — Cap Bojador (Sahara). — Temp.? — Sable coquillier, coraux. — Grand chalut.

Hymenocephalus italicus, Gigl....................	37	82
Coryphænoides æqualis, Gunt....................	1	
Macrurus sclerorhynchus, Val...................	8	
Physiculus Dalwigkii, Kaup......................	1	
Sebastes dactylopterus, Delar....................	2	
— Kuhlii, Bowd........................	1	
Hoplostethus mediterraneus, C. V.................	32	

Drag. lxxxvi. — Prof. 800 mètres. — Côtes du Soudan.

2507

2507

— Temp. 8°. — Sable vasard, vert. — Grand chalut.

Raja (Deux œufs de)............................	»
Chimæra monstrosa, Lin. (Fœtus de...............	1
Xenodermichthys socialis, N. sp..................	1
Macrurus sclerorhynchus, Val.....................	23
— trachyrhynchus, Risso...................	11
Sebastes Kuhlii, Bowd...........................	1
Hoplostethus mediterraneus, C. V.................	4

41

Drag. LXXXV. — Prof. 830 mètres. — Côtes du Soudan. — Temp. 7°,5. — Sable vasard, vert. — Grand chalut.

Pristiurus, sp. IND. (Œuf de).....................	»
Alepocephalus rostratus, Risso...................	1
Halosaurus Owenii, Johns.........................	1
Bathygadus melanobranchus, N. sp..................	8
Macrurus sclerorhynchus, Val.....................	35
— smiliophorus, N. sp......................	3
— zaniophorus, N. sp.......................	1
— trachyrhynchus, Risso....................	26
Chaunax pictus, Lowe............................	1
Sebastes Kuhlii, Bowd...........................	2
Pomatomus telescopus, Risso.....................	5
Hoplostethus mediterraneus, C. V. (jun.),........	1

84

Drag. XXXIII *bis*. — Prof. 834 mètres. — Cap Cantin. — Temp. 11°. — Vase rougeâtre. — Grand chalut.

Bathypterois dubius, N. sp.......................	2
Alepocephalus rostratus, Risso..................	3
Xenodermichthys socialis, N. sp.................	1
Halosaurus Owenii, Johns........................	3
— Johnsonianus, N. sp.....................	1
Bathygadus melanobranchus, N. sp................	9
Macrurus sclerorhynchus, Val....................	2
— trachyrhynchus, Risso...................	2

23

Drag. LXXXIV. — Prof. 860 mètres. — Côtes du Sou-

2655

dan. — Temp. 7°,5. — Sable vasard, vert. — Grand
chalut.

Halosaurus Owenii, Johns.	1	
Bathygadus melanobranchus, N. SP.	2	
Macrurus sclerorhynchus, Val.	7	18
— — trachyrhynchus, Risso	7	
Sebastes Kuhlii, Bowp.	1	

Drag. XLIX. — Prof. 865 mètres. — Canaries. —
Temp. 7°. — Vase jaune. — Grand chalut.

Synaphobranchus pinnatus, Gray.	3	
Alepocephalus macropterus, N. SP.	1	
Halosaurus Johnsonianus, N. SP.	1	
Bathygadus melanobranchus, N. SP.	9	18
Macrurus sclerorhynchus, Val.	2	
Hoplostethus mediterraneus, C. V., (jun.).	2	

Drag. LXXII. — Prof. 882 mètres. — Côtes du Soudan.
— Temp. ? — Sable vasard. — Grand chalut.

Synaphobranchus pinnatus, Gray.	1	
Alepocephalus macropterus, N. SP., (jun.	2	
Halosaurus Owenii, Johns.	2	
— Johnsonianus, N. SP.	18	39
Bathygadus melanobranchus, N. SP.	14	
Macrurus trachyrhynchus, Risso.	1	
Hoplostethus mediterraneus, C. V., (jun.	1	

Drag. LXXXVIII. — Prof. 888 mètres. — Au nord du
banc d'Arguin. — Temp. 7°. — Sable vasard, vert. —
Grand chalut.

Nemichthys scolopacea, Rich.	1	
Dicrolene introniger, G. et B.	1	2

Drag. XXXVI. — Prof. 912 mètres. — Au large de Mo-

2732

gador. — Temp. ? — Vase rouge. — Grand chalut.

Synaphobranchus pinnatus, GRAY................ 1
Bathypterois dubius, N. SP................... 2
Bathygadus melanobranchus, N. SP............. 2
Macrurus sclerorhynchus, VAL................ 4

9

Drag. XIX. — Prof. 920 mètres. — Devant Mazaghan.
— Temp. 10°. — Vase jaunâtre. — Petit chalut.

Halosaurus Owenii, JONXS 1
Hymenocephalus italicus, GIGL.............. 1
Macrurus sclerorhynchus, VAL.............. 1
Sebastes dactylopterus, DELAR............. 1
Pomatomus telescopus, RISSO.............. 1
Hoplostethus mediterraneus, C. V.......... 3

8

Drag. LXXXIII. — Prof. 930 mètres. — Côtes du Soudan.
— Temp. 6°,8. — Sable vasard, vert. — Grand chalut.

Alepocephalus macropterus, N. SP............ 1
Bathygadus melanobranchus, N. SP.......... 3
Macrurus sclerorhynchus, VAL............. 14
  — trachyrhynchus, RISSO.............. 3
Cottunculus inermis, N. SP............... 1
Pomatomus telescopus, RISSO............. 1
Hoplostethus mediterraneus, C. V. (jun.)..... 1

24

Drag. LXXXII. — Prof. 932 mètres. — Côtes du Soudan.
— Temp. 7°. — Sable vasard, vert. — Grand chalut.

Crocconger vicinus, N. SP............... 1
Bathypterois dubius, N. SP.............. 2
Alepocephalus rostratus, RISSO, (jun.)...... 1
Halosaurus Owenii, JONXS............... 1
Bathygadus melanobranchus, N. SP......... 3
Macrurus sclerorhynchus, VAL............ 25
  — smiliophorus, N. SP.............. 2
  — zaniophorus, N. SP.............. 1
  — trachyrhynchus, RISSO........... 2
Notacanthus mediterraneus, FIL. et VER........ 1
Sebastes Kuhlii, BOWD................. 2

41

2814

Drag. LII. — Prof. 946 mètres. — Parages des Canaries. — Temp.? — Sable piqueté noir, roches. — Grand chalut, hameçons.

Scyllium acutidens, N. SP.	1	
Halosaurus Owenii, JOHNS.	1	3
Macrurus sclerorhynchus, VAL.	1	

Drag. L. — Prof. 975 mètres. — Parages des Canaries Temps. 7°,2. — Vase jaune. — Grand chalut.

Scyllium? spinacipellitum, N. SP.	1	
Synaphobranchus pinnatus, GRAY.	1	
Scopelus gemellarii, Cocco, (jun.).	1	
Alepocephalus rostratus, RISSO.	3	
Halosaurus Owenii, JOHNS.	4	
— Johnsonianus, N. SP.	1	52
Bathygadus melanobranchus, N. SP.	25	
Macrurus sclerorhynchus, VAL.	8	
Mora mediterranea, RISSO.	2	
Sebastes dactylopterus, DELAR.	1	
Pomatomus telescopus, RISSO, (jun.).	1	
Hoplostethus mediterraneus, C. V., (jun.).	4	

Drag. XXXVII. — Prof. 1050 mètres. — Au large de Mogador. — Temp.? — Vase rouge. — Grand chalut.

Myrus pachyrhynchus, N. SP.	1	
Synaphobranchus pinnatus, GRAY.	1	
Alepocephalus rostratus, RISSO.	1	7
Xenodermichtys socialis, N. SP.	1	
Eurypharynx pelecanoides, VAILL (jun.).	1	
Bathygadus melanobranchus, N. SP.	2	

Drag. XI. — Prof. 1084 mètres. — Cap Spartel. — Temp.? — Vase et coraux. — Grand chalut.

Hymenocephalus longifilis, G. et B.	1	
Macrurus sclerorhynchus, VAL	3	10
— smiliophorus, N. SP.	5	
Mora mediterranea, RISSO.	1	

2886

Drag. xciv. — Prof. 1 090 mètres. — Devant le banc d'Arguin. — Temp. 6°. — Sable vasard, verdâtre. — Grand chalut.

Scopelogadus cocles, n. sp.	2	
Xenodermichthys socialis, n. sp.	1	4
Macrurus sclerorynchus, Val. *juv.*	1	

Drag. xxxi. — Prof. 1 103 mètres. — Cap Cantin. — Temp.? — Vase jaune. — Grand chalut, fauberts.

Bathypterois dubius, n. sp.	1	
Halosaurus phalacrus, n. sp.	2	
Bathygadus melanobranchus, n. sp.	3	30
Hymenocephalus longifilis, G. et B.	16	
Macrurus sclerorhynchus, Val.	4	
— trachyrhynchus, Risso.	1	

Drag. xx. — Prof. 1 105 mètres. — Devant Mazaghan. — Temp. 6°,5. — Vase, éponges. — Petit chalut.

Synaphobranchus pinnatus, Gray.	2	
Leptocephalus Morrisii, L. Gm.	1	
Bathypterois dubius, n. sp.	1	
Hymenocephalus italicus, Gigl.	2	17
— dispar, n. sp.	1	
Macrurus sclerorhynchus, Val.	5	
Gyrinomene nummularis, n. sp.	1	
Hoplostethus mediterraneus, C. V.	4	

Drag. lxxxvii. — Prof. 1 013 à 1 113 mètres. — Au Nord du banc d'Arguin. — Temp. 7° à 6°. — Sable vasard, vert. — Grand chalut.

Synaphobranchus pinnatus, Gray.	1
Bathypterois dubius, n. sp.	9
Alepocephalus rostratus, Risso.	1
Bathytroctes homopterus, n. sp.	1
Halosaurus Owenii, Johns.	20

2937

2937

Bathygadus melanobranchus, N. sp. 46   134
Macrurus sclerorhynchus, VAL. 45
      zaniophorus, N. sp. 3
      trachyrhynchus, Risso. 2
Dicrolene introniger, G. et B. 6

Drag. XXXIV. — Prof. 1123 mètres. — Cap Cantin. — Temp. ? — Vase rouge. — Grand chalut.

Chauliodus Sloani, BL. SCHN. 1
Sternoptyx diaphana, HERM. 1   3
Argyropelecus hemigymnus, COCCO. 1

Drag. LXXX et LXXXI. — Prof. 1139 mètres. — Côte du Soudan. — Temp. 6°,2. — Vase grise. — Grand chalut, ligne de pêche.

Scopelus Gemellarii, Cocco (*jun.*). 1
Bathypterois dubius, N. sp. 1
Leptoderma macrops, N. sp. 4
Halosaurus Johnsonianus, N. sp. 7
Bathygadus melanobranchus, N. sp. 20
Hymenocephalus crassiceps, GUNT (*jun.*) 1   70
     —   longifilis, G. et B. 3
Macrurus sclerorhynchus, VAL. 19
    —   trachyrhynchus, Risso. 3
Dicrolene introniger, G. et B. 3
Cottunculus torvus, GOODE. 7
Sebastes Kuhlii, BOWD. 1

Drag. XLVII. — Prof. 1163 mètres. — Entre Lanzarote et le Maroc. — Temp. 8°,7. — Vase. — Grand chalut.

Scopelus Gemellarii, Cocco. 1
Stomias boa, Risso. 1
Leptoderma macrops, N. sp. 3
Bathygadus melanobranchus, N. sp. 8   18
Hymenocephalus italicus, GIGL. 1
     —   longifilis, G. et B. 2
Mora mediterranea, Risso. 1
Aulostoma longipes, N. sp. 1

3162

3162

Drag. XLVIII. — Prof. 1 180 mètres. — Entre Lanzarote et le Maroc. — Temp. 8°,5. — Vase. — Petit chalut.

Gonostoma denudatum, RAF.	1	
Leptoderma macrops, N. SP.	1	
Bathygadus melanobranchus, N. SP.	5	19
Hymenocephalus longifilis, G. et B.	7	
Macrurus sclerorhynchus, VAL.	4	
Mora mediterranea, RISSO.	1	

Drag. XIII et XIII bis. — Prof. 1 216 mètres. — Au large d'El Arish (Maroc). — Temp. 10°. — Vase et coraux. — Petit chalut.

Halosaurus Johnsonianus, N. SP.	1	
Hymenocephalus longifilis, G. et B.	6	9
Macrurus sclerorhynchus, VAL.	1	
— smiliophorus, N. SP.	1	

Drag. XLVI. — Prof. 1 220 mètres. — Entre Lanzarote et le Maroc. — Temp. 8°. — Vase jaune. — Grand chalut.

Bathypterois dubius, N. SP.	1	1

Drag. XCV. — Prof. 1 230 à 1 160 mètres. — Devant le banc d'Arguin. — Temp. ? — Sable vasard, verdâtre. — Grand chalut.

Centrophorus calceus, LOWE.	1	
Chimæra monstrosa, LIN.	2	
Scopelogadus cocles, N. SP.	1	
Bathypterois dubius, N. SP.	5	
Xenodermichtys socialis, N. SP.	133	172
Halosaurus Owenii, JOHNS.	10	
Bathygadus melanobranchus, N. SP.	4	
Macrurus sclerorhynchus, VAL.	14	
Sirembo metriostoma, N. SP.	1	
Lycodes mucosus, AFF.	1	

3363

Drag. LXXIX. — Prof. 1 232 mètres. — Côtes du Soudan.
— Temp. 5°,8. — Vase jaune. — Grand chalut.

Bathypterois dubius, N. SP.	2	
Halosaurus Johnsonianus, N. SP.	33	
Hymenocephalus crassiceps, GÜNT.	8	
Macrurus japonicus, SCHLEG.	3	49
Dicrolene introniger, G. et B.	2	
Notacanthus mediterraneus, FIL. et VER.	1	

Drag. XLV. — Prof. 1 235 mètres. — Entre Lanzarote
et le Maroc. — Temp. 5°. — Vase jaune, molle. —
Grand chalut.

Bathypterois dubius, N. SP.	6	
Alepocephalus rostratus, RISSO.	1	
Leptoderma macrops, N. SP.	3	
Halosaurus Owenii, JOHNS.	1	23
— Johnsonianus, N. SP.	1	
Bathygadus melanobranchus, N. SP.	8	
Macrurus sclerorhynchus, VAL.	3	

Drag. LI. — Prof. 1 238 mètres. — Parages des Canaries. — Temp. 7°,2. — Vase rougeâtre. — Grand chalut.

Bathypterois dubius, N. SP.	3	4
Macrurus sclerorhynchus, VAL.	1	

Drag. LXXIX *bis*. — Prof. 1 250 mètres. — Côtes du
Soudan. — Temp. 6°. — Vase grise. — Grand chalut.

Scopelogadus cocles, N. SP.	1	
Halosaurus phalacrus, N. SP.	3	
Bathygadus melanobranchus, N. SP.	3	13
Hymenocephalus crassiceps, GÜNT.	4	
Macrurus sclerorhynchus, VAL.	1	
Dicrolene introniger, G. et B.	1	

Drag. CXXVII. — Prof. 1 257 mètres. — Entre Pico et

3452

Saint-Georges. — Temp. 11°,5. — Vase grise. — Grand chalut.

Chimæra monstrosa, LIN.	1
Sinaphobranchus pinnatus, GRAY	4
Bathypterois dubius, N. SP.	4
Halosaurus Owenii, JOHNS.	1
Coryphænoides asperrimus, N. SP.	5
Macrurus sclerorhynchus, VAL.	8
— japonicus, SCHLEG.	11
Sirembo metriostoma, N. SP.	1

35

Drag. XXI. — Prof. 1319 mètres. — Devant Mazaghan. — Temp. 8°. — Vase. — Petit chalut.

Neostoma quadrioculatum, N. SP.	1
Bathypterois dubius, N. SP.	1
Bathygadus melanobranchus, N. SP.	2
Hymenocephalus longifilis, G. et B.	3
Macrurus sclerorhynchus, VAL.	4
— smiliophorus, N. SP.	2
Halargyreus brevipes, N. SP.	1
Gymnolycodes Edwardsi, N. SP.	1
Hoplostethus mediterraneus, C. V.	8

23

Drag. XXXIII. — Prof. 1350 mètres. — Cap Cantin. — Temp. ? — Vase rougeâtre. — Grand chalut, fauberts.

Synaphobranchus pinnatus, GRAY.	2
Neoscopelus macrolepidotus, JOHNS.	1
Bathypterois dubius, N. SP.	3
Xenodermichtys socialis, N. SP.	1
Halosaurus Johnsonianus, N. SP.	10
Bathygadus melanobranchus, N. SP.	6
Hymenocephalus longifilis, G. et B.	6
Macrurus sclerorhynchus, VAL.	6
— zaniophorus, N. SP.	1
Mora mediterranea, RISSO.	1

37

3547

Drag. xxvi. — Prof. 1400 mètres. — Cap Blanc (Maroc). Temp. ? — Vase jaune. — Grand chalut.

Malacosteus choristodactylus, N. SP.	1	
Anomalopterus pinguis, N. SP.	1	3
Eurypharynx pelecanoides, VAILL.	1	

Drag. xxx. — Prof. 1435 mètres. — Cap Cantin. — Temp.? — Vase. — Petit chalut, fauberts, petite drague.

Myrus pachyrynchus, N. SP.	1	
Synaphobranchus pinnatus, GRAY.	2	
Bathypterois dubius, N. SP.	1	
Stomias boa, Risso.	1	7
Bathygadus melanobranchus, N. SP.	1	
Hymenocephalus longifilis, G. et B.	1	

Drag. lxxviii. — Prof. 1400 à 1435 mètres. — Côtes du Soudan. — Temp. 5°,2 et 5°,4. — Vase jaune. Grand chalut.

Centrocymnus obscurus, N. SP.	1	
Synaphobranchus pinnatus, GRAY.	2	
Alepocephalus macropterus, N. SP.	2	
Bathytroctes melanocephalus, N. SP.	1	9
Bathygadus melanobranchus, N. SP.	1	
Hymenocephalus crassiceps, GÜNT.	1	
Macrurus sclerorhynchus, VAL.	1	

Drag. lxxiii. — Prof. 1435 mètres. — Côtes du Soudan. — Temp. 7°,1. — Sable vasard. — Grand chalut, ligne de pêche.

Synaphobranchus pinnatus, GRAY.	1	
Halosaurus phalacrus, N. SP.	1	
Bathygadus melanobranchus, N. SP.	1	
Hymenocephalus crassiceps, GÜNT.	1	7
Macrurus sclerorhynchus, VAL.	2	
Hoplostethus mediterraneus, C. V.	1	

Drag. cxxii. — Prof. 1 440 mètres. — Au sud des Açores. — Temp. ? — Vase grise. — Petit chalut.

Synaphobranchus pinnatus, Gray.	1	
Aulopus Agassizi, Bonap.	5	7
Bathypterois dubius, n. sp.	1	

Drag. cxxi. — Prof. 1 442 mètres. — Au sud des Açores. — Temp. 7°. — Vase grise. — Petit chalut.

Synaphobranchus pinnatus, Gray.	2	
Bathypterois dubius, n. sp.	3	
Bathytroctes attritus, n. sp.	1	
Halosaurus phalacrus, n. sp.	1	18
Coryphænoides asperrimus, n. sp.	9	
Macrurus affinis, n. sp.	1	
Sirembo metriostoma, n. sp.	1	

Drag. xciii. — Prof. 1 195 à 1 283. — Devant le Banc d'Arguin. — Temp. 4°,5. — Sable vasard, verdâtre. — Grand chalut.

Centroscyllium Fabricii, Reinh.	1	
Uroconger vicinus, n. sp.	3	
Bathypterois dubius, n. sp.	15	
Stomias boa, Risso.	1	
Alepocephalus rostratus, Risso.	5	
Leptoderma macrops, n. sp.	47	
Halosaurus Owenii, Johns.	1	
— Johnsonianus, n. sp.	13	
Bathygadus melanobranchus, n. sp.	2	150
Macrurus sclerorhynchus. Val.	21	
— trachyrynchus, Risso.	1	
— japonicus, Schleg.	4	
Dicrolene introniger. G. et B.	28	
Lycodes (?) Verrillii, G. et B.	2	
Notacanthus mediterraneus, Fil. et Ver.	2	
Cottunculus torvus, Goode.	2	
— inermis, n. sp.	2	

3748

Drag. c. — Prof. 1550 mètres. — Devant le Banc d'Arguin. — Temp.? — Vase verdâtre. — Grand chalut.

Synaphobranchus pinnatus, Gray	1	
Leptocephalus Morrisii, L. Gm	1	
Alepocephalus macropterus, N. sp	1	8
Bathytroctes attritus, N. sp	2	
Halosaurus Owenii, Johns	1	
Macrurus sclerorhynchus, Val	2	

Drag. xxxii. — Prof. 1590 mètres. — Cap Cantin. — Temp.? — Vase grise. — Grand chalut, fauberts.

Neoscopelus macrolepidotus, Johns	2	
Bathypterois dubius, N. sp	3	
Alepocephalus rostratus, Risso	1	
Halosaurus Johnsonianus, N. sp	1	
Bathygadus melanobranchus, N. sp	1	14
Hymenocephalus italicus, Gigl	2	
-- longifilis, G. et B	3	
Coryphænoides asperrimus, N. sp	1	

Drag. xcix. — Prof. 1617 mètres. — Devant le Banc d'Arguin. — Temp.? — Argile ardoisée. — Grand chalut, ligne à fauberts.

Stomias boa, Risso	1	
Bathytroctes melanocephalus, N. sp	1	3
Halosaurus Owenii, Johns	1	

Drag. xxii. — Prof. 1635 mètres. — Devant Mazaghan. — Temp. 6°,5. — Vase. — Petit chalut.

Neostoma quadrioculatum, N. sp	1	
Malacosteus choristodactylus, N. sp	1	
Scopelus Gemellarii, Cocco	1	8
Bathypterois dubius, N. sp	1	
Halosaurus phalacrus, N. sp	2	
Hymenocephalus longifilis, G. et B	2	

3781

3781

Drag. LIX. — Prof. 2013 mètres. — Au S. de Fuerta-
ventura. — Temp. 4°. — Vase jaune. — Petit chalut.

Neostoma quadrioculatum, N. SP.   1   1

Drag. LVIII. — Prof. 2015 mètres. — Au S. de Fuerta-
ventura. — Temp. 3°,5. — Vase jaune. — Petit chalut.

Synaphobranchus pinnatus, GRAY.   1
Macrurus sclerorhynchus, VAL.   1   2

Drag. XLIII. — Prof. 2075 mètres. — Au large d'Agadir. — Temp. 5°. — Vase grise, coquilles brisées. —
Petit chalut.

Synaphobranchus pinnatus, GRAY.   4
Alepocephalus macropterus, N. SP.   1   6
Hymenocephalus italicus, GIGL.   1

Drag. XLIV. — Prof. 2083 mètres. — Au large d'Agadir. — Temp. ? — Vase grise, coquilles brisées. — Petit
chalut.

Synaphobranchus pinnatus, GRAY.   1
Hymenocephalus italicus, GIGL.   1   2

Drag. XLII. — Prof. 2104 mètres. — Au large d'A-
gadir. — Temp. ? — Vase grise, coquilles brisées.
— Grand chalut.

Synaphobranchus pinnatus, GRAY.   1
Halosaurus Johnsonianus, N. SP.   3
    — —   phalacrus, N. SP.   1   6
Coryphaenoides aequalis, GÜNT.   1

Drag. XLI. — Prof. 2115 mètres. — Au large d'Agadir.

— Temp. ? — Vase grise, coquilles brisées. — Grand chalut.

Synaphobranchus pinnatus, GRAY	8	
Alepocephalus rostratus, RISSO	3	
— macropterus, N. SP.	8	29
Halosaurus Johnsonianus, N. SP.	6	
Coryphænoides æqualis, GÜNT.	2	
Macrurus sclerorhynchus, VAL., var.	2	

Drag. XVI. — Prof. 2190 mètres. — Au large de Rabat. — Temp. 4°,5. — Vase jaunâtre. — Petit chalut.

Alepocephalus rostratus, RISSO	1	2
Halosaurus phalacrus, N. SP.	1	

Drag. XXXIX. — Prof. 2200 mètres. — Au large d'Agadir. — Temp. ? — Vase grise, coquilles brisées. — Grand chalut.

Nettastoma proboscideum, N. SP.	1	
Synaphobranchus pinnatus, GRAY	9	
Bathysaurus Agassizi, G. et B.	1	
Bathytroctes melanocephalus, N. SP.	1	24
Halosaurus macrochir, GÜNT.	9	
Coryphænoides æqualis, GÜNT.	1	
Macrurus sclerorhynchus, VAL., var.	2	

Drag. XXXVIII. — Prof. 2210 mètres. — Au large d'Agadir. — Temp. ? — Vase. — Petit chalut.

Synaphobranchus pinnatus. GRAY	3	
Cyema atrum, GÜNT.	1	5
Macrurus sclerorhynchus. VAL	1	

Drag. XL. — Prof. 2212 mètres. — Au large d'Agadir. — Temp. 5°. — Vase grise, coquilles brisées. — Grand chalut.

Notacanthus Rissoanus. FIL et VER	1	1

3859

Drag. cxxix. — Prof. 2220 à 2155 mètres. — De
Fayal à Saint-Michel. — Temp. 4°. — Vase grise, molle.
— Grand chalut.

Synaphobranchus pinnatus, Gray.	1	
Neostoma bathyphilum, n. sp.	1	
Malacosteus choristodactylus, n. sp.	1	7
Halosaurus phalacrus, n. sp.	1	
Macrurus sclerorhynchus, Val.	2	
— japonicus, Schleg.	1	

Drag. cxxx. — Prof. 2235 mètres. — De Fayal à
Saint-Michel. — Temp.? — Vase grise, pierres ponces. —
Grand chalut.

Synaphobranchus pinnatus, Gray.	1	
Alepocephalus rostratus, Risso.	1	3
Halosaurus macrochir, Gunt.	1	

Drag. cxl. — Prof. 2285 mètres. — Golfe de Gascogne.
— Temp.? — Vase, argile. — Grand chalut.

Neostoma bathyphilum n. sp.	1	1

Drag. xcvii. — Prof. 2324 mètres. — Devant le Banc
d'Arguin. — Temp.? — Vase grise, un peu verte. —
Petit chalut.

Macrurus sclerorhynchus. Val.	1	1

Drag. xcviii. — Prof. 2324 mètres. — Devant le Banc
d'Arguin. — Temp. 3°,4. — Vase grise, un peu verte. —
Petit chalut.

Macrurus sclerorhynchus, Val.	3	
Porogadus nudus, n. sp.	3	6

Drag. xcvi. — Prof. 2330 à 2320 mètres. — Devant

3877

le Banc d'Arguin. — Temp. 3° et 3°,8. — Vase grise, un peu verte. — Petit chalut.

Neostoma quadrioculatum, N. SP.	1	
Alepocephalus rostratus, Risso.	1	
Leptoderma macrops, N. SP.	1	9
Macrurus sclerorhynchus, VAL.	5	
Sebastes Kuhlii, Bown.	1	

Drag. XIV. — Prof. 2516 mètres. — Au large de Rabat. — Temp. 4°. — Vase jaunâtre. — Petit chalut.

Melanocetus Johnsonii, GTR.	1	1

Drag. XXVIII. — Prof. 2600 mètres. — Cap Cantin. — Temp. 3°,5. — Vase. — Grand chalut.

Bathytroctes melanocephalus, N. SP.	1	
Macrurus sclerorhynchus, VAL.	1	2

Drag. CXIX. — Prof. 2195 à 2792 mètres. — Au S. des Açores. — Temp. 4° et 3°,5. — Sable, fond dur. — Petit chalut.

Neostoma quadrioculatum, N. SP.	1	
Sternoptyx diaphana, Herm.	1	3
Eustomias obscurus, N. SP.	1	

Drag. CXX. — Prof. 2792 à 2921 mètres. — Au S. des Açores. — Temp. 3°,5 à 3°,8. — Sable vaseux, fond dur. Petit chalut.

Neostoma quadrioculatum. N. SP.	4	4

Drag. CXXXI. — Prof. 2995 mètres. — Au N. de Saint-Michel. — Temp. 3°4. — Vase blanchâtre, molle. — Grand chalut.

Nemichthys infans, N. SP.	1	
Neostoma quadrioculatum, N. SP.	1	
Halosaurus macrochir, GTR.	1	4
Hymenocephalus crassiceps, GTR.	1	

3900

Drag. ci. — Prof. 3 200. — Entre Dakar et la Praya. — Temp.? — Vase grise. — Grand chalut.

Synaphobranchus pinnatus, GRAY	2	
Myrus, AFF.	1	
Neostoma quadrioculatum, N. SP.	4	
Macrurus sclerorhynchus, VAL.	3	
Porogadus nudus, N. SP.	1	28
— subarmatus, N. SP.	11	
Sirembo Guentheri, N. SP.	2	
— microphtalmus, N. SP.	3	
— oncerocephalus, N. SP.	1	

Drag. cii. — Prof. 3655. — Entre Dakar et la Praya. — Temp. 2°,3. — Vase grise. — Grand chalut.

Bathysaurus obtusirostris, N. SP.	1	
Scopelogadus cocles, N. G. et SP.	1	
Alepocephalus rostratus, RISSO.	1	9
Bathytroctes attritus, N. SP.	1	
Macrurus sclerorhynchus, VAL.	3	
Pisces, IND.	2	

Drag. cxxxiii. — Prof. 3975 mètres. — Des Açores en France. — Temp. 3°. — Vase blanchâtre. — Petit chalut.

Lycodes albus	2	2

Drag. cxxxiv. — Prof. 4060 mètres. — Des Açores en France. — Temp. 3°. — Vase blanchâtre. — Grand chalut (1).

Neostoma quadrioculatum, N. SP.	1	1

Drag. cxxxv. — Prof. 4165 mètres. — Des Açores

3940

---

(1) De nombreux *Entelurus æquoreus* Lin., la plupart en décomposition et pris, suivant toute probabilité, à la surface, ont été ramenés par le chalut dans ce dragage et le précédent n° cxxxiii.

3940

en France. — Temp. 2°,9. — Vase blanchâtre. — Petit
chalut.

> Neostoma quadrioculatum, N. SP. . . . . 2)
> Coryphænoides gigas, N. SP. . . . . 1)   3

Drag. CXXXVI. — Prof. 4255 mètres. — Des Açores en
France. — Temp. 3°. — Vase blanchâtre. — Petit chalut.

> Coryphænoides gigas, N. SP. . . . . 1)
> Bythites crassus, N. SP. . . . . 1)   2

Drag. CXXXII. — Prof. 4415 mètres. — Au N. de
Saint-Michel (Açores). — Temp. ? — Vase blanchâtre.
— Petit chalut.

> Neostoma quadrioculatum, N. SP. 2   2

Drag. CXXXIX. — Prof. 4789 mètres. — Des Açores
en France. — Temp. 2°,8. — Vase blanchâtre. — Petit
chalut.

> Melanocetus Johnsonii, GÜNT. 1   1

Drag. CXXXVII. — Prof. 4975 à 5005. — Des Açores
en France. — Temp. 2°,7. — Vase blanchâtre. — Petit
chalut.

> Alexeterion Parfaiti, N. G. et SP. 1   1
>   ___
>   3949

ÉTUDE DES ESPÈCES

ELASMOBRANCHII

1. Pristiurus atlanticus.

Pl. I, fig. 1, 1ᵃ, 1ᵇ, 1ᶜ, 1ᵈ.

? *Pristiurus melanostomus*, Lowe. *Fishes of Madeira.* p. 93, Pl. XIV, 1843-60.

Espèce très voisine du *Pristiurus melanostomus* Raf., s'en distingue toutefois par son museau plus obtus, la longueur, mesurée de son extrémité la plus saillante à la lèvre antérieure, est plus petite que la distance séparant les deux commissures labiales, elle est égale ou supérieure dans l'autre espèce. Les dents (1) ont leur pointe médiane plus robuste, moins allongée, et latéralement on trouve deux denticules au lieu d'un seul, elles paraissent plus nombreuses, 31 de chaque côté à la mâchoire supérieure au lieu de 28. Les scutelles cutanées (2), quoique du même type et assez voisines comme forme, ont le limbe proportionnellement moins large, la nervure médiane à la fois plus étroite et plus saillante, les dents latérales moins divergentes.

Les tubes de Lorenzini sont moins nombreux, à en juger par la disposition des orifices à la face inférieure du museau (3) où ils forment un écusson ovoïde allongé, les orifices étant très régulièrement disposés.

Les fentes branchiales diminuent sensiblement, comme dimensions,

---

(1) Pl. I, fig. 1ᵈ et, pour le *Pristiurus melanostomus*, fig. 2ᵃ.
(2) Pl. I, fig. 1ᶜ et, pour le *Pristiurus melanostomus*, fig. 2.
(3) Pl. I, fig. 1ᵇ (Cfr. Bonaparte. *Faun. Ital.*, pl. CXXXI, fig. 3 .

d'avant en arrière, la dernière n'ayant pas moitié de la hauteur de la première, tandis qu'elle équivaut à plus des trois quarts chez le *Pristiurus melanostomus*. L'évent est également plus petit à proportion.

Toutes ces différences prises isolément sont légères, mais elles donnent à l'animal une physionomie assez spéciale, en comparant surtout des individus de même taille, pour justifier l'établissement de cette nouvelle espèce.

Il serait bien possible qu'on dût y rapporter le Scyllien décrit sous le nom de *Pristiurus melanostomus* par Lowe, car il indique sur cet individu des dents avec deux paires de denticules latéraux.

Un exemplaire femelle long de 440 millimètres, ramené de 540ᵐ par le travers du cap Spartel, dragage VIII (n° 84-387, *Coll. Mus.*).

3. Scyllium ? spinacipellitum.

(Pl. I, fig. 3. 3ᵃ).

et

4. Scyllium ? acutidens.

Pl. I, fig. 4).

Trois autres dragages nous ont fourni des exemplaires, qui, sans aucun doute, se rapportent au groupe des *Scylliidæ*, sans qu'il soit possible de les déterminer comme genre d'une manière plus précise ; il n'est pas inutile toutefois de les mentionner pour servir de points de comparaison dans des recherches ultérieures.

Ce sont en premier lieu deux jeunes squales, un d'eux long de 123ᵐᵐ, pris dans le dragage L par 975ᵐ (n° 84-384, *Coll. Mus.*), l'autre long de 150ᵐᵐ, pris dans le dragage LII par 946ᵐ (n° 84-385, *Coll. Mus.*), ils proviennent l'un et l'autre de la même localité, parages des Canaries. Malgré leur conservation très défectueuse, on peut constater qu'ils possèdent une nageoire anale et que la première dorsale est placée en arrière des ventrales, réunion de caractères qui se rencontrent chez les Scyllidiens seulement. Mais l'état dans lequel se trouvent les têtes ne permet pas de reconnaître si les narines étaient distinctes de la bouche comme chez les *Scyllium* et *Pristiurus*, ou se prolongeaient jusqu'à celle-ci comme chez les *Hemiscyllium, Chiloscyllium, Giglymostoma, Stegostoma, Crossorhinus*. Les deux premiers genres et les Ginglymostomes étant jusqu'ici les seuls qu'on ait rencontrés dans l'Atlantique, c'est à l'un d'eux, sans doute, qu'appartiennent ces petits Pleurotrèmes, je les rapporte provisoirement aux Roussettes.

Le premier, moins mal conservé que l'autre, est recouvert de son tégument sur la plus grande partie du corps, les scutelles offrent une forme tout à fait anormale (1), en sorte de chausse-trape ayant quatre prolongements, disposés à peu près dans un même plan à angles droits, de l'entrecroisement desquels s'élève une tige cylindrique légèrement courbe, c'est la partie libre. Les dents (2) ont une pointe médiane et de chaque côté une paire de pointes latérales. Ceci n'est pas sans analogie avec la description donnée plus haut des dents chez le *Pristiurus atlanticus*, mais la forme des scutelles est toute différente et l'examen de ces parties faite sur le *Scyllium stellaris* Lin, à des âges très différents, un adulte mesurant 800^{mm}, et un jeune, long seulement de 143^{mm} (3), tout en montrant qu'il y a certaines variations dans la forme de ces organes, n'en indique pas à beaucoup près d'aussi grandes. En raison de la conformation des scutelles, je proposerais pour cet animal le nom de *Scyllium spinaripellitum*.

Sur le second, le tégument a été complètement enlevé, les dents seules (4) peuvent fournir quelques indications, elles offrent le type habituel chez les Scyllidiens avec une longue pointe médiane et une petite pointe latérale de chaque côté, la première plus développée comparativement que dans aucune des espèces analogues. Je le désigne sous le nom de *Scyllium acutidens*.

Enfin, dans le dragage LXXXV, par 830^m (N° 84-386, *Coll. Mus.*), on a trouvé l'enveloppe cornée d'un œuf (5), qui doit provenir d'un Scyllidien et dont l'aspect diffère sensiblement de tous ceux décrits jusqu'ici.

(1) Pl. I, fig. 3.
(2) Pl. I, fig. 3ª.
(3) Pl. I, fig. 5,5ª.
(4) Pl. I, fig. 4.
(5) Pl. I, fig. 7.

Sa forme est en quadrilatère allongé comme chez les Squales ovipares, il est long de 61^{mm}, large de 22^{mm}; à l'extrémité close les angles se prolongent en deux cornes, longues d'environ 7^{mm}, courbées l'une vers l'autre. l'extrémité opposée, par laquelle le petit s'est échappé, est légèrement arrondie, les bords sont simplement convexes. Ce qui rend cet œuf particulièrement singulier, c'est que les faces présentent des côtes saillantes, longitudinales, régulières, au nombre d'une trentaine de chaque côté.

D'après ce que nous connaissons pour la forme de l'enveloppe cornée de l'œuf chez les Pleurotrèmes ovipares, c'est de l'œuf du *Pristiurus* qu'on serait porté à rapprocher celui dont il est ici question. Chez les *Scyllium* connus (*S. canicula* Lin., *S. stellare* Lin. (1), *S. Edwardsii* Cuv. (2), *S. Chilense*, Guich) (3), les angles portent de très longs prolongements ; chez les *Gynglymostoma* (*G. cirrhatum* L. Gm.) (4), les *Stegostoma* (*S. tigrinum*, Lin.) (5), les *Chiloscyllium* (*C. indicum*, L. Gm.) (6), l'œuf est au contraire absolument dépourvu de tout appendice. Chez le *Pristiurus melanostomus*, l'œuf, bien décrit et figuré par Yarrell (7), intermédiaire, en quelque sorte, entre les deux formes précédentes, présente à l'une de ses extrémités, celle par laquelle sort le jeune animal, deux petites cornes ou prolongements courts, l'autre extrémité est arrondie, mais avec une échancrure punctiforme bien évidemment formée par les deux autres angles, rapprochés et à peine saillants. Dans l'enveloppe dont il est ici question, les prolongements de l'extrémité close sont, sans doute, les analogues de ces derniers, mais les angles sont arrondis à l'extrémité ouverte.

Il n'est pas inutile d'ajouter que si, chez les Hypotrèmes ovipares, tels que les Raïes, l'enveloppe cornée de l'œuf a un aspect tout différent (8) de

---

(1) M. E. Moreau *Poissons de la France*, t. I, p. 270, 1881, a fort bien indiqué les caractères qui distinguent les œufs dans ces deux espèces. De nombreuses figures, pour le *S. stellare* Lin., ont été données par les auteurs, depuis Rondelet, la plupart sont peu satisfaisantes.

(2) G. Edwards, *Gleanings of the Nat. Hist.*, 1760, 2e part., pl. CCLXXXIX. Les cornes, d'après la figure, sont relativement courtes, étant à peine moitié de la longueur du corps, mais pourraient bien avoir été brisées.

(3) Les œufs de cette espèce ont été rapportés par la Mission du cap Horn.

(4) Carus, *Erläuterungstafeln z. vergl. Anat.*, 3e part., pl. VI, fig. 7 et 8.

(5) L. Vaillant, *Comptes rendus Acad. sc.*, t. LXXXVI, p. 1279 (20 mai 1878).

(6) J. Müller, *Über den glatten Hai des Aristoteles*, p. 59, 1842.

(7) Yarrell, *Brit. Fishes*, 3e édit., t. II, p. 481.

(8) Tilesius, *Ueber die sogenannte Seemäusen*, pl. IV, fig. 1 à 4 et pl. V, fig. 2, 1802.

ce qu'il est chez les Pleurotrèmes cités, cependant, dans certains cas, il s'en rapprocherait beaucoup plus, comme J. Müller en a fait la remarque à propos du *Platyrhina Schœnleinii*, M. et H. (1). Toutefois il n'en est pas moins probable que l'enveloppe cornée, dont il est ici question, provient d'un Scyllidien.

Serait-ce l'œuf du *Pristiurus atlanticus?* Dans ce cas il aurait là un caractère différentiel d'une grande importance à ajouter à ceux donnés plus haut, mais, quoiqu'une figure, trop réduite malheureusement, donnée par Lowe (2) puisse, d'après certains détails, paraître favorable à cette manière de voir, la description parle contre et la question ne peut être actuellement jugée.

5. Centroscymnus cœlolepis Bocage et Capello.

(Pl. II, fig. 1, 1ᵃ, 1ᵇ, 1ᶜ, 1ᵈ, 1ᵉ).

Cette intéressante espèce se distingue au premier coup d'œil par la forme de son museau, la petitesse des nageoires dorsales, aussi bien que par son écaillure singulière.

Jusqu'ici on n'a pas trouvé d'individus de très grande taille ; MM. Bocage et Capello citent l'exemplaire type du Musée de Lisbonne comme mesurant 1ᵐ,14 ; nous possédons une femelle ayant à très peu près les mêmes dimensions (Nᵒ A, 3931, *Coll. Mus.*).

La hauteur est environ 1/6 de la longueur.

La tête (3) est courte, le museau obtus, arrondi, la longueur de celui-ci, prise de l'extrémité à l'orifice buccal, un peu inférieure à la largeur de la bouche, laquelle se prolonge de chaque côté par un sillon long et bien marqué. Les dents à la mâchoire supérieure (4) sont subulées, à portion basilaire bifide ; celles de la mâchoire inférieure (5), à pointe en lancette rejetée en dehors, de telle sorte que le côté tranchant interne est presque

(1) J. Müller, *Ueber den glatten Hai des Aristoteles*, p. 62 et pl. VI, fig. 2, 1842.
(2) Lowe, *Fishes of Madeira*, p. 97, pl. XIV, fig. 4, 1843-36.
(3) Pl. II, fig. 1ᵃ.
(4) Pl. II, fig. 1ᵈ.
(5) Pl. II, fig. 1ᵉ.

horizontal, ont leur base en quadrilatère allongé suivant la hauteur. Les narines sont notablement plus rapprochées du bout du museau que de l'angle de la bouche (1). L'œil grand, latéral, a, comme chez les autres squales pris à cette profondeur, l'iris noir, la pupille d'un beau vert clair. Les évents, de forme demi-circulaire à côté convexe dirigé en avant, sont à une distance de l'extrémité du museau égale à une fois trois quarts la longueur de celui-ci, la distance qui les sépare égale la longueur du museau, leurs dimensions sont médiocres, 15ᵐᵐ environ sur un individu de forte taille. Orifices branchiaux petits, placés à la hauteur de la nageoire pectorale, le cinquième touchant presque celle-ci.

Orifice cloacal reculé un peu en arrière du point d'union des deux tiers antérieurs au tiers postérieur de la longueur totale.

Les nageoires dorsales très rudimentaires sont situées la première vers les 2/3 de la longueur du corps, la seconde à cette même distance de la première. Toutes les deux à peu près semblables, quadrilatères, à base un peu plus petite que la hauteur (la base étant mesurée à partir de l'épine), les dimensions sur le plus grand individu sont de 40ᵐᵐ pour la base et 50ᵐᵐ environ pour la hauteur. L'épine pour chacune d'elles est très peu développée, cachée sous la peau, à peine visible, longue d'environ 15ᵐᵐ. Caudale également petite, occupant environ les 2/11 de la longueur totale. Les nageoires paires ne paraissent pas, au point de vue de la locomotion, devoir contrebalancer l'infériorité résultant de la petitesse des précédentes, elles sont relativement peu développées; les pectorales se trouvent situées à peu près à mi-distance de l'extrémité du museau à la première dorsale, les ventrales juste en avant de la seconde.

Cet animal est d'un brun acajou, sur le sec le centre de chaque scutelle apparaît comme un point blanchâtre, ceci est beaucoup moins marqué sur le frais.

La structure de ces scutelles, des plus singulières, a été indiquée pour la première fois par MM. Barboza du Bocage et Brito Capello. Si on considère cet organe dans son état d'intégrité on voit qu'il s'insère à la peau par une base lamelleuse triangulaire, festonnée et gaufrée sur les bords. De

(1) Pl. II, fig. 1ᵇ.

cette base s'élève un pédoncule cylindrique, en colonne creuse, élargi à ses deux extrémités (1), il supporte une lamelle circulaire un peu cordiforme (2), renflée sur le bord, amincie au centre, en sorte que la face externe est sensiblement concave. C'est vers le milieu de la lamelle que s'insère le pédoncule et non sur le côté comme chez la plupart des Squales analogues (3), il en résulte que la scutelle pourrait être comparée non à une feuille ordinaire dont le limbe serait réfléchi à angle droit sur le pétiole, mais à une feuille peltée ou à un champignon. De plus, ce qui rend cet organe encore plus anormal, la lamelle se détache avec la plus grande facilité du pédoncule, surtout lorsque la dessiccation a quelque peu rétracté les parties, cette division s'effectue toujours de la même manière et sans fracture appréciable, indiquant bien que les tissus présentent sur ce point une solution de continuité naturelle. Sur des coupes verticales il est possible de constater cette limite de séparation entre le pédoncule et la lamelle (4).

L'encéphale est remarquable dans son ensemble par son élongation. Le prosencéphale en forme de pyramide triangulaire, à base tournée en avant et bilobée sur le bord, présente à sa partie moyenne deux éminences, précédant une excavation losangique, qui laisse à découvert l'entrée des ventricules. Les angles antéro-externes portent deux pédoncules olfactifs, qui, sur l'individu examiné, ne mesurent pas moins de 20^{mm}. Dans le mésencéphale on peut regarder comme représentant le cerveau intermédiaire un pédoncule cylindrique, d'environ 10^{mm} de long, divisé en deux par un sillon longitudinal. Les lobes optiques ovoïdes ne diffèrent pas sensiblement de ce qu'ils sont dans des genres voisins. Le cervelet, de forme oblongue, offre un sillon médian longitudinal, qui n'atteint pas les extrémités et le ferait assez bien comparer à un pain fendu. Les lames postérieures, la moelle allongée, ne présentent rien qui mérite d'être signalé.

En comparant cet organe à ce qu'il est dans les *Acanthias* (5), genre rap-

---

(1) Pl. II, fig. 1e : *e, e'*.
(2) *Ibid.* : *a, b.*
(3) Comparer la coupe précédente avec celle de l'écaille du *Centophorus squamosus* Lin., pl. II, fig. 2.
(4) Pl. II, fig. 1e : *e,e'*.
(5) Le cerveau de l'*Acanthias vulgaris* L. Risso a été figuré avec beaucoup de soin et d'exactitude

proché de celui-ci par tous les zoologistes, on est frappé des différences portant sur la forme du prosencéphale, sur les dimensions des pédoncules olfactifs et du cerveau intermédiaire, c'est à cela qu'est due l'élongation indiquée plus haut.

Les viscères n'offrent rien de spécial, la valvule de l'intestin est spirale; le foie atteint un énorme volume; sur un individu de 12 kilog. 050, il pesait 2 kilog. 050.

Ces squales, comme leurs congénères, sont ovovivipares et la plupart des femelles pêchées étaient, à cette époque (août 1881), en état de gestation. Le nombre des fœtus varie de treize à quinze d'après nos observations, ils sont répartis dans les utérus de telle sorte que la différence n'est que d'une unité, six à droite, sept à gauche dans un cas, huit et sept dans un autre. Nous avons pu en recueillir un grand nombre et à des degrés très divers de développement, leurs longueurs variant de 10^{mm} à 150^{mm} ou 160^{mm}. Sur les plus petits embryons les branchies accessoires manquent, mais se voient sur ceux qui atteignent 25^{mm} à 30^{mm}; on les trouve encore bien développés, la longueur étant de 90^{mm}; elles sont très rudimentaires sur des individus de 120^{mm} et disparaissent sur ceux de 150^{mm}. Ces derniers prennent la coloration de l'adulte; cependant ni les dents ni les scutelles ne sont encore distinctes, ces dernières étant indiquées par des amas pigmentaires arrondis ponctuant le tégument et visibles à un grossissement de 20 à 40 diamètres. Les aiguillons sont perceptibles dès la taille de 100^{mm} à 120^{mm} se détachant de la nageoire sous forme d'un mamelon arrondi, sur les individus plus développés ils sont nettement distincts.

On sait qu'à ces profondeurs, d'après les observations actuellement faites, la température est peu élevée, nous l'avons trouvée sur ce point de 6°,5. Quelques observations (1) tendraient à faire penser que, chez les Squales vivipares, à l'époque de la gestation les femelles se rapprochent de la surface des eaux pour trouver une chaleur plus grande, en vue, pense-t-on,

d'après MM. Vulpian et Philippeau par A. Duméril (*Hist. nat. des Poissons*, t. I; pl. II, fig. 7; 1870). Le sujet a été étudié depuis avec détails par M. Gustav Fritsch (*Untersuchungen über den feineren Bau des Fischgehirns*. Berlin. 1878).

(1) Voir le résumé donné des faits connus relatifs à cette question dans *Hist. nat. des Poissons* d'A. Duméril, t. I, p. 202.

de soumettre leurs œufs, quoique contenus encore dans l'utérus, à une sorte
d'incubation solaire, ce qui paraît rationnel eu égard à la température variable de ces Poissons. Les *Centroscymnus* de Sétubal prouvent que cette
condition n'est pas cependant indispensable, car bon nombre de ces animaux étaient évidemment très près de l'époque de la parturition, à en juger par le volume des fœtus et l'état de résorption de la vésicule ombilicale.
Il serait intéressant de déterminer la température propre des Squales ovovivipares et de reconnaître si elle offre quelque différence pendant et en
dehors de l'état de gestation, question qu'on ne peut que poser à l'heure
actuelle.

6. Centroscymnus obscurus.

(Pl. II, fig. 2, 2ᵃ, 2ᵇ, 2ᶜ, 2ᵈ, 2ᵉ).

Poisson de forme assez allongée, cylindrique, la hauteur du corps étant
à peu près égale à 1/9 de la longueur totale. Museau aplati, sa portion
préorale (1) supérieure au double de la distance qui sépare les narines
en avant, et aussi à la distance d'écartement des commissures buccales;
narines beaucoup plus près de son extrémité que de l'orifice buccal,
deux longs sillons labiaux obliques, convergeant en avant. Bouche
située à mi-distance de l'extrémité du museau au deuxième orifice branchial. Pectorales arrondies. Origine de la première dorsale sur le milieu
de la longueur moins la caudale, sa base, non compris l'aiguillon,
égale environ au quart de la distance qui sépare les deux dorsales, et plus
courte que celle de la seconde, laquelle se termine à peu près au niveau
de la pointe des ventrales; les deux aiguillons peu développés, en grande
partie cachés sous la peau, la première dorsale d'ailleurs un peu moins
étendue que la seconde dans toutes ses parties. Caudale occupant plus
de 1/5 de la longueur totale, nettement échancrée en dessous.

Dents de la mâchoire supérieure (2) subulées, à base renflée, bifurquée;
celles de la mâchoire inférieure (3) avec une pointe lamelleuse, triangulaire.

(1) Pl. II, fig. 2ᵃ, 2ᵇ.
(2) Pl. II, fig. 2ᵈ.
(3) Pl. II, fig. 2ᵉ.

allongée, obliquement dirigée en dehors, tranchante, base aplatie, quadrilatérale. Écailles (1) sur le type de celles des *Centrophorus*, à base columnaire verticale soudée à l'extrémité d'un limbe, dirigé horizontalement, celui-ci ayant la forme d'une feuille plus ou moins tridentée en arrière, avec trois nervures longitudinales répondant à chacune de ces dents, la médiane plus forte, entre elles se trouvent des nervures secondaires transversales, courbes, plus ou moins régulières, parallèles, les reliant l'une à l'autre. Ces écailles sont remarquablement petites et donnent à la peau un aspect tomenteux.

L'animal est entièrement d'un noir foncé.

Un individu femelle long de 590^{mm} a été pris dans le dragage LXXVIII, par 1 400^m à 1 435^m sur les côtes du Soudan (n° 84-388, *Coll. Mus.*).

Par son aspect le *Centroscymnus obscurus* rappelle le *Scymnodon ringens* Boc. et Cap., mais ses dents inférieures à pointes nettement obliques en dehors l'en distinguent au premier coup d'œil, les dents supérieures subulées empêchent de réunir cette espèce aux véritables *Centrophorus*.

Ce squale n'est pas toutefois sans présenter de réels rapports avec le *Centrophorus squamulosus* Günt., du Japon, à en juger par la description (2), qui seule m'est connue, cependant les dorsales dans ce dernier sont moins rapprochées, le museau est plus allongé par rapport à la longueur de la tête, considérée comme se terminant à la hauteur de la première fente branchiale. La forme des dents supérieures n'est malheureusement pas donnée. C'est à côté du *Centroscymnus cœlolepis* Boc. et Cap., qu'il conviendrait donc de le placer; toutefois cette nouvelle espèce en diffère notablement par la structure des scutelles, dont le limbe n'est ni articulé, ni inséré au pédoncule en un point plus ou moins rapproché du centre, elle fait passage aux *Centrophorus*.

(1) Pl. II, fig. 2ᵃ.

(2) Günther, *Preliminary notes on new Fishes collected in Japan during the Expedition of H. M. S. « Challenger »* (Ann. Mag. nat. Hist., 4ᵉ sér., t. XX, p. 433, 1877).

7. Centrophorus squamosus Linné.

(Pl. II, fig. 3; pl. III, fig. 2, 2ᵃ, 2ᵇ, 2ᶜ, 2ᵈ, 2ᵉ.)

(Var. Dumerilii, pl. III, fig. 3, 3ᵃ, 3ᵇ.)

Ce squale, il y a peu de temps encore, connu seulement par de rares exemplaires sans origine précise, paraîtrait, d'après la pêche effectuée sous nos yeux, être au contraire le plus abondamment répandu à Sétubal. Il est assez singulier que sur les douze exemplaires examinés, tous se soient trouvés être des mâles. D'après MM. Bocage et Capello, ce poisson peut atteindre une taille de 1ᵐ,42; ceux que nous avons pêchés étaient plus petits et ne dépassaient guère 1ᵐ,10 à 1ᵐ,15.

L'iris est d'un noir profond, la pupille vert émeraude clair.

Le *Centrophorus squamosus* L. Gm. se distingue surtout du *C. granulosus* Bl., par la conformation des scutelles pédonculées dans le premier, sessiles chez le second, point sur lequel Müller et Henle (1), plus tard A. Duméril (2) ont particulièrement insisté. Malgré cette différence, qui, aux yeux de certains ichtyologistes, justifierait peut-être la formation de coupes génériques, ces animaux sont, je crois, avec raison rapprochés, car il ne faut voir là qu'un fait de degré. Si chez le *Centrophorus granulosus*, aussi bien que dans l'espèce suivante, le *C. calceus* Lowe, le plus grand nombre des scutelles sont pédonculées, d'autres sont sessiles et de formes très voisines de celles qu'on observe chez le *C. granulosus*, par exemple aux bords du museau, sur les nageoires et différentes autres parties du corps (3); en ces points on peut passer insensiblement de l'une à l'autre forme. Le nom d'*Arreganhada* donné par les pêcheurs à cet animal fait allusion à l'âpreté du tégument.

D'après les exemplaires recueillis, on pourrait distinguer deux variétés fort voisines, sans doute, mais qu'il est utile cependant de faire connaître. La coloration de l'espèce typique étant d'un brun plus ou moins acajou, la

(1) *Plagiostomen*, pl. XXXIII et XXXIV, p. 89 et 90, 1841.

(2) *Hist. gén. des Poissons*, t. I, pl. V, fig. 11, 12, 13 et 18.

(3) MM. Bocage et Capello ont fort bien fait comprendre le rapprochement par les figures qu'ils ont données dans leur travail : *Peixes Plagiostomos* (comparez pl. III, fig. 2 : *b, e*; avec pl. II, fig. 1 : *f*.

variété tire sur le gris noirâtre. La dorsale antérieure semble dans celle-ci proportionnellement moins élevée, eu égard à la longueur de la base, et la postérieure au contraire plus haute, le rapport entre les deux dimensions étant environ des 2/7 pour la première, des 6/11 pour la seconde, tandis que pour le *Centrophorus squamosus* type, on trouve 3/7 pour l'une et 4/9 ou moitié pour l'autre. Les aiguillons, surtout celui de la nageoire postérieure, paraissent plus grêles et moins courbes dans la variété. Les scutelles, qui fournissent des caractères plus positifs, ont dans la variété (1) la lamelle plus étroite, la côte médiane seule bien visible, les latérales étant rudimentaires ou nulles; sur le bord postérieur les denticules sont gros et peu nombreux, un à quatre de chaque côté; au contraire, sur l'espèce type (2) la largeur de la lamelle est très peu différente de la longueur, les côtes latérales sont distinctes, et les denticules au nombre de cinq à sept paires. Quant à la dentition, la première a les dents supérieures (3) terminées en une pointe formant un triangle à peu près équilatéral, au lieu de présenter une pointe rétrécie portée sur une base renflée (4); les inférieures (5) ont leur pointe notablement plus surbaissée, et il ne paraît pas y avoir de dent médiane impaire, les individus typiques (6) présentent les caractères opposés. Sur la tête, en assez mauvais état d'ailleurs, qui se trouve dans les collections du Muséum, exemplaire vu par Broussonnet et Lacépède, la disposition des dents de la mâchoire supérieure se reconnaît cependant avec netteté; aussi ne peut-il y avoir doute sur ce qu'il faut regarder comme forme typique et comme variété.

En comparant ces descriptions avec celles données par les auteurs (7) pour les *Centrophorus squamosus* L. Gm. et le *C. Dumerilii* Johns., on trouve bon nombre de caractères rapprochant ces deux espèces des formes qui viennent d'être indiquées ci-dessus; il y aurait toutefois inversion en ce que le véritable Centrophore écailleux de Broussonet, avec ses dents supérieures

(1) Pl. III, fig. 3.
(2) Pl. III, fig. 2ᶜ.
(3) Pl. III, fig. 3ᵃ.
(4) Pl. III, fig. 2ᵈ.
(5) Pl. III, fig. 3ᵇ.
(6) Pl. III, fig. 2ᶜ.
(7) Voir en particulier Günther, *Cat. Brit. Mus. Fishes*, t. VIII, p. 422, 1870.

à pointes rétrécies, et sa dent inférieure médiane, correspondrait au *C. Du-merilii*, la variété, avec ses dents supérieures plus élargies dans leur portion terminale, l'absence de dent impaire à la mâchoire inférieure, devant être rapprochée au contraire du *C. squamosus* des auteurs. La confusion s'explique d'autant plus facilement que dans le traité classique de Müller et Henle, où l'espèce est représentée (1), la figure de détail ne montre pas de dent impaire inférieure. Toutefois il faut remarquer que ce dessin est fort imparfait, si on le compare à ceux qui sont généralement donnés dans ce remarquable ouvrage (2), et les dents ne sont pas figurées, comme d'ordinaire, sur la tête vue par dessous; on peut en conclure que ces parties étaient en mauvais état sur l'exemplaire de Berlin comme sur celui du Muséum d'histoire naturelle, les seuls connus à cette époque.

Quoi qu'il en soit, le rapprochement à établir avec la tête étudiée par Broussonet n'étant pas douteux, il y aurait lieu d'intervertir les descriptions, si on jugeait utile de conserver ces deux espèces, qu'il me paraît plus naturel de considérer comme de simples variétés, car certains individus présentent des combinaisons mixtes de caractères, surtout en ce qui concerne les scutelles et les dents, de sorte qu'on peut avec autant de raison les rapprocher de l'une ou de l'autre forme.

8. Centrophorus calceus Lowe.

(Pl. III, fig. 1, 1ᵃ, 1ᵇ, 1ᶜ, 1ᵈ.)

Ce Squale n'est réellement bien connu que depuis les travaux de MM. Bocage et Capello. Il ne paraît pas atteindre une très grande taille; les deux exemplaires que la Commission scientifique du *Travailleur* a rapportés de Sétubal ne mesurent pas plus de 1ᵐ,03 à 1ᵐ,06 (Nᵒˢ A, 3929 et A, 4802, *Coll. Mus.*); ce sont deux femelles adultes; dans les oviductes de l'une d'elles nous avons rencontré cinq petits longs de 200ᵐᵐ et ayant la vésicule ombilicale en grande partie résorbée.

(1) Müller et Henle, *Plagiostomen*, pl. XXXIV.

(2) Comparer par exemple les planches XXXIII et XXXIV, la première représentant le *Centrophorus granulosus* Bl. Schn.

La forme particulière du museau, élargi en spatule, donne à ce Centrophore un faciès tout particulier, qui permet de le reconnaître au premier coup d'œil; la teinte générale est d'un gris bleuâtre, plus pâle, presque blanc, sous le ventre.

La peau, eu égard à ce qu'on connaît généralement chez les Sélaciens, offre peu de résistance et se déchire avec une extrême facilité.

La pupille est d'un vert émeraude clair.

MM. Bocage et Capello, après comparaison entre des exemplaires provenant de Madère et ceux pêchés à Sétubal, ayant admis l'identité de leur *Centrophorus crepidalbus* avec l'*Acanthidium calceus* de Lowe, il paraît convenable, suivant l'opinion de M. Günther, d'adopter cette dernière épithète comme ayant la priorité, bien que la description incomplète donnée par l'auteur anglais ne rendît guère possible une détermination positive.

Un individu plus petit, long de 540^{mm}, a été ramené dans le dragage xcv du *Talisman* par 1 230^m devant le banc d'Arguin (N° 84-389, *Coll. Mus.*).

9. Spinax pusillus Lowe.

Cette espèce, qui diffère du *Squalus spinax* Lin. (*Spinax niger* des auteurs) par la forme de ses scutelles granuleuses et non prolongées en pointe filiforme, est représentée dans nos collections par un individu long de 230^{mm} très bien conservé. Il a été trouvé dans le dragage cxi par 580^m dans le canal de Saint-Vincent Saint-Antoine, îles du Cap-Vert (N° 84-390, *Coll. Mus.*).

10. Centroscyllium Fabricii Reinhardt.

Un petit exemplaire long de 175^{mm}, en fort mauvais état, peut être rapporté à cette espèce, la seule connue jusqu'ici. La forme des dents, tricuspides aux deux mâchoires, ne laisse aucun doute sur l'assimilation générique. La comparaison avec des types de même grandeur appartenant à la collection du Muséum montre que la forme générale, la disposition des nageoires, la force et les dimensions des épines, sont celles de l'espèce de Reinhardt.

Ce poisson a été pêché dans le dragage XCIII, par 1495ᵐ, devant le banc d'Arguin (N° 84-391, *Coll. Mus.*).

Le *Centroscyllium Fabricii* était surtout connu des mers septentrionales et du Groenland; trouvé déjà plus au sud dans les dragages exécutés par les soins des États-Unis, car le Muséum a reçu de l'Institution smithsonienne un exemplaire pris à 366ᵐ (200 brasses) par 42°,46′ lat. N. et 65°,18′ long. O., ce Squale descendrait encore davantage, 20°,44′ lat. N. d'après nos observations, mais en gagnant des profondeurs plus grandes.

REMARQUES SUR LA FAMILLE DES SPINACIDÆ

ET SUR LA PÊCHE DES SQUALES PAR DE GRANDES PROFONDEURS A SÉTUBAL

La famille des Spinacidae, telle qu'elle est aujourd'hui définie par le plus grand nombre des ichtyologistes, c'est-à-dire comprenant à la fois les genres groupés autour des *Acanthias*, des *Spinax*, tribu des SPINACINA, et ceux qui se rapprochent des *Scymnus*, SCYMNINA, renferme la plupart des Plagiostomes des grandes profondeurs. Voici comment, d'après les matériaux que j'ai pu rassembler, cette famille semblerait devoir être comprise dans ses subdivisions.

En premier lieu si, contrairement à l'opinion de Müller et Henle, on réunit en un groupe les SPINACES et les SCYMNI formant pour ces ichtyologistes deux familles distinctes, c'est que ces animaux présentent non seulement dans la disposition de leurs nageoires impaires, surtout l'absence d'anale, des caractères communs, mais encore que les dents, dans ces deux divisions, offrent un arrangement analogue et tout à fait particulier, sauf chez les *Centroscyllium*. A l'une au moins des mâchoires (1), parfois aux deux (2), la partie basilaire ou racine de la dent s'élargit en formant une lame

(1) Pl. II, fig. 1ᵃ, 2ᵃ.
(2) Pl. III, fig. 1ᶜ, 1ᵈ, 2ᵈ, 2ᵉ, 3ᵃ, 3ᵇ.

appliquée, suivant une de ses faces, contre le cartilage mandibulaire; la solidité est encore augmentée par le chevauchement de ces racines les unes sur les autres, chaque lame recouvrant par son bord externe sa voisine et se trouvant solidement unie avec elle, non seulement par un tissu intermédiaire fibreux ou fibro-cartilagineux, mais souvent encore par une sorte d'emboîtement réciproque, car des parties en saillie sur l'une des racines pénètrent dans des parties creuses qui leur correspondent sur la suivante. De cette disposition, qui disparaît dans les genres limites comme les *Echinorhinus*, lesquels par suite mériteraient de former une tribu spéciale, résulte que chez ces Squales on ne peut enlever une dent sans arracher ou ébranler les dents voisines et que le remplacement doit se faire par rangée complète, ce qui d'ailleurs est sans doute général pour tous les Élasmobranches, mais beaucoup plus évident ici que partout ailleurs.

Dans la tribu des SPINACINA, qui nous intéresse plus particulièrement, la compréhension des genres est différemment interprétée par les auteurs, MM. Barboza du Bocage et Brito Capello par exemple, ayant établi un certain nombre de coupes, que M. Günther n'a pas cru devoir admettre. Pour ce dernier en effet le genre *Centrophorus* M. et H. doit renfermer en même temps les espèces des genres *Scymnodon* Boc. et Cap. et *Centroscymnus*, Boc. et Cap. Malgré l'autorité du savant directeur du Musée Britannique, le faciès du *Scymnodon ringens* avec ses dents inférieures aiguës et si développées, l'aspect que donnent au *Centroscymnus cœlolepis* ses écailles à limbe articulé, arrondi, sans traces de dentelures, me paraissent, joints aux raisons déjà données par les auteurs portugais, justifier l'opinion de ces derniers. Le tableau synoptique ci-contre donnera idée des subdivisions à établir en admettant cette manière de voir.

Trib. SPINACINA

```
                  triangulaire. Dents supérieures subulées; les infé-
                  rieures à pointe dressée, triangulaire . . . . . . . . 1. Oxynotus Raf.

                                   aiguës,      dressée, triangulaire . . 2. Scymnodon Boc. et Cap.
                                   simples.
                                   Dents      oblique, tran-   subulées. 3. Centroscymnus Boc. et Cap.
        plus ou moins  inférieures chantes. Les    à pointe
Corps                  à pointe    supérieures    triangu-  4. Centrophorus M. et H.
        arrondi.                                    laire.
        Dents          à pointe oblique, tranchantes, ainsi
        supérieures    que les inférieures . . . . . . . . . . 5. Acanthias Risso.

                       tricuspides. à pointe oblique, tran-
                       Dents         chantes . . . . . . . . . 6. Spinax Cuv.
                       inférieures  également tricuspides. . 7. Centroscyllium M. et H.
```

La pêche des Squales à Sétubal, depuis un temps qu'il est impossible de préciser, mais certainement fort ancien, donne lieu à une exploitation régulière sur laquelle il nous a été possible de rassembler un certain nombre d'indications. Il est, je crois, d'autant plus opportun de les faire connaître, que les mêmes procédés employés sur d'autres points du globe amèneraient, sans aucun doute, la découverte de types nouveaux analogues.

Le nombre des bateaux, qui se livrent à cette industrie spéciale, est peu considérable. trois à Sétubal même et à peu près autant à Cezimbra, petit port situé plus à l'ouest à mi-chemin à peu près du cap Spichel. Ces embarcations, longues de 5 à 6 mètres, sont larges. solidement construites, mais en même temps équilibrées de manière à céder aux moindres impulsions de l'eau, condition leur permettant de tenir la mer même par gros temps, car souvent, vu la distance, la pêche demande des absences de plusieurs jours et la rentrée au port peut être difficile. Le bateau sur lequel la pêche s'est effectuée sous nos yeux était monté par neuf hommes plus un jeune garçon de douze à quinze ans.

L'engin employé se compose en premier lieu des lignes portant les hains. Ce sont de petites cordes de 16^{mm} à 20^{mm} de circonférence, longues d'une trentaine de mètres, portant à des distances égales vingt cordelettes plus fines, de $1^{m},50$ de long à l'extrémité desquelles sont empilés

les hameçons. Ces derniers, analogues à ceux qu'on emploie habituellement pour la pêche de la morue au banc de Terre-Neuve, ont une
hauteur de 140^{mm} à partir du sommet de la courbure jusqu'à l'extrémité
d'attache; le diamètre du fil de fer étamé, avec lequel ils sont établis, est de
4^{mm}. Ces lignes, analogues à ce que les pêcheurs de l'Océan désignent
sous le nom de *pièces d'appelets*, sont réunies bout à bout au nombre
de vingt à quarante, formant une *tessure*, laquelle porterait par conséquent
de 400 à 800 hameçons. Le tout est fixé à une maîtresse corde de même
grosseur mesurant de 1,200 mètres à 1,300 mètres (700 brasses). Les
pêcheurs portugais désignent l'engin sous le nom d'*espinheis*, qui au propre
signifie *épine dorsale* et fait allusion à la ressemblance qu'on peut saisir entre
cet instrument et l'aspect du rachis des poissons avec ses longues apo-
physes partant à des intervalles réguliers (1).

Les hains sont amorcés au moyen de sardines fraîches, conservées
dans le sel et remplissant le fond de l'embarcation au-dessous du plancher. Au fur et à mesure les hameçons garnis sont placés vers l'avant du
bateau, formant deux paquets entre des fiches placées dans ce but sur le
plat bord. Cet arrangement réclame de la part du pêcheur une grande
habitude pour être méthodiquement fait et permettre plus tard de jeter avec
ordre les hameçons, sans qu'ils risquent de se prendre les uns dans les
autres.

Au moment de mettre l'engin à l'eau on conduit l'embarcation au moyen
de deux rames plus longues que celles dont on se sert habituellement, afin
que la ligne venant de l'avant ne risque pas de s'engager dans les avirons.
Pour procéder à l'immersion on commence par lester l'extrémité avec une
pierre de médiocre grosseur, ayant environ le volume des deux poings,
puis on jette un par un les hameçons, qu'on voit passer avec régularité le
long du bateau, descendre obliquement et disparaître sans qu'aucun vienne
accrocher l'autre. Les pièces d'appelets sont ainsi successivement envoyées,
et on file la ligne. Lorsque la moitié environ de celle-ci est à l'eau, on
arrête l'opération pendant un quart d'heure, en continuant de nager
pour tendre l'appareil; on achève ensuite d'immerger complètement le

(1) Cet engin n'est en définitive qu'une Palangre disposée pour opérer à de grandes profondeurs
voir Duhamel. *Traité général des Pesches*, I sect., p. 71, 1769).

restant. Toute cette manœuvre demande environ une heure et demie.

Après une heure trois quarts de repos, l'engin ayant été laissé au fond, on s'occupe de le relever, ce qui constitue la partie pénible de l'opération, les moyens mis en usage par les pêcheurs de Sétubal étant des plus primitifs. On dispose à l'avant du bateau une sorte de madrier, lequel porte, encastré dans son extrémité libre, une poulie en bois. L'autre bout s'appuie contre le mât, et le tout est solidement amarré à la pièce relevée en saillie, qui, dépassant la proue, continue en quelque sorte la quille. La maîtresse corde étant engagée sur la poulie, les hommes de l'équipage se placent deux par deux sur chaque banc; tous alors, les mains garnies de morceaux de drap, tirent ensemble et amènent ainsi la ligne sur l'arrière du bateau. Là, le patron reçoit les différentes portions de corde, qu'il enroule; à chaque dix tours il arrête au moyen d'un nœud, et forme ainsi des paquets qu'il place avec ordre les uns au-dessus des autres. Il faut près de deux heures pour remonter, lever ainsi la maîtresse corde et arriver à la première pièce d'appelet. A partir de ce moment la manœuvre se passe à l'arrière; la ligne placée sur le côté droit du bateau est tirée par trois ou quatre hommes; le patron, armé d'un croc en fer, surveille l'arrivée de l'engin, tandis qu'un pêcheur à côté de lui jette sans grand ordre au fond du bateau les hameçons et les cordes qui les tiennent. Aussitôt qu'un poisson se présente, le patron, au moyen du croc, qu'il lui enfonce dans la bouche, le hisse à bord et le jette devant le pêcheur, qui dégage l'hameçon.

La durée du coup de ligne, auquel nous avons assisté, a duré un peu plus de cinq heures et demie. La mer était remarquablement calme. Vingt et un Squales furent capturés, on ramena en outre huit *Mora Mediterranea* Risso.

La ligne touche le fond, car sur ses trois cents ou quatre cents derniers mètres elle est au retour chargée de vase; d'un autre côté il est clair que si ces poissons habitaient des zones plus élevées, l'expérience eût depuis longtemps appris au pêcheur qu'il était inutile d'employer un engin non seulement coûteux, mais encore encombrant et pénible à manœuvrer. Notons de plus que sur ce point, où des populations nombreuses s'occupent exclusivement de la capture des poissons, ces espèces de Squales ne sont prises qu'avec l'*espinheis*. Il n'est donc pas douteux que ces poissons ne viennent bien de ces profondeurs.

Dans le cours de la campagne du *Talisman*, le chalut, à trois reprises et en des lieux fort éloignés les uns des autres, a ramené, on l'a vu plus haut, des Squales appartenant aux espèces qu'on pêche à Sétubal; c'étaient de jeunes individus, mais leur présence suffit pour permettre d'affirmer que ces animaux existent sur ces points; seulement leur volume, leur agilité, empêchent de les prendre facilement avec cet engin.

Quels bénéfices retire-t-on de cette pêche, c'est ce dont je n'ai pu qu'incomplètement me rendre compte malgré les renseignements qui nous ont été fournis avec beaucoup d'obligeance par M. Fryxell, commis de M. J. O'Neitl, vice-consul de France à Sétubal, ou ont été donnés à M. de Follin par le patron Juan Correà, celui-là même qui a pêché devant nous. Le produit principal paraît être la peau des Squales; mais sauf le *Centrophorus granulosus*, qui, pouvant être employé pour la fabrication d'un galuchat, a sans doute une certaine valeur, les autres ne doivent servir qu'au polissage des bois. Le prix en est minime; une peau de *Scymnus lichia* m'a été vendue sur les lieux pour 280 reis, soit environ 1^{fr},50. Elle était séchée, étendue sur deux bâtons en croix, l'animal ayant été fendu le long du dos, la tête et toute la chair enlevée. On la prépare également en arrachant des lanières de 8 à 10 centimètres de large et de la longueur du poisson. Le foie donne une huile dont les gens du pays se servent pour l'éclairage; elle serait aussi, paraît-il, particulièrement estimée pour le graissage des bois, qui doivent frotter l'un sur l'autre. Enfin le corps des Squales, habillé comme la Morue, c'est-à-dire fendu pour retirer l'arête, étalé, salé et séché, constitue un aliment; il est consommé sur place. On se demande, en somme, comment de tels produits peuvent indemniser des frais d'équipage et d'outillage, que nécessite une semblable pêche.

11. Raja fullonica Linné.

(Pl. IV; fig. 1, 1ᵃ).

Un petit exemplaire dont le disque mesure 180ᵐᵐ de long sur 130ᵐᵐ de large et la queue 250ᵐᵐ me paraît devoir être rapporté à cette espèce, bien que, l'animal étant jeune, il puisse rester quelque doute sur cette assimilation.

Toute la partie supérieure du corps est couverte de scutelles; des épines plus fortes forment une rangée médiane longitudinale sur le dos se prolongeant sur la queue; quelques autres se voient plus en dehors au niveau de la ceinture scapulaire, au bord interne de l'orbite jusqu'à l'angle interne de l'évent, sur les côtés de la queue; en ces deux derniers points les épines sont assez nombreuses pour former des lignes continues.

L'individu est un mâle.

Pêché à bord du *Travailleur* en 1882, dragage 1, par 614ᵐ de profondeur (N° 83-149, *Coll. Mus.*).

La détermination spécifique des poissons du genre *Raja* est, on le sait, un des points les plus difficiles de l'Ichtyologie, et, en particulier, pour cette espèce les auteurs sont loin d'être d'accord sur le nom qu'il convient de lui attribuer. A. Duméril (1) pense que le *Raja fullonica* de Linné n'est pas l'espèce de Rondelet, mais plutôt le *R. chagrinea* de Pennant. M. E. Moreau (2) semble partager cette manière de voir, à en juger par la synonymie qu'il donne de cette espèce. Cependant, comme dans le *Systema naturæ* la figure de Rondelet est très exactement citée, que la diagnose ne renferme pas de caractères incompatibles avec ceux de l'espèce en question, je crois, avec M. Günther, qu'il est plus convenable de donner à la Raie épineuse à museau court le nom Linnéen.

(1) A. Duméril, *Hist. nat. des Poissons*, t. I, p. 554 Note.
(2) M. Moreau, *Poissons de France*, t. I, p. 432.

16. **Chimæra monstrosa** Linné.

(Pl. IV; fig. 2).

Quatre individus de cette espèce ont été pris; tous sont de petite taille, le plus grand mesurant à peine 400^{mm}. Le plus petit, long de 130^{mm} à 140^{mm}, porte encore sous l'abdomen la vésicule ombilicale (1); le diamètre de celle-ci est de 9^{mm} à 10^{mm}, son pédoncule est nul. Cet exemplaire était-il encore contenu dans l'œuf? cela est présumable; toutefois, il n'a pas été possible de trouver trace de la coque cornée, quoiqu'on ait examiné avec le plus grand soin dans ce but les débris ramenés par le chalut.

Numéro du dragage.	Localité.	Profondeur.	Nombre d'indiv.
1. LXXXVI	Côtes du Soudan	800^m	1
2. XCV	Banc d'Arguin	1230	2
3. CXXVII	Açores	1257	1
			4

En 1882 dans le golfe de Gascogne, dragage I, par une profondeur de 614^m, on a recueilli les fragments d'une enveloppe cornée de même nature que celles attribuées aux œufs d'HOLOCEPHALA. La comparaison faite, soit avec les figures données par J. Müller ou A. Duméril (2), soit avec les œufs déposés dans les galeries du Muséum, lesquels ont été étudiés par ce dernier auteur, ne laisse aucun doute sur l'identité à établir entre ces différents objets. Cette enveloppe plus petite, autant qu'on en peut juger, que les œufs vus par A. Duméril, a perdu toutes les parties filamenteuses périphériques, mais on distingue très nettement l'extrémité triangulaire prolongée en pointe, avec l'arête qui la parcourt et se continue sur le corps de la coque.

La présence de ces œufs dans le golfe de Gascogne rend très probable qu'ils proviennent des *Chimæra* et non des *Callorhynchus*.

(1) Pl. IV, fig. 2, *a*.
(2) A. Duméril, *Hist. nat. des Poissons*, Pl. VIII, fig. 8.

TELEOSTEI

APODA

---

18. Myrus pachyrhynchus.

(Pl. V: fig. 1. 1ᵃ. 1ᵇ.)

Corps allongé, la queue occupant les 3/5 de la longueur totale, arrondi dans la portion abdominale où la hauteur et la largeur font à peine 1/27 de cette même dimension. Tête longue, du double environ de la hauteur; le museau, assez court, en occupe le tiers; il est arrondi, renflé, la mâchoire supérieure dépassant l'inférieure en avant et sur les côtés par suite de l'épaississement des lèvres. Bouche peu fendue, sa commissure s'étend à peine au delà du bord postérieur de l'œil ou même n'atteint que le centre de cet organe. Dents fines, nombreuses, presque en carde, celles de l'intermaxillaire un peu plus développées, ainsi que celles du vomer; ces dernières forment une ligne médiane à la voûte palatine. Narines très rapprochées de la gencive, l'antérieure un peu prolongée en tube, difficile à reconnaître au milieu des cryptes dépendant des canaux muqueux fort développés aux deux mâchoires. Orifice branchial médiocre, très peu en avant de la pectorale. Peau nue.

Ligne latérale visible comme une bande étroite, pâle, sur les côtés du corps.

Nageoires pectorales médiocres, mais bien distinctes; les nageoires impaires assez développées confondues à l'extrémité caudale. L'origine de la dorsale se trouve à une distance de l'orifice branchial égale à celle qui sépare ce même orifice de l'œil.

Coloration grisâtre ; nageoires plus pâles, orifice branchial noir.

Cavité abdominale peu prolongée au delà de l'orifice anal. 1 1 envi-

ron de sa longueur totale. L'œsophage, membraneux, débouche dans un
estomac en siphon à parois beaucoup plus épaisses; celui-ci ne se prolonge
même pas jusqu'à moitié de la portion préanale de la cavité. L'intestin
se dirige d'abord en avant comme d'ordinaire chez les Apodes, formant une
anse simple; cette portion, qu'on peut appeler ascendante, a l'aspect de
l'estomac, la portion descendante offre des parois moins épaisses, et
gagne en ligne droite l'orifice anal. L'estomac et la première partie de
l'intestin sont : terre de Sienne claire; la partie postérieure de ce dernier :
jaune. Foie peu développé, coiffant l'anse intestinale; il se continue en un
lobe linguiforme, qui dépasse très peu l'origine du siphon stomacal. Vessie
natatoire étendue depuis la fin du tiers antérieur de la cavité abdominale
jusqu'à la hauteur de l'anus. La portion post-anale de la cavité est occupée
par le rein. Péritoine argenté, maculé de petites taches noires.

	Millim.	1/100.
Longueur (1	360	»
Hauteur	13	3
Épaisseur	13	3
Longueur de la tête	26	7
— de la queue	220	61
— du museau	9	34
Diamètre de l'œil	5	19
Espace interorbitaire	5	19

N° 84-431, *Coll. Mus.*

Numéro du dragage.	Localité.	Profondeur.	Nombre d'indiv.
1. XXX	Côtes du Maroc	1435	1
2. XXXVII	—	1050	1
3. CX	Iles du Cap-Vert	400	2
			4

(1) Dans ces tableaux, une dernière colonne renferme les rapports en centièmes : *à la longueur
du corps* pour les seconde à cinquième dimensions (hauteur et épaisseur du corps, longueurs de
la tête et de la nageoire caudale ou de la queue, suivant le cas, : à la *longueur de la tête* pour les
trois dernières (longueur du museau, diamètre de l'œil, espace interorbitaire). (Voir pour l'établissement et la valeur de ces rapports : *Mission scientifique au Mexique. Poissons*, p. 57 et suivantes.)

Je ferai remarquer que, suivant l'usage généralement adopté aujourd'hui, la longueur du corps
est prise *moins la caudale*, dans le cas contraire on emploiera l'expression : *longueur totale*. La longueur de la tête est pour les Apodes la longueur du crâne, pour les autres Téléostéens, la distance
comprise entre le point le plus saillant du museau et l'extrémité postérieure du battant operculaire,
abstraction faite des épines saillantes, qui peuvent parfois le prolonger.

Les caractères de cet Apode, en particulier la position labiale des narines, le font évidemment rentrer dans le genre *Myrus*, qui, jusqu'ici, ne comprenait qu'un espèce, le *Myrus vulgaris* (L.) Kaup. Il se distingue facilement de ce dernier, dont le museau est nettement conique et non renflé ; la dorsale aussi commencerait moins en avant dans le *Myrus pachyrhynchus* que dans son congénère.

19. Nettastoma melanurum Rafinesque.

(Pl. V; fig. 2, 2ᵃ 2ᵇ).

Cette espèce avait été jusqu'ici regardée comme propre à la Méditerranée, les dragages du *Talisman* l'ont fait retrouver dans l'Océan. Nos individus, adultes, au nombre de deux, se distinguent aisément du *Nettastoma procerum* décrit par MM. Goode et Bean; les dents sont assez robustes, la mâchoire supérieure ne dépasse que de très peu l'inférieure, le prolongement nasal est fort court.

Sur notre plus grand exemplaire, dont les dimensions sont données ci-dessous, la cavité abdominale s'étend d'environ 70ᵐᵐ au delà de l'anus, qui est à 260ᵐᵐ de l'extrémité du museau. L'estomac ayant la forme habituelle chez les Apodes se prolonge en pointe un peu au delà de l'orifice anal; l'intestin naît très près de son origine et se dirige d'abord en avant sur une longueur d'un centimètre environ, puis se recourbe et se continue directement en arrière pour atteindre l'orifice postérieur. Le foie est divisé en deux lobes, celui de droite s'étend plus en arrière que celui de gauche. La vessie natatoire, dont l'extrémité antérieure est à peu près à la hauteur de la courbure intestinale, se prolonge jusqu'à l'extrémité de la cavité abdominale, mais non au delà.

L'estomac du grand individu, pris dans le dragage CXIIIᵉ, renfermait deux petits crustacés du genre *Nematocarcinus*.

	Millim.	1/100.
Longueur	670	»
Hauteur	37	5
Épaisseur	17	2
Longueur de la tête	67	10

	Millim.	1,100.
Longueur de la queue	410	61
— du museau	36	54
Diamètre de l'œil	10	15
Espace interorbitaire	7	10

N° 84-430, *Coll. Mus.*

Numéro du dragage.	Localité.	Profondeur.	Nombre d'indiv.
1. LXXI	Côtes du Soudan	640	1
2. CVII	Iles du Cap-Vert	90	2 jun.
3. CXIII	—	760	1
			4

La forme générale, l'absence de pectorales, la coloration particulière de l'extrémité caudale, me font rapporter à cette espèce les deux petits poissons cités du dragage CVII, l'un de 95^{mm}, l'autre de 142^{mm}. Leur niveau bathymétrique est cependant notablement différent de celui des adultes. Ils leur ressemblent d'ailleurs beaucoup, et je ne vois pas les rapports qu'on pourrait établir entre eux et l'*Hyoprorus messinensis* Köll. du groupe des Leptocéphales, animal que M. Gill et M. Günther considèrent comme soit l'état jeune, soit la transformation pathologique, du *Nettastoma*.

21. Nettastoma proboscideum.

Pl. VII ; fig. 3).

L'exemplaire, qui fait l'objet de cette description, est en assez mauvais état.

La longueur totale est considérable, cependant l'extrémité postérieure manque, mais, d'après la hauteur au point coupé, cela ne peut pas augmenter notablement cette dimension (1) ; la queue en occupe très peu plus de moitié, la hauteur, au point le plus élevé, vers le milieu de la longueur, est très faible, 1/50 de celle-ci, épaisseur encore moindre. La tête occupe à peine 1/10 de la longueur totale ; le museau est malheureu-

(1) En essayant de reconstruire géométriquement cette portion manquante, par le prolongement des bords supérieur et inférieur, on peut l'estimer à 50^{mm} ou 60^{mm}.

sement fracturé; cependant on peut reconstituer à peu près intacte la mâchoire supérieure, elle présente à son extrémité un prolongement nasal mou, aplati, triangulaire, qu'on pourrait comparer pour la forme à celui qui orne le museau du serpent connu sous le nom de Serpent porte-épée (*Langaha ensifera* D. B.), sa longueur de 20^{mm} est, dans l'état de conservation où il se trouve, à peu près moitié de la longueur du museau: à sa base se voit, la narine antérieure, de forme tubuleuse, la narine postérieure est sensiblement en avant de l'œil, 4^{mm} à 5^{mm} environ, à un niveau un peu supérieur au centre de celui-ci. Les dents sont fines, couvrant en râpe les deux mâchoires et le palais. Les orifices branchiaux, en fente allongée d'avant en arrière et de bas en haut, sont rapprochés du ventre, nettement distincts cependant.

Corps pris dans son ensemble fusiforme, se renflant progressivement jusque vers la portion moyenne et diminuant d'une manière insensible à partir de ce point. La ligne latérale, rapprochée du dos en avant, se place ensuite au milieu de la hauteur et se continue ainsi jusqu'à l'extrémité caudale. On ne voit pas trace d'écailles.

Le mauvais état de conservation empêche de reconnaître avec certitude la disposition des nageoires impaires ; toutefois, la dorsale commence à peu près au niveau de l'orifice branchial et l'anale très peu en arrière de l'anus. Les pectorales, c'est un des caractères du genre, font défaut.

	Millim.	1/100.
Longueur	960	"
Hauteur	22	2
Épaisseur	14	1
Longueur de la tête	99	10
— de la queue	560	58
— du museau	55	55
Diamètre de l'œil	5	5
Espace interorbitaire	2	2

N° 84-1069, *Coll. Mus.*

Numéro du dragage.	Localité.	Profondeur.	Nombre d'indiv.
XXXIX	Côtes du Maroc	2200	1

Cet Apode se rapproche évidemment beaucoup du *Nettastoma procerum* G. et B. (1) par la présence d'un prolongement rostral, celui-ci toutefois est plus développé dans notre individu, où il mesure au moins quatre fois le diamètre de l'œil. d'un autre côté il est charnu, en triangle allongé et ne mériterait guère l'épithète de filamenteux, que lui donnent les ichthyologistes américains. Cependant ce caractère serait insuffisant pour l'en distinguer, si je ne croyais trouver dans les proportions du corps une différence, qui ne paraît guère permettre d'identifier ces deux poissons. D'après MM. Goode et Bean, la longueur de la queue est double de celle du corps, tête comprise, soit les 2/3 de la longueur, chez notre individu que je désignerai sous le nom de *Nettastoma proboscideum*, la queue n'entre pas pour plus de 1/2 ou 3/5 dans cette même dimension.

23. Uroconger vicinus.

(Pl. VI; fig. 1, 1ᵃ, 1ᵇ).

Très voisin comme aspect de l'*Uroconger lepturus* Richards., ayant toutefois, autant qu'on peut en juger par les figures données de celui-ci, le corps et la queue plus élevés par rapport à la largeur.

Les canaux mucifères de la tête bien développés. La commissure labiale atteint au moins le niveau du centre de l'œil ; les mâchoires sont armées de dents fortes, surtout à l'intermaxillaire et à la partie antérieure des dentaires ; les dents vomériennes manquent à la partie postérieure de l'os, mais sur le corps se voient deux dents fortes, l'antérieure surtout, elles sont l'une derrière l'autre. Cette disposition serait conforme à la figure donnée par Richardson, mais diffère de celle indiquée par Bleeker, pour la même espèce (2). La narine antérieure est tubuleuse, assez rapprochée du bout du museau, difficile à distinguer des pores muqueux voisins et située près de la lèvre ; la postérieure plus relevée, en avant de l'œil, se trouve au-dessus d'un sous-orbitaire lâchement uni aux os de la

---

(1) *Bull. of the Mus. comp. zool. Havard College*, t. I, n. 5, p. 224, 1883.

(2) Richardson, dans la description, dit que les dents ne sont pas figurées sur la partie postérieure du vomer par suite de l'imperfection de la pièce remise au dessinateur, la figure donnée par Bleeker doit donc être considérée comme plus exacte.

face. Les orifices branchiaux sont médiocres, un peu au-dessous et en avant de la base de la pectorale ; l'espace qui les sépare est notablement supérieur à leur longueur.

Anus vers les 2/5 de la longueur totale. Ligne latérale bien distincte, surtout en avant, où elle est formée de points blanchâtres avec une perforation nette en leur centre, rappelant les pores muqueux de la lèvre et de la mâchoire inférieure ; ces derniers, au nombre de 4 à 6, très marqués.

Cavité abdominale étendue en arrière de l'anus d'un peu moins de 1/4 de sa longueur totale. L'estomac, prolongé en siphon, a son extrémité en cul-de-sac située en avant de l'anus ; il est d'une couleur noir bleuâtre, foncé. L'intestin, qui naît vers la partie antérieure de l'organe précédent, se dirige d'abord d'arrière en avant sur une petite longueur, puis se recourbe et gagne sans aucune inflexion l'orifice anal ; il est d'un noir de suie profond. Le foie n'est constitué que par un lobe linguiforme occupant en longueur 1/3 de la cavité abdominale. La vessie natatoire, médiocrement développée, se prolonge très peu au delà du foie par une extrémité arrondie, elle se rétrécit en avant en un pédicule, qui m'a paru déboucher à la partie supérieure de l'œsophage.

	Millim.	1/100.
Longueur	510	»
Hauteur	28	5
Épaisseur	11	2
Longueur de la tête	44	8
— de la queue	325	64
— du museau	16	36
Diamètre de l'œil	7	16
Espace interorbitaire	5	11

N° 84-436, *Coll. Mus.*

Numéro du dragage.	Localité.	Profondeur.	Nombre d'indiv.
1. LXXXII	Côtes du Soudan	932	1
2. XCIII	Banc d'Arguin	1495	3
3. CXIV	Îles du Cap-Vert	633	1
			5

Cette espèce se distingue de l'*Uroconger lepturus* Richards, non seulement par les proportions différentes données plus haut, mais encore par la disposition des dents vomériennes et la distance qui sépare les orifices branchiaux. La figure donnée dans le voyage du *Sulphur* (1) semble indiquer que la membrane branchiostège passe au-dessous de la gorge pour se réunir à celle du côté opposé, tant l'orifice est largement ouvert ; le texte, il est vrai, rectifie cette erreur ; la figure donnée par M. Bleeker (2) est plus satisfaisante.

L'*Uroconger vicinus* représente dans l'océan Atlantique l'espèce de la mer des Indes.

24. Synaphobranchus pinnatus Gray.

Pl. VI; fig. 2, 2ᵃ, 2ᵇ, 2ᶜ.

Cette espèce a été décrite avec beaucoup de soin par Johnson, sous le nom de *Synaphobranchus Kaupii*. M. Günther la rapporte au *Muræna pinnata*, nom donné par Gray à un poisson indiqué dans Gronovius ; ce dernier ne le possédait pas et l'avait étudié dans la collection de Vosmaer. Le type n'étant plus connu, la description première laissant beaucoup à désirer et n'étant pas accompagnée de figure, on peut se demander si l'assimilation est parfaitement exacte. Toutefois comme le caractère spécial, tiré de la disposition de l'orifice branchial unique, est indiqué, quoique d'une manière dubitative, par Gronovius, pour ne pas compliquer inutilement la nomenclature on peut admettre le nom de *Synaphobranchus pinnatus* Gray, en conservant l'appellation générique imposée par Johnson.

Il n'y a guère à ajouter à la description donnée par ce dernier en ce qui concerne l'apparence antérieure. Toutefois, et contrairement à la phrase caractéristique de Gronovius, la mâchoire supérieure se trouve être la plus courte sur les nombreux exemplaires que j'ai pu examiner. On trouve aussi dans les proportions générales une différence qui, si elle ne tient pas à une faute typographique, chose d'ailleurs probable, serait très importante : dans le tableau de Johnson pour les dimensions prin-

(1) Richardson, *Voy. Sulphur, Ichtyology*, pl. LVI, fig. 1.
(2) Bleeker, *Atlas ichtyologique*; Murènes, pl. V, fig. 1.

cipales, la longueur totale de l'individu étant de 812^{mm} (32″), la hauteur
serait de 76^{mm} (3″), soit environ :: 10 : 1 ; dans nos exemplaires le rapport
est moitié moindre, c'est-à-dire :: 20 : 1.

Les écailles (1) affectent le type connu pour l'anguille commune et en
général tous les poissons à écailles sous-épidermiques ; une d'elles mesure
3^{mm},1 de long sur 1^{mm},5 de large. L'adhérence de ces organes au derme
est assez faible, sur le plus grand nombre de nos exemplaires ils font
défaut, sans cependant que les individus paraissent notablement détériorés.

Le sagitta est petit, 2^{mm},1 sur 1^{mm},6, discoïde, un peu rétréci à son
extrémité antérieure, lisse sur les deux faces, sauf le sillon acoustique

Après séjour dans l'alcool la disposition des narines est peu visible,
sur le frais, au contraire, il est facile de constater que l'antérieure se prolonge en tube ; la base de celui-ci au point de jonction avec la lèvre
s'élargit, l'ensemble formant de chaque côté de la tête une saillie triangulaire, surtout visible quand on examine l'animal directement en dessus
ou en dessous (2).

Tube digestif en siphon d'après le type habituellement connu chez les
Apodes. A l'œsophage très court, presque nul, succède une portion à
parois membraneuses très minces ; sa couleur est d'un brun rougeâtre
foncé, elle paraît susceptible de se dilater et pourrait être considérée
comme une sorte d'ingluvies, de jabot. L'estomac proprement dit, qui y fait
suite, long de plus du double, a ses parois plus épaisses, surtout dans
ses parties postérieures ; sur son tiers antérieur il est jaunâtre, bleuâtre
dans le reste de son étendue ; il se termine en un cul-de-sac prolongé par
un repli du péritoine formant une sorte de ligament, qui le fixe au
point le plus reculé de la cavité viscérale, laquelle s'étend bien au delà
de l'anus. Sur un individu de 400^{mm} à 450^{mm}, ce jabot et l'estomac mesurent environ 105^{mm}. L'orifice pylorique se trouve placé très près de
l'origine de l'estomac sur le côté droit ; de ce point l'intestin se dirige
directement en arrière, dépasse de quelques millimètres le cul-de-sac
stomacal, puis revient en avant pour aboutir à l'anus ; la portion directe et
la portion récurrente sont accolées l'une à l'autre comme les deux canons

Pl. VI, fig. 2^{b}.
Pl. VI, fig. 2^{a}.

d'un fusil, la première étant naturellement libre en avant, puisqu'elle est à peu près du double plus longue que la seconde, l'anus répond environ à la moitié de la longueur de l'estomac. Ce dernier présente intérieurement des plis longitudinaux au nombre d'une douzaine, les parois sur le restant du tube digestif paraissent lisses, autant qu'on en peut juger sur les animaux que j'ai eus à ma disposition. Le foie est petit, il n'y a, comme d'ordinaire, pas traces de cæcums pyloriques. Quant à la vessie natatoire elle offre un développement beaucoup plus considérable que ne semble le dire Johnson, qui la donne comme allongée et mesurant plus du tiers de la longueur du corps ; elle se continue en effet très loin dans la portion caudale, réduite pour sa partie postérieure à un fin prolongement cylindro-conique, placé dans le canal hæmapophysaire, disposition singulière, qui n'avait jamais été, je crois, signalée sur aucun autre poisson.

	Millim.	1/100.
Longueur	600	"
Hauteur	32	5
Épaisseur	20	3
Longueur de la tête	71	12
— de la queue	430	71
— du museau	24	34
Diamètre de l'œil	10	14
Espace interorbitaire	8	11

Nᵒˢ 84-456, *Coll. Mus.*

Numéro du dragage.	Localité.	Profondeur.	Nombre d'indiv.
1. XX	Côtes du Maroc	1105	2
2. XXX		1435	2
3. XXXIII		1350	1
4. XXXVI	—	912	1
5. XXXVII	—	1050	1
6. XXXVIII	—	2210	3
7. XXXIX		2200	9
8. XLI	—	2115	8
9. XLII	—	2104	1
10. XLIII	—	2075	4

Numéro du dragage.	Localité.	Profondeur.	Nombre d'indiv.
11. XLIV	Côtes du Maroc	2083	1
12. XLIX	Canaries	865	3
13. L	—	975	1
14. LVIII	—	2015	1
15. LXXII	Côtes du Soudan	882	1
16. LXXIII	—	1435	1
17. LXXVIII	—	1435	2
18. LXXXVII	Banc d'Arguin	1113	1
19. C	—	1550	1
20. CI	Iles du Cap-Vert	3200	2
21. CXII	—	405	1
22. CXXI	Açores	1442	2
23. CXXII	—	1440	1
24. CXXVII		1257	4
25. CXXIX		2220	1
26. CXXX	—	2235	1
			56

Le *Synaphobranchus pinnatus* Gray peut, on le voit, être considéré comme une espèce des plus caractéristiques de la faune abyssale.

29. Cyema atrum Günther.

(Pl. VII, fig. 4, 4ᵃ).

L'Apode, mentionné ici, peut être provisoirement décrit sous ce nom; toutefois les caractérisques données de l'espèce et même du genre étant très sommaire, on ne pourra décider de la justesse du rapprochement qu'après la publication *in extenso* du travail de M. Günther.

C'est un petit poisson long de 110ᵐᵐ à 120ᵐᵐ, à peine épais de 2ᵐᵐ,5 à 3ᵐᵐ; cette forme a été comparée avec justesse à celle des Leptocéphales par le savant directeur du Musée Britannique.

La tête est renflée, occupant environ 1/6 de la longueur totale; le museau y entre pour plus de moitié; bouche fendue bien en arrière de l'œil, les mâchoires sont garnies de petites dents serrées, disposées en quinconce et donnant cet aspect de lime fine connu chez les *Nemichtys*. La mâchoire supérieure manquant en très grande partie, ainsi que l'extrémité de l'inférieure, leurs dimensions ne peuvent être données que d'une manière approximative. Il n'est pas possible de reconnaître la position des narines. Les yeux sont peu développés, et l'intervalle, qui les sépare, assez grand, 1/7 environ de la longueur de la tête. Les orifices branchiaux étroits sont rapprochés de la ligne ventrale sans être confondus et placés très près des pectorales.

L'anus se trouve au delà du milieu de la longueur totale à l'union des 5/8 antérieurs aux 3/8 postérieurs. Peau privée d'écailles.

La dorsale et l'anale commencent à peu près au même niveau sur la partie postérieure du corps, immédiatement en arrière de l'anus. La manière dont elles se terminent n'est pas absolument claire ; sur l'animal frais il m'a paru qu'elles s'unissaient en laissant une échancrure semilunaire postérieure, rappelant la nageoire caudale ordinaire des poissons proprement dits, mais je n'oserais affirmer que l'extrémité fût absolument intacte, l'action du liquide conservateur rend la constatation du fait encore plus difficile aujourd'hui.

Couleur d'un beau noir velouté.

	Millim.	1/100.
Longueur	105	»
Hauteur	7	7
Épaisseur	2,5	2
Longueur de la tête	17	16
— de la queue	40	38
— du museau	9 (?)	51
Diamètre de l'œil	0,5	3
Espace interorbitaire	2	15

N° 84-1067, *Coll. Mus.*

Numéro du dragage.	Localité.	Profondeur.	Nombre d'indiv.
XXXVIII	Côtes du Maroc	2210	1

M. Günther indique l'espèce comme prise par des profondeurs de 3,743ᵐ et 3,262ᵐ dans les océans Pacifique et Antarctique.

30. **Nemichthys scolopacea** Richardson.

(Pl. VII; fig. 2, 2ᵃ).

Les caractères de cette espèce sont tellement nets, qu'il ne peut y avoir aucun doute sur la détermination de l'individu pêché à bord du *Talisman*.

Les deux mâchoires sont égales et droites.

Cet exemplaire, dans un magnifique état de conservation, étant unique, il n'a pas été possible d'étudier la disposition des viscères.

	Millim.	1/100.
Longueur	650	»
Hauteur	9	1,4
Épaisseur	5	0,7
Longueur de la tête	57	9
— de la queue	643	98
— du museau	41	72
Diamètre de l'œil	6	10
Espace interorbitaire	3	5

N° 84-1068, *Coll. Mus.*

Numéro du dragage.	Localité.	Profondeur.	Nombre d'indiv.
LXXXVIII	Banc d'Arguin	888	1

Cette profondeur est un peu plus grande que celles indiquées dans les recherches faites à bord du *Blake*, où le poisson a été pris par 290ᵐ et 400ᵐ environ.

31. **Nemichthys infans** Günther.

(Pl. VII, fig. 1, 1ᵃ).

La description donnée de cette espèce par M. Günther (1) étant très brève, l'exemplaire dragué à bord du *Talisman*, d'un autre côté,

(1) Günther, *Preliminary notice*, 1878, p. 251.

laissant beaucoup à désirer au point de vue de la conservation, le rapprochement est douteux.

L'individu, autant qu'on peut en juger, était à peu près de forme cylindrique. Museau en cône aigu, les os des mâchoires couverts de dents en lime fine, comparables à celles du *Nemichthys scolopacea* Richards. L'œil paraît petit, il est plus rapproché de l'extrémité du museau que de l'orifice branchial.

Anus peut-être un peu plus reculé que dans l'espèce typique du genre, la longueur de la queue, comparée à la longueur totale, est pour celle-ci de plus des 10/11, et seulement des 7/9 pour l'individu ici mentionné.

La peau étant en majeure partie enlevée avec la plus grande portion des nageoires, il nous manque plusieurs caractères importants. Je ne trouve trace de la dorsale, par un rayon incomplet, qu'un peu en arrière de l'anus ; l'anale commence immédiatement après ce dernier, elle paraît avoir été plus haute que la dorsale. La base, dépendant des os scapulaires, qui supportait les pectorales, permet seule de constater la présence de ces nageoires en arrière de la fente branchiale.

	Millim.	1/100.
Longueur.	240	»
Hauteur.	3	1
Épaisseur	3	1
Longueur de la tête	34	14
— de la queue.	187	78
— du museau	13	38
Diamètre de l'œil.	1,4	4
Espace interorbitaire.	1	3

N° 84-1070, *Coll. Mus.*

Numéro du dragage.	Localité.	Profondeur.	Nombre d'indiv.
CXXXI.	Açores.	2995	1

Nous retrouvons ici le caractère principal donné à l'espèce par M. Günther, à savoir l'éloignement de l'anus à une distance des pectorales double de celle qui sépare ces dernières de l'œil. Quant à l'allongement propor-

tionnel du corps, plus grand chez le *Nemichthys scolopacea* Richards. que
chez le *Nemichthys infans* Günth., pour notre exemplaire la différence n'est
guère sensible.

37. Hyoprorus messinensis Kölliker.

et

38. Leptocephalus Morrisii Linné-Gmelin.

Ces deux poissons ont été trouvés :
L'*Hyoprorus messinensis* Köll. :

Numéro du dragage.	Localité.	Profondeur.	Nombre d'indiv.
XVII	Côtes du Maroc	550	1

Le *Leptocephalus Morrisii* L. Gm. :

Numéro du dragage.	Localité.	Profondeur.	Nombre d'indiv.
1. XX	Côtes du Maroc	1105	1
2. C.	Banc d'Arguin	1550	1
			2

Sans qu'il soit possible de l'affirmer, on est porté à croire que ces
poissons ne viennent pas en réalité de ces profondeurs, mais ont été
recueillis plus ou moins près de la surface, cependant MM. Goode et Bean
citent un *Leptocephalus* comme dragué par 411ᵐ.

Genre NEOSTOMA.

Sternoptychidée sans barbillon mandibulaire, peau ne présentant pas d'écailles, mais pourvue de taches photodotiques. Bouche largement fendue, dents maxillaires et mandibulaires longues, des dents palatines et ptérygoïdiennes. Orifice branchial excessivement étendu, pas de pseudobranchie. Nageoires dorsale et anale commençant très peu en deçà du milieu de la longueur du corps, la seconde se prolongeant fort en arrière; adipeuse distincte.

Cette caractéristique vise surtout l'espèce typique, le *Neostoma bathyphilum*; la seconde espèce, vu la petitesse et le maùvais état des exemplaires, n'a pu être examinée aussi complètement, il est impossible pour elle d'affirmer l'existence de la nageoire adipeuse.

Ce genre offre les plus grands rapports avec celui des *Gonostoma* Raf., dont il se distingue surtout par l'absence d'écailles; on peut joindre à ce caractère la petitessse du sous-orbitaire, qui est loin de recouvrir toute la joue.

Je le regarderais peut-être comme identique au genre *Cyclothone*, G. et B. (1883), surtout en considérant notre seconde espèce, le *Neostoma quadrioculatum*, si le genre établi par les ichtyologistes américains ne présentait des dents vomériennes et n'offrait de taches photodotiques qu'à la partie ventrale, ce qui ne se trouve pas dans notre espèce.

43. Neostoma bathyphilum.

(Pl. VIII; fig. 1, 1ᵃ).

B. XIII; + D. 13; A. 21; + P. 7; V. 10.

Corps allongé, aplati, la hauteur au milieu du corps étant égale à environ 1/11 de la longueur, et l'épaisseur plus petite de moitié.

La dimension considérable de l'orifice branchial, dont le bord montant
est très oblique de bas en haut et d'arrière en avant, semble rejeter l'œil
vers l'extrémité antérieure, de telle sorte que le museau paraît excessivement court, faisant à peine 1/5 de la longueur de la tête, qui occupe elle-
même environ 2/9 de la longueur du corps. Bouche énorme obliquement
ascendante; intermaxillaires, maxillaires, dentaires, armés de dents médiocres sur les premiers, fortes, au moins en partie, sur les seconds et
troisièmes, où se voient de longues dents coniques, espacées, les intervalles
étant occupés par des dents plus petites; les longues dents [1] à base élargie
peuvent s'abaisser de dehors en dedans pour se redresser ensuite, disposition comparable à celle qu'a décrite M. R. Owen chez le *Lophius piscatorius* Lin., en particulier. Il existe en outre des dents sur le palatin et plus en
arrière sur le ptérygoïdien, à la face interne de l'arc maxillo-crémastique.
Œil médiocre, son diamètre égal environ à moitié de la longueur du
museau et l'espace interorbitaire à celle-ci. L'opercule offre trois côtes
rayonnantes, le préopercule est sans doute constitué par une longue
pièce, qui forme la plus grande partie du bord montant du battant
operculaire et est située au-dessous de l'opercule : une autre pièce placée
vers l'angle peut être regardée comme le sous-opercule ou l'interopercule,
sinon les deux réunis; au reste ces parties n'ont pu être étudiées qu'au
travers de la peau pigmentée, qui les enveloppe, il faudrait les examiner
sur des pièces soigneusement disséquées pour en avoir une idée exacte.

La ligne latérale n'est pas distincte; toutefois, en avant de la première
dorsale une rangée de taches photodotiques, au nombre de 8 ou 10,
semble en indiquer la situation. Ces organes lumineux sont représentés en
outre par une série de taches analogues commençant sur la membrane
branchiostège, entre les rayons, et se prolongeant de chaque côté près de
la ligne ventrale jusqu'à la caudale; on voit aussi au-dessus de l'extrémité
postérieure du maxillaire un amas glandulaire longitudinal, qui pourrait
bien avoir la même fonction et serait analogue à ce qu'on connaît chez le
Malacosteus. Anus assez exactement au milieu de la longueur totale.

La dorsale à rayons et l'anale commencent vers le même niveau, immé-

diatement en arrière de l'anus, la seconde est plus du double de l'autre en longueur, et se termine assez près de la caudale, qui est fourchue. Une petite adipeuse s'observe à une distance de la dorsale rayonnée égale environ à la base de celle-ci, elle finit au même niveau que l'anale. Les pectorales et les ventrales sont composées de rayons faibles et les secondes se trouvent insérées à peu près à mi-distance de la base des premières à l'anus.

Tout le corps, sans trace d'écailles, est d'un noir velouté profond, les taches photodotiques se détachant en blanc.

On trouve quatre arcs branchiaux, longs et grêles, portant des trachéaux également allongés et munis de très petits denticules coniques.

	Millim.	1/100.
Longueur	132	»
Hauteur	14	9
Épaisseur	6	4
Longueur de la tête	30	20
— de la nageoire caudale. . .	13(?)	9
— du museau	6	20
Diamètre de l'œil	3	10
Espace interorbitaire	5	16

Nº 85-60, *Coll. Mus.*

Numéro du dragage.	Localité.	Profondeur.	Nombre d'indiv.
1. (Tr. 1882) (1) X.	Golfe de Gascogne. . .	1420	1
2. CXXIX.	Açores.	2220	1
3. CXL.	Golfe de Gascogne. . .	2285	1
			3

Le *Neostoma bathyphilum* présente certains rapports avec le *Gonostoma microdon* Günth., autant qu'on en peut juger d'après la courte diagnose donnée ; le nombre des rayons est le même à la dorsale et à l'anale, le sous-orbitaire ne recouvre la joue ni dans l'une ni dans l'autre espèce ; il y a une certaine similitude dans la disposition des dents, mais le savant ichtyologiste du British museum ne parlant pas des

(1) Cette notation, dans ce tableau et les suivants, indique les dragages effectués à bord du *Travailleur* dans les trois campagnes de 1880, 1881, 1882.

écailles, on est en droit d'en conclure que son espèce en est revêtue conformément à la caractéristique générale du genre, d'autant que pour une autre espèce, le *Gonostoma gracile*, il indique la peau comme nue en apparence.

44. Neostoma quadrioculatum.

(Pl. VIII; fig. 2, 2ᵃ, 2ᵇ, 2ᶜ.

B. XI: + D. 13 ; A. 19 + ; V. 6.

Dans cette petite espèce, les dimensions générales sont à très peu près les mêmes que dans l'espèce précédente, sauf la caudale, qui serait peut-être un peu plus courte, mais aucun exemplaire, malgré le nombre relativement considérable qui en a été capturé, ne présente cette partie dans un état satisfaisant de conservation.

La tête occupe environ 1/4 de la longueur du corps, elle est comprimée, le chanfrein obliquement descendant. Le museau y entre pour 3/11. Bouche largement fendue, le maxillaire s'étendant très loin en arrière jusqu'à une petite distance de l'orifice branchial; l'intermaxillaire et le maxillaire sont armés de dents fines, inégales, sur un seul rang, 10 à 12 sur le premier, 65 sur le second; à la mâchoire inférieure il n'y en a également qu'une rangée, mais elles croissent régulièrement d'avant en arrière, on en compte de 80 à 90 sur chaque dentaire. Ces organes, à l'une et à l'autre mâchoires, sont coniques, rétrécis à la base, non mobiles, et, à un fort grossissement (1), offrent des stries obliques, fines. Il ne paraît pas y avoir de dents au palais. L'œil est très petit, 1/20 à peine de la longueur de la tête, l'espace interoculaire atteint 1/5 de cette même dimension. En avant du globe oculaire et à un niveau un peu inférieur, se trouve une tache sombre, très apparente et que l'on prendrait volontiers, au premier abord, pour l'œil lui-même sur les individus conservés, lorsqu'ils ont perdu plus ou moins leur revêtement pigmentaire; c'est un des organes photodotiques dont ce poisson est abondamment pourvu; on en rencontre en effet une série qui, commençant sur

(1) Pl. VIII, fig. 2ᵃ.

la joue se continue, à travers la région operculaire, avec celles placées sur la ligne latérale, ces dernières disparaissent vers l'origine du pédoncule caudal. Ces organes photodotiques, sauf le préoculaire, sont peu apparents, noyés dans le pigment noir, qui couvre tout l'animal; je ne les ai bien vus que sur un jeune individu encore blanchâtre, long d'environ 30ᵐᵐ. Il n'en est pas de même d'une série placée sur la membrane branchiostège, un organe par intervalle interradiaire (1), et de quatre autres séries, deux de chaque côté, qui suivent l'une la base de la nageoire dorsale, l'autre celle de l'anale, les organes photodotiques étant en même nombre que les rayons. Orifice branchial très largement ouvert.

Peau absolument nue.

La dorsale et l'anale naissent au même niveau vers le milieu de la longueur totale, mais la première est plus courte, 1/6 environ de la longueur totale, l'autre étant moitié plus longue; le bord libre sur chacune d'elles s'abaisse régulièrement d'avant en arrière. La caudale est échancrée, précédée sur le pédoncule de rayons fulcroïdes bien visibles. Les nageoires paires sont médiocrement développées. Je n'ai pu reconnaître d'adipeuse, comme je l'ai dit plus haut.

Couleur d'un brun foncé ou plutôt noire; les nageoires ont la même teinte.

La composition du squelette, en ce qui concerne l'arc maxillo-crémastique et l'appareil operculaire, a pu être étudiée (2). La branche antérieure du premier montre : le palatin (22), l'os transverse (24), le ptérygoïdien (25); la branche postérieure : le temporal (23), l'os de la caisse (27), le symplectique (31); elles se réunissent sur le jugal (26). Le V ainsi formé est très allongé et fort obliquement porté en arrière, la branche antérieure assez élargie, la postérieure remarquablement grêle. Celle-ci porte un appareil operculaire très réduit et dont toutes les parties sont comme disjointes, le préopercule (30) se trouve représenté par une lame longue, étroite, portant une sorte d'écaille scléreuse (28), qui est certainement l'opercule, une pièce placée plus bas (32) doit représenter le sous-opercule ou l'interopercule, peut-être les deux pièces réunies.

---

(1) Pl. VIII. fig. 2ᵃ.

(2) Pl. VIII. fig. 2ᵇ. Dans cette figure et les figures analogues données plus loin, la désignation et la notation des pièces sont conformes à celles adoptées par Cuvier pour l'anatomie de la Perche.

Le cristallin ne mesure pas plus de 0^{mm},5 de diamètre.

	Millim.	1/100.
Longueur	52	5
Hauteur	6	10
Épaisseur	3	5
Longueur de la tête	11	18
— de la nageoire caudale	9	15
— du museau	3	27
Diamètre de l'œil	0,5	4
Espace interorbitaire	2	18

N° 84-1083, *Coll. Mus.*

Numéro du dragage.	Localité.	Profondeur.	Nombre d'indiv.
1. (Tr. 1880) VI	Golfe de Gascogne	1353	1
2. (—) VII	—	1600	1
3. (—) X	—	1420	3
4. (—) XLIV	Côtes du Maroc	2200	1
5. (Tr. 1882) XIX	— du Portugal	1350	1
6. (—) XLV	Canaries	1200	1
7. (—) LVI	Côtes du Portugal	950	1
8. XXI	— du Maroc	1319	1
9. XXII	— —	1635	1
10. LIX	Canaries	2013	1
11. XCVI	Banc d'Arguin	2330	1
12. CI	Cap-Vert	3200	4
13. CXIX	Açores	2792	3
14. CXX	—	2921	4
15. CXXXI	—	2995	1
16. CXXXII	—	4415	2
17. CXXXIV	Atlantique N.	4060	1
18. CXXXV	—	4165	2
			30

Ce poisson diffère assez du précédent pour qu'il soit peut-être un jour nécessaire de former pour lui un genre distinct; la dentition surtout paraît être particulière, et, à la mâchoire inférieure, offre une régularité peu habituelle chez les STERNOPTYCHIDÆ: cependant il est préférable, je crois, de ne voir là qu'un caractère spécifique. L'appareil photodotique préoculaire peut aussi servir à distinguer cette espèce, bien qu'il n'apparaisse nettement que sur l'animal conservé.

45. **Gonostoma denudatum** Rafinesque.

Tous les exemplaires sont plus ou moins détériorés, surtout l'individu pris par la plus grande profondeur. Sur celui-ci, les téguments, les nageoires, la plus grande partie des os de la tête ont été enlevés en le retirant des fauberts dans lesquels les dents étaient engagées; cependant la situation respective de la dorsale et de l'anale, la disposition des dents sur le maxillaire (l'intermaxillaire manque), la façon dont les dents pharyngiennes supérieures s'entre-croisent d'un côté à l'autre en arrière, permettent de regarder la détermination comme certaine.

La longueur du plus grand individu est de 200^{mm} à 230^{mm}, dimension très considérable pour l'espèce.

Numéro du dragage.	Localité.	Profondeur.	Nombre d'indiv.
1. XLVIII	Côtes du Maroc.	1180	1
2. CX	Iles du cap Vert. . . .	460	1
3. CXI	—	 580	1
			3

49. **Chauliodus Sloani** Bloch-Schneider.

Un exemplaire long de 240^{mm}, en assez bon état de conservation.

Numéro du dragage.	Localité.	Profondeur.	Nombre d'indiv.
XXXIV	Côtes du Maroc.	1123	1

52. **Sternoptyx diaphana** Hermann.

Ce poisson a été pris dans les dragages suivants :

Numéro du dragage.	Localité.	Profondeur.	Nombre d'indiv.
1. XXXIV	Côtes du Maroc.	1123	1
2. CXIX	Açores	2792	1
			2

Ces individus sont tous en fort mauvais état.

53. **Argyropelecus hemigymnus** Cocco.

Ce poisson a été trop bien étudié pour que je croie devoir revenir ici
sur sa description, sauf en ce qui concerne les teintes de l'animal observées sur le frais. Il est argenté, brillant sur presque toute l'étendue du
tronc, sauf au ventre et à la partie dorsale, où se voient des taches d'un
noir très intense, cette dernière teinte se retrouve sur le pédoncule
caudal, tant à l'anneau situé sur le milieu de sa longueur qu'à la
base de l'uroptère; l'anneau porte inférieurement les taches noires,
ocellées d'argent, décrites par les auteurs. Les parties nues sont blanc
jaunâtre, translucides. La coloration indiquée dans les planches du
Fauna italica par le prince Bonaparte est assez différente, puisqu'il
figure ce poisson comme entièrement argenté, sauf une teinte rougeâtre
sur le dos et des taches noires à la base de l'uroptère. La description
donnée par Valenciennes, d'après Cocco, se rapproche de ce que j'ai
observé moi-même; cependant, vu la variabilité bien connue des poissons sous ce rapport, il n'y aurait rien d'impossible à ce que ces différences tinssent à la saison ou aux localités diverses que pourrait fré-
quenter cette espèce.

M. Günther (1), d'après la forme et l'organisation de ces poissons,
pense que ce ne sont pas des animaux de la faune abyssale, et que, se
tenant le jour à une petite profondeur, ils remontent la nuit à la surface.
Il serait singulier, dans cette hypothèse, que les pêcheurs ne les prissent
pas habituellement et qu'ils aient au contraire été fréquemment capturés
dans les dragages à grande profondeur. D'un autre côté les larges taches
placées le long de l'abdomen et du pédoncule caudal ont bien les caractères d'organes photodotiques, ce qu'on ne s'expliquerait guère pour
des poissons n'habitant pas les eaux profondes au moins dans certains
cas (2). Enfin plusieurs individus de cette espèce, aussi bien que de la
suivante, sont arrivés dans la drague ayant les intestins extroversés par

(1) *Introduction to the study of fishes*, 1880, p. 628.
(2) Voir les considérations présentées plus haut, p. 5, au sujet des *Scopelus*.

suite de l'expansion des gaz de la vessie natatoire, ce qui peut être regardé comme preuve qu'ils vivaient sous une forte pression.

Sur un certain nombre d'exemplaires, les œufs faisaient issue hors du cloaque; leur diamètre est d'environ 0^{mm},3 et ils paraissaient en état de parfaite maturité, ce qui n'est pas favorable à l'idée suivant laquelle on considère l'*Argyropelecus* comme l'état larvaire des *Zeus*.

Numéro du dragage.	Localité.	Profondeur.	Nombre d'indiv.
1. (Tr. 1881) II, 2ᵉ Ser.	Golfe de Marseille . . .	1060	1
2. (Tr. 1882) IV.	Golfe de Gascogne. . .	1534	1
3. (—) VI.	— . . .	741	1
4. (—) X.	— . . .	1420	1
5. (—) XLV . . .	Canaries.	1200	1
6. (—) LVI. . . .	Côtes du Portugal. . .	950	1
7. (—) LXV . . .	— . . .	1100	1
8. XXXIV	Côtes du Maroc	1123	1
			8

54. Argyropelecus Olfersii Cuvier.

Cette espèce se distingue fort aisément de la précédente à son corps plus élevé, son pédoncule caudal moins long et la disposition des deux épines lisses qui terminent le pelvis, l'une recourbée en avant, l'autre droite, dirigée en arrière, ce qui donne assez bien à l'ensemble la disposition connue pour le fer d'une gaffe.

Numéro du dragage.	Localité.	Profondeur.	Nombre d'indiv.
(Tr. 1882) LVI	Côtes du Portugal. . .	950	1
(—) LXII.	— . . .	1615	1

55. Ichthyococcus ovatus Cocco.

(Pl. XIV; fig. 2, 2ª).

La figure qu'on trouve dans le *Fauna italica* du prince Charles Bonaparte donne une assez médiocre idée de ce poisson, que je détermine plutôt d'après la description, qui est meilleure, et par comparaison avec des exemplaires venant de Nice.

La forme de la tête est tout à fait obtuse. Bien qu'il ne paraisse pas y avoir d'écailles proprement dites, elles sont simulées par un quadrillé noir. Le ventre est aplati sur une petite largeur, formant une sorte de sole, légèrement saillante en avant sous le menton.

Numéro du dragage.	Localité.	Profondeur.	Nombre d'indiv.
(Tr. 1882) XLII.	Côtes du Maroc.	2030	1
(—) LVI.	— du Portugal. . .	950	1

Cette espèce n'avait jusqu'ici été signalée que de la Méditerranée : nos exemplaires de l'Océan sont identiques avec ceux venant de cette mer.

Genre OPISTHOPROCTUS.

('Οπισθε, en arrière ; προκτός, anus).

Corps élevé, comprimé, privé d'écailles, au moins celles-ci seraient-elles très caduques ; extrémité postérieure comme tronquée, le pédoncule caudal étant relevé de telle sorte que son bord inférieur fait un angle droit avec la ligne ventrale : par suite l'anale, dirigée directement en arrière, prend la position habituelle de la caudale sur la partie moyenne de cette troncature, dont l'anus occupe l'angle inférieur et la caudale l'angle supérieur. Pectorales et ventrales bien développées. La partie inférieure sous la tête et l'abdomen est aplatie, formant une sole couverte d'un réseau noir, dont les mailles sont occupées par un pigment brillant argenté. Pas de barbillon mandibulaire. Mandibules développées recevant entre elles la mâchoire supérieure dont la mobilité paraît faible ; pas de dents visibles.

N'ayant eu à notre disposition qu'un individu, il n'a pas été possible de pousser très loin l'étude de ce poisson de taille minime. Toutefois, bien que son état de conservation laisse à désirer sous certains rapports, il est nettement caractérisé par la situation singulière de l'anale, situation dont aucun poisson, sauf peut-être les *Trachypterus*, ne nous offre d'exemple. La place des *Opisthoproctus* doit se trouver parmi les

Sternoptychidæ s. str., dans le voisinage des *Ichthyococcus*, dont les rapproche la présence d'une sole ventrale, très vraisemblement photodotique.

Cependant toutes ces questions, en l'absence de renseignements plus complets, restent douteuses. La petitesse de l'animal pourrait même porter à se demander s'il a atteint son complet développement, ou ne serait pas susceptible de subir avec l'âge certaines modifications: la disposition des nageoires semble plutôt indiquer un être chez lequel ces parties ont acquis leur forme définitive.

56. Opisthoproctus soleatus.

(Pl. XIII; fig. 1, 1ª).

D. 10; A. 17; C. 9 + P. 12; V. 3.

Ce poisson de très petite taille a le corps élevé, la hauteur étant égale environ aux 4/11 de la longueur du corps (de l'extrémité du museau à la troncature, qui supporte l'anale); la plus grande largeur atteint 1/8 de cette même dimension. Le dos, en courbe assez régulière, est tranchant, le bord ventral aplati, en sorte que la coupe du corps donnerait un triangle isocèle allongé.

La tête, à chanfrein en ligne droite obliquement descendante et à bord inférieur horizontal, est également comprimée, élevée en arrière; museau allongé occupant près des 3/8 de la longueur de la tête; bouche remarquablement petite, étendue jusqu'à moitié seulement de la longueur du museau; la mâchoire inférieure a, de chaque côté, son bord supérieur fortement convexe et prolongé en arrière: le lobe ainsi formé passe en dehors des maxillaires, qui se trouvent emboîtés, à l'inverse de ce qu'on connaît chez les *Ichtyococcus*. Je n'ai pu reconnaître la présence de dents, celles-ci d'ailleurs sont, on le sait, peu développées et d'une constatation difficile chez le poisson que je viens de citer en dernier lieu et duquel je crois pouvoir rapprocher l'*Opisthoproctus*. L'œil est énorme, égal à la longueur du museau et regarde en haut, l'espace interorbitaire étant très réduit. Une large pièce sous-orbitaire recouvre toute la joue. L'orifice branchial

est largement ouvert; on distingue le préopercule et une pièce postérieure allongée, qui représenterait l'opercule et le sous-opercule, la
division est peut-être cachée par le tégument. Il n'a pas été possible de
compter les rayons branchiostèges.

Forme du corps tout à fait bizarre. A la face ventrale se trouve une
sole aplatie, ovalaire, allongée, limitée par un sillon, profond surtout
en avant à la région hyoïdienne, où cette partie n'adhère pas et forme
une languette antérieure étendue jusqu'au niveau de la commissure
maxillo-mandibulaire; la surface de cet organe est partagée en espaces
assez régulièrement polyédriques par un pigment noir, les espaces
eux-mêmes étant revêtus d'un pigment argenté (1). N'est-ce pas là un
appareil photodotique? la comparaison avec l'*Ichthyococcus* porterait à
le penser. L'anus se trouve juste au-dessus de l'extrémité postérieure de
cette sole; au delà le pédoncule caudal semble manquer, car le poisson
est coupé carrément à ce niveau et présente un bord vertical qui gagne
le dos. L'étude des nageoires montrera dans un instant comment il faut
interpréter cette modification de l'extrémité postérieure du corps. Peau
nue; toutefois au bord dorsal, surtout en avant, au-dessus de la pectorale
et au bord ventral dans le voisinage de la sole, une réticulation de la peau
semble indiquer la présence de matrices pour les écailles, mais celles-ci
ont disparu et il paraît plus probable qu'il n'y a là qu'une apparence comparable à celle que présente le tégument des *Argyropelecus*, des *Sternoptyx*, des *Ichtyococcus*.

La dorsale, reculée à une distance du bout du museau double environ
de la longueur de la tête, est peu étendue. L'anale, insérée sur l'extrémité postérieure tronquée du corps, se trouve directement dirigée en
arrière; on la prendrait volontiers au premier abord pour la caudale;
toutefois, en y regardant d'un peu près, on observe à l'angle supérieur de
la troncature une petite nageoire séparée de la précédente par un espace,
faible, il est vrai, mais très net, précédée de rayons fulcroïdes distincts,
laquelle, sans aucun doute, représente la caudale rejetée en haut. La
pectorale présente quelques rayons allongés, qui dépassent le point
d'origine de la dorsale; très peu en arrière de celui-ci s'insèrent égale-

(1) Pl. XIII, fig. 1*.

ment les ventrales, dont l'extrémité n'atteint pas l'anus. Il faut remarquer que toutes ces nageoires et particulièrement les nageoires impaires, sont assez endommagées pour qu'il ne soit pas facile de se rendre compte de leur forme. La petitesse et la fragilité de l'individu empêchent également d'affirmer que la formule des rayons soit tout à fait exacte.

Dans son état actuel de conservation ce poisson a la tête argentée, le corps jaune rougeâtre; les nageoires sont incolores.

Il est fâcheux que la nécessité de conserver aussi intact que possible ce curieux spécimen ne permette pas d'en faire l'étude anatomique, surtout pour ce qui concerne la portion caudale du rachis. Il y a quatre arcs branchiaux, mais je n'ai pu reconnaître si une pseudo-branchie existe ou non.

	Millim.	1/100.
Longueur du corps.	22	»
Hauteur.	8	36
Épaisseur.	3,5	16
Longueur de la tête	8	36
— de la nageoire caudale.	3 (?)	13
— du museau.	3	37
Diamètre de l'œil.	3	37
Espace interorbitaire.	0,5	6

N° 83-62, *Coll. Mus.*

Numéro du dragage.	Localité.	Profondeur.	Nombre d'indiv.
(Tr. 1882) XLII	Côtes du Maroc	2030	1

61. Malacosteus choristodactylus.

(Pl. VIII; fig. 4).

B. VI + D. I, 14; A. I, 14; C. 12 + P. 4; V. 5.

Ce poisson est très voisin du *Malacosteus niger* Ayrès, espèce typique du genre, aussi me bornerai-je à indiquer les caractères différentiels les plus saillants.

La forme est à peu près la même; toutefois la hauteur, prise en avant, se trouve plus grande, environ 2/9 au lieu de 1/6 de la longueur,

d'après les mesures données par Ayrès. Le corps est aplati, son
épaisseur étant 1/3 de la hauteur, et cela n'est pas dû à l'action de
l'alcool, comme le pensait le naturaliste américain, car nous avons pu
constater le fait sur l'animal frais.

Nombre des rayons des nageoires assez différent, la formule donnée
pour l'espèce type étant :

$$D. 19 ; A. 20 ; C. 12 + P. 5 ; V. 6.$$

Pour la pectorale les rayons sont parfaitement libres et courts, ceux
des ventrales relativement gros. La caudale est fourchue. Ayrès, pour
cette dernière, dit que l'état de conservation ne lui a pas permis d'apprécier sa forme. Les nageoires impaires sont enveloppées dans le tégument,
de telle sorte qu'il faut un grand soin pour en compter les rayons.

Celui des individus en meilleur état recueillis à bord du *Talisman* ne
présente pas, non plus que l'exemplaire type, trace du plancher de la
bouche, sauf tout à fait en avant, et l'appareil hyoïdien, imparfaitement
développé, est à nu, relié à la symphyse mandibulaire par un ligament
d'au moins 40ᵐᵐ de long, fort bien indiqué dans la figure et la description données du *Malacosteus niger*, et que M. Günther regarde à tort
comme un barbillon.

La structure de ce ligament est d'ailleurs très remarquable. Il est complètement musculaire, formé d'un cylindre central de fibres très nettement striées, revêtu par le tégument. Quelque soin que j'aie mis à examiner cet organe, je n'ai pu découvrir les lambeaux de la membrane qui
aurait pu le réunir au plancher de la bouche ; il constitue donc lui-même
en quelque sorte ce plancher. En effet, à l'état de vie ce muscle génio-
glosse, par sa contraction, doit rapprocher l'extrémité antérieure de l'os
lingual de la symphyse mandibulaire, entraînant en avant la partie inférieure des arcs branchiaux, qui viennent avec les pièces centrales de
l'hyoïde combler le vaste espace anormalement laissé entre les mâchoires
inférieures sur les individus morts. Je ne crois pas qu'on connaisse sur
aucun poisson une disposition analogue ; il y a, on le sait, des muscles
géni-hyoïdiens agissant sur les hyoïdes, mais les mouvements de l'os

lingual, ainsi que celui des pièces impaires qui le suivent, sont très limités dans le sens antéro-postérieur; ici au contraire ils doivent être étendus et l'on peut se demander si cette mobilité ne vient pas aider à la préhension des aliments: les dents linguales, si développées, étant projetées brusquement en avant, puis ramenées en arrière, viendraient accrocher la proie et la feraient pénétrer dans la bouche, elle-même puissammont armée.

Les arcs branchiaux sont au nombre de quatre, mais le dernier très peu développé. Ils se réunissent sur l'os hyoïde, relié lui-même latéralement au suspensorium par un arc, peu élargi, membraneux, dentelé, présentant 6 festons, que je regarde comme étant des rayons branchiostèges rudimentaires.

Nous ne connaissons guère de poisson chez lequel les appareils phothodotiques atteignent un développement comparable à celui qu'ils présentent chez les *Malacosteus*. Il faut dire que par contre ils sont peu nombreux. On en trouve seulement deux paires, elles ont été fort bien figurées par Ayrès, qui toutefois ne parle dans le texte que de la paire postérieure.

Le premier appareil est placé immédiatement sous l'œil; à l'extérieur il apparaît comme une tache triangulaire ou ovoïde appointie en avant. Sur le frais sa teinte est mordorée, elle devient grise à reflets un peu métalliques sur l'animal conservé dans la liqueur. En incisant la peau, on voit que l'organe est beaucoup plus développé qu'on ne le croiriait tout d'abord. Dans son ensemble, sa longueur atteint $8^{mm},7$ sur un individu mesurant 125^{mm}; il est piriforme, l'extrémité atténuée remonte en avant vers l'angle formé par la portion dentifère de l'intermaxillaire avec son apophyse montante, pour s'y insérer. En arrière l'extrémité renflée arrive jusqu'à l'organe photodotique postérieur, qu'on pourrait aussi désigner par l'épithète de sus-maxillaire en appelant l'autre sous-oculaire. L'appareil photodotique sus-maxillaire est beaucoup plus petit, 2^{mm}, très peu plus grand que ce qu'on en aperçoit à l'extérieur, de forme presque sphérique, de couleur blanche un peu verdâtre. L'un et l'autre organe sont exactement renfermés, sauf les portions visibles, dans une poche cutanée doublée d'un pigment noir très épais.

La structure histologique n'a pu être étudiée que d'une manière fort imparfaite, vu l'état des exemplaires; toutefois en s'aidant des travaux publiés sur ce sujet et en particulier du mémoire de M. Ussow (1), il est possible de reconnaître l'identité de ces organes chez le *Malacosteus* avec ceux étudiés chez différents poissons par cet auteur.

L'un et l'autre appareil offrent une structure semblable; la masse intérieure, de couleur pâle dans l'état de conservation où j'ai pu l'observer, est composée d'une multitude de cellules nucléaires mesurant $0^{mm},016$ sur $0^{mm},026$; du tissu conjonctif remplit les interstices. La masse ainsi formée est entourée, sauf sur le point qui correspond à l'orifice cutané, d'une première enveloppe absolument opaque par la lumière transmise, d'un blanc nacré brillant à la lumière directe; son épaisseur est de $0^{mm},053$; elle est formée de fibrilles fusiformes, très facilement isolables, longues de $0^{mm},026$, larges d'à peine $0^{mm},001$, se colorant, mais difficilement, par le picrocarminate d'ammoniaque; ces fibrilles se juxtaposent parallèlement les unes aux autres et concentriquement à la surface de l'organe pour constituer cette première enveloppe. La seconde, ou enveloppe externe, est épaisse d'environ $0^{mm},040$, d'un noir profond, quel que soit le mode d'éclairage employé, et constituée par un pigment noir, dont je n'ai pu observer la disposition réelle. Il ne m'a pas non plus été possible de reconnaître la structure du tégument au niveau des orifices.

Quelque incomplet qu'ait pu être cet examen dans les circonstances où je me suis trouvé pour le faire, il permet cependant de reconnaître avec certitude l'homologie à établir entre ces appareils et les organes décrits et figurés par M. Ussow chez le *Gonostoma denudatum*, le *Maurolicus amethystopunctatus* (2).

On peut penser que physiologiquement les cellules glandulaires sécrètent la substance lumineuse, dont l'éclat est renvoyé par la première tunique nacrée, qui remplirait l'office de réflecteur, réflecteur doublé d'une enveloppe noire absorbante fournie par la tunique externe.

---

(1) Ussow, *Ueber den Bau der sogenannten Augenähnlichen Flecken einiger Knochenfische.* — *Bull. Soc. Imp. Nat. Moscou,* t. LIV, 1re part., p. 79, pl. I à IV, 1879.

(2) Voy. en particulier dans le travail cité, pl. III, fig. 11 et 12.

	Millim.	1/100.
Longueur du corps.	156	»
Hauteur.	36	23
Épaisseur.	40	6
Longueur de la tête 1,	20	13
— de la nageoire caudale. . .	19	12
— du museau	3	15
Diamètre de l'œil.	8	40
Espace interorbitaire.	8	40

N° 85-62, *Coll. Mus.*

Numéro du dragage.	Localité.	Profondeur.	Nombre d'indiv.
1. XXII.	Côtes du Maroc.	1635	1
2. XXVI.	—	1400	1
3. CXXIX	Açores	2220	1
			3

Suivant les vues de **M. Günther**, l'absence du barbillon devrait faire passer le genre *Malacosteus* des Stomiatidæ, où ce savant ichtyologiste le place, parmi les Scopelidæ. Toutefois ces poissons, d'après l'ensemble de leurs caractères, se rapprochent beaucoup des *Stomias* et peuvent être regardés comme un genre de passage, qui justifie encore davantage la réunion de ces deux familles.

Genre EUSTOMIAS.

(Εὖ, tout à fait ; στομίας, Stomias).

Un barbillon postmandibulaire fort allongé ; une seule dorsale très reculée ; ventrales composées de deux groupes de rayons, un supérieur et un inférieur. Mâchoires puissamment armées de dents unisériées ; pas de dents au palais, mais des crochets très développés sur la langue. Peau complètement nue, des taches photodotiques petites, nombreuses, le long du corps ; un organe de même ordre, un peu plus développé, au-dessus du maxillaire, à la hauteur de l'œil.

(1) L'appareil operculaire faisant défaut, cette dimension est prise de l'extrémité du museau à la fente branchiale.

Ce poisson, avec ses intermaxillaires armés de dents, son aspect extérieur si caractéristique, la position de ses nageoires, appartient sans nul doute à la famille des Sternoptychidæ, la présence d'un barbillon le rapproche des *Stomias*.

Il me paraît inutile d'indiquer les caractères qui séparent ce genre des *Astronesthes* Rich. et des *Stomias* Cuv., mais, d'après les descriptions, il semble se rapprocher davantage des *Bathyophis* Günth. et des *Echiostoma* Lowe, par la forme générale et la disposition des taches photodotiques. Il diffère de tous deux par l'absence de dents au palais : de plus les premiers sont privés de nageoires pectorales, les seconds ont des dents mandibulaires postérieures sur plusieurs rangs et les dents linguales faibles.

63. Eustomias obscurus.

(Pl. VIII, fig. 3, 3ᵃ).

B. X + D. 21 ; A. 35 + P. 3 ; V. 7.

Forme très allongée, la hauteur n'étant guère que 1/20 de la longueur du corps et l'épaisseur 1/30.

La tête, qui occupe 1/7 de cette même dimension, est conique, comprimée ; la mâchoire inférieure dépasse la supérieure, le museau y entre à peu près pour moitié. Bouche largement ouverte, quoique le maxillaire ne dépasse l'œil que d'assez peu, et fortement armée ; l'intermaxillaire porte en avant 2 longues dents crochues, véritables canines, puis 11 autres dents, moins développées quoique robustes, la première et la cinquième de cette série postérieure sont les plus fortes, les dernières les plus petites ; sur le maxillaire qui ne fait pas la moitié du bord denté, ces organes sont réduits à de fines crénelures, ils ne sont même bien visibles qu'en arrière et à l'aide de la loupe ; la mandibule rappelle l'intermaxillaire par la manière dont elle est armée ; on y compte 14 dents ; les deux premières séparées des suivantes par une sorte de barre, sont les plus fortes, puis viennent les troisième, sixième et aussi dixième ou onzième ; les autres, quoique moins hautes, sont encore assez développées ; il n'y a pas de dents palatines ; en revanche l'os lingual porte des crochets aussi robustes que ceux des mâchoires : un médian antérieur et deux ou trois pairs, postérieurs ; ces derniers dépendent, au moins en partie, des pièces médianes hyoïdiennes. Je n'ai pu distinguer que la narine postérieure située juste en avant et au-dessus de l'œil. Celui-ci, reculé, petit, mesure 1/11 environ de la longueur de la tête ; l'espace interorbitaire est très peu moindre.

Un long barbillon s'insère à l'extrémité antérieure de l'os lingual ; sa longueur atteint près de 50^{mm} ; il est cylindrique, avec un renflement terminal (1) de 3^{mm} environ, étranglé en son milieu ; l'extrémité libre portait 7 prolongements filiformes, au bout de chacun desquels se trouve une sorte de petite sphère. L'enveloppe de la tige du barbillon offre dans sa paroi des noyaux fort distincts, équidistants. A en juger par ses caractères extérieurs, cet organe doit constituer un appareil tactile très délicat. Orifice branchial largement ouvert, la membrane branchiostège, peu élevée, est soutenue par des rayons courts entre lesquels se trouvent des taches photodotiques. On observe encore une petite plaque de même nature très visible, par sa teinte claire, placée vers la hauteur de l'œil au-dessus et très près du maxillaire.

Sur le corps, qui est absolument privé d'écailles, se voient comme de petits points blancs, d'autres taches photodotiques forment une double série de chaque côté à la région ventrale. Anus très en arrière, environ aux 7/10 de la longueur du corps.

La dorsale et l'anale se terminent à très peu de distance de la caudale ; la seconde, qui n'a pas 1/3 de la longueur du corps, commence immédiatement en arrière de l'anus, la dorsale est moitié moins étendue. Caudale très courte, 1/20 à peine de la longueur du corps. Les pectorales sont composées de 3 rayons grêles. Les ventrales, situées bien en arrière du milieu de la longueur, se divisent en deux portions, une supérieure, composée de 3 rayons courts, une inférieure de 4 rayons,

(1) Pl. VIII, fig. 3ª.

au moins quadruples des précédents en longueur. Il faut remarquer que la délicatesse des organes et l'état d'imparfaite conservation du sujet n'ont permis de faire le compte des rayons sur les nageoires impaires que d'une façon approximative.

La couleur est d'un noir velouté profond ; iris blanc d'argent.

	Millim.	1/100.
Longueur du corps	165	»
Hauteur	8	5
Épaisseur	6	3
Longueur de la tête	24	14
— de la nageoire caudale	5	3
— du museau	12	50
Diamètre de l'œil	2,5	10
Espace interorbitaire	2	8

N° 85-64, *Coll. Mus.*

Numéro du dragage.	Localité.	Profondeur.	Nombre d'indiv.
CXIX	Açores	2792	1

On n'a recueilli qu'un individu de cette curieuse espèce, heureusement dans un état de conservation assez satisfaisant pour pouvoir se faire une idée fort exacte de ses caractères.

64. **Stomias boa** Risso.

Cette espèce, parfaitement connue depuis les recherches de Risso et la description donnée par Cuvier et Valenciennes, est caractéristique des grandes profondeurs. Comme le montre le tableau ci-dessous, elle a été rencontrée par individus isolés, il est vrai, mais dans de nombreux dragages, en des localités très diverses. Malheureusement les exemplaires laissent la plupart du temps beaucoup à désirer, soit, ce qui est le plus fréquent, qu'ils aient été engagés par leurs mâchoires fragiles dans les fauberts, soit recueillis dans la vase au fond du chalut et dans la drague. En outre, un mucus très abondant et tenace couvre leur peau peu résistante et, lorsqu'on cherche à le retirer, il est presque impossible de ne pas enlever celle-ci en même temps.

Numéro du dragage.	Localité.	Profondeur.	Nombre d'indiv.
1. (Tr. 1880) VI. . . .	Golfe de Gascogne. . .	1300	1
2. (— .) XVI. . .	— . . .	1600	1
3. (Tr. 1882) X.	— . . .	1800	1
4. (—) XII . . .	— . . .	550	1
5. ( ) LXII . .	Côtes du Portugal. . .	1615	1
6. (—) LXVI . .	Golfe de Gascogne. . .	950	1
7. XXX.	Côtes du Maroc.	1435	1
8. XLVII	—	1163	1
9. XCIII	Banc d'Arguin	1495	1
10. XCIX.	—	1617	1
11. CXII	Iles du cap Vert	405	1
			11

Les différentes espèces admises dans le genre *Stomias* me paraissent
fort douteuses, d'après les matériaux que j'ai pu avoir entre les mains.
M. Günther (1) en énumère trois d'après les auteurs. Les *Stomias
boa* Risso et *Stomias barbatus* Cuv. ne doivent pas être regardés comme
distincts ; Valenciennes, dans la grande Histoire des poissons (2), a discuté cette question de manière à ne pouvoir laisser de doute sur ce point.
Il est vrai que, suivant le prince Bonaparte, le nombre des rayons pour
les nageoires dorsale et anale serait moindre dans le *Stomias barbatus*
que dans le *Stomias boa* ; mais, comme l'a fait très justement remarquer
l'auteur cité plus haut, des exemplaires authentiques, donnés par ce
zoologiste lui-même, ne présentent pas ce caractère, non plus qu'un exemplaire envoyé de Nice par Risso, également sous le nom de *Stomias barbatus*. Ces deux espèces ne peuvent donc être légitimement conservées.
Quant au *Stomias ferox* Reinh., il est surtout caractérisé par sa coloration et la longueur aussi bien que la forme du barbillon mandibulaire.
Or, suivant mes observations faites sur le frais, ce dernier organe est
mou, extensible, ce qui peut jeter quelque doute sur les caractères tirés
de ses dimensions relatives ; il serait plus long que la tête dans l'espèce
groenlandaise ; la disposition non frangée de l'extrémité de ce même barbillon pourrait aussi être considérée comme un caractère plus positif ;
malheureusement il y a doute à cet égard. Je dois à l'obligeance de

(1) Günther, *Cat. Brit. Mus. Fishes*, t. V ; p. 426, 1864.
(2) Cuvier et Valenciennes, *Hist. des Poissons*, t. XVIII, p. 370, 1846.

M. Steenstrup et de M. Lutken d'avoir pu examiner les deux seuls exemplaires de cette espèce que possède le musée de Copenhague : l'un a 198^{mm} de longueur totale, l'autre 145^{mm}, tous deux ont, paraît-il, servi à la description faite par Kroyer ; je serais porté à croire que le plus grand a été pris comme modèle pour la figure donnée dans le voyage en Scandinavie et en Laponie, la taille semble l'indiquer et le barbillon mandibulaire est simple, atténué à l'extrémité. Quant au petit exemplaire qui, par la coloration et les autres caractères de forme, est assimilable au précédent, l'extrémité libre du barbillon est sur lui très nettement divisée en pinceau trifide, il ne peut guère être contesté que cela ne doive être considéré comme l'état réellement normal ; le grand exemplaire a sans doute subi une mutilation accidentelle de cet organe délicat. En résumé il faudrait, je crois, attendre qu'on pût établir la distinction de cette espèce d'après des exemplaires plus nombreux et en meilleur état de conservation, pour affirmer qu'elle est légitime.

Dans les individus les mieux conservés, pris dans nos dragages, le barbillon est remarquablement court, n'ayant pas plus de 3^{mm}, sur le plus grand exemplaire, et entier à son extrémité ; mais je n'oserais affimer qu'il soit absolument intact, et dans le doute, l'animal doit être rapporté au *Stomias boa*, dont il présente très nettement l'aspect général et la coloration.

Ce poisson aurait une répartition géographique des plus intéressantes, puisque, signalé à la fois dans les mers du Nord et la Méditerranée, le golfe de Gascogne, sur la côte du Maroc, il se trouverait également, d'après Peters, dans le grand océan Pacifique (1).

70. Scopelus Gemellarii Cocco.

D. 15 ; A. 12 + V. 7.

Écailles : ?, 36, ?

La détermination des espèces du genre *Scopelus* présente de très grandes difficultés, surtout lorsqu'on ne possède que des individus

(1) *Monatsb. Akad. Wiss.* Berlin, 1876, p. 846.

dans un état médiocre de conservation, ce qui est malheureusement
le cas pour les exemplaires recueillis dans nos dragages. Tous ont perdu
leurs écailles, et les nageoires sont très détériorées. Cependant les
plus grands d'entre eux peuvent être caractérisés suffisamment. Pour
les plus petits, qui n'atteignent que 40^{mm} à 50^{mm}, la détermination reste
douteuse.

Ces Scopèles se rapprochent des espèces du genre qui ont le museau
le plus court et tout à fait arrondi, l'œil grand, la bouche profondément
fendue, peu élevée, horizontale. Le nombre des rayons est un peu plus
grand à la nageoire dorsale qu'à l'anale et, quoiqu'il y ait une petite
différence dans les formules, c'est évidemment au *Scopelus Gemellarii*
Cocco, qu'il convient de les assimiler; ce dernier, d'après les auteurs,
offre pour les rayons D. 17; A. 15.

En comparant ces exemplaires avec les espèces les plus voisines, on
voit qu'ils diffèrent des *Scopelus resplendens* Rich. et *S. caudispinosus*
Johns., par un nombre beaucoup moindre de rayons aux nageoires
impaires supérieure et inférieure du *Scopelus maderensis* Lowe, par l'absence de l'épine suroculaire, enfin du *Scopelus Rafinesquii* Cocco, dont
ils se rapprochent évidemment beaucoup, par leur œil plus petit : il est
contenu environ quatre fois dans la longueur de la tête et non deux fois
trois quarts.

	Millim.	1/100.
Longueur	108	»
Hauteur	19	17
Épaisseur	14	13
Longueur de la tête	34	31
— de la nageoire caudale	14	13
— du museau	5	15
Diamètre de l'œil	9	26
Espace interorbitaire	10	29

N° 84-1078, *Coll. Mus.*

Numéro du dragage.	Localité.	Profondeur.	Nombre d'indiv.
1. (Tr. 1882) XLV . . .	Côtes du Maroc.	1200	1
2. XVIII	—	550	1
3. XXII.	—	1635	1
4. XLVII.	—	1163	1
5. L.	Canaries.	975	- 1
6. LXXXI	Côtes du Soudan. . . .	1139	1
			6

79. **Neoscopelus macrolepidotus** Johnson.

(Pl. IX, fig. 2, 2ᵃ, 2ᵇ).

B. IX + D. IV, 9; A. II, 11 + V. 8.

Écailles, 3/31/4.

Ce poisson, décrit avec beaucoup de soin et figuré par Johnson, a été deux fois rencontré dans les dragages du *Talisman*. Il est, à l'état frais, remarquable par ses brillantes couleurs, où le rouge vif se mêle au bleu d'azur, le tout relevé par les points argentés, brillants, cerclés de noir, qu'on voit sur l'abdomen.

Le *Neoscopelus* nous a montré, mieux peut-être que toute autre espèce, la dilatation qu'éprouvent les gaz contenus dans la vessie natatoire, sur les poissons ramenés brusquement des grandes profondeurs. Tous les individus sont arrivés à la surface énormément distendus, l'estomac projeté hors de la bouche, le corps tellement gonflé que les écailles étaient comme hérissées à sa surface.

Celles-ci, très caduques, manquent presque en totalité et on n'a pu en recueillir que quelques-unes sur le dos et au ventre, là où les nageoires les ont protégées, puis à la ligne latérale, où elles paraissent plus adhérentes. Sur aucune je n'ai pu constater la présence des spinules indiquées par Johnson, ce qui d'ailleurs, vu les points où elles ont été prises, n'infirme aucunement l'observation de ce consciencieux ichtyologiste. Deux écailles sur le dos (1) et le ventre (2) sont relativement petites, l'une mesure 3ᵐᵐ sur 3ᵐᵐ, la seconde 3ᵐᵐ,5 sur 3ᵐᵐ,5, celle-là

(1) Pl. IX, fig. 2.
(2) Pl. IX, fig. 2ᵃ.

avec un foyer distinct un peu excentrique, régulièrement entouré
par les crêtes. L'écaille de la ligne latérale (1) est énorme, surtout en
hauteur, mesurant 24^{mm} pour cette dernière dimension et 8^{mm} dans le sens
antéro-postérieur; il n'y a qu'une perforation simple, abritée par une
lamelle qui du bord postérieur de l'ouverture se dirige en avant; la
partie comprenant les champs antérieur et latéraux, qui occupe à peu
près une moitié de l'écaille, est chargée de crêtes concentriques;
celles-ci manquent au champ postérieur.

Par suite de l'état dans lequel arrivaient à bord les animaux ainsi
qu'on vient de le voir, l'examen des viscères présente une certaine difficulté, car on peut craindre qu'ils n'aient été lésés dans le déplacement
qu'ils ont subi; cependant on peut reconnaître leurs dispositions principales. Le péritoine est d'un noir violacé profond. L'estomac, en siphon,
offre également une teinte sombre; l'intestin, membraneux, de couleur
jaune d'ocre pâle, naît vers son milieu, remonte en avant jusque très
près de la cloison péricardique et redescend directement en arrière,
étant à peine courbé vers le tiers antérieur de ce trajet, en un point où
il embrasse à demi une glande, le pancréas sans doute; à la courbure
il reçoit 5 cæcums pyloriques, placés en ligne à la suite les uns des
autres; ils sont membraneux, allongés. Le foie doit être assez volumineux, mais était fort altéré, un lacis de canaux (vasculaires ou hépa-
tiques) sans parenchyme, subsistant seul sur beaucoup de points. La
vessie natatoire est blanche et adhère à l'intestin ainsi qu'à l'estomac
par des tractus, qui ne paraissent pas perméables, et d'ailleurs le résultat
de la décompression rend évident qu'elle est close. Il est impossible d'en
préciser la forme exacte dans l'état de rétraction où elle se trouve après
rupture: toutefois l'extrémité postérieure est conique. Les reins sont
représentés par un amas rubané de couleur jaune un peu orange, placé
au-dessus de la portion postérieure de l'intestin; ils remontent assez
loin en avant. Sur l'individu que j'ai pu examiner, les ovaires volumineux, en forme de massue allongée, s'étendaient dans les 2/3 postérieurs de la cavité abdominale, bien au delà de l'extrémité du cul-

____

(1) Pl. IX, fig. 2^{b}.

de-sac stomacal; ces organes sont entourés d'un repli séreux et viennent aboutir à un orifice commun par des canaux bien limités, orifice, distinct de l'anus, et placé en arrière de celui-ci.

	Millim.	1/100.
Longueur	225	?
Hauteur	51	22
Épaisseur	36	16
Longueur de la tête	75	33
— de la nageoire caudale	43	19
— du museau	22	29
Diamètre de l'œil	15	20
Espace interorbitaire	16	21

N° 85-66, *Coll. Mus.*

Numéro du dragage.	Localité.	Profondeur.	Nombre d'indiv.
1. XXXII	Côtes du Maroc	1590	2
2. XXXIII	—	1350	1
			3

M. Günther regarde ce poisson simplement comme une espèce du genre *Scopelus*, mais les détails qui viennent d'être donnés sur la splanchnologie montrent qu'il doit en être distingué ainsi que l'avait proposé dès l'abord Johnson. La présence d'une vessie natatatoire le différencie de tous les poissons de la famille des Scopelinæ jusqu'ici connus. L'auteur, qui a décrit le premier le *Neoscopelus macrolepidotus*, a déjà fait remarquer que les quatre premiers rayons de la dorsale ne sont pas branchus; j'ajouterai qu'ils sont durs, résistants; c'est encore un caractère singulier pour un poisson de cette famille, et de nouvelles études seraient nécessaires pour mieux déterminer ses rapports réels.

80. Aulopus Agassizi Bonaparte.

(Pl. XII, fig. 3, 3ᵃ, 3ᵇ, 3ᶜ).

B. VIII + D. I. 11 ; A. I, 6; C. 16 — P. 16 ; V. I, 9.

Écailles, 4 49 9.

Ce poisson, décrit et figuré par le prince Bonaparte sous le nom de *Chlorophthalmus Agassizi*, étudié depuis sur des exemplaires types par

Valenciennes, est aujourd'hui très bien connu. Nous en avons recueilli à bord du *Talisman* de nombreux et fort beaux individus de tailles très variées, les plus grands mesurent 209^{mm} de longueur totale, les plus petits 70^{mm}; la première taille est de beaucoup supérieure à celle assignée par les auteurs à cet animal, les exemplaires connus ne dépassant pas en général la dernière dimension; cependant, d'après la figure donnée dans le *Fauna italica* (ces figures sont ordinairement de la grandeur naturelle), certains individus pourraient avoir 120^{mm} environ.

Est-ce bien à cette espèce qu'appartiennent les poissons pris dans l'Atlantique? Cela me paraît le plus probable; cependant on constate certaines différences dans la formule des rayons et des écailles; toutefois en comparant nos individus avec les types de la collection du Muséum, notamment celui envoyé par Ch. Bonaparte et vu par Valenciennes, l'aspect général, les proportions, etc., sont si bien les mêmes que ces différences ne me paraissent pas excéder ce qu'on peut admettre comme dépendant de variations individuelles ou de l'âge.

Les écailles, du type pseudo-cténoïde, sont remarquables par l'irrégularité de leurs formes, et en quelque sorte rudimentaires, tant leur épaisseur est faible. Celles du corps (1) irrégulièrement polygonales, d'ordinaire à cinq côtés, présentent parfois un angle rentrant à la place d'un des angles saillants antérieurs habituels; elles sont assez grandes: l'une d'elles prise au-dessous de la ligne latérale mesure 6^{mm},9 de large sur 4^{mm} de long; le foyer, très reculé, est érodé, les crêtes concentriques laissant en ce point un espace libre plus ou moins large; les lobes marginaux antérieurs manquent ou sont représentés par de larges courbures et les angles rentrants indiqués plus haut; on ne voit pas de sillons centripètes; le bord postérieur libre est crénelé sans spinules réelles. Écailles de la ligne latérale (2) mesurant 5^{mm},5 de long sur 4^{mm},4 de large, semblables aux précédentes avec une perforation focale simple, abritée par une lamelle en quadrilatère, plus ou moins allongée, parfois rétrécie en arrière, où elle adhère au bord de la perforation.

Sagitta ovalaire, plan convexe, bord supérieur rectiligne; contour

1. Pl. XII, fig. 3^b.
2. Pl. XII, fig. 3^c.

entièrement festonné ; sillon acoustique (1) large, étendu au moins sur les 6/7 de la longueur ; les crêtes limitantes sont l'une et l'autre nettement accusées ; îlots indistincts ; extrémité du sillon arrondie ; embouchure élargie, l'antirostrum étant rejeté en arrière. Face externe (2) gaufrée ; foyer déprimé, concave ; aire périphérique chargée de stries d'accroissement étagées, concentriques aux festons limbaires.

Le tube digestif est d'une grande simplicité. L'estomac, membraneux dans sa portion antérieure et grisâtre, offre des parois plus épaisses et devient noir-bleuâtre vers son extrémité terminale en cul-de-sac ; l'intestin, à parois minces et délicates, naît très avant, ne présente pas de cæcums pyloriques distincts, et se dirige directement en arrière sans circonvolutions pour aboutir à l'anus. Celui-ci est assez avancé, les ventrales le dépassent, aussi se trouve-t-il plus près de l'origine de ces dernières que de celle de l'anale ; la cavité abdominale, revêtue d'un pigment noir profond, se prolonge un peu au delà, sans toutefois atteindre le niveau de l'anale. Les autres viscères n'étaient pas visibles ou étaient altérés ; la vessie natatoire fait certainement défaut.

	Millim.	1/100.
Longueur.	175	»
Hauteur	30	17
Épaisseur	26	14
Longueur de la tête	55	31
— de la nageoire caudale	34	19
— du museau	19	34
Diamètre de l'œil	20	36
Espace interorbitaire	5	9

N° 85-74, *Coll. Mus.*

Numéro du dragage.	Localité.	Profondeur.	Nombre d'indiv.
1. CX	Iles du cap Vert	460	7
2. CXI	--	580	6
3. CXII	Mer des Sargasses	405	16
4. CXXII	Açores	1440	5
			34

(1) Pl. XII, fig. 3.
(2) Pl. XII, fig. 3ᵃ.

L'opinion de Valenciennes, qui n'admet pas le genre *Chlorophthalmus* Bonap. et place cette espèce avec les *Aulopus*, me paraît la plus justifiée ; la grandeur relative de l'œil, la position des ventrales par rapport à la dorsale, la situation de celle-ci sur le tronc, ainsi que le nombre de ses rayons, ne peuvent être regardés comme caractères génériques. Pas plus sur nos exemplaires que sur les types, je n'ai pu reconnaître nettement les dents linguales dont parle Valenciennes.

87. Bathypterois dubius.

(Pl. IX ; fig. 1, 1ᵃ, 1ᵇ, 1ᶜ, 1ᵈ, 1ᵉ, 1ᶠ. Pl. XII ; fig. 4, 4ᵃ. Pl. XIV ; fig. 4. Pl. XV ; fig. 4, 4ᵃ, 4ᵇ.)

B. XII + D. 1,14 ; A. 9 ; C. 19 + P. 2,10 ; V. 2,6.

Écailles : 6/60 8.

Ce poisson singulier ne paraît jamais atteindre une grande taille ; sur la nombreuse série d'exemplaires récoltés à bord du *Talisman*, le plus développé mesurait 260ᵐᵐ de longueur totale. Le écailles tombent le plus souvent ne laissant que la trace du repli cutané dans lequel chacune d'elles est logée ; le dessin quadrillé, pâle sur fond bleu d'acier, qui en résulte, joint à la forme de la tête, donne à l'animal une grossière ressemblance avec certains Ganoïdes, tels que les Polyptères. La hauteur est environ 1/8 de la longueur, l'épaisseur à peu près 1/12 ; la tête y entre pour 2/11 et la caudale pour 1/4.

La tête, aplatie en dessus avec les faces latérales dirigées obliquement de dehors en dedans et de haut en bas, peut être comparée à une pyramide à trois pans. Le museau, qui fait un peu plus du tiers de sa longueur, est également fort aplati, la mâchoire inférieure dépasse notablement la supérieure, le maxillaire se prolonge en arrière de l'œil à une distance à peu près égale à celle qui sépare celui-ci de l'extrémité de la mâchoire supérieure. Les branches mandibulaires élargies en dessous recouvrent toute la région gulaire, sauf un espace ovoïde, allongé, en arrière de la symphyse [1] ; chacune offre cinq pores bien distincts. Bou-

---

[1] Pl. IX, fig. 1ᵇ.

che médiocre; dents fines et formant des bandes peu élargies sur les dentaires et les intermaxillaires, nulles au palais. Les narines, assez difficiles à reconnaître au milieu des pores qu'on observe dans leur voisinage, sont rapprochées l'une de l'autre, séparées par un faible pont membraneux, très peu plus éloignées du bout de la mâchoire supérieure que de l'œil. Celui-ci, placé aux 3/7 environ de la longueur de la tête, petit, car il n'a guère que 1/20 de cette même dimension, est dirigé légèrement en bas par suite de la forme générale de la tête; espace interorbitaire égal environ à la distance qui sépare du bout du museau le centre de l'œil. Trois ou quatre pores aux sous-orbitaires, faisant suite à des organes analogues qu'on observe sur le museau. Orifice branchial largement ouvert, les pièces operculaires distinctes, surtout le préopercule et l'opercule : toutes ces parties, ainsi que la joue et la tête en dessus à partir du niveau des yeux, couvertes d'écailles.

Le tronc offre un bord dorsal presque droit, un bord ventral très peu convexe, aussi le pédoncule caudal est-il encore proportionnellement élevé. Ce dernier présente en dessous, à la racine de la nageoire caudale, une échancrure singulière, dont la moitié antérieure est formée par une sorte d'ergot; la signification physiologique de cette disposition ne paraît pas facile à déterminer. La ligne latérale, après s'être légèrement infléchie vers le bas en partant du pli operculaire, occupe ensuite la région moyenne du corps. Anus à une certaine distance en avant de l'anale, vers le milieu de la longueur. Les écailles, très peu adhérentes nous ne possédons pas un exemplaire qui les présente dans leur état d'intégrité sur toute la surface du corps, sont de grandeur moyenne.

La dorsale a son origine en avant du milieu de la longueur, ce point et sa terminaison étant également éloignés des extrémités correspondantes du corps; le premier rayon ne paraît pas articulé, il est très peu plus de moitié moins haut que le second, lequel est le plus élevé et mesure une fois un quart environ la hauteur du tronc; le bord supérieur de cette nageoire s'abaisse obliquement d'avant en arrière. L'adipeuse, petite, plus haute que large, est située un peu en avant du milieu de la distance, qui sépare la dorsale de l'origine de la caudale. Anale de même forme que la dorsale, moins longue et moins haute d'à peu près 1/3 pour chaque dimension, premier rayon articulé, non branchu : l'origine de cette nageoire est sensiblement en arrière de la dorsale. Caudale fourchue, les rayons inférieurs paraissant plus prolongés que les supérieurs.

Les nageoires paires présentent une disposition des plus singulières, qui donne à ce poisson sa physionomie spéciale. Les pectorales sont divisées en deux portions. La supérieure se trouve constituée par 2 rayons, l'inférieur, très court, ne mesure pas plus de 3^{mm} à 10^{mm}, le supérieur, excessivement allongé, atteint (dans la *position anatomique*) [1] ou même dépasse la base de la caudale ; il est composé de deux tiges intimement unies, sauf à l'extrémité, de sorte que l'ensemble figure un filament bifide à sa terminaison. Un détail de structure important au point de vue de l'usage auquel est destiné le long rayon, c'est que l'une des parties composantes dans son tiers ou sa moitié basilaire est simple, sans articulations, et, dans le reste de son étendue, composée d'une multitude de petits articles placés bout à bout, tandis que l'autre présente cette dernière disposition sur toute sa longueur [2] ; il en résulte que, dans cette portion basilaire la première tige restant d'une longueur invariable, l'autre peut s'allonger ou se raccourcir à la volonté de l'animal ; or, comme elle est intimement unie à la première, celle-ci se trouve forcée de se courber plus ou moins en arc suivant le degré de rétraction ; cet effet doit s'exagérer, comme nous le verrons plus loin, par la différence de position des cavités cotylaires, qui reçoivent les extrémités de chacune des tiges. La seconde portion, qui représente mieux la pectorale ordinaire des poissons, est composée de rayons non branchus, allongés ; quelques-uns peuvent atteindre jusqu'à 1/5 de la longueur du corps et dépassent l'origine de la dorsale ; aucune membrane ne les réunit. Sur le frais il est facile de constater que les longs rayons supérieurs peuvent être dirigés en tous sens par l'animal et habituellement (dans ce qu'on pourrait appeler la *position physiologique*) en avant [3], comme deux tentacules, à en juger par la situation qu'ils prennent quand on plonge le

[1] Pl. IX, fig. 1.
[2] Voir pl. XII, fig. 4 : **66**.
[3] Pl. IX, fig. 1*.

poisson encore frais dans l'eau en l'abandonnant à lui-même ; les rayons de la portion inférieure jouissent aussi d'une grande mobilité et doivent également être regardés comme des organes du tact.

Les ventrales, insérées en avant de la dorsale, sont aussi composées de deux parties, 2 rayons externes, allongés, disposés spécialement pour le tact et 6 internes, branchus comme les rayons mous ordinaires ; tous sont d'ailleurs réunis par une membrane. Les rayons externes méritent une mention spéciale, car ils présentent certaines particularités les éloignant du type habituel de ces organes chez les autres poissons. Dans l'individu normal (il sera question plus loin de certaines différences observées sur quelques exemplaires), ils sont robustes, dépassant notablement l'anale ; leur diamètre est à peu près le même de la base à l'extrémité libre, celle-ci seulement est aplatie dans le sens horizontal et très légèrement élargie. A la base ce rayon paraît comme osseux et les articulations transversales y sont peu marquées ; ces dernières deviennent nettes vers l'extrémité. Au premier abord chacun de ces organes semble simple, c'est-à-dire non branchu, mais, en y regardant de plus près, on s'aperçoit qu'il est partagé en deux suivant le sens de l'aplatissement ; la fente peut s'étendre plus ou moins loin et être artificiellement prolongée jusqu'à la base ; en somme, ce rayon paraît formé de deux portions juxtaposées, réunies par un tissu lâche, mais cette juxtaposition est d'un mode insolite, car lorsque les rayons se divisent, les parties sont généralement placées côte à côte et non superposées. Il serait intéressant d'observer sur le vivant le jeu de cet organe et de voir si, en appliquant les deux parties de cette sorte de pince sur les objets, l'animal n'obtient pas par le toucher une notion plus exacte de leur forme. L'examen histologique confirme la supposition qu'on doit y reconnaître des organes spéciaux pour ce sens, car il y révèle l'existence de bâtonnets en fuseaux très allongés (1) mesurant 1^{mm},041 sur 0^{mm},017, lesquels me paraissent comparables aux organes que M. Jobert a fait connaître sous le nom d'aiguilles ostéoïdes dans les rayons tactiles des Trigles (2). Je suis porté

(1) Pl. XII, fig. 4.

(2) Jobert, *Étude d'anatomie comparée sur les organes du toucher*. Ana'. sc. nat., 5e sér., t. XVI, art. n. 5 ; p. 76 et 90, Pl. VII, fig. 59, 1872.

à penser, d'après le développement de ces aiguilles dans les appareils plus spécialement destinés au tact, qu'il faut y voir des sortes de parties de perfectionnement plus ou moins comparables aux poils tactiles de différents animaux. Il y aurait chez le *Bathypterois* un développement du toucher spécial, qui contrebalancerait l'imperfection de l'organe visuel et l'absence de taches photodotiques.

La couleur générale est d'un gris d'acier foncé, passant au bleu ; lorsque les écailles sont tombées, un réseau formé par leurs contours apparaît en clair sur cette teinte. Les nageoires impaires et la partie membraneuse des ventrales sont plus foncées, brunes ou noires ; rayons externes des ventrales et ceux des pectorales incolores, blanchâtres ou jaunâtres.

Écailles du type cycloïde, médiocrement développées, à peu près quadrilatères, celles des flancs au moins, car en se rapprochant du dos et du ventre elles s'allongent. Une d'elles prise vers la nageoire dorsale (1), mesure 6^{mm} de long sur 4^{mm} de haut ; le foyer est à peu près central, il n'y a pas de limite nette entre les champs antérieur et latéraux, tous couverts de fines stries ; le bord adhérent est sinueux, sans lobes marginaux ni sillons centripètes bien marqués ; le champ postérieur présente également des crêtes concentriques, mais elles ne sont bien visibles qu'antérieurement, la portion terminale libre restant membraneuse. Une écaille de la ligne latérale (2) mesurant 4^{mm},5 de long sur 4^{mm} de haut, était assez régulièrement en quadrilatère, à bords antérieur et postérieur arrondis ; le canal occupe le tiers médian, il est simple, c'est-à-dire avec un orifice postérieur correspondant à la perforation focale ; d'ailleurs la structure de la lamelle se montre la même que pour les écailles du corps, le bord antérieur présente seulement en son milieu un lobe étendu et le bord postérieur une échancrure en face du canal.

On compte 25 vertèbres dorsales et 33 caudales. Le crochet dont il a été parlé plus haut comme placé à la partie inféro-postérieure, un peu en avant de la caudale, dépend de la plaque hypurale, formée des dernières hæmépines soudées pour soutenir les rayons ; on doit donc le regarder

(1) Pl. IX, fig. 1e.
(2) Pl. IX, fig. 1 *f*.

comme partie intégrante de cette nageoire, au même titre que les fulcroïdes, dont il paraît n'être qu'une modification

Les portions du squelette, qui supportent les nageoires paires, sont les seules sur lesquelles je crois devoir insister, en raison de l'importance spéciale de ces organes appendiculaires.

Le membre antérieur (1), dans sa partie basilaire, est construit sur le type habituel, tel qu'il est connu depuis Cuvier pour la Perche par exemple. On trouve la chaîne formée du sus-scapulaire (46), du scapulaire (47) et de l'huméral (48) sans modifications notables. En arrière, existe une sorte de plaque scléreuse très développée en surface et constituée partiellement de portions écailleuses où l'on peut retrouver les pièces habituelles principales : en haut se voit une écaille perforée, discoïde, très évidemment analogue du radial (52), c'est elle qui supporte le long rayon tactile supérieur (66), rapport d'articulation qui, chose à noter, se retrouve chez la Perche pour le rayon homologue : cette pièce s'articule d'autre part avec la portion supérieure de l'huméral. Également articulée avec celui-ci, mais à sa partie inférieure existe une seconde écaille (51) quadrilatérale, renforcée par des côtes, qui partent en divergeant d'une élévation centrale pour gagner les quatre angles : c'est l'analogue du cubital. En arrière de ces deux os se trouve une chaîne de trois osselets écailleux superposés ; l'inférieur (64), le plus développé, est juxtaposé au cubital, auquel il ressemble jusqu'à un certain point par sa forme en carré régulier et la présence d'un centre élevé d'où partent des côtes de soutènement ; le moyen (64') moins grand est subarrondi, également renforcé par des côtes ; enfin le troisième (64''), le plus petit, est triangulaire, peu épais, articulé avec le radial : les deux osselets inférieurs supportent les rayons (65) de la nageoire pectorale proprement dite et, avec le supérieur, doivent être considérés comme représentant les os du carpe. Outre la forme lamelleuse insolite de ces derniers, ce qui rend particulièrement remarquable cet appareil, c'est que les os qui le composent sont unis d'une façon si lâche, qu'un vaste espace reste libre entre le radial et le cubital de haut en bas, entre l'huméral et les osselets

____

(1) Pl. XII, fig. 4.

carpiens d'avant en arrière ; cet espace est comblé par une lame scléreuse (a), qui passe même, semble-t-il, sous tous ces osselets.

L'articulation du long rayon tactile supérieur avec le radial se fait par une double articulation répondant aux deux tiges longitudinales qui le composent ; elles sont nettement sur des plans différents, en vue sans doute de produire l'inflexion du rayon, suivant la disposition anatomique si bien étudiée sur le Trigle par Deslonchamps (1), à quoi s'ajoute, comme on l'a vu plus haut, la différente structure des deux tiges.

L'appareil pelvien est simple. L'os iliaque offre la forme triangulaire habituelle, il est fortement concave à sa face supérieure pour recevoir des masses musculaires puissantes, destinées à mouvoir les rayons si exceptionnellement développés. Du bord postérieur de cet os part un ligament allongé, également triangulaire, de même longueur à peu près que l'os lui-même, se dirigeant directement en arrière et prolongé par un muscle jusqu'à la nageoire anale, muscle qui doit être regardé comme homologue de celui désigné par Cuvier sous le nom de muscle grêle inféro-antérieur. Il est aussi à remarquer que le bassin se trouve suspendu à la colonne vertébrale par un appareil ligamenteux un peu plus solide qu'il ne l'est d'ordinaire chez les Poissons et constitué par le renforcement des fibres conjonctives, qui doublent la membrane péritonéale. La stabilité relativement plus grande de l'appareil pelvien chez le *Bathypterois* paraît en relation avec l'importance biologique de la nageoire qu'il supporte.

L'encéphale (2) est développé dans son ensemble. Les lobes olfactifs (a) et cérébraux (b) sont petits, surtout les premiers, qu'on distingue difficilement, au moins dans les conditions où a pu être fait l'examen. Les lobes optiques (c) apparaissent, vus en dessus, comme une bande en demi-cercle avec un sillon médian parfois peu marqué. Le cervelet (d) au contraire est énorme, trilobé, avec une partie médiane plus forte que les latérales. La moelle allongée (e) présente à son origine, sur le plancher du *calamus scriptorius*, deux renflements ovalaires très développés, séparés l'un de l'autre par une commissure nette. Cette dernière dispo-

(1) *Mém. Soc. Linn. de Normandie*, t. VII, p. 48, pl. V, fig. 1 : *g, h*.
(2) Pl. XV, fig. 4.

sition doit être regardée comme en rapport avec les fonctions tactiles des nageoires antérieures et peut être comparée, sans doute, à ce qu'on connaît chez le Trigle.

Sagitta amygdaliforme de dimension médiocre, longueur 2^{mm},8, largeur 1^{mm},9, épaisseur 0^{mm},9 sur un individu d'environ 170^{mm}. Sillon acoustique simple, peu profond (1), les crêtes limitantes peu élevées, îlots indistincts, rostrum saillant, une sorte de dépression longitudinale parallèle au sillon sur l'aire inférieure. A la face inféro-externe, foyer formé par élévation régulière de la périphérie au centre (2); quelques dépressions rayonnantes surtout dans la partie inférieure de l'aire périphérique. Limbe peu sinueux.

Diamètre du cristallin 1^{mm},2, sur un individu long de 160^{mm}.

Quatre paires d'arcs branchiaux complets. Trachéaux de la première paire allongés, sétacés; de même aspect, seulement moins longs, sur les deux suivantes; courts et robustes à la quatrième. Pas de pseudobranchie distincte, ni de vessie natatoire.

Le tube digestif(3) est d'une grande simplicité, l'estomac (a) en continuité avec l'œsophage, donne naissance à l'intestin vers son extrémité postérieure sans qu'il y ait de cul-de-sac; cet intestin (d) remonte en avant jusqu'un peu au delà de la moitié de l'estomac, se recourbe ensuite pour se diriger en arrière et, après quelques sinuosités, se renfle dans sa moitié postérieure avant d'aboutir à l'anus (e); il n'existe pas d'appendices pyloriques. Les sacs ovariens (j) sont clos et munis chacun d'un canal vecteur distinct; je n'ai pu voir d'une manière absolument claire, bien que cela soit très probable, s'ils débouchent à l'extérieur par un orifice distinct de l'anus.

La description du *Bathypterois* donnée ci-dessus est faite d'après les individus les plus développés et en particulier un exemplaire dont voici les principales dimensions :

(1) Pl. XV, fig. 4ª. Le sillon est incomplètement indiqué sur cette figure, la crête limitante supérieure n'étant pas assez marquée.

(2) Pl. XV, fig. 4ᵇ.

(3) Pl. XIV, fig. 4.

	Millim.	1/100.
Longueur du corps	243	»
Hauteur	31	13
Épaisseur	20	8
Longueur de la tête	45	18
— de la nageoire caudale	58	24
— du museau	46	35
Diamètre de l'œil	3	6
Espace interorbitaire	16	35

N° 85-121, *Coll. Mus.*

On observe des variations, qui méritent d'être signalées et pourraient peut-être légitimer des distinctions spécifiques ; mais il me paraît préférable, dans l'état actuel de nos connaissances, de les regarder comme de simples particularités individuelles.

Celles qui portent sur les proportions générales sont on peut dire nulles, quelle que soit la taille des individus (1). Il en est de même des formules des nageoires et des écailles; les variations sont insignifiantes.

Il en est autrement pour les proportions et de la forme des nageoires paires. En ce qui concerne la portion inférieure des pectorales, il semble que chez certains individus les rayons soient durs et rigides, chez d'autres plus délicats, filiformes. Cette différence, qui, vu le mauvais état de conservation de ces parties chez la plupart des exemplaires, ne peut être constatée que sur un très petit nombre d'entre eux, semble en relation avec la taille (2).

Les rayons tactiles des ventrales présentent des variations plus considérables, portant sur leur longueur et leur forme. Pour l'individu pris comme type, on a vu qu'ils dépassent notablement l'anale et sont à peu près d'égal diamètre sur toute la longueur ou s'élargissent un peu à l'extrémité. Ils peuvent chez d'autres spécimens être beaucoup plus courts et atteindre à peine l'origine de l'anale (3). Cette différence ne

---

(1) Le plus petit exemplaire mesure 116^{mm} n° 85-140, *Coll. Mus.*

(2) La comparaison a été faite spécialement entre les n°ˢ 85-121, *Coll. Mus.* et 85-101, *Coll. Mus.*; ce dernier long de 180^{mm}.

(3) Pl. IX, fig. 1ᵉ, n° 85-136, *Coll. Mus.*

paraît pas d'ailleurs comme la précédente être en rapport avec la taille ; y aurait-il relation avec le sexe de l'individu, c'est ce que je ne puis affirmer ; d'ailleurs on trouve tous les intermédiaires.

Quant à la forme, l'extrémité libre est parfois atténuée (1), surtout chez les petits individus. D'autres fois, et les cas ne sont pas rares, elle se dilate (2), les deux portions superposées en lesquelles se divise le rayon semblant être disjointes et ne plus pouvoir aussi exactement se juxtaposer. Il n'est pas possible de voir là autre chose qu'un état pathologique, la symétrie n'existant jamais, et même, sur certains exemplaires (3), cette modification se montre d'un côté, l'autre étant normalement conformé.

Numéro du dragage.	Localité.	Profondeur.	Nombre d'indiv.
1. XX	Côtes du Maroc	1105	1
2. XXI	—	1319	1
3. XXII	—	1635	1
4. XXX	—	1435	1
5. XXXI	—	1103	4
6. XXXII	—	1590	3
7. XXXIII	—	1350	3
8. XXXIII *bis*	—	834	2
9. XXXVI	—	912	2
10. XLV	—	1235	6
11. XLVI	—	1220	1
12. LI	Canaries	1238	3
13. LXXIX	Côtes du Soudan	1232	2
14. LXXXI	—	1139	1
15. LXXXII	—	932	2
16. LXXXVII	Banc d'Arguin	1113	9
17. XCIII	—	1495	15
18. XCV	—	1230	5
19. CXXI	Açores	1442	3
20. CXXII	—	1440	1
21. CXXVII	—	1257	4
			70

Les renseignements pour la distinction des espèces se réduisant aux

(1) N° 85-140 *Coll. Mus.* ; n° 85-139, *Coll. Mus.*
(2) Pl. IX, fig. 1ᵈ ; n° 85-95. *Coll. Mus.*
(3) N° 85-135, *Coll. Mus.* et n° 85-103, *Coll. Mus.*

descriptions abrégées données par M. Günther en 1878, il est assez difficile de savoir si notre *Bathypterois* se rapporte à l'une de celles signalées
par le savant directeur du British Museum, qui en établit quatre, dont
les caractères les plus saillants me paraissent pouvoir être résumés
comme l'indique le tableau ci-dessous :

Dorsale — immédiatement ou très peu en arrière des ventrales. — Rayons ventraux externes : dilatés à l'extrémité . . . . 1. *B. longifilis* GÜNT. — non dilatés. Rayon pectoral supérieur bifide : à son extrémité. 2. *B. longipes* GÜNT. ; dès sa base . . . 3. *B. quadrifilis* GÜNT. — très en arrière des ventrales, s'étendant jusqu'à l'anale. 4. *B. longicauda* GÜNT.

C'est évidemment du *Bathypterois longipes* Günt. que se rapprocherait
davantage notre espèce; mais en ayant égard à d'autres caractères que ceux
énoncés ci-dessus on trouve un certain nombre de différences. Ainsi en ce
qui concerne les formules des nageoires, l'anale m'a constamment présenté
9 rayons au lieu de 10, la partie inférieure de la pectorale 10 à 12, au lieu
de 7 à 8, la ventrale 8 au lieu de 7 (1), enfin l'adipeuse existe sur tous nos
individus, tandis que chez le *Bathypterois longipes* Günt., elle pourrait
manquer. En somme les différences que nous montrent les nageoires
paires paraissent de nature à justifier l'établissement d'une espèce,
jusqu'à ce que l'on puisse comparer directement des types authentiques ou que des figures et une description plus précise permettent de
lever toute difficulté; le nom de *Bathypterois dubius* indique les réserves
faites à cet égard.

La position géographique est au reste assez différente de celles indiquées pour les espèces décrites par M. Günther; deux d'entre elles, *Bathypterois longifilis*, et *B. longicauda*, viennent de l'océan Pacifique, les
autres, *Bathypterois longipes* et *B. longifilis*, de l'océan Atlantique, mais
dans sa partie occidentale, côtes de l'Amérique du Sud.

(1) N'y aurait-il pas erreur pour ce dernier chiffre, donné à la caractéristique de l'espèce (*loc.
cit.*, p. 184) ? La diagnose du genre dit en effet : « ventrals..... *eight-rayed* », d'une manière
générale.

Genre BATHYSAURUS Günt.

Ce genre remarquable a été fort bien caractérisé par M. Günther et, dans nos dragages, deux individus s'y rapportant ont été pris, dont un me paraît représenter une espèce nouvelle.

Il n'y a guère à ajouter à ce qu'en dit le savant ichtyologiste anglais, je ferai seulement remarquer que les arcs branchiaux semblent plutôt épineux que tuberculeux, ces épines, plus distinctes dans le *Bathysaurus Agassizii* G. et B., sont groupées par trois ou quatre : elles sont d'ailleurs grêles et médiocrement allongées.

Sur aucun des deux exemplaires les viscères ne sont en bien bon état ; cependant il est possible de reconnaître la disposition du tube digestif (1) ; on trouve en arrière de la cloison péricardique une portion membraneuse formant une sorte d'œsophage (*a*) plus distinct qu'il ne l'est d'ordinaire chez les poissons ; l'estomac lui-même (*b*) est en cul-de-sac simple, se prolongeant jusque vers le milieu de la cavité viscérale ; l'intestin (*d*) naît au point d'union avec l'œsophage : il présente à son origine, suivant l'espèce, un ou plusieurs lambeaux allongés (*c*) malheureusement mal conservés, qui ne paraissent cependant pas pouvoir représenter autre chose que des cæcums pyloriques ; à partir de là il descend directement le long de l'estomac et, après l'avoir dépassé, gagne en ligne droite l'anus chez le *Bathysaurus Agassizii* G. et B., tandis que chez le *Bathysaurus obtusirostris*, plus particulièrement étudié ici, il décrit quelques circonvolutions et se renfle légèrement avant d'atteindre l'orifice anal (*e*). La vessie natatoire manque.

M. Günther a fait connaître deux espèces, MM. Goode et Bean en ont depuis ajouté une troisième. On peut les caractériser de la manière suivante :

<pre>
          (distincte. . . . .   B. mollis Günt.
Adipeuse (
          (nulle. Ligne latérale avec (120 écailles environ. . . . .   B. ferox Günt.
                                       (au plus 80 écailles. . . . . .   B. Agassizii G. et B.
</pre>

(1) Pl. XIV, fig. 3.

Les deux premières ont été trouvées dans l'océan Pacifique, l'une à Yeddo, l'autre à la Nouvelle-Zélande. L'espèce décrite par MM. Goode et Bean proviennent des dragages exécutés dans l'océan Atlantique ; c'est à elle que se rapporte un de nos exemplaires pris sur les côtes du Maroc.

90. Bathysaurus obtusirostris.

(Pl. X ; fig. 2, 2ᵃ, 2ᵇ, 2ᶜ, 2ᵈ, 2ᵉ, 2ᶠ, 2ᵍ. Pl. XIV ; fig. 3).

B. VIII + D. 15 ; A. 11 + P. 16 ; V 8.

Écailles ?/61/?

L'exemplaire mesure de longueur totale près de 600ᵐᵐ. La tête entre pour 2/9 et la caudale pour 1/7 dans la longueur du corps, qui est arrondi, la hauteur comme l'épaisseur en ayant environ 1/10.

Tête aplatie, obtuse, museau ovale, la perpendiculaire menée du bout de la mâchoire supérieure à la ligne interorbitaire étant très peu plus grande que celle-ci. Bouche, comme dans les autres espèces du genre, énormément fendue, la distance, qui sépare le bord postérieur de l'orbite de l'extrémité du maxillaire, se trouvant de beaucoup supérieure à la longueur du museau ; sous les mandibules se voient 7 à 8 gros pores. L'armature dentaire est effrayante, les dents existent non seulement aux deux mâchoires, sur plusieurs rangs, 3 ou 4, à l'inférieure, mais encore sur le vomer, les palatins, tout le long des pièces impaires hyoï-diennes, aux pharyngiens tant supérieurs qu'inférieurs ; les dents maxil-laires (1) et voméro-palatines, ces dernières particulièrement dévelop-pées (2), et pouvant mesurer jusqu'à 10ᵐᵐ de long, sur 1ᵐᵐ de diamètre à la base, sont coniques, terminées en fer de flèche et mobiles ; les exté-rieures peuvent s'écarter notablement jusqu'à être rayonnantes autour des mâchoires, elles sont fortement courbes ; les intérieures se relèvent jusqu'à la verticale et sont presque droites. Les narines, situées très peu plus près de l'orbite que du bout du museau, sont séparées par

____

(1) Pl. X, fig. 2ᵉ, 2ᶠ.
(2) Pl. X, fig. 2ᵉ, 2ᵈ.

un faible pont membraneux; la postérieure est beaucoup plus grande que
l'antérieure; un tentacule filiforme de 8^{mm} à 10^{mm} se trouve entre elles.
Œil médiocre, 1/8 de la longueur de la tête, l'intervalle interorbitaire
relativement large, 2/9 de cette même dimension. L'orifice branchial est
vaste. Autant qu'on en peut juger sur un exemplaire unique et qu'il
était nécessaire de ménager, le préopercule et l'interopercule sont
bien développés, mais les deux pièces postérieures, opercule et sous-
opercule, quoique étendues, restent membraneuses, faisant en quelque
sorte suite à la membrane branchiostège.

Les écailles ont malheureusement presque partout disparu, sauf à la
ligne latérale et sur une petite portion du ventre; on en compte
8 ou 9 sur la ligne menée transversalement entre les extrémités
antérieures de la base des ventrales. Les joues et la région operculaire
sont également écailleuses. La ligne latérale, étendue tout le long du
corps à sa partie moyenne, ne paraît pas se prolonger sur la nageoire
caudale, au moins n'en existe-t-il plus trace, contrairement à ce qu'on
observe sur l'exemplaire du *Bathysaurus Agassizii* G. et B., dont il sera
question plus loin.

Anus à l'origine du tiers postérieur du corps, très près de la nageoire
anale; il en est séparé par une petite papille conique haute d'environ 4^{mm} (1).

Dorsale médiocrement allongée; la longueur de sa base, un peu
plus de moitié de la distance qui sépare son origine de l'extrémité du
museau, équivaut environ à 1/5 de la longueur du corps; la hauteur
du plus haut rayon, quatrième ou cinquième, doit avoir cette même
dimension. Une petite adipeuse, large à la base de 4^{mm}, près de trois fois
plus haute, se voit à une distance de la terminaison de la dorsale égale
aux 3/5 de la longueur, qui sépare celle-ci de l'origine de la caudale (2).
Anale très en arrière de la dorsale, la distance qui les sépare étant
presque égale à la base de celle-ci; elle se termine un peu en arrière
de l'adipeuse. Caudale légèrement émarginée. Pectorales à rayons
grêles peu prolongés, atteignant à peine la moitié de la longueur

(1) Pl. XIV, fig. 3 : *f.*
(2) Elle est placée trop en avant sur la figure d'ensemble pl. X, fig. 2.

des ventrales. Celles-ci, munies de rayons plus robustes, surtout l'externe, qui est simple, articulé cependant, ont leur origine également éloignée de la symphyse mandibulaire et de l'anus; elles se terminent à une distance de ce dernier équivalente à leur propre longueur.

Le poisson, à la sortie de l'eau, était uniformément d'un blanc sale, mais toutes les écailles, ou à peu près, étant tombées, il est difficile de savoir quelle est la couleur réelle. Pupille noir foncé, iris opalin.

Sauf celles de la ligne latérale, les écailles n'ont pu être étudiées qu'à la région pectorale, seul point où il en restait quelques-unes: elles sont d'un type très franchement cycloïde. Celles de la ligne latérale (1) présentent une disposition très particulière: leur forme est à peu près quadrilatérale; l'une des mieux conservées mesure 4^{mm},6 de long sur 5^{mm},9 de haut; le canal est limité en dehors par une lamelle plus ou moins élargie en avant, trapézoïde, adhérant par le bord postérieur à la lame; celle-ci présente une large perforation dont le bord est renforcée en arrière par un épaississement, lequel émet de chaque côté une trabécule qui, se joignant à celle du côté opposé, subdivise d'abord la perforation en deux parties: l'antérieure circulaire, presque centrale, la postérieure plus large, cordiforme, les trabécules unies formant une pointe de ce côté; de plus, ces prolongements eux-mêmes, sur leur trajet, offrent des perforations beaucoup plus petites. Cet ensemble correspond sans doute à ce que j'ai désigné ailleurs (2) sous le nom de *perforation interne* ou *focale*, mais avec une complication inusitée. La partie lamelleuse de l'écaille n'offre rien de spécial; elle est couverte de crêtes concentriques, qui s'interrompent dans le champ postérieur.

	Millim.	1/100.
Longueur du corps.	504	»
Hauteur.	50	10
Épaisseur.	50	10
Longueur de la tête	114	22

(1) Pl. X, fig. 28.

(2) Sur les écailles de la ligne latérale chez différents Poissons Percoïdes (*Comp. rend. Acad. Sc.*, t. LXXIX, p. 406, 1874).

	Millim.	1/100.
Longueur de la nageoire caudale. . .	76	15
— du museau.	34	30
Diamètre de l'œil.	15	13
Espace interorbitaire.	25	22

N° 85-150, *Coll. Mus.*

Numéro du dragage	Localité.	Profondeur.	Nombre d'indiv.
CH	Cap-Vert.	3655	1

La présence d'une nageoire adipeuse établit un rapport entre cette
espèce et le *Bathysaurus mollis* Günth. de l'océan Pacifique. *La diagnose
de ce poisson est très brève*; toutefois l'élongation médiocre des rayons
antérieurs de la dorsale peut servir à distinguer notre *Bathysaurus
obtusirostris*; ils sont plus développés dans l'autre espèce : il n'est pas
fait mention non plus du tentacule nasal, qui n'aurait pas manqué de
frapper sans doute un observateur aussi expérimenté que M. Günther;
enfin, celui-ci, dans la caractéristique générale du genre, donne le
museau comme allongé, tandis qu'ici il est court. Ces caractères sont
suffisants, je crois, pour justifier la distinction.

91. **Bathysaurus Agassizii** Goode et Bean.

(Pl. X; fig. 1, 1ᵃ, 1ᵇ).

B. XI + D. 18; A. 12 + P. 14; V. 8.

Écailles ?70?

L'exemplaire mesure une longueur totale de 520ᵐᵐ à 530ᵐᵐ et répond,
pour la forme, les proportions de la tête et de la plupart des autres
parties du corps, pour la disposition des nageoires, d'une manière fort
exacte à la description donnée par les auteurs américains. Les seules
différences qu'on puisse remarquer portent sur la hauteur, qui serait
un peu moindre, 1/12 au lieu de 1/7 de la longueur. Il y aurait un
rayon de plus à la dorsale et autant à l'anale, ainsi qu'aux rayons branchiostèges; le nombre de ces derniers n'est, il est vrai, donné qu'avec

doute par MM. Goode et Bean. Notre individu n'a que 70 écailles à la
ligne latérale ou 75, en comptant les écailles, qui se trouvent sur la
caudale : on en indique sur le type 78, nombre très voisin.

Quant aux caractères pouvant servir à distinguer cette espèce de
la précédente, les plus importants se tirent de la forme de la tête,
plus allongée et présentant en dessus des côtes et des anfractuosités
beaucoup plus marquées ; le museau est plus aigu, la perpendiculaire
abaissée du bout de la mâchoire supérieure sur la ligne interoculaire
étant double de celle-ci.

L'appendice tentaculaire entre les narines est en lobe membraneux
et non filiforme. Les dents sont plus courtes. Base de la dorsale égale
à la distance qui sépare l'origine de cette nageoire du bout du museau ;
elle se termine très peu en avant de l'anale. Il n'y a pas d'adipeuse ;
enfin les rayons moyens de la pectorale, près de moitié plus longs que
les autres, s'étendent sous forme de filaments bien au delà de l'extrémité de la ventrale, qu'atteignent d'ailleurs les rayons voisins de longueur moindre.

On peut tirer d'autres caractères de la disposition des écailles et
surtout de la forme de celles composant la ligne latérale. A en juger
par celles de l'écusson pectoral, elles sont plus petites, car sur la
ligne transversale de celui-ci on en compte 14 à 15. L'examen des
écailles de la ligne latérale, les montre du même type que celles
décrites pour le *Bathysaurus obtusirostris*, quoique présentant des
différences sensibles : d'après l'écaille que j'ai pu observer (1), la forme
est beaucoup plus allongée, $6^{mm},9$ sur une hauteur maximum de $4^{mm},5$;
le canal est formé par une lamelle également libre sur trois de ses
bords ; la perforation focale se trouve aussi subdivisée en deux par des
trabécules partant des bords épaissis postérieurs de cette perforation et
se soudant l'une avec l'autre ; ces trabécules sont comme renforcées par
des épaississements de la lame de l'écaille ; la partie antérieure de la
perforation est arrondie, petite, la postérieure beaucoup plus grande,
irrégulièrement ovalaire. La comparaison des deux figures représentant

1. Pl. X. fig. 1b.

ces écailles dans chacune des espèces fera mieux comprendre qu'aucune description les analogies et les différences offertes par ces organes. Il serait curieux de constater si chez les autres *Bathysaurus* ces dispositions se rencontrent également.

	Millim.	1/100.
Longueur du corps.	455	»
Hauteur.	38	8
Épaisseur.	50	11
Longueur de la tête.	125	27
— de la nageoire caudale.	65	14
— du museau.	41	33
Diamètre de l'œil.	18	14
Espace interorbitaire.	21	17

Nº 85-149, *Coll. Mus.*

Numéro du dragage.	Localité.	Profondeur.	Nombre d'indiv.
XXXIX	Côtes du Maroc	2200	1

Par l'absence de nageoire adipeuse cette espèce se rapproche du *Bathysaurus ferox* Günth.; un des caractères donnés à ce dernier suffit pour établir la différence : il présente 120 écailles à la ligne latérale. Comme M. Günther ne mentionne pas l'allongement des nageoires et qu'il parle de ce caractère pour la seconde espèce établie par lui, on peut légitimement supposer que les pectorales sont de dimensions ordinaires et non à rayons filamenteux prolongés, comme chez le *Bathysaurus Agassizii* G. et B.

Le type décrit par MM. Goode et Bean avait été trouvé par le travers de la Caroline du Sud à une profondeur de 1.184ᵐ.

Genre SCOPELOGADUS.

Une nageoire dorsale et une nageoire anale placées vers le milieu de la longueur du corps ; ventrales jugulaires, multiradiées. Corps couvert d'écailles grandes, caduques ; pas de taches photodotiques ; tête anfractueuse à os caverneux. Dents sur l'intermaxillaire et la mandibule ;

palais et langue inermes. Yeux peu visibles, rudimentaires (?). Une pseudobranchie. Vessie natatoire nulle.

La position de ce genre dans la série est quelque peu embarrasante à déterminer. L'espèce, unique jusqu'ici, qu'on y trouve, a l'aspect d'un *Scopelus*, c'est-à-dire d'un poisson appartenant au groupe des Malacoptérygiens, mais ses ventrales sont très nettement sous les pectorales, franchement thoraciques, ce qui devrait la faire placer parmi les Anacanthini Gadoidei.

Toutefois ce caractère, auquel à une certaine époque on aurait accordé une valeur prépondérante, ne peut cependant l'emporter sur d'autres particularités qu'on regarde aujourd'hui avec raison comme ayant une importance plus réelle. J'insisterai en particulier sur la conformation du squelette basiliaire de la nageoire caudale, lequel, par un heureux hasard, a pu être examiné sur un individu en trop mauvais état pour figurer dans les collections. Tandis que chez les Anacanthini Gadoidei, même les véritables *Gadus* pourvus d'une caudale normale, les plaques hypurales sont rudimentaires et ne répondent qu'à un petit nombre de rayons du centre de la nageoire (1); dans le *Scopelogadus* (2), on trouve deux larges plaques supportant la presque totalité des rayons, conformément à la disposition connue chez le Cyprin par exemple, si bien étudié par M. Kœlliker.

C'est donc parmi les abdominales que ce genre paraît devoir être placé, en attendant qu'une connaissance plus complète de son organisation permette de le mieux définir et d'en mieux apprécier les rapports.

(1) Pl. XXVI, fig. 5. *Merlangus argenteus* Guich.
(2) Pl. XXVI, fig. 6ᵃ.

92. Scopelogadus cocles.

(Pl. XXVI; fig. 6, 6ᵃ, 6ᵇ, 6ᶜ, 6ᵈ, 6ᵉ).

D. 12; A. 8+V. 10.

Écailles 2/21/4.

La hauteur égale à très peu près 1/4, l'épaisseur 1/10 de la longueur du corps.

La tête entre dans celle-ci pour 3/10; elle est obtuse, guère plus haute que large, très anfractueuse. Le museau court, busqué, en occupe le tiers ; bouche peu relevée, médiocre ; le maxillaire atteignant seulement le niveau de l'orbite, autant qu'on peut en juger ; intermaxillaire étroit, maxillaire légèrement élargi en arrière, mâchoire inférieure remarquablement haute, ne dépassant pas la supérieure, armée, ainsi que l'intermaxillaire, de dents fines et nombreuses, unisériées ; vomer, palatins, langue, inermes ; cette dernière est volumineuse. Œil peu distinct (1). Sous-orbitaires formant sur la joue et le museau des replis lamelleux, qui donnent à la tête son aspect spécial. Orifice branchial largement ouvert ; battant operculaire formé de pièces peu solides ; on n'en distingue bien que deux : l'une supérieure, la plus résistante, de forme triangulaire avec une côte verticale longeant son bord antérieur, serait l'opercule ; une autre pièce membraneuse placée sous la précédente, en arrière du jugal et de l'articulaire, représenterait sans doute l'interopercule et le sous-opercule réunis. Ces pièces sont enveloppées d'une peau muqueuse formant en arrière un lobe.

Le corps, assez comprimé, diminue régulièrement de hauteur depuis la tête jusqu'à la base de la caudale, qui devient moitié moins élevée. Anus situé vers le milieu de la longueur. Il n'a pas été possible de trouver une seule écaille sur aucun des trois individus examinés ; aussi ne faut-il accepter qu'avec réserve les chiffres donnés dans la formule, au moins pour ce qui concerne la distribution sur la ligne transversale par rap-

---

(1) On trouvera plus loin quelques détails sur l'état dans lequel se trouvaient ces organes pour les individus recueillis à bord du *Talisman*.

port à la ligne latérale, car les traces de ces organes, évidemment de grandes dimensions, permettent, d'après les cryptes, d'apprécier assez exactement le nombre total.

La plupart des nageoires étaient en assez mauvais état. L'origine de la dorsale se trouve à une distance de la tête presqu'égale à la moitié de la longueur de celle-ci, et sa base équivaut aux 3/4 de cette même dimension (18^{mm}). Anale notablement plus courte, car elle ne commence guère qu'à moitié de la longueur de la précédente et se termine très peu plus loin; il est impossible, pour cette nageoire aussi bien que pour la précédente, de se faire une idée de leur forme; la hauteur, appréciée d'après quelques rayons, dépasse 13^{mm}. La caudale, à laquelle on compte 19 rayons, est échancrée. On ne découvre pas d'adipeuse; cela peut tenir au mauvais état de conservation.

Pectorales très allongées, dépassant un peu la terminaison de la dorsale; environ 13 rayons. Ventrales courtes, en médiocre état d'ailleurs, placées directement au-dessous des précédentes, présentant plus de rayons qu'on n'en trouve d'habitude chez les Scopelidæ.

La coloration du corps et de la tête est d'un noir profond, couleur qui se continue dans les cavités bucco-branchiales.

Vertèbres dorsales 10, caudales 16, en comptant celle à laquelle adhère l'hypural inférieur; celui-ci bien développé, formant une plaque en triangle à peu près équilatéral, l'hypural supérieur de même forme et à très peu près de même dimension (1).

Les otolithes sont de moyenne taille relativement au volume du Poisson. Le sagitta hémilenticulaire mesure 3^{mm},2 de long, sur autant de haut, et 1^{mm},1 d'épaisseur: il est placé verticalement; face interne (2) plane avec un sillon acoustique large, peu profond, mal limité; l'îlot postérieur seul est assez visible; face externe (3) régulièrement convexe, sans accident quelconque: le bord antérieur est légèrement émarginé, le supérieur un peu lobé, l'inférieur en courbe régulièrement demi-circulaire.

(1) Pl. XXVI, fig. 6^a.
(2) Pl. XXVI, fig. 6^b.
(3) Pl. XXVI, fig. 6e.

L'œil, vu le petit nombre d'individus et leur état, n'a pu être étudié d'une manière assez complète. Chez tous il était au premier abord invisible, si bien que j'ai cru pendant quelque temps l'espèce aveugle avec absence complète du globe oculaire, et je ne suis pas encore parfaitement sûr que l'organe soit normalement conformé. Sur les plus gros individus on ne trouve dans l'orbite, mal limitée, qu'une sorte de lamelle pliée longitudinalement en deux, comme les feuillets d'un livre, couverte de pigment, elle est de nature cartilagineuse, un gros nerf y aboutit : c'est probablement l'œil vidé. Sur un plus petit exemplaire, long d'environ 44^{mm}, et qui me parait devoir être spécifiquement rapproché des précédents, des coupes ont montré un cristallin, peu développé il est vrai, mais bien distinct, mesurant 0^{mm},8. Il sera intéressant de pouvoir étudier l'appareil de la vision d'une manière plus complète sur des individus mieux conservés, car la première impression est que l'organe fondamental doit être rudimentaire, comme atrophié.

On trouve quatre paires d'arcs branchiaux complets avec des trachéaux antérieurs grêles, allongés, les postérieurs courts ; une pseudobranchie. Vessie natatoire nulle. Rayons branchiostèges probablement assez nombreux, dix au moins, à en juger par le rapprochement de quelques-uns, qui peut faire apprécier l'écartement normal, et en même temps par la distance, qui existe sur une même branche hyoïdienne, entre le premier et le dernier visibles, car la plupart sont tombés.

Le tube digestif (1) se compose d'un estomac musculeux (b) d'une teinte sombre extérieurement, par suite d'un dépôt pointillé de pigment noir dans le feuillet séreux qui le recouvre. Un peu en avant du fond de ce sac stomacal et du côté gauche, naît une première portion de l'intestin, à laquelle on peut donner le nom de canal duodénal (c), c'est la partie la plus étroite ; elle remonte directement en avant jusque vers le diaphragme péricardique, qui limite en ce point la cavité viscérale. L'intestin se recourbe alors, recevant les canaux biliaires, provenant d'un foie peu développé qui coiffe cette partie de l'intestin, et 5 cæcums pyloriques, deux supérieurs (d), trois inférieurs (*d'*), tous placés à gauche. L'intestin (*e*) se dilate à partir de ce point et forme, à droite de l'estomac, une double courbure, la première, supérieure, dirigée d'avant en arrière, la seconde, concentrique à celle-ci, dirigée en sens inverse; puis l'intestin, revenu sur la ligne médiane, se rend directement à l'anus (*f*).

	Millim.	1/100.
Longueur du corps	80	»
Hauteur	21	26
Épaisseur	8	10
Longueur de la tête	24	30
— de la nageoire caudale	17	21
— du museau	8	33
Diamètre de l'œil	3,5 (?)	14
Espace interorbitaire	9 (?)	37

N° 84-1075, *Coll. Mus.*

Numéro du dragage.	Localité.	Profondeur.	Nombre d'indiv.
1. LXXIX ᵇⁱˢ	Banc d'Arguin	1250	1
2. XCIV	—	1090	2
3. XCV	—	1230	1
4. CII	Cap-Vert	3655	1
			5

Les trois individus des dragages xciv et cii ont seuls pu être conservés; les premiers étaient les plus développés, les dimensions sont données d'après l'un d'eux, le troisième étant de moitié plus petit.

FAMILLE ALEPOCEPHALIDÆ.

Cette famille, il y a peu de temps encore, réduite au seul genre *Alepocephalus*, avec l'*Alepocephalus rostratus* Risso comme unique espèce, s'est singulièrement accrue depuis les recherches faites sur la faune abyssale, à laquelle appartiennent les poissons qui la composent.

M. Günther, en 1878, a établi trois nouveaux genres, auxquels je crois devoir en ajouter deux autres, le tableau ci-dessous en indique les caractères les plus apparents :

Écailles {
  distinctes. Ventrales {
    distinctes. Maxillaire { inerme . . . . *Alepocephalus* Risso.
    denté . . . . *Bathytroctes* Günth.
    nulles . . . . *Platytroctes* Günth.
  }
  nulles. Dorsale {
    précédée d'un long repli adipeux. . *Anomalopterus* N. G.
    simple et { aussi longue que l'anale. *Xenodermichthys* Günth.
    plus courte que l'anale. *Leptoderma* N. G.
  }
}

La conservation de ces poissons, surtout pour les *Alepocephalus* et les *Bathytroctes*, offre de très grandes difficultés; quoiqu'ils aient été capturés en grand nombre, c'est à peine si on est parvenu à en rapporter quelques-uns dans un état à peu près satisfaisant.

Genre ALEPOCEPHALUS, Risso.

Ce genre, depuis les recherches faites à de grandes profondeurs, a vu le nombre de ses espèces augmenter dans une notable proportion. A l'*Alepocephalus rostratus* Risso, décrit en 1820, ont été ajoutés successivement les *Alepocephalus niger* Günth. (1878), *A. Bairdii* G. et B. (1879), *A. Agassizii* G. et B. (1883), *A. productus* Gill (1883), auxquels il faudrait joindre l'*Alepocephalus macropterus*, dont on trouvera la description plus loin.

Dans l'état actuel de nos connaissances, excepté l'espèce décrite par M. Günther, trouvée dans l'océan Pacifique, au nord de l'Australie, toutes les autres sont de l'océan Atlantique nord, soit de la partie orientale, en y comprenant la Méditerranée, soit de la partie occidentale, ces dernières étant les trois espèces décrites par MM. Goode et Bean et par M. Gill.

Il est très possible que des assimilations eussent pu être faites entre celles-ci et quelques-uns des nombreux spécimens trouvés dans nos dragages, mais l'état de conservation de la plupart d'entre eux ne permet pas une détermination spécifique rigoureuse. Non seulement le chalut a le plus souvent rapporté ces poissons privés d'écailles, les nageoires brisées ou enlevées, mais encore les exemplaires mis dans l'alcool y ont été, sauf de rares exceptions, très altérés, ramollis, et sont tombés par morceaux.

A l'aide des notes prises au moment de la pêche, de l'examen du tégument, de certaines parties du squelette, surtout de la mandibule, les exemplaires ont pu être rapportés à deux types : l'un à grandes écailles que l'on peut regarder comme assimilable à l'*Alepocephalus rostratus* Risso, certains exemplaires ne laissent même pas de doute à cet égard; l'autre à écailles petites, l'*Alepocephalus macropterus*.

93. Alepocephalus rostratus Risso.

(Pl. XI; fig. 1, 1ᵃ, 1ᵇ, 1ᶜ, 1ᵈ. Pl. XII; fig. 5).

Ce poisson peut atteindre une assez grande taille, jusqu'à 500ᵐᵐ avec la caudale.

On compte 29 vertèbres dorsales et 33 caudales. La mâchoire inférieure (1) a son bord dentifère étendu, il occupe la moitié de la longueur; la plus grande hauteur se trouve assez en arrière, de telle sorte que la mandibule, dans son ensemble, paraît très allongée.

Les écailles sont grandes, la formule est généralement 6/50 à 55/8; sur de très grands exemplaires, j'ai trouvé 11/ 71/15, ce qui peut porter à croire qu'il s'agit d'une espèce différente; mais le compte n'ayant pu être fait que d'après les traces laissées par ces organes, tous enlevés sauf quelques-uns, il peut y avoir doute. Elles sont très franchement cycloïdes. L'une des flancs (2), ovalaire, allongée, mesure 8ᵐᵐ,2 de long sur 5ᵐᵐ,6 de haut; la différence des diamètres peut parfois être beaucoup plus considérable dans le rapport de 2,25 à 1; foyer excentriquement placé très près du bord adhérent, il n'y a pas de champs distincts; les crêtes concentriques, plus serrées en avant et sur les côtés qu'en arrière, sont coupées dans ce dernier point par de fines stries rayonnantes (3) qu'on ne peut regarder comme de véritables sillons, tant elles sont légères; cette disposition donne à ces écailles un aspect très particulier. A la ligne latérale (4), ces organes sont très analogues aux précédents comme aspect général et dimensions; le canal forme un tube complet, la lame est déprimée en gouttière; je n'ai pu voir de perforation focale; il paraît n'y avoir qu'un orifice antérieur et un postérieur; la lame elle-même est fortement échancrée en face

(1) Pl. XI, fig. 1ᵇ.
(2) Pl. XI, fig. 1ᶜ.
(3) Ces stries ne sont pas assez marquées sur la figure.
(4) Pl. XI, fig. 1ᵈ.

de ce dernier; les crêtes concentriques sont aussi coupées, vers le bord libre, par de fines stries rayonnantes.

L'encéphale (1) montre des lobes olfactifs (*a*) et cérébraux (*b*) médiocrement développés, ces derniers présentent un sillon transversal bien marqué à la région moyenne et externe; les lobes optiques (*c*) sont volumineux, simples; entre eux et les parties précédentes se distingue la glande pinéale (*f*) de forme sphérique; le cervelet (*d*) est en trèfle, avec une sorte de petit sillon arqué, en arrière; la moelle allongée (*e*) n'offre que de petits renflements antérieurs.

Le sagitta a été étudié d'après un grand individu d'environ 410^{mm} de longueur; sa forme générale est assez exactement celle d'un triangle rectangle; il mesure 8^{mm},3 de long sur 6^{mm},3 de large et 1^{mm} d'épaisseur. Face supéro-interne (2) sensiblement plane, divisée, par le sillon acoustique, lequel, dans sa moitié antérieure, entame si profondément l'otolithe, qu'il semble faire une fissure complète sur toute son épaisseur; l'effet est d'autant plus sensible qu'en ce point la crête limitante supérieure forme une notable saillie; sa moitié postérieure est peu profonde et se termine très près du bord, on peut se demander si le sillon n'existe pas sur toute la longueur de cette face; rostrum très saillant. Face inféro-externe (3) avec le foyer situé à peu près au point de rencontre des bissectrices des angles du triangle et formant à partir de ce point une sorte de pyramide surbaissée, à trois pans; l'aire périphérique présente quelques sillons rayonnants sur la face de la pyramide qui répond au bord supérieur; l'un surtout, très marqué, gagne l'embouchure du sillon acoustique; toute l'aire est chargée de sillons concentriques festonnés. Limbe comme crénelé, surtout le long du bord inférieur où les incisures sont nombreuses, serrées et profondes.

Diamètre du cristallin : 1,3^{mm}.

	Millim.	1/100.
Longueur	420	"
Hauteur	54	13
Épaisseur	41	10

(1) Pl. XII, fig. 5.
(2) Pl. XI, fig. 1.
(3) Pl. XI, fig. 1ª.

	Millim.	1/100.
Longueur de la tête	130	31
— de la nageoire caudale. . .	60	14
— du museau	42	32
Diamètre de l'œil	35	26
Espace interorbitaire.	22	17

Nº 85-157, *Coll. Mus.*

Numéro du dragage.	Localité.	Profondeur.	Nombre d'indiv.
1. XVI	Côtes du Maroc	2190	1
2. XXXII	—	1590	1
3. XXXIII *bis*	—	834	3
4. XXXVII	—	1050	1
5. XLI	—	2115	3
6. XLV	—	1235	1
7. L	Canaries	975	3
8. LXXXII	Côtes du Soudan . . .	932	1
9. LXXXV	—	830	1
10. LXXXVII	Banc d'Arguin	1113	1
11. XCIII	—	1495	5
12. XCVI	—	2330	1
13. CII	Cap-Vert	3655	1
14. CXXX	Açores	2235	1
			24

95. Alepocephalus macropterus.

(Pl. XI ; fig. 2, 2ª, 2ᵇ, 2ᶜ).

B. IV + D. 21 ; A. 40 + P. 8 ; V. 5.

Écailles 20/225/36.

Cet Alépocéphale est allongé ; la hauteur ne mesure que 1/8 de la longueur du corps, l'épaisseur étant encore moindre, 1/11 environ.

La tête, qui occupe plus du quart de cette même dimension, est allongée ; le museau en fait les 2/5, il est rétréci, en pointe obtuse ; bouche médiocre, la mâchoire supérieure dépasse notablement l'inférieure, le maxillaire atteint à peine le bord antérieur de l'orbite ; on trouve des dents non seulement sur les intermaxillaires et les dentaires, mais encore sur le vomer et les palatins ; aux mâchoires elles sont cylindro-coniques, allongées, quoique petites, sur un seul rang. Narines largement ouvertes, peu écartées, l'antérieure vers le milieu de la longueur du museau. Œil grand, environ 3/11 de la longueur de la tête; l'espace interorbitaire n'est que des 2/11. Orifice branchial largement ouvert, le battant operculaire en grande partie membraneux, les pièces en sont très incomplètement calcifiées; préopercule courbe, à bord antérieur épaissi, opercule avec quatre côtes rayonnantes; l'inter et le sous-opercule, indistincts, sont en quelque sorte remplacés par les rayons branchiostèges.

Anus un peu en arrière du milieu de la longueur totale. La ligne latérale descend obliquement du bord supérieur de la fente branchiale au milieu de la longueur du corps, où elle se place à la partie moyenne. Les écailles sont remarquablement petites sur le corps; celles de la ligne latérale très simples, comme on le verra plus loin, sont plus grandes, il n'y en a pas plus d'une centaine suivant la longueur (1).

Dorsale avec le bord libre un peu convexe, reculée en arrière, à une distance de la caudale à peine égale à sa base, qui équivaut environ à 1/8 de la longueur du corps; sa plus grande hauteur est à l'union de ses deux tiers antérieurs avec le tiers postérieur. L'anale, beaucoup plus longue, plus du double, commence assez près de l'anus et se termine un peu en arrière de la dorsale; sa plus grande hauteur est à peu près la même et située presque à sa terminaison. Caudale précédée de faux rayons fulcroïdes, médiocrement longue, 1/7 environ de la longueur du corps, légèrement émarginée. Pectorales peu développées. Ventrales également très courtes.

La couleur sur le tronc et le pédoncule caudal est brun-rougeâtre; tête d'un joli bleu cendré; les nageoires, paires et impaires, sont d'une teinte sépia ou bistre. Iris d'un noir profond, la pupille bleu cendré clair.

Les écailles sont d'un type très simple. Celles du corps (2), assez régulièrement arrondies, mesurent $1^{mm},5$ à $1^{mm},6$ de diamètre; foyer subcentral, un peu rapproché du bord adhérent ; crêtes concentriques bien marquées en avant, masquées en arrière par une multitude de fines vermiculations

---

(1) Je rappellerai que lorsque le nombre des écailles de la ligne latérale n'est pas le même que celui des rangées, c'est ce dernier qui, suivant l'usage, figure dans les formules.

(2) Pl. XI, fig. 2ᵇ.

superficielles, qui sont évidemment analogues aux stries rayonnantes signalées plus haut dans les écailles de l'*Alepocephalus rostratus* Risso. Écailles de la ligne latérale (1) réduites au canal et formées d'un tube cylindrique long de 2^{mm},5, large de 1^{mm},1 sans trace de lame écailleuse. Il n'est pas sans intérêt de retrouver cette disposition des écailles de la ligne latérale chez les *Alepocephalus* alors qu'elle a été signalée sur différents autres poissons appartenant à des groupes très divers, *Grammistes*, *Rypticus*, *Anguilla*, etc.

Il n'a pas été possible d'étudier d'une façon aussi complète qu'il eût été désirable l'anatomie de cet Alépocéphale et je ne puis donner que quelques indications détachées. Le crâne cartilagineux prend, comme dans l'*Alepocephalus rostratus* Risso, un développement extraordinaire, les parties scléreuses ne formant que de minces lamelles, qui le recouvrent à peine. A la mâchoire inférieure (2) le bord dentaire occupe à peine 1/3 de la longueur et l'apophyse coronoïde se trouve portée fort en avant, aussi la mandibule paraît-elle très courte.

Les otolithes n'ont pu être examinés.

Le cristallin est énorme, 8^{mm} de diamètre.

Estomac courbe, noir intense, sauf dans sa portion pylorique redressée, où il devient blanc mat; on trouve 5 cæcums pyloriques médiocrement allongés. Il n'y a pas de trace de vessie natatoire.

	Millim.	1/100.
Longueur.	310	»
Hauteur.	40	13
Épaisseur.	34	11
Longueur de la tête.	82	26
— de la nageoire caudale.	47	15
— du museau.	32	39
Diamètre de l'œil.	27	31
Espace interorbitaire.	15	18

N° 85-163, *Coll. Mus.*

Numéro du dragage.	Localité.	Profondeur.	Nombre d'indiv.
1. XLI.	Côtes du Maroc.	2115	8
2. XLIII.	—	2075	1

(1) Pl. XI, fig. 2^c.
(2) Pl. XI, fig. 2^a.

Numéro du dragage.	Localité.	Profondeur.	Nombre d'indiv.
3. XLIX	Canaries.	865	1
4. LXXII.	Côtes du Soudan.	882	2
5. LXXVIII	—	1435	2
6. LXXXIII	—	930	1
7. C	Banc d'Arguin.	1550	1
			16

Cette espèce ne peut être confondue avec aucune autre actuellement connue du même genre, et se distingue au premier coup d'œil par la petitesse de ses écailles et le développement inusité de la nageoire anale.

Genre BATHYTROCTES Günther.

Ce genre, établi par M. Günther, doit être regardé comme très voisin des *Alepocephalus*, dont il diffère par la présence de dents au maxillaire supérieur. Cet auteur en cite deux espèces, les *Bathytroctes microlepis* et *B. rostratus*.

Dans les dragages exécutés à bord du *Talisman*, un certain nombre de poissons appartenant à ce genre ont été pris, et, quoique la plupart soient dans un état médiocre de conservation, on peut y distinguer trois espèces dont aucune ne se rapporterait à celles indiquées par M. Günther, autant que les brèves diagnoses données par ce savant permettent d'en juger. Le *Bathytroctes microlepis* Günth. a été pêché au large du cap Saint-Vincent, le *B. rostratus* Günth. vers Pernambuco; ce dernier présente en avant du museau un court prolongement des intermaxillaires, qui n'existe sur aucune des espèces ci-après décrites; je ne m'occuperai donc que du premier pour les comparaisons différentielles à établir.

102. Bathytroctes homopterus.

(Pl. XII; fig. 1, 1ª, 1ᵇ).

D. 19; A. 19 — V. 9.

Écailles. 6 64 14

Quoique dans un état de conservation un peu meilleur que les suivants, l'exemplaire d'après lequel est établie cette espèce laisse encore beaucoup à désirer sous ce rapport ; toutes les écailles manquent et les rayons des nageoires sont pour la plupart brisés ; cependant la trace des premières et la base des seconds permettent d'établir les formules données plus haut.

Le corps est plus allongé que celui d'aucune des deux espèces ci-après décrites, la hauteur n'étant que 1/7, l'épaisseur environ 1/13 de la longueur.

La tête occupe à peu près 1/3 de cette même dimension ; le museau est contenu trois fois dans la longueur céphalique. Le maxillaire atteint à peu près le milieu de l'œil ; il est, ainsi que l'intermaxillaire, armé de dents coniques un peu espacées, tandis qu'à la mandibule les dents (1) placées, comme chez les Sauriens pleurodontes, contre un rebord externe, sont plutôt cylindriques, aplaties en lancette à la pointe, qui est courbée vers l'intérieur de la bouche (2), et serrées les unes contre les autres en palissade. Battant operculaire en grande partie membraneux, avec des côtes rayonnantes comme dans les espèces voisines.

Anus vers le tiers postérieur. L'état de l'individu ne permet pas de déterminer exactement la situation de la ligne latérale.

On ne peut non plus donner la forme exacte des nageoires, presque toutes les extrémités des rayons étant brisées ; mais leurs positions sont très nettes. L'origine de la dorsale se trouve un peu en avant du dernier tiers de la longueur, sa base est de très peu supérieure à la plus grande hauteur du tronc ; l'anale lui correspond assez exactement, et la dépasse de très peu en arrière. La pectorale gauche seule existe ; je n'y trouve que 8 rayons, un certain nombre ont sans doute disparu, les supérieurs sont allongés au point d'atteindre ou même de dépasser le point d'origine des ventrales, situées vers le milieu de la longueur.

	Millim.	1/100.
Longueur.	161	»
Hauteur.	25	15
Épaisseur.	13	8
Longueur de la tête.	52	32
— de la nageoire caudale. . .	22	13
— du museau	17	32

(1) Pl. XII, fig. 1ª.
(2) Pl. XII, fig. 1ᵇ.

	Millim.	1'100.
Diamètre de l'œil	13	25
Espace interorbitaire	7	13

N° 86-4, *Coll. Mus.*

Numéro du dragage.	Localité.	Profondeur.	Nombre d'indiv.
LXXXVII	Banc d'Arguin	1113	1

Cette espèce se distingue facilement des deux suivantes par la situation de ses nageoires dorsale et anale se répondant l'une à l'autre comme chez les *Alepocephalus*, ainsi que par la forme et la disposition des dents mandibulaires.

D'après la diagnose du genre donnée par M. Günther, « les nageoires dorsale et anale sont médiocrement longues, la première en arrière des ventrales » ; ceci fait supposer que pour les deux espèces citées par cet auteur, ces nageoires ne sont pas opposées. Serait-ce là un caractère de nature à faire élever au rang de genre distinct le *Bathytroctes homopterus?* Il faudrait pouvoir comparer directement ces différentes espèces et avoir de ce dernier des exemplaires en meilleur état pour décider cette question.

103. Bathytroctes melanocephalus.

(Pl. XI: fig. 3, 3ª, 3ᵇ.

D. 14 ; A. 11 + V. 8.

Écailles 13/105/?

Dans l'exemplaire particulièrement étudié comme étant le moins défectueux, la hauteur atteint environ 1/5, l'épaisseur 1/8 de la longueur.

La tête fait près des 2/5 de cette même dimension. Le chanfrein descend un peu obliquement en avant, le museau occupe le tiers de la distance qui sépare son extrémité antérieure du bord libre de l'opercule; le maxillaire dépasse sensiblement l'orbite; les dents à l'intermaxillaire et au dentaire sont allongées, fines, coniques, unisériées, séparées les unes des autres par un espace à peu près égal à leur largeur. L'œil, assez grand, mesure environ 2/11 de la longueur de la tête; espace interorbitaire un peu plus petit. A l'état frais les pièces scléreuses de l'opercule, très ténues, sont cachées dans un tégument mou, formant un lambeau prolongé en arrière ; après l'action de l'alcool et la dessiccation qu'il produit, on distingue des côtes rayonnantes dirigées de haut en bas et d'avant en arrière, qui soutiennent l'opercule.

Anus assez en avant de l'anale vers le milieu de la longueur de l'espace qui sépare le bord postérieur de l'opercule de la base de la caudale. La ligne latérale, sauf en avant, ne s'éloigne pas du milieu de la hauteur du tronc ; les écailles, qui la composent, sont plus développées que celles du reste du corps, environ du double, c'est-à-dire qu'à une d'elles correspondent ordinairement deux rangées transversales ; aussi n'y compte-t-on que 64 écailles.

La dorsale répond à peu près à la distance qui sépare l'insertion des ventrales de l'origine de l'anale, celle-ci plus courte que la première ; l'une et l'autre sont peu élevées ; bord libre rectiligne, légèrement descendant d'avant en arrière sur chacune d'elles. Caudale émarginée. Les pectorales et les ventrales sont courtes ; on compte environ 13 rayons à chacune des premières.

Le corps est d'une teinte gris-verdâtre, la tête d'un noir bleu profond ; nageoires bistrées ; iris gris-bleuâtre, pupille noire.

Écailles du corps (1) ovalaires, longues de $2^{mm},4$, hautes de $1^{mm},8$; foyer peu apparent, central ; les crêtes concentriques, seul accident que l'on distingue, sont écartées, à peu près parallèles au bord, dans la portion basilaire : dans la portion postérieure elles sont plus serrées et montrent une tendance à prendre une direction longitudinale pour se réunir en angle très aigu sur la ligne médiane. Les écailles de la ligne latérale sont d'un type assez singulier (2) : la lame est ovalaire, échancrée en arrière, plus allongée proportionnellement que les précédentes : l'une d'elles mesure en longueur 4^{mm}, sur 2^{mm} de haut ; la perforation interne est énorme, partagée par une trabécule étendue transversalement à la face inférieure, libre à ses deux extrémités, mais reliée au bord antérieur de la perforation par de petits piliers longitudinaux, disposition analogue à celle qui a été décrite plus haut chez le *Bathysaurus obtusirostris* (3) ; la lamelle, qui

1) Pl. XI, fig. 3ᵃ.
(2) Pl. XI, fig. 3ᵇ.
(3) Voy. p. 138 et pl. X, fig. 2ᵉ.

forme la paroi du canal, n'est pas moins anormale ; on peut se la représenter comme une portion scléreuse quadrangulaire, continue en arrière avec la lame écailleuse, criblée de perforations, ayant les angles libres prolongés du côté du bord adhérent en des cornes qui forment un demi-cercle avec le bord de la lamelle elle-même ; la lame de l'écaille est en gouttière à partir de la lamelle jusqu'au bord libre échancré, et présente là quelques très petites perforations arrondies , irrégulièrement disposées.

	Millim.	1/100.
Longueur.	108	»
Hauteur.	22	20
Épaisseur.	14	13
Longueur de la tête.	45	41
— de la nageoire caudale.	19	17
— du museau.	15	33
Diamètre de l'œil.	8	18
Espace interorbitaire	7	15

N° 85-167, *Coll. Mus.*

Numéro du dragage.	Localité.	Profondeur.	Nombre d'indiv.
1. XXVIII	Côtes du Maroc.	2600	1
2. XXXIX	—	2200	1
3. LXXVIII	Côtes du Soudan.	1435	1
4. XCIX	Banc d'Arguin.	1617	1
			4

Cette espèce n'est-elle pas identique au *Bathytroctes microlepis* Günth. ? la description peut laisser quelques doutes. Dans le poisson vu par l'ichtyologiste anglais on trouve une petite différence pour la ligne latérale, qui compterait 70 écailles ; les formules données pour les nageoires dorsale et anale : D. 16, A. 17, s'écartent notablement de ce qu'on trouve sur nos exemplaires ; mais le maxillaire, M. Günther signale ce point en particulier, est notablement plus court, puisqu'il atteint seulement le niveau du tiers postérieur de l'orbite. Ces caractères me paraissent justifier la distinction jusqu'à ce que la comparaison des types puisse permettre de décider plus exactement les choses.

Le *Bathytroctes microlepis* Günth. avait été pêché au sud-est du cap Saint-Vincent dans les mêmes parages que le *Bathytroctes melanocephalus*.

104. Bathytroctes attritus.

(Pl. XII; fig. 2. 2ᵃ, 2ᵇ, 2ᶜ).

Nos individus, fort détériorés dans le chalut, se sont de plus décomposés dans l'alcool, en sorte qu'aucun n'a la tête entière ni les nageoires intactes, et l'on ne trouve que des lambeaux de tégument privé d'écailles. Malgré l'état pitoyable dans lequel se trouvent ces exemplaires, ce *Bathytroctes* diffère évidemment de toutes les espèces jusqu'ici connues.

Il n'est pas douteux qu'il ne se rapporte à ce genre; l'aspect est absolument celui de l'*Alepocephalus rostratus* Risso, avec un museau arrondi. La longueur de l'exemplaire le mieux conservé est, moins la caudale, qui manque, de 250ᵐᵐ; comparée à cette dimension, la hauteur équivaut aux 2/11 et la tête aux 2/7; le museau entre dans celle-ci pour cette même proportion de 2/7. Le maxillaire ne s'étend pas en arrière au delà de l'orbite; la dentition en est analogue à celle décrite pour l'espèce précédente; la mandibule rappelle beaucoup celle de l'*Alepocephalus rostratus* Risso, elle est armée de dents coniques (1) fortement courbées de dehors en dedans (2), solidement soudées au dentaire. Œil assez développé, 1/6 de la longueur de la tête; espace interorbitaire un peu plus grand que l'orbite.

On ne peut avoir qu'une idée imparfaite de l'écaillure; toutefois, d'après un lambeau pris sur le pédoncule caudal, on compte, sur une longueur de 55ᵐᵐ, douze rangées d'écailles, à en juger par la disposition des cryptes squammifères, qui sont restées bien distinctes; si on estime d'après ce chiffre le nombre total, il y en aurait environ de 40 à 50 rangées sur le corps.

La dorsale et l'anale sont les seules nageoires dont on puisse approximativement évaluer le nombre des rayons, d'après celui des osselets interépineux, qui, grêles dans leur partie profonde, renflés en sphère plus ou moins régulière au point d'articulation, sont parfaitement reconnaissables;

1) Pl. XII, fig. 2.
(2) Pl. XII, fig. 2ᵃ.

j'en trouve 9 pour la première, 11 pour la seconde; quoique ce soient là
des chiffres minimums, quelques rayons ayant pu échapper, ils s'écartent
certainement peu de la réalité. On ne voit que des débris des pectorales et des ventrales.

La coloration était d'un noir profond rappelant celle de l'*Alepocephalus
rostratus* Risso.

Il y a 20 vertèbres dorsales et 25 caudales. Le crâne cartilagineux est
semblable, comme développement et aspect, à celui des Alépocéphales.

Sagitta irrégulièrement discoïde aplati; longueur et hauteur 3^{mm},3,
épaisseur 1^{mm},1. Le sillon acoustique divise profondément et de bout en
bout la face supéro-interne (1) à peu près par le milieu; la crête limitante
supérieure présente en avant un bord relevé, saillant, qui rappelle la
disposition analogue signalée chez l'*Alepocephalus rostratus* Risso; l'aire
supérieure est large avec une fente peu profonde, qui fait suite à ce bord
relevé et gagne en obliquant le bord postérieur; aire inférieure plus allongée
par suite de la saillie du rostrum. La face inféro-interne (2) est convexe, le
foyer central relevé en dos d'âne se trouve diamétralement opposé au sillon
acoustique. Limbe faiblement festonné au bord inférieur, les échancrures
correspondant aux extrémités du sillon très marquées.

Diamètre du cristallin 7^{mm} sur l'exemplaire dont les dimensions sont
données ci-dessous :

	Millim.	1/100.
Longueur	250	,,
Hauteur	15	18
Épaisseur	?	,,
Longueur de la tête	73	29
— de la nageoire caudale	?	,,
— du museau	26	29
Diamètre de l'orbite	14	16
Espace interorbitaire	17	19

N° 85-166, *Coll. Mus.*

(1) Pl. XII, fig. 2b.
(2) Pl. XII, fig. 2c.

Numéro du dragage.	Localité.	Profondeur.	Nombre d'indiv.
1. C.	Banc d'Arguin.	1550	2
2. CII.	Cap-Vert.	3655	1
3. CXXI	Açores.	1442	1
			4

C'est surtout du *Bathytroctes melanocephalus* que se rapproche cette espèce, car elle se distingue comme celle-ci du *Bathytroctes microlepis* Günth., par son maxillaire plus prolongé, et du *B. homopterus* par la forme et la disposition des dents à la mâchoire inférieure. On peut la différencier de la première par la dimension des écailles évidemment beaucoup moins petites, par la tête et le museau plus courts.

Genre ANOMALOPTERUS (1).

Corps oblong, tête forte. Des dents sur les intermaxillaires, la mandibule et les palatins. Dorsale à rayons et anale placées sur le pédoncule caudal, se répondant à peu près l'une à l'autre, la première précédée d'un repli. sorte d'adipeuse, occupant toute la longueur du dos en avant. Fente branchiale largement ouverte. Peau nue.

Par l'absence d'écailles ce genre se rapprocherait des *Xenodermichthys* et des *Leptoderma*, dont il se distingue suffisamment par son aspect extérieur aussi bien que par la présence de ce repli adipeux antéro-dorsal, qui ne se rencontre dans aucun autre genre.

105. Anomalopterus pinguis.

(Pl. XI; fig. 4, 4ᴬ).

D. 17; A. 14+P. 9; V. 9.

Ce poisson, de petite taille, n'est représenté dans les collections que par un exemplaire. L'action de l'alcool l'a considérablement déformé (2); heu-

(1) Ἀνώμαλος, irrégulier; πτέρυξ, nageoire.
(2) Pour faire juger de cette altération, que peu de poissons offrent au même degré, la tête a été représentée pl. XI, fig. 4ᴬ, d'après l'individu, tel qu'il se trouve aujourd'hui dans nos galeries.

reusement un croquis d'après le frais permet d'en donner une figure et une description plus exactes.

La longueur est à peine de 60ᵐᵐ, la hauteur atteint 1/5 de cette dimension, l'épaisseur est moitié moindre.

Par suite de la grande extension du lobe membraneux, qui prolonge le bord operculaire, la tête fait près de moitié de la longueur, le museau y entre pour 1/3. La bouche est largement fendue, le maxillaire se prolongeant au delà du niveau du bord orbitaire postérieur. La mâchoire supérieure et la mandibule portent de très petites dents, il y en a de plus fortes sur les palatins, je n'en découvre pas sur le vomer, mais la petitesse de l'individu ne permet pas d'être absolument affirmatif à cet égard. Œil entouré d'un repli cutané qui le rétrécit beaucoup sur le frais, où il n'occupe guère que 1/20 de la longueur de la tête ; cette dimension est très augmentée sur l'individu conservé. Espace interorbitaire de longueur au moins double (1). Orifice branchial large ; les pièces operculaires, noyées à l'état frais dans un tégument mou, sont d'ailleurs en grande partie membraneuses ; on ne distingue bien, même après rétraction du tégument, que le préopercule et l'opercule ; ce dernier présente des côtes rayonnantes, les extrémités de quelques-unes font saillie en frange à la partie postérieure du bord libre.

Peau absolument nue ; la ligne latérale part du bord supérieur de la fente branchiale et gagne rapidement le milieu de la hauteur, qu'elle suit jusqu'à la base de la caudale.

La nageoire dorsale offre une disposition des plus singulières, comme on l'a vu dans les caractères du genre ; elle occupe les 4/5 de la longueur du dos, commençant à la hauteur de l'angle supérieur branchial ; ses 2/3 antérieurs sont formés par un repli cutané bas, qu'on peut comparer à une sorte d'adipeuse, le tiers postérieur, plus élevé, forme une véritable nageoire à rayons. L'anale correspond à cette seconde partie, tout en étant un peu moins longue et se termine très peu plus en arrière. La caudale, légèrement échancrée, égale environ 1/6 de la longueur. Les pecto-

______

(1) Je n'ai pu découvrir les narines ; les deux points placés à l'extrémité du museau sur la figure sont accidentels.

rales sont plutôt courtes ; l'origine des ventrales répond à peu près à celle de la dorsale à rayons.

Couleur générale bleuâtre, iris blanc.

On trouve quatre arcs branchiaux, le dernier peu développé, en grande partie adhérent ; les trachéaux du premier sont comparativement très allongés et robustes.

	Millim.	1/100.
Longueur.	61	»
Hauteur.	17	28
Épaisseur.	8 (?)	14
Longueur de la tête.	30	49
— de la nageoire caudale. . .	11	18
— du museau	10	33
Diamètre de l'œil.	1,5	5
Espace interorbitaire.	3,5	11

N° 85-168. *Coll. Mus.*

Numéro du dragage.	Localité.	Profondeur.	Nombre d'indiv.
XXVI.	Côtes du Maroc. . . .	1100	1

106. Xenodermichthys socialis.

(Pl. XIII ; fig. 1, 1ᵃ, 1ᵇ, 1ᶜ, 1ᵈ, 1ᵉ, 1ᶠ, 1ᵍ, 1ʰ).

B. VI + D. 27 ; A. 27 + V. 6.

Ce poisson, de petite taille, est fortement comprimé ; les bords supérieur et inférieur du corps sont sensiblement parallèles sur la plus grande partie de leur longueur, ce qui rappelle la forme des *Alepocephalus*. La hauteur fait à peu près 1/6 de la longueur, l'épaisseur 1/13 environ.

La tête entre pour 1/4 dans la longueur du corps ; elle est également comprimée, sauf la saillie des yeux. Museau très court, 1/4 à peine de la tête, encore la mandibule, qui dépasse notablement la mâchoire supérieure, en occupe-t-elle près de moitié. Le maxillaire, surmonté à sa partie postérieure d'une pièce complémentaire distincte, atteint presque le niveau du centre de l'œil ; des dents très fines existent en bas sur le dentaire, en haut sur l'intermaxillaire, que dépasse assez le maxillaire pour que celui-ci puisse être considéré comme concourant à former le bord de la mâchoire supérieure ; la voûte palatine est inerme ainsi que la langue et même les pharyngiens. Œil énorme, son diamètre fait les 2/5 de la longueur de la tête ; il s'élève au-dessus du chanfrein, formant en outre une saillie notable sur le côté (1) et à la voûte palatine ; l'espace intraorbitaire équivaut à peine à 1/6 de la longueur de la tête. Orifice branchial large, quoique la fente operculaire ne remonte pas très haut, le bord supérieur du battant étant réuni au corps par une membrane. On distingue le préopercule, l'opercule, ce dernier en quelque sorte membraneux, flabelliforme, soutenu par trois côtes rayonnantes, enfin une lame scléreuse qui, s'engageant en partie sous le préopercule, peut être regardée comme un interopercule : toutes ces pièces sont disjointes, le battant operculaire étant formé, pour la plus grande partie, d'un repli cutané qui comble le vide laissé entre elles.

Sur le frais surtout, où la peau est luisante, recouverte d'un mucus épais, on ne distingue pas de ligne latérale, elle se confond sans doute avec l'interstice des masses musculaires supérieure et inférieure ; il n'y a pas trace d'écailles. Anus placé en arrière du milieu de la longueur.

La dorsale est reculée sur le pédoncule caudal, peu haute, faiblement relevée postérieurement par rapport à la ligne du dos ; l'anale lui correspond exactement comme dimension et comme forme. Caudale fortement échancrée, précédée, aux bords supérieur et inférieur du pédoncule, de fulcroïdes bien distincts, occupant moitié de la distance qui la sépare de la dorsale et de l'anale. Les nageoires paires sont peu développées, courtes, les pectorales soutenues par 16 rayons environ.

La coloration est uniformément d'un noir violet profond ; les nageoires paraissent plus claires par suite de leur translucidité. On distingue vaguement des points noirs sur la membrane de l'anale, un ou deux par intervalle. Des taches photodotiques se voient au-dessous de l'œil sur la joue et le battant operculaire, elles se continuent à la ligne ventrale ; ces taches sont plus apparentes sur l'individu conservé que sur le frais. L'iris est d'une teinte violette, la pupille opaline.

____

(1) Pl. XIII, fig. 1ᵃ, 1ᵇ.

L'encéphale n'offre d'important à signaler que le développement assez notable des lobes supérieurs de la moelle allongée (1).

Sagitta élargi, ayant grossièrement la forme d'un *a* italique, à très peu près aussi large que long, environ 1^{mm},8 ; sa face supéro-interne (2) presque plane n'offre qu'un sillon acoustique large, peu marqué ; l'inféro-externe (3) est convexe.

Diamètre du cristallin 1^{mm}.

Les trachéaux pectinés sont en rangée simple, longs et bien développés sur les deux premiers arcs ; au troisième on trouve un rateau antérieur et un second rang formé d'aspérités ; deux rangs de ces dernières existent sur le quatrième. Pseudobranchie composée de cinq ou six petites lamelles. Pas de vessie natatoire.

L'estomac (4) est en siphon, court ; on trouve 5 à 6 cæcums pyloriques (*c*) sur la première portion de l'intestin ; celui-ci (*d*) décrit plus loin quelques circonvolutions, puis se renfle pour se rétrécir en entonnoir allongé avant d'atteindre l'orifice anal (*e*).

Les organes de la reproduction s'étendent sur toute la longueur de la cavité abdominale, fixés à sa partie supérieure aux côtés de la colonne vertébrale ; dans aucun des deux sexes il ne paraît exister de canal vecteur propre. Le testicule (5) est profondément incisé à son bord inférieur et divisé ainsi en une série de lobes ou de feuillets, environ 23. L'ovaire (6) est formé d'œufs petits, tous égaux, mesurant à peu près 1^{mm} de diamètre.

	Millim.	1/100.
Longueur.	147	»
Hauteur.	24	16
Épaisseur.	10	7
Longueur de la tête.	35	24
— de la nageoire caudale. . .	17	11
— du museau	8	23
Diamètre de l'œil.	11	40
Espace interorbitaire.	6	17

(1) Pl. XIII, fig. 1^c.
(2) Pl. XIII, fig. 1^d.
(3) Pl. XIII, fig. 1^e.
(4) Pl. XIII, fig. 1^f, 1^g, 1^h : *b*.
(5) Pl. XIII, fig. 1^f : *g*.
(6) Pl. XIII, fig. 1^g : *h*.

Numéros du dragage.	Localités.	Profondeur.	Nombre d'indiv.
1. X.	Côtes du Maroc.	717	1
2. XXXIII	—	1350	1
3. XXXIII *bis*.	—	834	1
4. XXXVII.	—	1050	1
5. LXXXVI	Côtes du Soudan. . . .	800	1
6. XCIV	Banc d'Arguin.	1090	1
7. XCV.	—	1230	133
			139

Ce poisson appartient-il en réalité au genre *Xenodermichthys?* En se reportant à la caractéristique donnée par M. Günther (1878) on ne voit rien qui l'en éloigne certainement. Toutefois la peau ne présente pas de rugosités sensibles, ni trace de production qu'on puisse comparer à des écailles même rudimentaires. En tout cas, il se distingue facilement du *Xenodermichthys nodulosus* Günth., qui, avec cette disposition du tégument, offre une formule des nageoires assez différente et un œil médiocrement développé.

Le *Xenodermichthys socialis*, on le voit, a été pris en très grande abondance dans un des dragages, ce qui peut faire supposer qu'il vit en troupes.

Genre LEPTODERMA (1).

Corps allongé, graduellement atténué d'avant en arrière, devenant presque filiforme. Tête médiocre, sauf le développement énorme des yeux dans l'espèce connue. Bouche petite. Des dents sur l'intermaxillaire et le dentaire ; un sus-maxillaire distinct. Dorsale et anale allongées, reculées sur le pédoncule caudal et se terminant à une petite distance de son extrémité, la première notablement plus courte que la seconde. Fente branchiale largement ouverte, quoique ne remontant pas très haut. Peau nue.

Ce genre se rapproche surtout des *Xenodermichthys* Günth., mais s'en distingue suffisamment par l'aspect général, la bouche beaucoup plus

(1) Λεπτὸς, délicate; δέρμα, peau.

petite, enfin l'inégalité de longueur des nageoires dorsale et anale.

La peau, absolument une, est très peu adhérente aux tissus sous-jacents.

107. Leptoderma macrops.

(Pl. XIII; fig. 2, 2ª, 2ᵇ, 2ᶜ, 2ᵈ, 2ᵉ, 2ᶠ, 2ᵍ).

B. V + D. 48; A. 71 + V. 5.

La plus grande hauteur, en arrière de la tête, égale à peine 1/15 de la longueur, et l'épaisseur au même niveau a la même dimension; elle est un peu plus faible à la partie moyenne, et sur le pédoncule caudal l'aplatissement devient très prononcé.

La tête serait petite, n'était le volume énorme des globes oculaires; elle entre pour 1/5 dans la longueur. Le museau est obtus, court, à peine 3/11 de la distance qui sépare son extrémité du bord operculaire postérieur. Bouche petite, le maxillaire étant loin d'atteindre le niveau du bord orbitaire antérieur; chaque intermaxillaire porte une rangée de petites dents coniques, au nombre de 14 environ; le maxillaire est inerme, mais entre nettement dans la composition du bord de la mâchoire supérieure; un petit osselet en serpe se voit au-dessus de son bord supérieur en arrière; la mandibule est armée de dents semblables à celles de l'intermaxillaire, elles sont assez peu développées, pour n'être visibles qu'à un assez fort grossissement. Je n'ai pu découvrir de dents à la voûte palatine. L'œil, on l'a vu plus haut, offre un développement considérable et fait sur le côté une saillie énorme (1); il occupe les 3/8 de la longueur de la tête; l'espace interorbitaire est moitié moindre. L'orifice branchial, quoique largement ouvert, ne remonte pas très haut; on ne distingue, parmi les pièces qui le soutiennent, que le préopercule assez développé et l'opercule formant encore ici une lamelle délicate, flabelliforme, renforcée par une dizaine de côtes rayonnantes, prolongées en forme de frange au bord libre. Toutes ces parties sur le frais sont enveloppées par le tégument, on ne les distingue bien que sur les individus desséchés.

(1) Beaucoup plus forte encore que cela n'est indiqué sur les figures 2ª et 2ᵇ, faites d'après l'exemplaire conservé dans l'alcool.

L'anus est placé assez en avant. vers l'union des 3/8 antérieurs avec les 5/8 postérieurs. Je n'ai pu reconnaître la présence d'une ligne latérale ; le tégument est si délicat, qu'il a été impossible d'avoir un exemplaire sur lequel il ne fût déchiré, enlevé, comme retroussé vers la tête, tant il paraît peu adhérent aux couches musculaires.

La dorsale et l'anale, inégalement étendues, l'origine de la première étant vers le 22ᵉ rayon, soit aux 2/7 de la seconde, se terminent toutes deux au même niveau à une très petite distance de la caudale: elles sont l'une et l'autre peu élevées ; tous les rayons sont divisés et articulés. Caudale peu développée, au reste il n'est pas possible de savoir exactement quelle était sa forme. On compte 15 rayons à la pectorale, qui est lancéolée ; les ventrales sont si rapprochées qu'elles semblent se confondre.

Couleur entièrement d'un noir profond, velouté, les nageoires bistrées. L'iris offre une teinte grisâtre ; pupille opaline.

Pour l'encéphale, assez comparables à celui du *Xenodermichthys*, les lobes supérieurs de la moelle allongée sont peu développés (1).

Le sagitta, long de 2ᵐᵐ,3, large de 1ᵐᵐ,6, est triangulaire ; le sillon acoustique, profond, partage entièrement la face interne (2) ; la face externe est convexe (3), le bord inférieur légèrement festonné.

Diamètre du cristallin 5ᵐᵐ.

Les quatre arcs branchiaux présentent sur les trois antérieurs des rateaux composés de longues dents au nombre d'une douzaine sur chacun d'eux, ces dents sont chargées de petits denticules, coniques, longs de 0ᵐᵐ,083, larges à la base de 0ᵐᵐ,020, revêtus d'une couche de dentine. La vessie natatoire manque.

Le tube digestif (1) se compose d'un estomac globuleux (*b*), communiquant avec l'intestin par une portion pylorique en cylindre, qui reçoit de chaque côté un cæcum, deux en tout (*c*,*c*), et forme un prolongement conique en s'enfonçant dans l'intestin. Celui-ci (*d*) décrit un certain nombre de circonvolutions avant d'aboutir à l'anus (*e*). Couleur de l'estomac noire,

(1) Pl. XIII, fig. 2ᶜ : c.
(2) Pl. XIII, fig. 2ᵈ.
(3) Pl. XIII, fig. 2ᵉ.
(4) Pl. XIII, fig. 2ᶠ et 2ᵍ.

sauf la portion pylorique, qui est jaunâtre, rayée longitudinalement de bistre; les cæcums sont de cette dernière teinte, ainsi que la première portion de l'intestin, laquelle tire cependant un peu plus sur le rouge et est rayée de jaunâtre, couleur qui domine sur le reste du tube digestif. Le foie (*f*) est jaune clair. Le gros intestin renfermait, parmi divers débris, des soies d'annélides parfaitement reconnaissables; les cæcums pyloriques étaient remplis d'œufs de Nématoïdes; un de ces vers, entier, a également été trouvé dans l'intestin proprement dit.

Les reins sont représentés par deux organes blanchâtres (*i*) situés tout à fait à la partie postérieure de la cavité abdominale.

Les ovaires (*h*) présentent une particularité des plus singulières, les ovules y étant développés fort inégalement. Les uns, très nombreux, n'ont pas 1^{mm} de diamètre, ils sont blanchâtres; les autres au contraire mesurent jusqu'à 3^{mm}, ces derniers sont d'un beau jaune; on en compte une douzaine environ sur chaque ovaire. Je n'ai pas connaissance qu'une semblable disposition ait été observée jusqu'ici chez un Téléostéen. Il n'y a pas de canal vecteur des ovaires.

	Millim.	1/100.
Longueur.	164	»
Hauteur.	11	6
Épaisseur.	7	4
Longueur de la tête.	29	17
— de la nageoire caudale. . .	3 (?)	2
— du museau	8	27
Diamètre de l'œil.	11	38
Espace interorbitaire.	5	17

N° 85-225, *Coll. Mus.*

Numéros du dragage.	Localités.	Profondeur.	Nombre d'indiv.
1. XLV.	Côtes du Maroc.	1235	3
2. XLVII.	—	1163	3
3. XLVIII	—	1180	1
4. LXXXI	Côtes du Soudan. . . .	1139	4
5. XCIII	Banc d'Arguin.	1495	47
6. XCVI	—	2330	1

Ce poisson ne paraît pas rare dans ces localités et dans le dragage XCIII, il s'est trouvé pris en grande abondance; cependant aucun des exemplaires n'est dans un état tout à fait satisfaisant.

Genre HALOSAURUS Johnson.

Les auteurs ont indiqué quatre espèces du genre *Halosaurus*. La première en date a été décrite très en détail et figurée par M. Johnson, en 1863, *Halosaurus Owenii*; deux autres ont été brièvement caractérisées par M. Günther en 1878, *Halosaurus macrochir* et *Halosaurus rostratus*: enfin plus récemment, en 1883, M. Th. Gill a, sous le nom d'*Halosaurus Goodei*, fait connaître un animal très voisin de la première espèce de M. Günther, mais qui lui paraît offrir cependant quelques particularités spéciales dont il a fait l'énumération dans une diagnose différentielle.

On peut, en s'en remettant à ces descriptions, trouver parmi les caractères les plus saillants les différences suivantes, qui permettraient de distinguer ces poissons. Chez l'*Halosaurus Owenii* Johns. seul, le diamètre horizontal de l'œil n'est pas de beaucoup inférieur à l'espace interorbitaire. Les *Halosaurus Goodei* Gill. et *H. macrochir* Günth. ont l'un et l'autre XII rayons branchiostèges, tandis que l'*Halosaurus rostratus* Günth. n'en offre que IX; d'un autre côté, tandis que dans l'espèce de M. Gill la portion préorale du museau n'occupe que 2/7 de celui-ci, elle en fait 1/3 chez l'*Halosaurus macrochir* Günth. Il semble au reste que les trois *Halosaurus* à espace interorbitaire large sont assez voisins les uns des autres.

Dans les dragages effectués à bord du *Talisman* on a recueilli quatre espèces. L'une se rapporte sans nul doute à l'*Halosaurus macrochir* Günth. Les trois autres ont l'espace interorbitaire égal ou inférieur au diamètre horizontal de l'œil, se rapprochant en conséquence sous ce rapport de l'*Halosaurus Owenii* Johns. En ce qui concerne l'aspect extérieur, ces trois *Halosaurus* se ressemblent beaucoup, et il faut un examen attentif pour les distinguer l'un de l'autre; il n'est pas non plus facile de décider lequel doit être assimilé à l'espèce de M. Johnson, car, on le verra plus loin, l'examen des écailles de la ligne latérale donne les caractères différentiels les plus sûrs, et la description de l'auteur précité est naturellement muette sur ce point. Toutefois on ne peut hésiter qu'entre deux de nos espèces, car l'une, *Halosaurus phalacrus*, n'a pas d'écailles sur le vertex, ce qui est en opposition avec la description et la figure données. Celles-ci nous font connaître que, dans le type primitif, la longueur de la tête est supérieure à la distance qui sépare la fente branchiale de la racine des nageoires ventrales ; ceci ne se rencontre que sur une de nos séries d'individus, qui seront désignés sous le nom d'*Halosaurus Owenii* Johns. ; dans les autres la longueur de la tête est inférieure à la distance précitée, je la nomme *Halosaurus Johnsonianus*, pour rappeler l'auteur qui a le premier fait connaître ce genre curieux.

Le tableau synoptique suivant résume les caractères distinctifs de ces différentes espèces :

Espace inter-orbitaire

- notablement plus large que le diamètre horizontal de l'œil. Rayons branchiostèges au nombre de. . . .
  - IX. . . . . *H. rostratus* GÜNTH.
  - XII. Portion préorale du museau à celui-ci. . . . .
    - :: 2 : 6. *H. macrochir* GÜNTH.
    - :: 2 : 7. *H. Goodii* GILL.
- égal ou inférieur au diamètre horizontal de l'œil.
  - écailleux. Distance entre la fente branchiale et la ventrale
    - inférieure à la longueur de la tête . . . . *H. Owenii* JOHNS.
    - au plus égale à la longueur de la tête . . . . . *H. Johnsonianus* N. SP.
  - Vertex. . . . . .
    - nu. *H. phalacrus* N. SP.

108. Halosaurus macrochir Günther.

(Pl. XVI ; fig. 2. 2ᵃ, 2ᵇ, 2ᶜ, 2ᵈ, 2ᵉ).

B. XII ; +D. I, 11 ; A. 200? +V. I, 8.
Écailles 13/190/5.

Cet *Halosaurus* peut atteindre une grande taille ; un des spécimens recueillis mesure environ 600ᵐᵐ. La hauteur dépasse à peine 1/17 de la longueur totale, et l'épaisseur est encore moindre, quoique de très peu, le corps étant presque cylindrique.

La tête entre pour 1/8 à peu près dans cette même longueur ; sa largeur au niveau de la région operculaire est peu différente de la hauteur, elle est aplatie en dessus ; museau déprimé, arrondi, la bouche placée au tiers antérieur environ de la longueur de celui-ci ; le maxillaire supérieur atteint le niveau du bord antérieur de l'œil. On trouve des dents fines en velours, sur les intermaxillaires, les maxillaires, les dentaires, les palatins, la langue, les pharyngiens tant supérieurs qu'inférieurs ; il en existe également sur les arcs branchiaux. Les pièces operculaires ne paraissent pas différentes de ce qu'elles sont chez l'*Halosaurus Owenii* Johns., sur lequel j'ai pu les étudier plus en détail, seulement le bord postérieur est plus vertical. On voit des écailles à la partie supérieure de la joue en arrière de l'œil ; le reste de la tête, et en particulier la partie supérieure, en sont privés. Un canal muqueux, bien visible sur le frais, s'étend du bout du museau à l'angle operculaire en suivant le bord de la mâchoire supérieure ; il est soutenu par des pièces squameuses très développées, que la dessiccation fait ressortir (ce sont elles qu'on voit sur la figure d'ensemble à la portion antérieure et au-dessus du maxillaire).

Le tronc et la queue s'atténuent insensiblement ; cette dernière dès le niveau de l'anus (celui-ci placé aux 2/3 de la longueur totale, et à une distance de l'extrémité du museau à peine égale à trois fois la longueur de la tête) est déjà comprimée, forme qui s'accentue davantage en allant vers l'extrémité postérieure atténuée insensiblement en pointe. La ligne latérale naît au niveau de l'angle sous-operculaire et suit les côtés inférieurs du tronc ; arrivée à la queue, elle est placée immédiatement contre la nageoire anale, sans qu'il soit possible de distinguer aucune rangée d'écailles qui l'en sépare. Chaque écaille de la ligne latérale présente une tache blanchâtre que M. Günther regarde comme étant une tache photodotique ; l'état de conservation de nos individus ne permet pas de se rendre compte de leur nature.

L'origine de la dorsale se trouve à une distance de l'extrémité du museau double de la longueur de la tête, sa base est égale environ aux 2/3 de cette dernière et inférieure à la plus grande hauteur donnée par le second ou troisième rayon, le premier, non branchu, étant plus court ; le bord supérieur descend obliquement d'avant en arrière. L'anale, excessivement allongée, suivant le caractère du genre, a les rayons antérieurs plus forts que les suivants et divisés; les autres sont simplement articulés, filiformes, leur longueur, à peu près égale au tiers de la longueur de la tête, ne décroît pas sensiblement d'avant en arrière. Il n'y a pas à proprement parler de nageoire caudale, les derniers rayons de l'anale s'inclinent de plus en plus obliquement et viennent se placer dans le prolongement du corps, qui se trouve terminé par le rayon articulé extrême, lequel semble en quelque sorte continuer la colonne vertébrale effilée et réduite en ce point à un axe cartilagineux segmenté.

La pectorale, composée de 11 rayons environ, est placée très haut, allongée, atteignant à très peu près l'origine des ventrales. Celles-ci ont leur point d'insertion en avant de la dorsale et situé à une distance de l'orifice branchial un peu inférieure à la longueur de la tête; elles sont courtes.

L'animal est entièrement d'un noir légèrement bleu d'acier à l'état frais.

Les écailles du corps étant en grande partie tombées, je n'ai pu examiner celles des flancs prises au lieu d'élection; mais là où elles étaient conservées, c'est-à-dire sur certains points voisins de la ligne latérale, ou contre les nageoires dorsale et anale, on peut facilement juger qu'elles sont absolument semblables à celles dont il sera question plus loin à propos de l'*Halosaurus Owenii* Johns., qui a plus particulièrement servi à ces études; elles doivent seulement être à proportion de plus grande taille; une d'elles prise vers le niveau de la première dorsale contre la ligne latérale mesure $8^{mm},7$ de long sur $5^{mm},3$ de large. Quant aux écailles de la ligne latérale moins caduques, leurs dimensions sur cette espèce m'ont permis d'en reconnaître plus facilement la structure. Une d'elles, prise au niveau de la première dorsale (1), est longue de $8^{mm},4$, haute de $7^{mm},3$ épaisse de $0^{mm},22$, en quadrilatère arrondi au bord adhérent et au bord libre, plus fortement à ce dernier, qui devient presque demi-circulaire; le foyer, c'est-à-dire la perforation simple, un peu obliquement percée, qui, sur l'écaille sèche, représente tout le canal, se trouve vers le tiers postérieur; cette perforation est petite, $0^{mm},08$. Au

(1) Pl. XIV, fig. 2.

bord radical se voient 11 lobes marginaux, les sillons centrifuges correspondants s'étendent assez loin dans la direction du foyer ; les champs antérieur, latéraux et postérieur sont couverts de crêtes concentriques très régulièrement disposées. Mais ce qui frappe particulièrement dans ces écailles, c'est la présence d'une sorte de ressaut, de côte saillante (1), qui forme la limite entre le champ postérieur et les trois autres champs. Sur une coupe normale antéro-postérieure (2) elle apparaît comme une petite saillie, et il est facile de constater que le tégument adhère fortement à l'écaille au point où se trouve cette crête ; c'est à cela qu'il faut attribuer la conservation de ces organes à la ligne latérale, tandis que sur le corps elles ont presque partout disparu. On peut reconnaître (3) que la structure histologique est celle des écailles ordinaires ; une couche calcifiée externe (*a*), granuleuse, peu transparente, une couche calcifiée interne (*b*), transparente, puis de nombreuses couches fibreuses ; les plus extérieures (*c*) encroûtées de carbonate de chaux, lequel peut même se présenter sous formes de granulations, les couches plus profondes (*d*) molles, facilement colorables par le picro-carminate d'ammoniaque.

Cette crête saillante des écailles de la ligne latérale se retrouvant dans toutes les espèces étudiées ci-après, on pourrait y voir un caractère générique.

	Millim.	1/100.
Longueur totale.	590	»
Hauteur.	38	6
Épaisseur	27	4
Longueur de la tête.	80	13
— de la nageoire caudale.	»	»
— du museau	38	47
Diamètre de l'œil.	10	12
Espace interorbitaire.	18	22

N° 85-390, *Coll. Mus.*

(1) Pl. XVI, fig. 2e : *a,a*.
(2) Pl. XVI, fig. 2d : *c* ; fig. 2e : A.
(3) Pl. XIV, fig. 2e.

Numéros du dragage.	Localités.	Profondeur.	Nombre d'indiv.
1. XXXIX	Côtes du Maroc	2200	9
2. CXXX	Açores	2235	1
3. CXXXI	—	2995	1
			11

Je dois faire remarquer que les individus placés dans le tableau ci-dessus comme provenant du dragage xxxix, étaient en si mauvais état que la détermination doit être regardée comme douteuse. Il a toutefois été possible d'examiner quelques écailles de la ligne latérale sur un tronçon d'individu; comme elles se rapportent plutôt à la forme décrite ci-dessus qu'à toute autre, j'ai cru devoir les mentionner ici, quoique sous certaines réserves. Cette écaille est cependant moins régulièrement en quadrilatère, les festons sont plus accentués : s'agirait-il d'une des deux espèces, qui nous sont inconnues, *Halosaurus rostratus* Günth., ou *H. Goodii* Gill?

Les poissons des autres dragages répondent de tous points à la diagnose donnée par M. Günther, en 1878. A peine peut-on relever de légères différences dans le nombre des rayons de la dorsale, 12 au lieu de 13, et dans la formule des écailles de la ligne transversale, en ce qui regarde la portion située au-dessus de la ligne latérale; 13 écailles au lieu de 14.

Je n'ai pas à revenir sur les caractères distinctifs principaux, qui empêchent de la confondre avec les *Halosaurus rostratus* Günth., et *Halosaurus Goodii* Gill. L'élargissement de l'espace interorbitaire la distingue au premier coup d'œil des trois espèces dont il va être question ci-après.

Les exemplaires types, décrits par M. Günther, avaient été trouvés dans l'Atlantique par une profondeur de 1993^m, puis à mi-chemin entre le cap de Bonne-Espérance et l'île Kerguelen par une profondeur de 2515^m.

109. **Halosaurus Owenii** Johns.

(Pl. XIV; fig. 5, 5ᵃ, 5ᵇ, 5ᶜ, 5ᵈ, 5ᵉ, 5ᶠ. Pl. XV; fig. 1, 1ᵃ, 1ᵇ, 1ᶜ. Pl. XVI; fig. 3, 3ᵃ).

B. XV + D. I, 10 ; A. 180? + V. I, 9.

Écailles 12 245/6.

Ce magnifique poisson peut, d'après les exemplaires recueillis à bord du *Talisman*, atteindre une taille comparable à celle de *Halosaurus macrochir* Günth.; plusieurs individus mesurent au moins 570ᵐᵐ.

Sur les mieux conservés la forme du corps est antérieurement quadrangulaire; plus en arrière le tronc devient comprimé; la queue conserve cette forme en l'accentuant de plus en plus. La hauteur est un peu supérieure à 1/17 de la longueur totale, la plus grande épaisseur un peu moindre; la tête occupe 1/8 de cette même dimension. Comme on le voit, les proportions sont les mêmes que pour l'*Halosaurus macrochir* Günth.

Tête (1) comparativement comprimée, allongée, étroite; la largeur à la région operculaire égale environ 2/3 de la hauteur. Le museau en occupe 2/5; sa portion préorale entre pour moitié dans sa longueur; après séjour dans l'alcool, il est aplati, aigu. Le maxillaire atteint le niveau du bord orbitaire antérieur. La narine antérieure est tubuleuse, difficile à reconnaître, la postérieure largement ouverte ; ces orifices sont rapprochés l'un de l'autre, placés un peu en avant de l'œil. Celui-ci, grand, occupe 1/8 de la longueur de la tête; l'espace interorbitaire équivaut seulement aux 3/5 de son diamètre horizontal. Le battant operculaire, à partir du pli supérieur, s'arrondit en courbe d'avant en arrière, puis descend à peu près verticalement, enfin revient presqu'à angle droit horizontalement en avant; les bords libres inférieurs des battants operculaires, en contact antérieurement sur la ligne médiane et recouvrant les rayons branchiostèges, ne s'écartent que très peu l'un de l'autre en arrière. Les cannelures rayonnantes de l'opercule et du sous-opercule, si visibles sur

____
(1) Pl. XV, fig. 1ᵃ, 1ᵇ.

d'autres espèces du genre, sont ici peu marquées, ce qui peut tenir, il est vrai, au meilleur état de conservation des exemplaires.

Anus un peu en avant de la moitié de la longueur totale, à une distance du bout du museau égale à trois fois un tiers la longueur de la tête. La ligne latérale part également de l'angle du sous-opercule et, sur la queue, laisse, à l'origine de celle-ci, entre elle-même et l'anale, un espace où se voient d'abord deux rangées d'écailles ; un peu plus loin il n'y en a plus qu'une, et enfin les écailles perforées se placent immédiatement contre la nageoire. Ces organes d'ailleurs paraissent beaucoup plus adhérents sur le corps que dans les autres espèces, et nous possédons un certain nombre d'individus qui sont, sous ce rapport, dans un état de conservation remarquable.

La dorsale commence à une distance du bout du museau égale à deux fois un tiers la longueur de la tête ; ses proportions et sa forme ne diffèrent guère de ce qu'elles sont chez l'*Halosaurus macrochir* Günth., peut-être est-elle un peu plus haute à proportion. L'anale, la caudale n'offrent pas de différences à noter. Les pectorales sont loin d'atteindre l'origine des ventrales ; de leur partie inférieure se détachent trois petits rayons libres. Les ventrales se trouvent à une distance de l'orifice branchial parfois égale à la longueur de la tête, plus souvent un peu supérieure à cette dimension ; ses plus longs rayons se prolongent très peu au delà du bord antérieur de la dorsale.

Coloration rougeâtre, argentée sur le frais, surtout à la région ventrale ; chaque écaille est finement ponctuée de sombre dans les parties situées au-dessus de la ligne latérale. Les différentes nageoires sont incolores, l'anale offre cependant un liséré sombre au bord libre à sa partie postérieure.

Les écailles sont assez grandes. Une d'elles prise sur le corps (1) mesure 6^{mm} de long sur 1^{mm},6 de haut ; la forme générale est celle d'un quadrilatère allongé, à côté postérieur arrondi ou parfois légèrement anguleux, rappelant un écu d'armoirie ; le foyer, dans celles que j'ai examinées sur le grand exemplaire dont les dimensions sont données plus loin, était largement érodé ; lobes marginaux petits, au nombre de 11 ou 12 sur les écailles de la partie moyenne du tronc ; crêtes concentriques serrées, dispa-

____

(1) Pl. XIV, fig. 5.

raissant au champ postérieur dans lequel l'écaille devient membraneuse; l'épiderme, qui revêt l'extrémité libre, se montre ponctué d'amas pigmentaires très petits, en forme d'anneaux.

Pour apprécier la valeur taxinomique des écailles de la ligne latérale dans ce genre, et profitant du bel état de conservation des individus, j'ai cherché à constater dans cette espèce les variations que ces organes peuvent présenter suivant les régions. Une de ces écailles (1) prise au lieu d'élection, au niveau de la dorsale, vers le quart antérieur de la distance comprise entre l'orifice branchial et l'extrémité postérieure du corps, est quadrilatère, à bord postérieur légèrement cintré, mesurant 5^{mm},5 aussi bien en longueur qu'en largeur; le foyer est subantérieur, assez nettement marqué; les crêtes concentriques, sur les champs antérieur et latéraux, sont serrées et saillantes, on en trouve de plus délicates, non moins régulièrement disposées, sur le champ postérieur; le bord adhérent porte 9 festons, les sillons centrifuges s'étendent presque jusqu'au foyer; on observe ici, comme cela a été indiqué pour l'*Halosaurus macrochir* Günth., une petite crête élevée, séparant le champ postérieur du reste de l'écaille; en ce point la peau adhère fortement. Sur l'écaille sèche le canal est réduit à une simple perforation placée immédiatement en arrière de la petite crête; sur le frais un tube membraneux prolonge le canal, mais il est assez difficile de reconnaître où il se termine, les couches superficielles de la peau, qui recouvrent le champ postérieur, étant chargées d'un réseau serré, sans doute de nature pigmentaire, richement anastomosé; ce réseau est formé de cylindres opaques par transparence, jaunâtres à la lumière directe, dont les plus fins mesurent 0^{mm},017 à 0^{mm},022; dans l'état où j'ai pu les examiner, ils paraissent formés d'une substance granuleuse homogène; il n'est pas possible de reconnaître d'éléments cellulaires distincts; ce réseau n'est pas sans analogie avec le réseau pigmentaire de la peau de certains animaux inférieurs, tels que les Hirudinées.

Une autre écaille de la ligne latérale prise immédiatement en arrière de l'orifice branchial (2) diffère de la précédente par ses dimensions moindres, sa forme un peu plus irrégulière, le bord antérieur étant dirigé obliquement,

(1) Pl. XIV, fig. 5^b.
(2) Pl. XIV, fig. 5^a.

et le moindre nombre des festons. Les différences sont nulles pour une troisième écaille, prise au milieu de la longueur du corps moins la tête (1). Aux trois quarts de cette même longueur, la dimension d'une écaille (2) devient très faible, 2^{mm} à peine de long sur 1^{mm},7 environ de large; la forme passe à l'ovale, la crête, limite du champ postérieur, se voit encore, quoique plus petite; il s'agit bien d'ailleurs d'écailles appartenant à la ligne latérale, car la perforation est très nette; les écailles ordinaires voisines sont beaucoup plus petites, réduites à de simples squames ovales, longues de 1^{mm},4, larges de 1^{mm} avec 2 ou 3 festons marginaux. A l'extrémité terminale du pédoncule caudal les écailles de la ligne latérale paraissent faire défaut, et je n'ai plus trouvé que des squames (3) analogues à celles dont il vient d'être question en dernier lieu, ncore plus petites toutefois, car les plus grandes atteignent à peine 1^{mm} de long; beaucoup sont moitié moindres.

On peut conclure de cette étude que la forme typique des écailles de la ligne latérale ne varie pas d'une manière sensible sur un même individu au tronc et à la partie antérieure de la queue dans cet *Halosaurus*.

D'un autre côté, sur des exemplaires de tailles diverses, l'aspect de cette écaille, prise au niveau de la nageoire dorsale, se montre constamment le même, la seule variation porte sur le nombre des festons, qui le plus souvent, neuf fois sur treize, de 9 à 11, une fois s'est trouvé de 7, deux fois de 8, une fois s'est élevé à 12.

Le squelette est d'une grande simplicité. On compte 70 à 72 vertèbres dorsales et environ 235 caudales. Le corps des premières est moins épais que haut, très largement perforé au centre; l'incrustation calcaire en est incomplète, et, par la dessiccation, des fentes longitudinales divisent le corps assez régulièrement; la partie persistante de la corde dorsale se trouvant ainsi à proportion très volumineuse, cette circonstance, jointe à la souplesse des ligaments unissant les corps vertébraux, rend le rachis excessivement mobile dans son ensemble. A en juger d'après les exemplaires conservés, il paraît y avoir aussi dans le sens longitudinal une élasticité beaucoup plus grande que celle observée habituellement chez les

1 Pl. XIV, fig. 5c.
2) Pl. XIV, fig. 5d.
3 Pl. XIV, fig. 5e, pl. XV, fig. 1c.

poissons. Y aurait-il une élongation et un raccourcissement possible de cette partie du squelette? Je me borne à poser cette question, les éléments positifs manquent pour la résoudre; mais cela pourrait expliquer une disposition très anormale de la partie antérieure de la moelle, observée sur certains sujets, et dont il sera plus loin question.

Le crâne est allongé, l'appendice nasal soutenu par des squames anfractueuses dépendant du système des canaux dits muqueux. Appareil maxillo-crémastique bien développé, la mâchoire inférieure élevée, presque en demi-cercle, sa moitié antérieure garnie de dents. Le battant operculaire est ample, mais composé d'un petit nombre de pièces, car on ne distingue que l'opercule à peu près quadrilatéral et une seconde lame, qui occupe ses bords antérieur et inférieur, puis se prolonge en avant jusqu'à l'articulation de la mâchoire inférieure; elle représenterait par conséquent à la fois le préopercule, le sous-opercule et l'interopercule.

La ceinture scapulaire et le bassin n'offrent rien de particulièrement intéressant à noter.

Le tissu du squelette examiné sur les os du crâne et les vertèbres montre, particulièrement sur les premiers, des ostéoplastes très nets.

Le sagitta est long de $2^{mm},8$, haut de $1^{mm},3$, sur un individu de taille moyenne mesurant environ 350^{mm}, d'une forme très simple, à peu près rectangulaire avec les extrémités arrondies. Face supéro-interne (1) peu convexe, ne présentant comme accident que le sillon acoustique, courbé, très marqué en avant, mais diminuant rapidement de profondeur pour se terminer vers le milieu de l'otolithe. Face inféro-externe (2) à foyer central élevé, incliné régulièrement sur le reste de la surface jusqu'au limbe, qui ne présente que des festons peu marqués (3).

Trachéaux courts, robustes, épineux. Vessie natatoire (4) très développée, simple, en forme de fuseau allongé; j'ai cru reconnaître un canal pneumatophore (h) qui s'ouvrirait dans l'estomac, mais le fait n'ayant pu être observé que sur des exemplaires dans l'alcool, demanderait confirmation.

(1) Pl. XVI, fig. 3.
(2) Pl. XVI, fig. 3ᵃ.
(3) Sur un des individus provenant du dragage XXXIX et rapportés avec doute à l'*Halosaurus macrochir* Günt. (voy. page 174), le sagitta est semblable à celui qui est ici décrit.
(4) Pl. XIV, fig. 5ᶜ : g.

L'appareil digestif (1) montre un estomac en siphon, petit (*h*); l'intestin (*d*), après avoir décrit un trajet en ʌ se dirige directement en arrière, il présente à son origine 8 à 13 cæcums pyloriques courts (*c*) en série pectiniforme. Le foie (*i*) est peu développé. Ce dernier est blanc rosé, le reste de l'appareil d'un noir profond.

Je n'ai pu observer que les ovaires (*f,f*) remplis d'œufs de petite dimension. Comme à M. Johnson, ils m'ont paru dépourvus d'enveloppe péritonéale formant sac (2) et sans conduit vecteur.

	Millim.	1/100.
Longueur totale.	570	»
Hauteur.	33	6
Épaisseur.	23	4
Longueur de la tête.	76	13
— de la nageoire caudale. . .	»	»
— du museau.	31	41
Diamètre de l'œil.	10	13
Espace interorbitaire.	6	8

N° 85-335, *Coll. Mus.*

Numéros du dragage.	Localités.	Profondeur.	Nombre d'indiv.
1. XIX	Côtes du Maroc.	920	1
2. XXXIII *bis*.	—	834	3
3. XLV.	—	1235	1
4. L.	Canaries.	975	4
5. LII.	—	946	1
6. LXXII.	Côtes du Soudan. . . .	882	2
7. LXXXII.	—	932	1
8. LXXXIV.	—	860	1
9. LXXXV.	—	830	1
10. LXXXVII	Banc d'Arguin.	1113	20
11. XCIII	—	1495	1
12. XCV.	—	1230	10
13. XCIX	—	1617	1
14. C.	—	1550	1
15. CXXVII.	Açores	1257	1
			49

(1) Pl. XIV, fig. 3.

(2) M. Günther (*Catal. Brit. Mus.*, t. VII, p. 482) les indique comme *clos*; la différence tiendrait-elle à l'état plus ou moins avancé de maturité des organes?

L'*Halosaurus Owenii* Johns. a été trouvé, on le voit, dans de nombreux dragages et parfois en abondance.

Je renvoie à l'étude de l'espèce suivante la discussion des caractères qui me portent à voir dans ces individus l'espèce typique du genre.

110. Halosaurus Johnsonianus.

(Pl. XV ; fig. 2, 2ª, 2ᵇ, 2ᶜ, 2ᵈ).

B. XII + D. I, 10; A. 186 ? + V. I, 8.

Cet *Halosaurus*, très analogue au précédent, ne semble cependant jamais atteindre une aussi grande taille. Ses formes sont plus grêles, la hauteur n'étant guère que 1/25 de la longueur totale ; le tronc paraît cylindrique, mais il faut dire qu'on n'a obtenu aucun exemplaire dans un état de conservation comparable à celui de quelques individus de l'espèce précédente.

La forme de la tête (1), les proportions du museau, celles de l'œil et de l'espace interorbitaire, la disposition du battant operculaire, n'offrent rien de distinctif. Autant qu'on en peut juger, ce dernier n'est pas écailleux, mais sur les tempes et la partie supérieure de la tête se voient des squames non douteuses.

L'anus est très peu en arrière du tiers antérieur du corps et éloigné du bout du museau seulement du triple de la longueur de la tête.

L'origine de la dorsale se trouve à une distance du même point égale à deux fois cette dernière dimension. Les pectorales sont loin d'atteindre le point d'insertion des ventrales, lequel se trouve à une distance du bout du museau moindre que deux fois la longueur de la tête ; la nageoire elle-même est en grande partie en avant de la dorsale.

La coloration, tout en se rapprochant de celle de l'*Halosaurus Owenii* Johns., offre quelques différences. Chaque écaille du corps présente une tache noire à son extrémité libre, d'où résulte une réticulation en damier ; d'autre part les écailles de la ligne latérale, sombres, forment, par leur ensemble, une

1) Pl. XV, fig. 2ª, 2ᵇ.

bande foncée ; enfin, comme pour l'espèce suivante, la couleur noire de la cavité branchiale se prolonge davantage sur la région scapulaire, apparaît au travers des pièces de l'opercule et s'étend sur toute la tête. Ces caractères, bien qu'accessoires, surtout le dernier, sont commodes pour distinguer de suite cette espèce de la précédente, dont elle est si voisine.

Les écailles du corps, peu adhérentes, manquent sur la plupart des exemplaires, et n'offrent pas d'ailleurs de différence notable, comparés à celles de l'*Halosaurus Owenii* Johns. ; celles de la ligne latérale sont au contraire assez caractéristiques pour permettre à elles seules de ne pas confondre les deux espèces. Le type suivant lequel sont construits ces organes (1) se trouve sans doute être le même, mais la longueur est sensiblement moindre comparée à la largeur; l'une d'elles prise au milieu du tronc mesure $4^{mm},5$ dans la première dimension et $2^{mm},8$ pour la seconde ; la forme est plutôt ovalaire, le nombre des festons, quoique ceci n'ait pas la même importance, est généralement plus élevé de 14 à 16 dans les deux tiers des cas ; cependant il peut tomber à 12 et même 11. La constance de ces caractères, qui frappent au premier examen, a pu être observée sur au moins seize individus.

L'encéphale (2) montre des lobes olfactifs globuleux nets (*a*); les lobes cérébraux (*b*), de taille médiocre, offrent en arrière quelques plis; les lobes optiques (*c*), plus volumineux comme chez les autres poissons osseux, sont ici en grande partie cachés par la première portion de l'épencéphale, le cervelet (*d*) de forme triangulaire, qui remonte en avant jusqu'au niveau de leur bord antérieur (3); les lobes supérieurs de la moelle allongée (*e*) sont globuleux, assez gros, mais courts.

Sur l'individu examiné la moelle épinière présentait dans la cavité crânienne, en avant du trou occipital, une disposition des plus anormales (4). En partant de la moelle allongée, le cordon rachidien, au lieu de gagner directement le canal vertébral, se recourbait en dessous et en avant, puis, revenant sur lui-même, formait aussi un tour complet avant de prendre sa direction ordi-

(1) Pl. XV, fig. 2ᶜ.
(2) Pl. XV, fig. 2ᵈ.
(3) L'action prolongée de l'alcool, au moins je n'avais pas remarqué ce détail lors des premières études, a fait apparaître sur le cervelet une gouttière longitudinale, qui en occupe presque toute la partie médiane.
(4) Pl. XV, fig. 2ᵈ : *g*.

naire. Un autre cas a pu être observé sur un animal du même genre en mauvais état, dont la détermination spécifique précise n'a pu être faite. Sur les autres *Halosaurus* examinés au nombre de six, la disposition était normale.

Ce fait, qui me paraît n'avoir jamais été observé sur aucun poisson, est évidemment dû à une cause accidentelle; faut-il y voir une monstruosité? Il est plus vraisemblable que c'est une modification *post mortem* due à la rétraction longitudinale, que permet la laxité des ligaments intervertébraux et l'ossification incomplète des centrums eux-mêmes. En admettant cette hypothèse, on comprend que la moelle épinière, refoulée d'arrière en avant ait dû se replier sur elle-même pour se loger dans la cavité crânienne. L'état de conservation des individus n'a pas permis de voir s'il y avait eu rupture des racines nerveuses.

	Millim.	1/100.
Longueur totale.	390	»
Hauteur.	15	4
Épaisseur.	12	3
Longueur de la tête	47	12
— de la nageoire caudale.	»	»
— du museau.	22	47
Diamètre de l'œil.	7	15
Espace interorbitaire.	4	8

N° 85-361, *Coll. Mus.*

Numéros du dragage.	Localités.	Profondeur.	Nombre d'indiv.
1. XIII	Côtes du Maroc.	1216	1
2. XXXII.	—	1590	1
3. XXXIII	—	1350	10
4. XXXIII *bis*.	—	834	1
5. XLI	—	2115	6
6. XLII.	—	2104	3
7. XLV.	—	1235	1
8. XLIX	Canaries.	865	1
9. L.	—	975	1
10. LXXII.	Côtes du Soudan.	882	18
11. LXXIX	—	1232	33
12. LXXXI	—	1139	7
13. XCIII	Banc d'Arguin	1495	13

Cette espèce et la précédente sont, on le voit, très voisines l'une de l'autre, et je les avais primitivement confondues. Aussi peut-on hésiter pour savoir à laquelle des deux doit être réservé le nom primitif donné par M. Johnson d'*Halosaurus Owenii*.

Les caractères empruntés à la description de l'auteur anglais qui me paraissent avoir le plus de valeur, sont ceux tirés de la distance relative des nageoires dorsale et ventrales. En ce qui concerne ces dernières, MM. Johnson et Günther, qui cependant ont eu en main le même exemplaire, ne sont pas tout à fait d'accord. Pour le premier auteur, en se reportant aux mesures détaillées qu'il donne, la distance de ces nageoires à l'extrémité du museau est de 117^{mm}; la longueur de la tête étant de 62^{mm} serait par conséquent un peu supérieure à la distance qui sépare les ventrales de l'orifice branchial. M. Günther donne ces deux longueurs comme étant égales. Pour les poissons à nageoires franchement abdominales, tels que les *Halosaurus*, d'aussi petites différences ne doivent pas être regardées comme ayant, il est vrai, une bien grande valeur, on ne serait autorisé à en tenir compte que si elles étaient notables. La position de la dorsale a plus de fixité, d'après les mesures données par M. Johnson, confirmées par la figure accompagnant le mémoire; l'origine de cette nageoire dans son espèce est à une distance du bout du museau égale à deux fois un cinquième la longueur de la tête. Si on ajoute à cette dernière considération que le poisson décrit par M. Johnson atteignait près de 500^{mm} et que, parmi les nombreux exemplaires de ces deux espèces pêchés à bord du *Talisman*, tous les individus de grande taille et à nageoire dorsale reculée appartiennent à celle dont les écailles de la ligne latérale sont en quadrilatère, il devient très probable qu'ils représentent bien l'*Halosaurus Owenii* Johns., l'espèce à écailles en parallélogramme, ovalaire, devant être considérée comme différente.

Je dois avouer que sans la considération de ce dernier caractère, dont l'importance paraît réelle et qui s'est trouvé constant pour tous les individus sur lesquels on a pu l'examiner, il m'aurait paru plus sage de ne voir là qu'une simple variété. Les tableaux montrent que ces deux espèces se trouvent dans les mêmes localités et ont été plusieurs fois prises dans un même dragage.

113. Halosaurus phalacrus.

(Pl. XV; fig. 3. Pl. XVI; fig. 1, 1ᵃ, 1ᵇ, 1ᶜ.)

B. X + D. 1, 9; A. 200? + V. 1,7

Par son aspect, en ce qui concerne les proportions générales, cette espèce se rapproche de l'*Halosaurus macrochir* Günth. tout en étant un peu plus grêle, ainsi la hauteur est inférieure à 1/20 de la longueur totale, le tronc est un peu plus comprimé.

La tête (1) n'entre pas pour plus de 1/9 dans la longueur, elle est également aplatie en dessus et notablement plus allongée, ce qui rend le museau spatuliforme; ce dernier fait 3/7 de la longueur céphalique, sa portion préorale occupe son tiers antérieur. La région inférieure de la tête est aplatie sous le museau, les mandibules, en arrière de la bouche, forment une surface ovalaire, un peu relevée en toit, enfin dans la portion gulaire se voit une sorte d'arête produite par la rencontre des battants operculaires, ceux-ci se réunissant sous un angle aigu en sorte que la section de la tête à ce niveau donnerait la figure d'un triangle isocèle à sommet inférieur. Le diamètre horizontal de l'œil égale 1/7 de la longueur de la tête, l'espace interorbitaire a la même dimension. Orifice branchial largement ouvert, à battant operculaire un peu plus régulièrement arrondi et plus prolongé en arrière que dans l'*Halosaurus macrochir* Günth. Comme d'ordinaire on trouve un canal muqueux, qui, sur le frais, forme un bourrelet considérable partant des bords latéraux du museau pour passer sur le maxillaire, puis sous l'œil et se terminer vers l'angle operculaire, ce canal reçoit, en arrière de la commissure buccale, une branche de même nature, mais moins volumineuse, venant de la mâchoire inférieure; quelques pores muqueux s'observent de chaque côté sous celle-ci. L'opercule et la grande pièce pré-inter-sous-operculaire sont comme cannelés sur les bords libres postérieur et inférieur. On reconnaît des écailles sur le battant operculaire et la région temporale;

___

(1) Pl. XVI, fig. 1ᵃ, 1ᵇ.

la portion supérieure de la tête est nue, les écailles du corps s'arrêtent très nettement à la région occipitale (1).

Le tronc est moins cylindrique que dans l'espèce précédente. La position de l'anus se trouve la même. Les individus sont malheureusement privés presque en totalité de leurs écailles, il n'en reste que çà et là sur la ligne latérale, aussi a-t-il été impossible d'avoir la formule avec une exactitude suffisante.

L'origine de la dorsale se trouve à une distance de l'extrémité du museau double de la longueur de la tête. Les pectorales n'atteignent pas le point d'insertion des ventrales, lequel est à une distance de l'orifice branchial notablement moindre que la longueur céphalique ; les ventrales elles-mêmes sont courtes et situées en avant de la dorsale.

Ce poisson à l'état frais offre une teinte rose chair ; anale sombre, tirant sur le brun, la tête noir bleuâtre.

Quoiqu'on ait capturé un certain nombre d'individus de cette espèce, il n'a cependant pas été possible d'examiner une seule écaille du corps. Les écailles de la ligne latérale (2) sont assez grandes, pouvant atteindre jusqu'à 4^{mm},9 de long, sur 5^{mm},5 de large ; leur forme se rapproche de l'ovale plus que dans aucune autre des espèces examinées ; le type est d'ailleurs le même, c'est-à-dire avec une perforation simple et une ligne saillante, à laquelle adhère le tégument, séparant le champ postérieur des champs latéraux et antérieur. Le nombre des festons marginaux paraît très variable, tantôt ils sont peu nombreux, 2 ou 3, et larges, d'autres fois plus multiples, jusqu'à 18, et étroits, car dans l'un et l'autre cas ils occupent à peu près tout le bord radical.

L'encéphale (3) est construit sur le même type que dans l'*Halosaurus Johnsonianus*, les lobes olfactifs (*a*) semblent plus petits, les sillons des hémisphères (*b*) moins nombreux, plus prolongés et placés au côté interne ; les lobes optiques (*c*), ce qui peut paraître plus important, sont plus à découvert, le cervelet (*d*) se portant moins en avant (4).

(1) La figure 1ª, pl. XVI, semble en indiquer des traces ; ce sont des plis accidentels dus à l'action de l'alcool.

(2) Pl. XVI, fig. 1ª.

(3) Pl. XV, fig. 3.

(4) Le dessin ne marque pas assez la forme en trèfle du cervelet ni un sillon longitudinal qui sépare nettement l'un de l'autre les renflements antérieurs de la moelle allongée.

	Millim.	1/100.
Longueur totale	430	»
Hauteur	20	4
Épaisseur	13	3
Longueur de la tête	53	12
— de la nageoire caudale	»	»
— du museau	24	45
Diamètre de l'œil	8	15
Espace interorbitaire	8	15

N° 85-382, *Coll. Mus.*

Numéro du dragage.	Localité.	Profondeur.	Nombre d'indiv.
1. XVI	Côtes du Maroc	2190	1
2. XXII	—	1635	2
3. XXXI	—	1103	2
4. XLII	—	2104	1
5. LXXIII	Côtes du Soudan	1435	1
6. LXXIX *bis*	—	1250	3
7. CXXI	Açores	1442	1
8. CXXIX	—	2220	1
			12

L'*Halosaurus phalacrus*, par son vertex non écailleux, son museau en spatule, n'est pas sans présenter certains rapports avec les *Halosaurus macrochir* Günth., *H. rostratus* Günth. et *H. Goodii* Gill., mais s'en distingue néanmoins dès l'abord par son espace interorbitaire moins élargi, dans ces espèces il égale au moins le double du diamètre horizontal de l'œil. La forme des écailles de la ligne latérale permettrait de le distinguer de l'*Halosaurus macrochir* Günth. sur lequel a pu être étudié ce détail anatomique, ce dernier les ayant de forme quadrilatérale, tandis qu'elles sont ovalaires chez l'*Halosaurus phalacrus*.

ANACANTHINI

FAMILLE. PLEURONECTIDÆ.

Les poissons qui composent le groupe des Pleuronectidæ habitent, pour la plupart, des zones peu profondes et l'on n'en a trouvé relativement que peu dans nos dragages. Pour en faire juger j'ai cru devoir énumérer ici tout ce qui a été recueilli dans les différentes campagnes, y compris quelques espèces qui ne peuvent être aucunement regardées comme appartenant à la faune abyssale (1).

118. Pleuronectes megastoma Donovan.

Numéro du dragage.	Localité.	Profondeur.	Nombre d'indiv.
1. (Tr. 1880) XVII. . .	Golfe de Gascogne. . .	306	2
2. (Tr. 1882) VIII. . .	— . . .	411	2
3. II	Côtes d'Espagne. . . .	99	2
4. IV	—	118	2
5. V	—	60	16
6. VI.	—	126	2
7. XVII.	Côtes du Maroc	550	2
8. CXXIII	Açores	560	1
			29

Pleuronectes Grohmanni Bonaparte.

Numéro du dragage.	Localité.	Profondeur.	Nombre d'indiv.
1. (Tr. 1882) XXXIV .	Côtes du Maroc	112	2
2. III	— d'Espagne. . . .	106	43
3. XXIII	— du Maroc	120	3
4. LXVI.	— du Soudan. . . .	175	3
5. LXVII.	—	130	10
6. LXVIII.	—	102	1
7. CVI	Iles du Cap Vert. . . .	75	4
8. CVII.	—	90	1
			67

(1) Ces espèces ne portent pas de numéro d'ordre.

Les individus pris dans les dragages CVI et CVII étaient sur un fond de Nullipores rouge sang de bœuf, lesquelles recouvraient tous les objets, coquilles et pierres, ils avaient pris cette même teinte et aussi vive. L'un d'eux, quoique régulièrement conformé, c'est-à-dire sénestre, se trouvait coloré du côté aveugle, pâle du côté oculifère, cependant l'œil droit avait accompli son évolution et la forme était déjà normale (1).

Pleuronectes citharus Spinola.

Numéro du dragage.	Localité.	Profondeur.	Nombre d'indiv.
1. II.	Côtes d'Espagne. . . .	99	19
2. IV.	—	118	1
			20

Pleuronectes sp. I

Numéro du dragage.	Localité.	Profondeur.	Nombre d'indiv.
(Tr. 1882) II.	Golfe de Gascogne. . .	600	1

Cet exemplaire, long de 28ᵐᵐ, est trop jeune pour être exactement déterminé; l'œil supérieur se voit encore bien distinctement du côté droit. La ligne latérale, sans courbure au niveau des pectorales, pourrait faire penser au *Pleuronectes candidissimus* Risso, mais il est tout aussi admissible que c'est l'état transitoire de l'une des précédentes espèces. A cet âge ces poissons n'ont-ils pas des mœurs plus pélasgiques et l'individu vient-il bien de cette profondeur ?

Solea vulgaris (Linné) Risso.

Numéro du dragage.	Localité.	Profondeur.	Nombre d'indiv.
1. V.	Côtes d'Espagne. . . .	60	2
2. XCI	Banc d'Arguin.	235	2
			4

Solea Lascaris Risso.

Numéro du dragage.	Localité.	Profondeur.	Nombre d'indiv.
. . . .	Porto Praya	Côte.	1

(1) Cet individu, qui n'est pas en réalité un véritable *double*, est celui dont il est incidemment question dans une note parue au *Bull. Soc. Philom.*, 7ᵉ sér., t. VIII, p. 6, 1883-1884.

120. **Solea variegata** Donovan.

Numéro du dragage.	Localité.	Profondeur.	Nombre d'indiv.
1. (Tr. 1880) XVII. . .	Golfe de Gascogne. . .	306	1
2. II	Côtes d'Espagne	99	35
3. III	—	106	12
4. IV	—	118	1
5. V	—	60	47
6. VI	—	126	1
7. LXVII	Côtes du Soudan. . . .	130	2
			99

121. **Solea profundicola**.

D. 81; A. 60+V. 4.

Écailles 31/127/49.

Hauteur du corps ayant à très peu près 1/3 de la longueur, dans laquelle la tête n'entre que pour 1/5.

Museau rond peu proéminent, bouche petite, étendue à peine jusqu'à moitié de l'œil inférieur, faiblement armée et seulement du côté aveugle; narines de la forme ordinairement connue chez la Sole vulgaire. Œil supérieur plus avancé que l'inférieur, bien découvert, tandis que ce dernier est abrité par une paupière, qui le cache en grande partie; leur diamètre est d'environ 2/5 de la longueur de la tête, l'espace interorbitaire est 1/3 moins grand.

Ligne latérale étendue sans courbure appréciable de l'œil supérieur au milieu de la caudale (1). Écailles petites, serrées, cténoïdes sur les deux faces du corps.

Dorsale commençant vers le niveau du milieu de l'œil supérieur et s'arrêtant à une petite distance de la caudale. Celle-ci arrondie, composée d'environ 16 rayons. Pectorales peu visibles, filiformes, 1 à 3 rayons. Ventrales de 4 rayons, également peu développées.

Coloration gris rougeâtre sur la face droite supérieure; nageoires dorsale et anale noires, sauf pour les rayons, qui, couverts d'écailles, sont

---

(1) Les rangées d'écailles n'ont été comptées, dans la formule, qu'à partir du niveau du pli branchial supérieur pour la ligne latérale, qui, en réalité, part de l'œil.

de la couleur du tronc; la teinte noire est surtout très visible du côté aveugle; extrémités des rayons d'un blanc laiteux.

Les écailles du corps sont du type habituel, trop bien connu et figuré, en particulier par Baudelot, pour qu'il soit nécessaire de les décrire ici en détail; elles sont en quadrilatère, longues de $2^{mm},3$; hautes de 1^{mm} avec une aire spinigère réduite, des spinules serrées, aiguës, divergentes. Les écailles de la ligne latérale ovalaires, plus petites, ne mesurent que $1^{mm},86$ de long sur $0^{mm},85$ de large, le canal est simple, il y a une perforation interne, mais si près du bord de la lamelle qu'elle échancre celui-ci, au moins sur l'écaille sèche. Les écailles du corps paraissent être plus grandes du côté coloré que du côté aveugle, tandis que ce serait le contraire pour celles de la ligne latérale.

Vertèbres $8\,D.+34\,C.$, sans compter l'hypural.

Sagitta gauche placé de champ, le droit un peu oblique, tous deux semblables, lenticulaires, moins convexes toutefois à la face interne, les dimensions sur un individu de 100^{mm} sont : longueur $2^{mm},4$, hauteur $2^{mm},1$, épaisseur $0^{mm},8$; le sillon acoustique ne dépasse guère le centre, il est large, arrondi en arrière; le reste de la surface ne présente aucun autre accident.

	Millim.	1/100.
Longueur	147	»
Hauteur	51	34
Épaisseur	9	6
Longueur de la tête	29	20
— de la nageoire caudale	17	11
— du museau	6	21
Diamètre de l'œil	6	21
Espace interorbitaire	4	14

N° 83-128, *Coll. Mus.*

Numéro du dragage.	Localité.	Profondeur.	Nombre d'indiv.
1. (Tr. 1882) XXVI	Côtes de Portugal	370	2
2. (—) XXXII	Golfe de Cadix	440	1
3. (—) LXI	Côtes de Portugal	1290	1
4 LXV	— du Soudan	250	1
			5

Les individus qui représentent cette espèce dans les collections du Muséum sont en médiocre ou mauvais état, sauf celui qui provient de l'avant-dernier des dragages et a servi de type. Cependant, d'après l'écaillure et la disposition des pectorales, on ne peut guère douter qu'ils ne se rapportent tous à une même espèce.

Le *Solea profundicola* appartient à la section des *Microchirus* Bonap. (*Buglossus* Günth.) par l'état d'imperfection de ses pectorales et se distingue à première vue des trois espèces connues dans ce groupe : *Solea lutea* Risso, *S. variegata* Donov., *S. minuta* Parn.; par la petitesse des écailles, dans ces espèces on compte au plus 85 ou 90 rangées longitudinales, habituellement beaucoup moins.

125. Ammopleurops lacteus Bonaparte.

D. 90; A. 72; C. 14 + V. 4.

Écailles 19/92/25.

Plusieurs *Ammopleurops lacteus* Bonap., et pris par certaines profondeurs, ont été rencontrés dans nos dragages.

Tous, à première vue, paraissent présenter une ligne latérale nette, s'étendant du pli supérieur operculaire à l'extrémité appointie de la queue, mais malgré une attentive recherche, je n'ai trouvé nulle part d'écailles portant le tube caractéristique; on peut se demander si ce n'est pas là une simple apparence.

Il est également assez difficile de décider si la ventrale, composée de 4 rayons, doit être considérée comme résultant de la fusion des deux catopes rudimentaires, ou représente la ventrale gauche seule, la correspondante de droite manquant comme dans le groupe voisin *Aphoristia* de Kaup. Contrairement à l'opinion généralement adoptée, la seconde manière de voir me paraîtrait la plus probable, eu égard au nombre des rayons et à la position de cette nageoire, insérée plutôt à gauche que sur la ligne médio-ventrale même.

En réalité les nageoires impaires sont continues et la division introduite dans la formule des rayons est, jusqu'à un certain point, arbitraire.

	Millim.	1/100.
Longueur	88	»
Hauteur	25	28
Épaisseur	7	8
Longueur de la tête	17	19
— de la nageoire caudale	7	8
— du museau	4	23
Diamètre de l'œil	3	17
Espace interorbitaire	»	»

N° 86-5, *Coll. Mus.*

Numéro du dragage.	Localité.	Profondeur.	Nombre d'indiv.
1. (Tr. 1881) XXVIII.	Penon de Vélez	370	2
2. — XXIX.	—	420	1
3. (Tr. 1882) VIII.	Golfe de Gascogne	400	4
4. V.	Côtes d'Espagne	60	1
6. LXV	— du Soudan	250	1
7. XCI	Banc d'Arguin	235	1
8. XCII	—	140	4
			11

Le genre *Anunopleurops* est bien distinct du genre *Plagusia* par la disposition de la bouche ; la nécessité de le séparer du genre *Aphoristia*, Kaup, qui dans ce cas aurait l'antériorité, paraît moins évidente, mais les éléments nous manquent pour juger cette question.

FAMILLE. EURYPHARYNGIDÆ.

Il est assez difficile, d'après les descriptions et les figures données, d'établir d'une manière positive les relations entre le genre *Eurypharynx* et les genres *Saccopharynx* Mitchill [1] ou *Ophiognathus* [2] Harwood et de savoir si ces derniers sont bien identiques, comme on l'admet généralement.

Nos connaissances sur ces poissons se réduisent aux détails donnés par Mitchill et par Harwood, ce dernier y ajoute une figure, qui avait

(1) Mitchill, *Ann. Lyc. Nat. Hist.* New-York, t. I, p. 82, 1824.
(2) Harwood, *Phil. Trans.* London, pars I, p. 49, pl. VII, 1827.

échappé jusqu'à ces derniers temps à la plupart des auteurs, enfin à la description plus complète due à M. Johnson (1), car ce qu'en dit Cuvier (2) est emprunté aux travaux des deux premiers de ces zoologistes. M. Günther (3), bien qu'ayant à sa disposition deux exemplaires, dont le type décrit par M. Johnson, mais sans doute en mauvais état, a donné dans sa diagnose, surtout pour ce qui concerne l'appareil respiratoire, des caractères qui sont loin de s'accorder avec ceux fournis par ses prédécesseurs, au point qu'il est difficile de décider s'il s'agit bien des mêmes poissons, d'autant que ce savant ichthyologiste a maintenu cette diagnose dans de plus récents ouvrages (4). La question historique a d'ailleurs été traitée avec grand soin par MM. Gill et Ryder (5), lesquels ont clairement montré combien les descriptions anciennes étaient supérieures à celles données depuis ; aussi me paraît-il inutile de reprendre cette discussion, renvoyant aux auteurs précités, surtout à leur second travail, qui est aussi complet que possible à cet égard.

Il n'est pas moins malaisé de décider le rang qu'occupent ces êtres dans la série ichthyologique. Laissant de côté pour le moment les *Saccopharynx* ou *Ophiognathus*, je ne m'occuperai ici que du genre *Eurypharynx* mieux connu soit par les détails donnés d'après l'exemplaire dragué à bord du *Travailleur* en 1882 (6) et deux autres pris l'année suivante à bord du *Talisman*, soit par l'étude faite du *Gastrostomus* dans le travail cité de MM. Gill et Ryder. Je dois en effet dire ici, par avance, que ce dernier genre ne peut pas être distingué du genre *Eurypharynx*, la longueur du crâne, seul caractère différentiel, ayant été donnée d'une manière fautive dans ma première note, comme on le verra plus loin par la description de cet animal.

Les rapports de l'*Eurypharynx*, ainsi que je l'ai dit dans un travail antérieur, peuvent être établis avec les ANACANTHINI et les APODA. J'y joignais à cette époque certains abdominaux, SCOPELIDÆ et STOMIATIDÆ, en

(1) Johnson, *Ann. Mag. Nat. Hist.* 3ᵉ sér., t. X, p. 277, 1862.
(2) Cuvier, *Règne animal*, 2ᵉ édit., t. II, p. 355, 1829.
(3) Günther, *Cat. Fishes Brit. Mus.*, t. VIII, p. 22, 1870.
(4) Günther, *Introduction to the Study of Fishes*, p. 670, 1880.
(5) Gill et Ryder, *Proceed. U. S. Nat. Museum*, t. VI, p. 262, 1884 ; — et même recueil, t. VII, p. 48, 1885.
(6) *Comp. rend. Acad. sciences* t. XCV, p. 1226, 11 décembre 1882.

vue surtout des analogies tirées de la disposition des mâchoires chez le *Malacosteus* Ayrès; mais ayant pu aujourd'hui étudier en nature des animaux appartenant à ce genre (1), cette opinion me paraît devoir être absolument rejetée. J'arrivais d'ailleurs à cette conclusion que c'est parmi les Anacanthini qu'il convenait de placer l'*Eurypharynx*, en formant toutefois pour lui une famille spéciale.

MM. Gill et Ryder, qui ont discuté avec grand soin cette difficulté taxinomique, ont cru devoir créer pour ces animaux un ordre des Lyomeri, nom en rapport avec la disjonction de certaines portions ou segments du corps, notamment la simplification de l'arcade maxillaire supérieure, réduite aux palatins, et l'éloignement qu'on observe entre l'appareil branchial et l'arc scapulaire. Il faut dire que dans leur second travail ces auteurs, revenant en partie sur cette manière de voir, abandonnent le premier point et regardent la mâchoire comme formée en réalité par les maxillaires et non par les palatins. Cet ordre comprendrait deux familles, les Saccopharyngidæ, renfermant les genres *Saccopharynx* Mitchill et *Ophiognathus* Harwood, puis les Eurypharyngidæ. Il se rapprocherait, d'après les théories phylogénétiques de ces auteurs, de l'ordre des Apodes. Malheureusement, les faits, qui doivent militer en faveur de cette opinion, ne sont, dans aucun de ces travaux, exposés d'une manière, je dirais, didactique, cela cependant n'eût pas été sans utilité pour une question aussi délicate.

En ce qui concerne le premier point peut-on regarder comme nécessaire de créer pour ces poissons une division de telle importance? Nos méthodes pour la classification des Téléostéens sont fort peu avancées, et jusqu'à ce qu'on ait trouvé de nouvelles bases, qui nous permettent de quitter la classification actuelle, dont les origines remontent aux premiers temps des études ichthyologiques, la multiplicité de semblables divisions me paraît plus préjudiciable qu'utile à la science. Mais l'importance des caractères vient-elle la justifier ? Si on se reporte à l'énumération de ceux-ci, donnée par MM. Gill et Ryder (2), la chose ne peut être regardée comme démontrée. Les seuls, qui aient une certaine

(1) Voir plus haut p. 108.
(2) Voir le travail de 1884, p. 263.

valeur, sont relatifs au nombre des arcs branchiaux, dont on compte 5, et à la simplification de l'arc maxillo-crématique ou suspensorium. Pour le premier point, si on considère les faits analogues connus dans quelques groupes voisins on ne voit pas qu'ils aient été regardés jusqu'ici comme ayant une telle importance. Parmi les Poissons téléostéens, si l'on n'a pas observé d'augmentation dans le nombre des branchies, on trouve en revanche des simplifications par suppression d'un ou deux arcs (Scorpænidæ, Pediculati), et l'on n'a vu dans ces différences anatomiques que des caractères de genre. Chez les Élasmobranches, c'est à la même conclusion qu'on est arrivé, et ici pour l'augmentation de ces parties, je veux parler des *Hexanchus* et des *Heptanchus*, placés par les zoologistes les plus autorisés près de genres n'ayant que quatre arcs branchiaux (1) et n'étant considérés que comme formant au plus une famille. L'absence de la portion centrale de l'hyoïde, l'état rudimentaire de l'appareil maxillo-crémastique, ont évidemment encore moins de valeur ; il est habituel d'observer dans les types dégradés des simplifications analogues, qui dans aucun cas ne peuvent être regardées comme altérant assez l'ensemble de l'organisme pour mériter d'être élevées au rang de caractère ordinal.

Il me paraît inutile de discuter la valeur des deux familles des Saccopharyngidæ et des Eurypharyngidæ, les genres qui composent la première, connus seulement par les descriptions et les dessins des anciens auteurs, ne permettent pas de s'en faire une idée suffisante. Ce qu'on peut en conclure, c'est que tous ces poissons sont fort voisins les uns des autres, peut-être même ne sont-ils pas distincts génériquement ; à plus forte raison ne doit-on pas y établir des familles et, dans l'état actuel de nos connaissances, il ne faut en admettre qu'une pour laquelle le nom le plus ancien d'Eurypharyngidæ serait adopté.

Une question intéressante est de chercher quelles sont les affinités réelles de ces Poissons. Sous ce rapport les travaux des deux auteurs américains ont apporté de grandes lumières. Ainsi que je l'avais

---

(1) Le nombre des arcs branchiaux ne paraît même pas à plusieurs ichthyologistes (il suffira de nommer M. Günther) assez important pour justifier la distinction générique : ils réunissent les *Hexanchus* et les *Heptanchus*, dans un genre *Notidanus*.

dit dès mes premières études, ces animaux, ou pour mieux dire l'*Eurypharynx*, puisqu'il est le moins imparfaitement connu, peuvent être rapprochés des Apoda et des Anacanthini.

En faveur de la première opinion, qu'adoptent MM. Gill et Ryder, on peut invoquer la position de la ceinture scapulaire, très reculée et sans connexion avec le crâne, l'absence de cœcums pyloriques. J'ajouterai que, dans le suspensorium des mâchoires, j'ai trouvé de véritables ostéoplastes, ce qui n'a pas été jusqu'ici signalé chez les Anacanthini; il est vrai de dire que pour la colonne vertébrale le tissu scléreux calcifié fait défaut, il est remplacé par du tissu simplement fibreux, en sorte que ce caractère histologique, malgré son importance, n'a pas toute la valeur qu'on serait tenté de lui attribuer au premier abord. Mais les vrais Apodes ont les intermaxillaires soudés entre eux et avec le vomer et l'ethmoïde, la vessie natatoire est constante; or il en est autrement chez l'*Eurypharynx*, qui sous ce rapport se rapproche des Anacanthini aberrants tels que les *Fierasfer*, les *Ammodytes*, les *Congrogadus*, chez lesquels non plus nous ne rencontrons pas les nageoires ventrales. Le premier, le troisième de ces genres, auxquels on pourrait joindre les *Ophidium* et quelques autres poissons du même groupe, sont également privés de cœcums pyloriques.

En résumé, si certains caractères ostéologiques rapprochent les Eurypharyngidæ des Apoda, il en est d'autres, non moins importants, tirés de l'examen du même appareil, qui les en éloignent ; aussi en tenant compte des différents détails d'organisation, même de la forme extérieure, de la structure des rayons des nageoires, c'est parmi les Anacanthini, me paraît-il encore, qu'il convient de les placer, en attendant qu'une connaissance anatomique plus approfondie de ces êtres vienne nous éclairer à ce sujet.

Genre EURYPHARYNX (1) Vaillant.

Corps allongé, atténué en arrière; peau nue. Yeux petits, rapprochés du bout du museau. Dorsale s'étendant sur toute la longueur du dos, anale presque aussi développée que la précédente, toutes deux

---

(1) Εὐρύς, large; φάρυγξ, gosier.

s'arrêtant à une certaine distance de l'extrémité du corps (?), lequel semble entouré d'une caudale formée d'un repli de la peau sans rayons (1). Mâchoires très allongées dépassant de beaucoup la tête en arrière, lâchement unies au crâne; la supérieure constituée par un os long et grêle, renflé antérieurement au point d'attache (lequel point se trouve un peu en dessous de l'extrémité du museau), s'atténuant insensiblement en arrière et n'atteignant pas l'angle articulaire, ou devenant membraneux en ce point et s'accolant à un gros os supérieur, le suspensorium, tandis que lui-même représenterait l'intermaxillaire, le maxillaire manquant. De très petites dents se voient sur le bord de cet intermaxillaire et des mandibules, ces dernières présentent en outre, en avant, une paire de crochets assez fragiles. Entre les mandibules une vaste poche extensible. Orifice branchial punctiforme, partie médiane de l'hyoïde absente; 5 arcs branchiaux.

130. **Eurypharynx pelecanoïdes** Vaillant.

Pl. XVII, fig. 1, 1ᵃ, 1ᵇ, 1ᶜ.

Corps comprimé, s'atténuant régulièrement d'avant en arrière; la plus grande hauteur, vers l'orifice branchial, est à peine 1/20 de la longueur totale, l'épaisseur étant moitié moindre.

La tête, mesurée comme chez les poissons ordinaires, c'est-à-dire depuis l'extrémité du museau jusqu'à l'orifice branchial, qui en réalité répond à l'orifice du pharynx, serait fort étendue, car elle n'occuperait pas moins de 1/3 de la longueur totale, mais le crâne est excessivement court, 11ᵐᵐ sur notre plus grand individu, c'est-à-dire 1/40 de cette même dimension. Cette conformation anormale est due au développement singulier des mâchoires, dont les branches se prolongent démesurément en arrière, les supérieures étant suspendues au crâne et à la partie antérieure du corps par un repli tégumentaire très lâche. Entre les mandibules s'étend une membrane extensible, élastique, comparable à celle qu'on connaît sous le bec du Pélican et dont l'usage est sans doute le

(1) Je conserve ce caractère dans la diagnose parce qu'il s'y trouvait primitivement; mais on verra plus loin qu'il peut y avoir doute à cet égard.

même, à en juger par sa structure histologique. Cette membrane (1) limitée en dehors par la peau (*a*), en dedans par la muqueuse buccale (*d*), l'une et l'autre fortement pigmentées, présente entre ces deux couches un tissu conjonctif (*b*) renfermant de nombreux faisceaux (*c*), que leur structure fait aisément reconnaître comme appartenant au tissu élastique. La distance qui sépare l'œil de l'extrémité rostrale, ou la longueur du museau, est très réduite, à peine moitié de la longueur du crâne. L'œil est petit, l'espace interorbitaire, énorme, mesure les 9/11 de cette même longueur. Orifice branchial réduit à une simple perforation placée à une petite distance en avant de la pectorale ; on ne trouve trace d'aucune pièce operculaire ni d'hyoïde, ni de rayons branchiostèges. La peau est absolument nue, sans ligne latérale distincte. La distance mesurée de l'extrémité du museau à l'orifice anal fait environ les 3/11 de la longueur totale. Toutefois, par suite de la grandeur démesurée de la bouche et du pharynx, la cavité viscérale est encore plus réduite que ne semblerait l'indiquer cette dimension ; comparée à cette même longueur, on peut estimer qu'elle n'en occupe guère que le 1/10.

La dorsale commence bien en avant de l'orifice branchial et se prolonge peut-être jusqu'à l'extrémité postérieure du corps ; cependant je n'ai pu clairement constater la présence de rayons, ni à la pointe caudale ni sur une distance de quelques centimètres en avant de celle-ci. Il en est de même pour l'anale, dont l'origine se trouve très peu en arrière de l'anus. Le compte exact des rayons est assez difficile, il y en a certainement plus de 140 à 150 à la dorsale et d'une centaine à l'anale. L'extrémité caudale, à un premier examen, m'avait paru entourée d'un repli membraneux, mais j'avoue que, dans l'état actuel des exemplaires, il est impossible d'en retrouver la trace. Les rayons de ces nageoires impaires, dorsale et anale, sont grêles, les plus développés, le dixième environ pour la première, le treizième pour la seconde, sont longs de 12^{mm} à 13^{mm} ; on ne distingue pas de membrane interradiale. Les nageoires paires sont encore plus rudimentaires, les ventrales manquant d'une manière complète et les pecto-

(1) Pl. XVII, fig. 1ᵇ.

rales étant très réduites : ces dernières apparaissent en effet comme deux sortes de prolongements cutanés à peine longs de 2^{mm} ou 3^{mm}.

Tout l'animal est d'un noir velouté profond ; à la sortie de l'eau, il était couvert d'un mucus très abondant.

Comme il a été dit plus haut, la peau est privée d'écailles. Sous un revêtement externe épithélial, muqueux, se voit (1) une couche de pigment noir épaisse (*a*), supportée par une troisième couche formée de fibres conjonctives nacrées (*b*) ; plus intérieurement, sur la paroi abdominale, prise ici comme exemple, existe une épaisseur notable de fibres musculaires striées (*c*). Malgré la présence de ces derniers éléments, qui pourrait faire supposer que cette paroi n'est que peu extensible, l'estomac paraît capable d'admettre des proies d'un fort volume comme pour d'autres poissons bathyoikésites.

L'appareil digestif est des plus simples. Il existe quelque difficulté pour se rendre exactement compte de la manière dont la bouche est armée. Sur le *Saccopharynx flagellum*, Mittchil indique la longueur des mâchoires comme étant de 76^{mm}, la mandibule serait privée de dents, mais à l'intermaxillaire sur une longueur de 26^{mm} se verrait une rangée de dents osseuses, en hameçons. Harwood et M. Johnson en indiquent en haut comme en bas. Sur les deux plus grands des exemplaires que j'ai entre les mains, les mâchoires étaient garnies de très fins denticules sur toute l'étendue, avec une dent crochue longue de 2^{mm} à l'extrémité de chaque dentaire. Enfin MM. Gill et Ryder décrivent le *Gastrostomus* comme pourvu de dents petites, coniques, formant sur chaque mâchoire une bande très étroite, sans dents en crochets. Lorsqu'on songe à la faiblesse des parties qui soutiennent ces organes, si l'on se rappelle, en même temps, que, chez beaucoup de poissons, ils se détachent avec la plus grande facilité, sont parfois caducs, on peut se demander s'il faut voir dans ces différences des caractères génériques. Toutefois n'ayant pu constater, malgré un examen attentif, la trace de dents en crochets sur le bord des mâchoires, où l'empreinte de leur base aurait dû se trouver, je pense que, au moins

(1) Pl. XVII, fig. 1.

provisoirement, les *Saccopharynx flagellum* Mitch., *Eurypharynx pele-canoides*, *Gastrostomus Bairdii* Gill. et R. peuvent être conservés comme espèces distinctes, bien que de fortes présomptions puissent porter à croire qu'elles devront être un jour réunies.

La cavité buccale, limitée en haut par les mâchoires supérieures réunies à la partie antérieure du tronc au moyen de membranes cutanées lâches, extensibles et en bas par la poche élastique étendue entre les deux mandibules, offre des dimensions dont on se ferait difficilement idée sans avoir vu l'animal frais. Lorsqu'on ouvre complètement la bouche, ce poisson ressemble à un long entonnoir ou si l'on veut à une chausse à filtrer, ayant un orifice très vaste et s'atténuant en une pointe déliée que forme le corps. Cette cavité est susceptible, sans aucun doute, de recevoir des proies d'un volume considérable, mais la faiblesse des moyens de rétention, dents et mâchoires, est telle qu'il paraît peu probable à priori que ces proies puissent être des poissons, des crustacés ou autres animaux doués de mouvements énergiques, suivant la remarque de MM. Gill et Ryder. Ces auteurs émettent l'idée que l'animal, comme le Pélican, remplirait d'eau sa bouche et par l'issue de la partie liquide entre les mâchoires rapprochées retiendrait les petits organismes flottants, hypothèse assez acceptable; toutefois l'observation du contenu de l'estomac m'a montré que l'*Eurypharynx pelecanoides* peut capturer des animaux d'un certain volume, car j'y ai trouvé les débris du test d'un Échinide ayant un diamètre d'au moins 15^{mm} à 20^{mm}. La portion postérieure du pharynx à gros plis longitudinaux paraît d'ailleurs susceptible de se dilater dans une assez forte mesure. Sa teinte est d'un gris bleuâtre foncé. Il n'y a pas à proprement parler d'œsophage (1); les plis pharyngiens, se terminant en saillies arrondies à une même hauteur, forment une sorte de bourrelet circulaire qui représente l'orifice cardiaque de l'estomac (*a*): celui-ci (*b,b'*) est en cul-de-sac simple, ses parois sont assez épaisses, si on tient compte des replis de la muqueuse, qui forme sur la face interne des saillies longitudinales irrégulières, séparées par des sillons

(1) Pl. XVII, fig. 1ᵃ.

étroits et profonds, plus ou moins anastomosés. Sur une coupe perpendiculaire à l'axe longitudinal d'un des replis on reconnaît que chacun d'eux est constitué, dans sa portion centrale, par un tissu conjonctif renfermant de nombreux vaisseaux; ce n'est autre chose qu'une dépendance de la couche profonde de la muqueuse et que sur cette base, formant une couche continue épaisse de $0^{mm},173$, sont placées des glandes tubuleuses en nombre incalculable, car leur diamètre étant environ de $0^{mm},052$, elles sont serrées les unes contre les autres, sans qu'il existe aucun interstice, rappelant ainsi la disposition d'un gigantesque épithélium cylindrique. L'orifice pylorique, fort petit, apparaît comme une sorte de ponctuation d'où partent de petits plis rayonnants; il se trouve très en avant, contre le bourrelet cardiaque, et conduit dans l'intestin dont la première portion, située sur le côté droit de l'estomac, se dilate (*c*) avant de former l'intestin proprement dit (*d*). Celui-ci ne décrit qu'une circonvolution très courte, qui le ramène à peine au delà de la terminaison du cul-de-sac stomacal, puis se dirige en arrière pour aboutir à l'anus (*d'*) sans former à proprement parler de gros intestin. Comme glandes annexes de cet appareil on reconnaît facilement le foie (*f,f'*), de couleur blanchâtre, constitué de deux lobes, droit et gauche, largement réunis en dessous en une sorte de gouttière, qui reçoit le court pharynx et la partie antérieure de l'estomac. J'ai pu constater la présence d'un canal hépatique (*g*) partant du lobe droit et débouchant (*g'*) dans la partie dilatée de l'intestin au travers du pancréas. Ce dernier (*e*) coiffe en quelque sorte cette portion dilatée et se prolonge en dessus formant un lobe, qui s'étend loin en arrière (*e'*).

Les arcs branchiaux, au nombre de 5, avec autant d'orifices pharyngiens, ne portent pas les lamelles ordinaires en dent de peigne, mais des sortes de houppes enchevêtrées, formées d'un raphé médian avec des saillies vasculifères, opposées comme les barbes d'une plume; je ne trouve pas trace de trachéaux. La vessie natatoire manque.

Les autres appareils n'ont pu être vus que d'une manière fort incomplète. Il paraît n'y avoir (1) qu'un rein unique (*h*) logé presque en totalité

____

(1) Pl. XVII, fig. 1*.

dans la portion post-anale de l'abdomen. Les organes reproducteurs mâles consistent en deux glandes (*m,m'*), divisées en feuillets, elles occupent la partie supérieure de la cavité abdominale sur presque toute sa longueur.

	Millim.	1/100.
Longueur	470	»
Hauteur	24	5
Épaisseur	11	2
Longueur de la tête (1)	11	2
— de la queue	345	73
— du museau	5	45
Diamètre de l'œil	1	0,2
Espace interorbitaire		81

N° 83-121, *Coll. Mus.*

Numéro du dragage.	Localité.	Profondeur.	Nombre d'indiv.
1. (Tr. 1882) XLIII	Côtes du Maroc	2300	1
2. XXVI	—	1400	1
3. XXXVII	—	1050	1
			3

En terminant, je répéterai que la dénomination de cette espèce doit être regardée comme douteuse, jusqu'à ce que des comparaisons directes aient montré qu'elle n'est pas identique au *Saccopharynx flagellum* Mitch.

FAMILLE. MACRURIDÆ.

La famille des MACRURIDÆ, depuis les recherches faites dans les grandes profondeurs, a pris une nouvelle importance, soit par le nombre des genres, soit surtout par celui des espèces, qui ont été considérablement multipliées dans ces derniers temps.

Elle doit comprendre, suivant moi, tous les ANACANTHINI GADOIDEI *s. str.* (2) présentant deux dorsales, la seconde très étendue, unie à l'anale sans qu'il y ait de caudale distincte.

---

(1) Cette mesure et la suivante sont prises, vu la forme du poisson, comme pour les APODA.

(2) La position des *Gadopsis* Rich. dans la série zoologique ne me paraît pas encore définitivement fixée et l'on peut regarder comme très douteux qu'ils appartiennent réellement aux ANACANTHINI.

Cette diagnose, qui s'applique plus spécialement aux genres typiques cités par les auteurs : *Macrurus* Bl., *Coryphænoides* Gunn., *Malacocephalus* Günth., *Bathygadus* Günth., *Macruronus* Günth. et *Chalinura* G. et B.; oblige d'y comprendre les genres *Strinsia* Rafin., *Melanonus* Günth., *Murænolepis* Günth. Ceux-ci n'existent malheureusement pas dans les collections du Muséum, mais le premier et le dernier ayant été décrits et figurés soigneusement il est possible de se faire une idée de leurs rapports naturels.

Les *Strinsia* sont mal connus. Bonaparte n'en parle que d'après un exemplaire unique, privé de barbillon, ce qui est contraire à la diagnose de Rafinesque. M. Günther ne cite ce poisson que par les auteurs, puisqu'il n'existerait pas dans les collections du *British Museum* et je ne vois pas quels sont les caractères qui justifient la position que lui assigne ce zoologiste entre les véritables Gades et les Merlus; l'absence de caudale distincte est suffisante, ce me semble, pour l'en éloigner et le rapproche des OPHIDIIDÆ ou des MACRURIDÆ, plutôt de ces derniers, puisqu'il y a une prem ère dorsale développée normalement. L'existence de cette nageoire dorso-caudo-anale unique paraît, à un point de vue général, avoir d'autant plus de valeur qu'elle se lie à un caractère de l'évolution embryonnaire des poissons. En somme pour ce qui concerne spécialement le *Strinsia tinca* Raf., jusqu'à ce que l'examen de nouveaux exemplaires permette de mieux définir ce poisson, on peut avoir quelques doutes sur sa réalité, car à s'en remettre à la figure donnée dans le *Fauna Italica*(1), la forme obtuse de l'extrémité du corps semble indiquer un animal en état de réparation après perte accidentelle de la partie postérieure du pédoncule caudal.

Les *Murænolepis* Günth. (2) forment un type aberrant. La forme générale le rapprocherait des *Brotula* et les nageoires ventrales offrent une disposition des plus singulières; le nombre des rayons étant de 5, nombre habituel chez beaucoup de poissons, les trois internes sont rudimentaires, tandis que les deux externes, très développés, rappellent la disposition connue chez les *Phycis* ou certains *Brotulina*. Il y a deux nageoires dorsales, la première rudimentaire réduite à un seul rayon

(1) Pl. CVII.
(2) *Challenger's Voyage*. *Shore Fishes*, p. 18. Pl. VIII, fig. B, 1880.

filamenteux ; sous ce rapport le genre *Murœnolepis* serait pour les MACRU-
RIDÆ l'analogue des *Bregmaceros* chez les GADIDÆ. C'est donc un genre
de passage dans toute l'acception du mot, dont la place entre les
MACRURIDÆ et les OPHIDIIDÆ peut être regardée encore comme douteuse.

Cette première difficulté mise à part en ce qui concerne la compréhension de la famille des MACRURIDÆ, on n'éprouve pas un moindre
embarras pour limiter les genres qui la composent, même en s'en tenant
aux genres typiques. En effet, plusieurs d'entre eux ne sont pas caractérisés d'une manière suffisante et, d'un autre côté, par suite de
l'adjonction de nouvelles espèces, les coupes assez clairement définies
tout d'abord sont devenues beaucoup moins nettes. Il me paraît donc
nécessaire de donner ici la diagnose des genres suivant la méthode
que j'ai cru devoir adopter, basée sur l'appréciation de caractères
dont la valeur est peut-être faible, mais qui, dans un groupe aussi
homogène, ne conduisent pas à des rapprochements forcés et sont assez
nets pour permettre une distinction facile ; le tableau synoptique
suivant en donnera idée, la justification de ces caractères se trouvant
mieux à sa place avec l'étude de chacun des genres.

Les *Chalinura* de MM. Goode et Bean n'y figurent pas, la diagnose
donnée par ces auteurs me laisse dans le doute pour les distinguer des
Coryphænoides Gunn. Quant aux *Malacocephalus* Günth., les descriptions ne me semblent pas permettre de le distinguer non plus de ces
derniers.

En revanche il me paraît nécessaire, avec M. Giglioli, d'admettre le
genre spécial *Hymenocephalus* pour le *Malacocephalus lævis* E. Mor.,
qui n'est certainement pas l'espèce de Lowe.

```
                                    égales, villiformes ou en   nul . . .   Bathygadus Günth.
                                    carde, toujours pluri-
                    non prolongé    sériées. Barbillon        distinct.  Hymenocephalus Gigl.
                    jusqu'au
Sous-orbitaire      préopercule.    inégales,  une  rangée    bifide. .  Macruronus Günth.
antérieur           Dents           plus développée, par-
                                    fois unisériées. Bar-      simple..  Coryphænoides Gunn.
                                    billon

            joint au préopercule par une ligne âpre.. . . . .   Macrurus Bl.
```

Sauf les *Macruronus*, qui ne sont connus jusqu'ici que de la Nouvelle-
Zélande par le *Macruronus Novæ-Zealandiæ* Hect., tous les autres
genres sont représentés dans nos dragages.

Genre BATHYGADUS Günther.

Premier sous-orbitaire non prolongé jusqu'au préopercule par une
crête âpre. Dents toutes égales en bandes, villiformes. Écailles cycloïdes,
peu adhérentes. Barbillon nul.

On peut ajouter à cette diagnose les caractères suivants empruntés à
celle donnée par M. Günther : museau non prolongé au delà de la bouche ;
celle-ci large, antérieure et latérale. Yeux petits ou médiocres. Les deux
dorsales presque continues. Os de la tête mous, caverneux.

Un poisson pêché en grande abondance à bord du *Talisman* répond
bien à ces caractères, mais aucun individu ne nous a présenté de barbillon, tandis que M. Günther, d'après la diagnose du genre, indique cet
organe comme pouvant ou non se présenter dans le *Bathygadus cottoïdes*,
type de ce groupe. Le fait est d'autant plus singulier que, chez les
Gadidæ les mieux connus, l'absence ou la présence du barbillon a toujours été admise comme un caractère d'une réelle importance, la plupart des auteurs le regardant comme de valeur générique.

134. Bathygadus melanobranchus.

(Pl. XVIII, fig. 1, 1ᵃ, 1ᵇ, 1ᶜ, 1ᵈ, 1ᵉ.)

B. VI+D. IX — 102; A.97+V. 8.

Écailles 7/140?/17.

Forme générale des *Macrurus*, la plus grande hauteur au niveau des
ventrales, juste en arrière de la tête, étant 1/7 de la longueur, et l'épaisseur, au même point, 1/11 seulement.

Tête forte contenue à peu près cinq fois dans la longueur du corps, ayant les côtés formés de parties scléreuses faibles, comme papyracées. Museau obtus, faisant environ 1/4 de la longueur de la tête ; bouche grande, le maxillaire dépasse plus ou moins le centre de l'œil ; mandibule un peu proéminente, elle déborde légèrement les intermaxillaires ; ces derniers, ainsi que les mandibules, chargés de dents fines, égales, sur plusieurs rangs. Narines largement ouvertes, contiguës, l'antérieure arrondie, la postérieure ovalaire, verticale, contre le bord de l'orbite. Œil grand, égal ou un peu supérieur à la longueur du museau ; espace interorbitaire très peu plus petit. Chaîne des sous-orbitaires gonflée par les canaux muqueux, les postérieurs se prolongeant en une lamelle libre, qui dépasse le bord antérieur du préopercule sans y adhérer. Pas de barbillon. Orifice branchial très largement ouvert. Le préopercule semi-lunaire est très grand ; l'opercule, moins développé que le sous-opercule, présente des sortes de rayons lamelleux.

L'anus se trouve vers le tiers antérieur de la longueur du corps, en arrière de l'origine de la seconde dorsale. Les écailles sont plutôt petites ; il est assez difficile de juger quelle est leur disposition, attendu qu'elles sont très caduques et aucun des exemplaires n'est sous ce rapport dans un état de conservation satisfaisant.

La première dorsale, médiocrement élevée en avant, s'abaisse rapidement en arrière ; la seconde, bien distincte de la précédente, quoique l'espace qui l'en sépare soit faible, est moins haute encore. L'anale très basse commence vers le niveau du dixième rayon de la seconde dorsale. Pectorales falciformes, autant qu'on en peut juger, dépassant le point d'origine de la seconde dorsale. Insertion des ventrales en avant des précédentes.

Couleur générale d'un gris rose argenté, avec des reflets irisés très brillants sur la tête donnant des teintes bleues et vert émeraude aux mâchoires et au battant operculaire. Intérieur de la bouche et de la cavité branchiale d'un noir profond.

Les écailles sont d'une structure fort simple, celles du corps (1) à peu près ovalaires mesurant 3ᵐᵐ,4 sur 4ᵐᵐ,3, minces, d'un type absolument

(1) Pl. XVIII, 1ᵉ.

cycloïde; le foyer est un peu plus rapproché du bord libre que du bord
antérieur, les crêtes concentriques l'entourent sans traces de sillons
centripètes ni, par conséquent, de champs distincts; ces crêtes ont un
trajet très régulier sur les côtés et la partie libre, mais à la partie
antérieure elles deviennent anguleuses, contournées, parfois interrompues. En l'absence de lobes marginaux ce caractère est peut-être le
meilleur pour trouver l'orientation. Les écailles de la ligne latérale (1) ne diffèrent des précédentes que par leurs proportions; elles
sont très peu moins longues que larges, $3^{mm},6$ sur $4^{mm},2$, avec une perforation simple au foyer, sans gouttière ou autre accident propre à faire
reconnaître la présence d'un canal.

Sagitta réniforme, échancré fortement vers le milieu du bord supérieur; extrémité antérieure tronquée obliquement; sur un individu de
300^{mm} on trouve les dimensions : longueur 8^{mm}, largeur $4^{mm},5$, épaisseur
1^{mm}. Face supéro-interne (2) plane ou même un peu concave; sillon large,
étendu sur presque toute la longueur, mal limité, les crêtes supérieure
et inférieure étant peu élevées, on entrevoit à peine les îlots; l'embouchure du sillon est indistincte, le rostrum et l'antirostrum étant tout à
fait effacés. Face inféro-externe (3) très convexe, régulièrement bombée
du limbe au foyer, qui est central.

Cristallin volumineux 11^{mm} de diamètre sur l'individu type, dont les
dimensions seront données plus loin.

Le premier arc branchial a les trachéaux de la rangée antérieure allongés, 8^{mm} sur un grand exemplaire, flexibles, chargés de petites soies
au bord supérieur; ceux de la seconde rangée et des trois autres arcs
sont courts, 1^{mm} à 2^{mm} au plus, en tubercules hérissés de petites dents.

La vessie natatoire paraît simple, mais sa forme exacte est assez difficile
à déterminer, attendu qu'elle avait éclaté par la décompression chez
tous les individus sur lesquels j'ai pu en faire l'examen. Sa face externe
est d'un blanc brillant, l'interne argentée. Les corps rouges, à l'état
normal, se présentent sous l'aspect d'une masse unique linguiforme

(1) Pl. XVIII, fig. 1ᵈ.
(2) Pl. XVIII, fig. 1ᵃ.
(3) Pl. XVIII, fig. 1ᵇ.

appliquée sur la paroi, mais si on les tire au moyen d'une pince, on voit qu'ils sont constitués chacun d'une masse hémisphérique, à laquelle adhère une sorte de pédicule extensible central, ce qui leur donne alors la forme d'un champignon (1). Leur couleur est rouge de Saturne.

Le tube digestif est constitué par un estomac de couleur noir foncé, sur le frais, comme le péritoine pariétal ; l'intestin apparaît en rouge au travers du péritoine viscéral ponctué de sombre. Les cæcums pyloriques sont en deux groupes : j'en ai compté 15 en dessous et 11 en dessus de l'intestin.

	Millim.	1/100.
Longueur.	440	»
Hauteur.	58	14
Épaisseur.	39	9
Longueur de la tête.	84	20
— de la nageoire caudale.	»	»
— du museau.	22	26
Diamètre de l'œil.	23	27
Espace interorbitaire.	21	25

N° 86-112, *Coll. Mus.*

Numéro du dragage.	Localité.	Profondeur.	Nombre d'indiv.
1. XXI.	Côtes du Maroc.	1319	2
2. XXX	—	1435	1
3. XXXI.	—	1103	3
4. XXXII	—	1590	1
5. XXXIII.	—	1350	6
6. XXXIII *bis*.	—	834	9
7. XXXVI.	—	912	2
8. XXXVII.	—	1050	2
9. XLV.	—	1235	8
10. XLVII.	—	1163	8
11. XLVIII	—	1180	5
12. XLIX	Canaries.	865	9
13. L	—	975	25
14. LXXII.	Côtes du Soudan.	882	14
15. LXXIII	—	1435	1
A *reporter*			96

(1) Pl. XVIII, fig. 1° : *a, a.*

Numéro du dragage.	Localité.	Profondeur.	Nombre d'indiv.
	Report.		96
16. LXXVIII	Côtes du Soudan. . .	1435	1
17. LXXIX *bis*.	— . . .	1259	3
18. LXXX.	— . . .	1139	20
19. LXXXII.	— . . .	932	3
20. LXXXIII	— . . .	930	3
21. LXXXIV	— . . .	860	2
22. LXXXV.	— . . .	830	8
23. LXXXVII	Banc d'Arguin	1113	46
24. XCIII	—	1495	2
25. XCV.	—	1230	4
			188

La seule espèce connue de ce genre, décrite par M. Günther, avait été
trouvée à la Nouvelle-Zélande et aux îles Kermadec par des profondeurs
de 951^m et 1280^m. La phrase caractéristique dit : « Tête grosse, épaisse,
d'une hauteur considérable à la région nuchale » ; ce qui justifie l'épithète
de *cottoïdes*, donnée à ce poisson. Cette diagnose ne convient nullement,
on peut le voir, à notre espèce, qui rappelle plutôt par son apparence
les *Hymenocephalus*, avec lesquels on devrait la réunir, n'était l'absence
de barbillon.

Genre HYMENOCEPHALUS Giglioli.

Premier sous-orbitaire non prolongé jusqu'au préopercule, crête âpre
sous-orbitaire incomplète ou nulle. Dents toutes égales, en bandes, soit le
plus ordinairement villiformes, soit en carde. Barbillon distinct, simple.

Ce genre diffère du précédent par la présence du barbillon génial, et
pour certaines espèces par les écailles cténoïdes ; ce n'est en réalité qu'un
démembrement du genre *Coryphænoides* Gunn., dont il se distingue par
ses dents toutes égales, en velours le plus souvent, et formant une bande
à l'une et l'autre mâchoire.

On doit, d'après cette diagnose, y placer les *Coryphænoides villosus*
Günth., *C. crassiceps* Günth., *C. filicauda* Günth. et *C. carinatus* Günth. Il
faut y joindre le type décrit par M. E. Moreau, sous le nom de *Malaco-*

cephalus lævis (= *H. italicus* Gigl.), d'après un individu appartenant à la collection du Muséum, et les *Bathygadus cavernosus* G. et B., *B. macrops* G. et B., *B. longifilis*, G. et B., avec le *Malacocephalus occidentalis*, G. et B.

Pour les comparaisons spécifiques, on peut grouper ces animaux de la manière suivante (1) :

	cténoïdes ou carénées. Espace interorbitaire	égal à l'œil ou plus petit.	§ I. *H. italicus* Gigl. (1). *H. carinatus* Günth. *H. occidentalis* G. et B.
		plus grand que l'œil.	§ II. *H. villosus* Günth. *H. crassiceps*, Günth.
Écailles	cycloïdes. Espace interorbitaire	égal à l'œil ou plus petit.	§ III. *H. cavernosus* G. et B. *H. longifilis* G. et B. *H. dispar* n. sp.
		plus grand que l'œil.	§ IV. *H. filicauda* Günth.

Trop souvent les écailles, très peu adhérentes, manquent et peuvent mettre dans l'embarras pour savoir à laquelle des deux divisions primaires du tableau dichotomique précédent appartient un poisson donné ; tel est le cas pour le *Bathygadus macrops*, G. et B. Il est probable qu'une étude plus complète montrera la nécessité d'élever chacune de ces deux divisions au rang de genre.

135. Hymenocephalus italicus Giglioli.

Pl. XIX, fig. 1, 1ᵃ, 1ᵇ, 1ᶜ, 1ᵈ.

D. I. 9—n ; A. n.

Écailles 5 à 13.

Ce poisson ayant été très soigneusement étudié par M. E. Moreau (2), il me paraît inutile de revenir en détail sur sa description. Toutefois les exemplaires que j'ai eus à ma disposition étant nombreux, certaines particularités

(1) Dans ce tableau et les suivants les espèces marquées d'un astérisque sont celles que nous avons rencontrées dans nos dragages, l'étude en est faite plus loin.

(2) *Malacocephalus lævis* E. Mor. (nec Lowe), 1881, *Poiss. de France*, t. III, p. 284, fig. 183.

ont pu être examinées de plus près, ainsi que divers caractères anatomiques.

En ce qui concerne l'aspect général, l'anus est nettement en arrière de la première dorsale et l'anale, par suite, est plus reculée ; au contraire la seconde dorsale s'avance beaucoup plus en avant que ne l'a figurée M. E. Moreau ; mais la remarque en avait été faite par cet ichtyologiste lui-même, les rayons antérieurs sont très peu visibles, difficiles à distinguer. Pour bien apprécier ces détails il était nécessaire de sacrifier les individus soumis à l'étude, et l'exemplaire que M. E. Moreau avait à sa disposition était alors unique dans la collection du Muséum.

La couleur est gris rosé sur le dos, argentée sur le ventre et la tête, cette dernière avec des reflets chatoyants. Au reste, ces teintes, quoique données d'après l'animal frais, sont peut-être modifiées sur les individus absolument intacts par la présence des écailles ; ces organes se détachent avec une telle facilité que sur les si nombreux exemplaires capturés, pas un ne présente le revêtement écailleux dans un état convenable de conservation. Il serait bien possible que les écailles manquassent sur une partie plus ou moins grande du corps, contrairement aux figures données par M. E. Moreau et ici même. Leur présence constatée à la partie dorsale et en avant des nageoires ventrales, l'existence, autant qu'on en peut juger, de cryptes squamigènes, sont cependant des présomptions en faveur de l'opinion contraire.

A en juger par les écailles recueillies (1) aux deux points qui viennent d'être cités, ces organes, quoique pouvant atteindre une certaine dimension, $2^{mm},3$ à $2^{mm},8$, sont très minces ; le foyer est à peu près central, le bord antérieur peu ou point sinueux ; champ postérieur chargé ordinairement de spinules rares, plus ou moins régulièrement disposées en quinconce, de petits amas pigmentaires se voient parfois à leur base (2). Sur certaines écailles ventrales, les spinules font complètement défaut et les crêtes concentriques se prolongent sur le champ postérieur ; la présence d'écailles cycloïdes à cette région n'a rien qui doive étonner, le fait se présentant sur les poissons les plus franchement cténoïdes tels que la Perche.

Le sagitta offre des dimensions considérables en égard à la taille du poisson, laquelle n'excède jamais 160^{mm} à 180^{mm}. Sur un individu mesurant

(1) Pl. XIX. fig. 1ᵉ, 1ᵈ. Ces écailles ne viennent pas d'un même individu.
(2) Pl. XIX. fig. 1ᵉ.

environ 150ᵐᵐ (la queue manquait en partie), cet organe a 5ᵐᵐ,8 de long sur 6ᵐᵐ,2 de haut et 1ᵐᵐ,5 d'épaisseur; la forme, dont nous retrouverons l'analogue chez d'autres espèces dans des genres voisins, est singulière, il semble qu'à un sagitta hémi-amygdaloïde ait été ajouté une sorte de prolongement aliforme antéro-supérieur. A la face supéro-interne (1), légèrement convexe, le sillon acoustique est large, s'étendant sur plus des deux tiers de la longueur, les crêtes limitantes sont bien marquées, embouchure directement dirigée en avant, îlot postérieur net; sur l'aire supérieure et en particulier sur le prolongement aliforme, dont il a été question plus haut, se voient des plis rayonnants, peu profonds. La face inféro-externe (2) est fortement convexe avec quelques plis rares ou mieux quelques sinuosités sur la partie supérieure du limbe.

	Millim.	1,100.
Longueur.	183	»
Hauteur.	21	11
Épaisseur	11	6
Longueur de la tête.	32	17
— de la nageoire caudale. . .	»	»
— du museau.	6	19
Diamètre de l'œil.	10	31
Espace interorbitaire	9	28

Nº 86-68, *Coll. Mus.*

Numéro du dragage.	Localité.	Profondeur.	Nombre d'indiv.
1. (Tr. 1882) XXXVIII.	Côtes du Maroc. . . .	636	10
2. (—) XXXIX. .	—	530	1
3. VIII	—	540	8
4. IX	—	622	12
5. XVII.	—	550	57
6. XVIII.	—	550	22
7. XIX.	—	920	1
8. XX.	. . . . .	1105	2
9. XXXII	—	1590	2
10. XLIII.	—	2075	1
11. XLIV.	—	2083	1
12. XLVII	—	1163	1
		A reporter. . .	118

(1) Pl. XIX, fig. 1ᵃ.
(2) Pl. XIX, fig. 1ᵇ.

Numéro du dragage.	Localité.	Profondeur.	Nombre d'indiv.
		Report. . . .	118
13. LXII	Côtes du Soudan. . .	782	37
14. LXIII.	— . . .	640	8
15. LXIX.	— . . .	410	46
16. CX	Îles du Cap-Vert. . .	460	780
17. CXI.	— . . .	580	198
18. CXIII°	— . . .	760	40
19. CXXIII.	Açores.	560	4
			1231

L'*Hymenocephalus italicus* Gigl. est des plus abondants dans ces profondeurs et nous l'avons capturé parfois, voir le dragage cx, en très grande quantité.

A suivre d'une manière rigoureuse les lois de la nomenclature, cette espèce devrait peut-être porter le nom d'*Hymenocephalus lævis* E. Mor., mais il y aurait inconvénient à conserver cette épithète pour un poisson aussi voisin du véritable *Malacocephalus* ou mieux *Coryphænoïdes lævis* Lowe.

Cette espèce se rencontre aussi dans la Méditerranée, c'est de là que provenaient les exemplaires acquis précédemment de M. Gal par le Muséum.

139. Hymenocephalus crassiceps Günther.

(Pl. XX ; fig. 1. 1ᵃ, 1ᵇ, 1ᶜ. 1ᵈ, 1ᵉ).

B. VII + D. II, 9 — *n*: A 103 ? + V. 10.

Écailles: Lig. lat. 200 ultr.; Lig. tr. 31.

Ce poisson est d'un aspect singulier par suite du développement énorme des parties antérieures et de la diminution rapide du corps. La plus grande hauteur équivaut à **2/11**, l'épaisseur, au niveau de la dorsale, à **1/12** environ de la longueur.

La tête, qui occupe à peu près 1/5 de celle-ci, est, sur le frais, presque exactement sphérique; sous l'action de l'alcool elle se dessèche, laissant apparaître les anfractuosités des parties scléreuses, anfractuosités qu'on ne pourrait soupçonner auparavant. Museau bombé, obtus ; bouche placée à sa partie inférieure un peu oblique en bas et en arrière, de médiocre étendue ; les mâchoires sont armées de fines dents en velours, toutes égales, le palais est inerme. Narines rapprochées l'une de l'autre et de l'œil, la postérieure de beaucoup la plus grande. Celui-ci bien développé occupant environ le 1/4 de la longueur de la tête, l'espace inter-orbitaire a 2/3 de cette dernière dimension, c'est-à-dire est notablement supérieur au diamètre orbitaire lui-même. Barbillon petit, grêle, ayant à peine 1/3 ou même 1/4 de ce diamètre. Orifice branchial largement ouvert, quoique ne remontant pas très haut, arrondi. Les pièces operculaires, noyées dans le tégument, qui revêt toute la tête, ne sont visibles que par la dissection ; on trouve que le préopercule est festonné sur son bord libre, l'opercule en triangle, avec un prolongement inférieur, l'inter-opercule et le sous-opercule sont minces, à demi-membraneux. La tête est entièrement couverte d'écailles rudes, petites.

Le tronc se trouve appliqué en quelque sorte contre la portion postérieure de la tête, la cavité viscérale étant courte, car l'anus répond au niveau où se termine la première dorsale. Le pédoncule caudal est rétréci, comprimé. Les écailles sont petites, très rudes ; à la base de la seconde dorsale, en existe une rangée de beaucoup plus fortes, surtout pour ce qui concerne les spinules dont elles sont armées. Je n'ai pu distinguer de ligne latérale.

La première dorsale a son bord supérieur incliné, presque vertical, elle est courte ; on ne voit distinctement que la seconde épine, la première étant très petite, cachée par le tégument ; celle-là est armée sur le bord antérieur de dents peu saillantes quoique aiguës, inclinées en arrière ; la seconde dorsale, dont les premiers rayons sont bas et peu distincts, commence à une distance de la première environ double de la base de celle-ci, elle est peu élevée sur toute sa longueur. L'anale prend son origine à peu près au même niveau ou un peu plus en avant que cette dernière ; ses premiers rayons sont proportionnellement plus élevés que les suivants, sans que cette nageoire soit bien haute. A l'état normal il n'y a point de caudale proprement dite, car on ne peut donner ce nom aux quelques rayons, qui terminent la portion filiforme du corps et réunissent la seconde dorsale à l'anale. Les pectorales sont médiocres, falciformes ; elles dépassent visiblement le niveau d'origine de l'anale; les ventrales, encore moins développées, sont placées un peu en avant des précédentes.

Couleur gris souris ou gris rosé; l'intérieur de la bouche, les cavités branchiales, le péritoine, sont d'un noir profond qui, surtout chez les jeunes sujets, apparaît par transparence, en sorte que la portion globuleuse antérieure devient plus ou moins sombre. L'aspérité des écailles donne à l'animal, suivant la remarque faite par M. Günther, un aspect villeux.

Les écailles sur les flancs (1) sont transversalement ovalaires, petites; l'une d'elles mesure 1^{mm},4 de long sur 1^{mm},9 de haut; foyer tout à fait central; bord antérieur simple; crêtes concentriques très régulièrement disposées sur les champs antérieur et latéraux; le champ postérieur est armé de spinules coniques, longues et fortes, à base radiée, presque perpendiculaires à la lame, médiocrement nombreuses, disposées en carde. Il existe, on l'a vu précédemment, des écailles plus développées à la base de la dorsale molle; bien que du même type que les précédentes, elles offrent certaines différences; la lame (2) est moins régulière et plus grande, 2^{mm},3 environ dans les deux dimensions longitudinale et transversale, mais les spinules sont beaucoup plus robustes, inégales, les plus petites coniques, les plus grandes irrégulièrement prismatiques, aplaties vers l'extrémité; leur longueur peut dépasser 1^{mm} et leur diamètre 0^{mm},3.

Le sagitta est à peu près en quadrilatère, arrondi, bombé sur les deux faces, long de 9^{mm}, haut de 7^{mm},4, épais de 2^{mm},6 sur un individu d'environ 300^{mm}. A la face supéro-interne (3) le sillon acoustique est large, étendu, les crêtes limitantes, ainsi que les îlots antérieur et postérieur très nets. La face inféro-externe (4) est la plus convexe, avec quelques sillons rayonnants peu profonds. Limbe largement festonné.

Cristallin, sur ce même individu, ayant 10^{mm} de diamètre.

	Millim.	1/100.
Longueur.	350	»
Hauteur.	64	18
Épaisseur.	30	8

(1) Pl. XX, fig. 1^d.
(2) Pl. XX, fig. 1^c.
(3) Pl. XX, fig. 1^b.
(4) Pl. XX, fig. 1^e.

	Millim.	1 100.
Longueur de la tête	60	19
— de la nageoire caudale	"	"
— du museau	21	30
Diamètre de l'œil	18	26
Espace interorbitaire	28	40

N° 86-92. *Coll. Mus.*

Numéro du dragage.	Localité.	Profondeur.	Nombre d'indiv.
1. (Tr. 1882) VII	Golfe de Gascogne	1600	1
2. LXXIII	Côtes du Soudan	1435	1
3. LXXVIII	—	1435	1
4. LXXIX	—	1232	8
5. LXXIX *bis*	—	1250	4
6. LXXX	—	1139	1
7. CXXXI	Açores	2995	1
			17

Il n'est guère douteux que l'*Hymenocephalus* dont il est ici question ne soit l'analogue de l'espèce décrite sous le nom de *Coryphænoides crassiceps* par M. Günther comme prise au N. des îles Kermadec par le *Challenger*; ces exemplaires avaient été capturés par une profondeur de 951ᵐ et 1 138ᵐ. Si l'assimilation est confirmée, c'est là un nouvel exemple d'espèces bathyoïkésites se rencontrant à de grandes distances puisque la localité indiquée par l'expédition anglaise est située en plein Océan pacifique vers la Nouvelle-Zélande. Les seules différences qu'on puisse saisir, d'après la brève description donnée par M. Günther, c'est que dans nos exemplaires l'œil n'est pas précisément petit quoique plus court que le museau, les spinules des écailles du corps ne sont pas courbées, cela ne pourrait être dit que des écailles longeant la dorsale. Ces différences me paraissent trop légères pour justifier une distinction spécifique jusqu'à ce que la comparaison directe des échantillons puisse être faite.

Sur le premier individu pris pendant la campagne du *Talisman*, dragage ʟxxɪɪɪ et catalogué sous le n° 86-90, *Coll. Mus.*, se rencontrait un accident, qui avait d'abord trompé sur les affinités réelles de ce poisson.

L'extrémité du corps (1) avait été coupée accidentellement et, des rayons s'y étant reformés, il existait une nageoire caudale parfaitement distincte, caractère qui aurait fait ranger cet Anacanthinien parmi les Gadidæ et non les Macruridæ. C'est un point qui mérite de fixer l'attention des Ichthyologistes lorsqu'il s'agit, sur un exemplaire unique, de déterminer la position d'un genre de poisson et ce qui m'a porté à émettre plus haut quelques doutes sur la légitimité du genre *Strinsia* Raf.

141. **Hymenocephalus longifilis** Goode et Bean.

(Pl. XXIII, fig. 1, 1ᵃ, 1ᵇ, 1ᶜ.)

D. II. 7 — *n*; A. *n* + V. I, 8.

Écailles? 7/135/18.

Ce poisson a la portion caudale très étendue et grêle, aussi paraît-il excessivement allongé; sur des individus bien entiers la hauteur est à peine égale à 1/8 de la longueur et l'épaisseur moitié moindre.

La tête entre pour 1/6 dans la longueur, elle est très anfractueuse sur les exemplaires mal conservés, beaucoup moins sur ceux chez lesquels le tégument est intact. Museau peu proéminent, carrément coupé à l'extrémité, obtus. Bouche bien fendue, le maxillaire dépassant un peu le niveau du bord orbitaire postérieur; les deux mâchoires sont égales, garnies de fines dents en velours, palais inerme. L'œil est développé, 2/9 de la longueur de la tête, très peu plus petit que le museau et un peu plus grand que l'espace inter-orbitaire. Les sous-orbitaires sont gonflés, comme caverneux, formant une saillie sensible. Barbillon grêle, médiocrement allongé, n'ayant pas la moitié de la longueur de la tête. Orifice branchial largement ouvert, préopercule anfractueux comme les sous-orbitaires, opercule armé d'une dent forte, qui ne dépasse pas en arrière le lobe membraneux. La tête est nue, sauf sur le vertex, où se voient des traces d'écailles.

Tronc médiocre, l'anus étant placé en avant du point d'union du tiers

1, Pl. XX, fig. 1ᵃ.

antérieur et du tiers moyen. Les écailles sont d'une grande délicatesse: on peut même se demander si elles existent sur toute la surface du corps; l'étude de leur structure montrera plus loin qu'on doit les regarder comme faisant passage des écailles exsertes aux écailles sous-épidermiques. Elles manquent sur la plupart des exemplaires, ce qui empêche de reconnaître clairement la position de la ligne latérale; autant qu'on en peut juger celle-ci remonte vers le dos peu après son point d'origine et se maintient bien au-dessus de la ligne moyenne sur la plus grande partie de son parcours.

Première dorsale basse, sauf la deuxième épine, qui est lisse, grêle, flexible, excessivement allongée, ayant au moins 1/3 de la longueur; les derniers rayons très bas se distinguent par là de ceux de la seconde dorsale, car celle-ci commence très près de la première et l'on pourrait croire au premier abord qu'il n'existe qu'une épiptère unique, la seconde est comparativement assez élevée. L'anale prend son origine en arrière de la précédente, les rayons en sont plus courts. La pectorale, comptant environ 13 rayons, a sa base directement placée au-dessous de l'origine de la première dorsale, la ventrale très peu plus en arrière, l'une et l'autre ont le premier rayon au moins aussi développé que la deuxième épine dorsale, et, comme celle-ci, filiforme et ténue. Il existe par suite 5 filaments tentaculaires, qui fournissent à l'animal des organes du tact très délicats.

Couleur générale blanc bleuâtre argenté, avec l'orifice branchial d'un noir profond légèrement pourpre. Iris vert doré.

Les écailles du corps seules ont pu être observées (1), elles sont à peine plus longues que hautes, celle qui a été figurée mesurait 1^{mm},8 sur 1^{mm},6, la forme en est presque circulaire, avec un angle très obtus antérieur, régulièrement arrondie en arrière; foyer subcentral; pas de champs distincts, les crêtes concentriques sont plus serrées à la partie postérieure qu'en avant où à la partie médiane elles forment des angles aigus et se perdent sur le bord latéralement; sur les côtés et en arrière elles sont disposées concentriquement avec plus de régularité; ces crêtes sur la partie qui correspond au champ postérieur sont divisées par de fines stries rayon-

(1) Pl. XXIII, fig. 1re.

nantes en une multitude de petits îlots, ce qui rappelle la structure des écailles de l'Anguille et en général des écailles sous-épidermiques.

Sagitta hémi-amygdaloïde, placé presque horizontalement dans le crâne; sur un individu de 200^{mm}, il mesure 4^{mm},8 de long, 2^{mm},8 de haut, et 0^{mm},5 d'épaisseur. Face supéro-interne (1) à peu près plane; le sillon acoustique atteint presque son bord postérieur et occupe plus du quart de la largeur, crêtes limitantes bien accusées, embouchure et fond du sillon aboutissant à deux troncatures, celle qui correspond à la première et représente l'échancrure ostiale, plus accusée, latéro-supérieure; les îlots se voient facilement et le postérieur, comme étranglé en son milieu, est subdivisé en deux portions. Face inféro-externe (2) convexe, à foyer central élevé, sans sillons ni aucun autre accident.

Le cristallin mesure 5^{mm} de diamètre.

	Millim.	1/100.
Longueur.	292	»
Hauteur.	36	12
Épaisseur.	18	6
Longueur de la tête.	47	46
— de la nageoire caudale. .	»	»
— du museau.	42	25
Diamètre de l'œil.	11	23
Espace interorbitaire	10	21

N° 86-501, *Coll. Mus.*

Numéro du dragage.	Localité.	Profondeur.	Nombre d'indiv.
1. XI. . . . . ,	Côtes du Maroc. . . .	1084	1
2. XIII.	—	1216	6
3. XXI.	--	1319	3
4. XXII	--	1635	2
5. XXX	. . . .	1435	1
6. XXXI.	--	1103	16
7. XXXII.	--	1590	3
8. XXXIII.	—	1350	6
9. XLVII.	. . . .	1163	2
10. XLVIII.	. . . .	1180	7
11. LXXX.	Côtes du Soudan. . .	1439	3
			50

(1) Pl. XXIII, fig. 1ᵃ.
(2) Pl. XXIII, fig. 1ᵇ.

Ce poisson présente fort exactement les caractères donnés par MM. Goode et Bean à leur *Bathygadus longifilis*, que la présence d'un barbillon doit faire ranger parmi les *Hymenocephalus*, d'après le tableau donné précédemment. Cette espèce avec ses écailles cycloïdes, peu adhérentes et l'espace interorbitaire médiocrement élargi, ne pourrait être confondue qu'avec l'*Hymenocephalus cavernosus* G. B., qui en diffère par plusieurs caractères, entre autres la brièveté de la pectorale, laquelle est à peine égale aux 2/3 de la tête.

L'épithète de *longifilis* prête un peu à la confusion avec le *Coryphænoides longifilis* Günth. (1877), qui appartient à un genre voisin.

142. Hymenocephalus dispar.

(Pl. XXIV, fig. 1).

D. II, 8 — *n*; A. *n* + V. 8 ou 9.

Écailles 7/146/21.

Corps peu comprimé, la hauteur étant à peu près égale à 1/8 et l'épaisseur à 1/14 de la longueur.

La tête entre dans celle-ci pour 1/7, son chanfrein continue la courbe du dos jusqu'au bout du museau, qui tombe à peu près verticalement et est arrondi dans le sens transversal. Bouche assez ouverte, le maxillaire arrivant au niveau du bord postérieur de l'œil; de fines dents en velours aux intermaxillaires et à la mandibule seulement; cette dernière présente en dessous quelques enfoncements muqueux. On ne voit bien que la narine postérieure large et rapprochée de l'œil. Celui-ci, assez grand, 1/3 de la longueur de la tête; l'espace interorbitaire moitié moindre. Une sorte de gouttière anfractueuse suit le bord inférieur des sous-orbitaires. Barbillon génial proportionnellement gros et allongé, un peu plus que la longueur de la tête. Orifice branchial largement ouvert. Bord operculaire arrondi; l'opercule est soutenu par une sorte d'épine aplatie, non visiblement saillante. Toute la tête est couverte d'écailles, peu distinctes toutefois sur le museau.

Le corps est allongé, comprimé en arrière. Anus vers le tiers de la longueur totale, séparé de l'origine des ventrales par une distance inférieure à la longueur de la tête (24^{mm}). Écailles en très grande partie tombées, ce qui ne permet pas de déterminer le trajet de la ligne latérale.

Origine de la première dorsale très peu en arrière de l'insertion des pectorales, la nageoire en triangle s'abaisse rapidement, l'état de conservation ne permet pas de reconnaître si le second rayon était prolongé en tentacule; la seconde dorsale, prenant son origine presque immédiatement après la précédente, s'en distingue surtout par l'élévation des premiers rayons. Anale naissant en arrière de l'anus notablement plus basse que la dorsale correspondante. Pectorale de 17 rayons, le supérieur prolongé en un filament, dont la longueur (51^{mm}) est presque double de celle de la tête. Ventrales avec le rayon externe également prolongé, mais n'ayant toutefois (31^{mm}) que la longueur de la tête.

Ce poisson ayant été confondu avec l'*Hymenocephalus longifilis* G. et B. au moment de la capture, il est probable que sa coloration est la même, au moins n'ai-je aucune note spéciale à ce sujet. Cependant sur l'individu conservé l'orifice branchial n'est pas aussi foncé et les dorsales paraissent d'une teinte sombre.

Je n'ai pu observer qu'une écaille prise sur la ligne latérale vers la partie antérieure du corps, elle est en quadrilatère et mesure 2^{mm},2 sur 1^{mm},8; il y a une perforation focale simple vers le tiers postérieur, les crêtes concentriques ont la même disposition en avant que dans l'espèce précédente, réunies en angle très aigu sur l'axe longitudinal, se perdant au bord sur les côtés; en arrière et latéralement ces crêtes sont subdivisées aussi en îlots par de petits sillons centrifuges, mais au centre, où se trouve une gouttière triangulaire dont le sommet répond à la perforation et qui représente le canal, elles redeviennent continues, régulièrement concentriques.

	Millim.	1/100.
Longueur.	195	»
Hauteur.	26	13
Épaisseur.	15	7
Longueur de la tête.	30	15
— de la nageoire caudale. . .	»	»

	Millim.	1, 100
Longueur du museau.	8	26
Diamètre de l'œil.	10	33
Espace interorbitaire	5	16

N° 86-551, *Coll. Mus.*

Numéro du dragage.	Localité.	Profondeur.	Nombre d'indiv.
XX.	Côtes du Maroc. . . .	1105	1

Cette espèce est très voisine de la précédente et, n'en possédant qu'un exemplaire, j'avais d'abord été porté à n'y voir qu'une simple variété de celle-ci, cependant elle offre certains caractères qui ne permettent pas ce rapprochement. L'aspect général n'est pas tout à fait le même, le corps est plus épais, l'espace interorbitaire beaucoup plus étroit comparativement, le filament formé par le rayon ventral externe plus court, le barbillon par contre notablement plus long et plus fort.

Genre CORYPHÆNOIDES Gunner.

Premier sous-orbitaire non prolongé jusqu'au préopercule ; crête après sous-orbitaire incomplète ou nulle. Une série de dents plus fortes, sans représenter toutefois de véritables canines (1), se trouve en dehors d'une bande de dents en velours ; ces dernières exceptionnellement peuvent manquer, et les dents sont alors fortes, unisériées à l'une ou l'autre mâchoire. Un barbillon simple.

Tel qu'il est ici limité, ce genre se distingue de tous les autres MACRURIDÆ *genuinæ*, sauf les *Macruronus*, par la présence de dents fortes coniques, au moins à l'une des mâchoires, avec ou sans dents en velours. Ce dernier cas se rencontre parfois à la mâchoire inférieure, ainsi chez le *Coryphænoides æqualis* Günth., parfois aux deux chez le *Coryphænoides gigas* ; ce dernier mériterait peut-être pour cette raison de former un genre à part. On doit remarquer que les dents coniques sont placées en

(1) Pour le *Coryphænoides nasutus* Günth., la diagnose porte qu'elles sont à peine plus fortes que les dents en velours.

dehors des dents en velours quand les deux ordres d'organes se rencontrent simultanément, tandis qu'à la mâchoire supérieure des *Macruronus* Günth., elles seraient en dedans.

La disposition du sous-orbitaire, ne s'étendant pas jusqu'au préopercule lorsqu'il forme une ligne âpre, paraît au premier abord avoir une grande importance, mais en pratique ce caractère est souvent d'une appréciation difficile, car on trouve tous les passages.

Pour faciliter la comparaison des espèces, je les grouperai de la manière suivante :

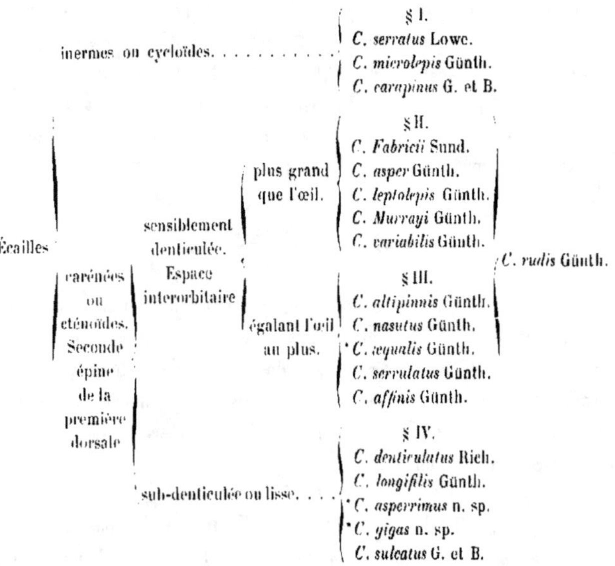

Cet arrangement ne peut être présenté qu'avec certaines réserves, car, établi d'après les descriptions des auteurs, lesquelles ne sont pas toujours faites suivant la même méthode et laissent souvent ignorés des détails importants à connaître pour comparer les espèces, ses imperfections sont évidentes. Ainsi on ne peut savoir exactement quel est le diamètre de l'œil par rapport à l'espace interorbitaire ou au museau chez le *Coryphæ-*

noides rudis Günth.; les écailles sont sur certains points du corps presque ou entièrement lisses chez le *Coryphænoides leptolepis* Günth., ces mêmes organes ne sont que très imparfaitement connus pour le *Coryphænoides carapinus* G. et B. Tel qu'il est cependant ce tableau pourra simplifier l'étude comparative des espèces ci-après décrites.

154 Coryphænoides æqualis Günther.

(Pl. XIX, fig. 2. 2ª, 2ᵇ, 2ᶜ, 2ᵈ, 2ᵉ.)

B. VII + D. II, 9 — n; A. n — V. 8.

Écailles 9 n 22?.

La hauteur n'est guère que 1/7 de la longueur et l'épaisseur près de moitié moindre.

La tête, qui entre pour 1/6 dans la longueur, est anfractueuse, légèrement gonflée; le museau en occupe 1/4, il est obtus, dépassant un peu la bouche; celle-ci, de grandeur médiocre, le maxillaire se terminant au niveau de la verticale abaissée du centre de l'œil ou très peu au delà; mâchoires armées de dents fortes accompagnées intérieurement, à la supérieure, d'une bande de dents en velours. Un barbillon grêle, qui équivaut ou même est un peu supérieur au diamètre de l'œil. Orifice branchial largement ouvert.

Le tronc est court, bien que l'anus soit un peu en arrière de la première dorsale. Aucun des individus n'a d'ailleurs la paroi abdominale intacte, chez tous elle est en grande partie ou en totalité enlevée. Il en est de même pour les écailles dont on ne trouve que çà et là des traces, même sur les exemplaires les mieux conservés, c'est sur le dos à la partie antérieure (1) qu'elles paraissent adhérer le plus. La ligne latérale, rapprochée du dos sur la plus grande partie de son étendue, est peu apparente.

La deuxième épine de la première nageoire dorsale égale les 2/3 environ de la hauteur; elle présente des denticulations fines, serrées;

---

1 C'est d'après la partie antéro-dorsale que, sur la fig. 2, l'écaillure a été représentée; il est possible que le dessin l'exagère en ce qui concerne le ventre et les parties inférieures du pédoncule caudal.

la seconde dorsale, très basse, commence à une distance de la première inférieure au moins d'un quart à la longueur de la tête. L'anale a son origine plus en avant, presque au niveau du point où se termine la première dorsale. Les pectorales sont proportionnellement allongées, dépassant les premiers rayons de la précédente nageoire. Les ventrales au contraire sont courtes, insérées très nettement en avant de la première dorsale et des pectorales.

Coloration gris clair ou gris d'acier aux parties supérieures, argentée sur les côtés de la tête et la partie ventrale; on la comparerait volontiers à celle du Merlan commun; le battant operculaire présente des teintes irisées, qui s'étendent sur les sous-orbitaires.

Écailles petites. Une d'elles prise sur le corps (1) est ovalaire transversalement, longue de $1^{mm},9$, haute de $3^{mm},4$; foyer un peu reculé vers le bord libre; pas de lobes bien nets ni de sillons centrifuges; on ne distingue sur les champs antérieur et latéraux que les crêtes concentriques. L'aire postérieure est chargée de spinules médiocrement nombreuses, petites, fines, disposées en lignes rayonnantes (2). Les écailles de la ligne latérale (3) sont exactement du même type, leurs dimensions très peu différentes : sur l'aire spinigère les spinules manquent à la partie médiane où se trouve une gouttière peu profonde; je n'ai pu voir de perforation.

Le crâne (4), formé de parties scléreuses papyracées, est remarquable par l'étendue des cloisons qui s'élèvent de sa surface et le rendent très anfractueux.

Le sagitta, amygdaloïde, appointi en avant, est un peu moins convexe à sa face supéro-externe qu'à l'inféro-externe; sur un individu de 360^{mm}, il offre les dimensions suivantes : longueur $10^{mm},4$, hauteur $5^{mm},9$, épaisseur 2^{mm}. La face supéro-externe (5) présente un sillon acoustique assez large, occupant la plus grande partie de la longueur, ayant les crêtes limitantes et les îlots, en quadrilatères allongés, bien distincts quoique presque continus: l'aire supérieure moins large que l'inférieure, l'échancrure

----

(1 Pl. XIX, fig. 2ᵈ.
2 Cette disposition est plus régulière que ne l'indiquent les figures.
3 Pl. XIX, fig. 2ᶜ.
4 Pl. XIX, fig. 2ᵃ.
5) Pl. XIX, fig. 2ᵇ.

ostiale très nette. La face inféro-externe (1) présente de faibles gouttières rayonnantes. Limbe festonné, plus fortement au bord supérieur.

Diamètres du cristallin, 9^{mm}, 3 sur le même individu.

Les trachéaux, à tous les arcs, sont constitués par une double série de tubercules épineux arrondis.

La vessie natatoire, éclatée chez l'individu étudié, a les parois minces et affecte la forme d'un sac cylindrique, arrondi à ses deux extrémités ; sa teinte est uniformément argentée. Les corps rouges formeraient un amas dans la concavité antérieure, mais n'ayant étudié que des animaux dans l'alcool, il est difficile d'apprécier la véritable disposition, ces détails ne pouvant être bien vus que sur le frais.

	Millim.	1/100.
Longueur.	430	"
Hauteur.	61	14
Épaisseur.	37	8
Longueur de la tête.	76	17
— de la nageoire caudale.	"	"
— du museau.	20	26
Diamètre de l'œil.	21	27
Espace interorbitaire	17	22

N° 86-81, *Coll. Mus.*

Numéro du dragage.	Localité.	Profondeur.	Nombre d'indiv.
1. XXXIX.	Côtes du Maroc.	2200	1
2. XLI.	—	2115	4
3. XLII.	—	2104	1
4. LXII	Côtes du Soudan.	782	1
5. LXIX.	—	410	3
6. XCI.	Banc d'Arguin.	235	2
7. XCII	—	140	38
8. CXI.	Iles du Cap-Vert.	580	4
9. CXIII*	—	760	1
			52

Ce *Coryphænoides*, par les dimensions comparatives de l'œil et de l'espace interoculaire, la conformation de la deuxième épine dorsale et des écailles,

(1) Pl. XIX, fig. 2*.

se range au § III du tableau ci-dessus. Il paraît se rapprocher beaucoup,
d'après la description donnée par M. Günther, du *Coryphænoides æqualis* de
cet auteur; les différences les plus apparentes se rapporteraient à la forme
du museau; « conically projecting beyond the mouth », museau qui est
obtus et médiocrement avancé dans notre espèce, laquelle aurait également le barbillon un peu plus allongé. Ces particularités sont, ou d'une
appréciation trop difficile en l'absence de figures et de comparaison directe,
ou de trop peu d'importance pour mériter d'être invoquées actuellement
comme caractères distinctifs.

Chez les *Coryphænoides altipinnis* Günth. et *C. rudis* Günth., la seconde
dorsale commence à une petite distance de la première; celui-ci en outre
a les dentelures de l'épine dorsale sensiblement écartées. Le *Coryphænoides
serrulatus* Günth. a les spinules des écailles non en séries et très fournies.
Les écailles du *Coryphænoides affinis* Günth. présentent cinq côtes dont
la médiane plus forte. Enfin on ne trouve pas dans l'espèce dont il est ici
question la barbe qui prolonge le museau, et le rayon ventral externe
n'est pas développé d'une manière anormale, comme cela s'observe chez
le *Coryphænoides nasutus* Günth.

Sur certains individus parmi les dents en velours de la mâchoire supérieure se voient un certain nombre de dents plus fortes, qui parfois forment
une seconde rangée parallèle à la rangée des dents externes. Ces individus
offrent en général une teinte plus pâle; tous, au reste, sont en si mauvais état que je n'oserais les distinguer spécifiquement du type décrit plus
haut. Il est possible que la présence de ces dents internes se lie au développement ou, pour mieux dire, au remplacement des dents extérieures.
À la mandibule, on trouve aussi parfois près de la symphyse deux rangées
de dents fortes.

158. Coryphænoides asperrimus.

(Pl. XVIII. fig. 2, 2ᵃ, 2ᵇ.)

B. VII+D. II, 8—n; A. n.+V. 7.

Écailles 8/184 ?/23.

Corps très allongé, la hauteur n'étant guère que de 1/8 de la longueur et l'épaisseur moitié moindre.

La tête, qui entre environ pour un 1/6 dans cette même dimension, est courte, épaisse. Le museau en fait les 2/7; il est obtus et se prolonge très peu au delà de la bouche, s'élevant presque perpendiculairement en avant de celle-ci, qui est plutôt petite; le maxillaire atteint à peine le bord antérieur de la pupille; sur l'une et l'autre mâchoires se voient une rangée externe de dents fortes, quoique médiocrement développées et intérieurement des dents en velours formant une bande. Les narines sont rapprochées, la postérieure, plus basse que l'antérieure de beaucoup la plus grande, est presque en contact avec l'œil. Celui-ci occupe 1/4 de la longueur de la tête; l'espace interorbitaire atteint les 2/7 de cette même dimension; un barbillon court, n'ayant pas la moitié du diamètre oculaire. L'orifice branchial s'élève seulement aux 2/3 de la hauteur du corps; battant operculaire arrondi. Il n'est pas facile, au travers des téguments, d'apprécier la forme des pièces qui le composent; on voit toutefois que le préopercule est postérieurement en quart de cercle assez régulier; l'ensemble de l'opercule et du sous-opercule donne une sorte de trapèze allongé, dont la base formerait le bord du battant, une suture horizontale le divise à peu près par son milieu, séparant les deux pièces; enfin, l'interopercule est petit, en triangle, étendu d'avant en arrière, ne se prolongeant pas au delà de l'angle du préopercule. Toute la tête est couverte d'écailles âpres, semblables à celles du reste du corps, l'âpreté est particulièrement forte sur le museau.

Corps allongé, aplati, l'abdomen peu saillant; la paroi en étant fort altérée, il est difficile de déterminer d'une manière précise la position de l'orifice anal. La peau est excessivement rude au toucher, comme une lime, par suite de la force des spinules, qui sont surtout développées vers la partie dorsale; les écailles sont petites, plus adhérentes que dans beaucoup des espèces voisines. La ligne latérale s'étend directement du bord supérieur de l'orifice branchial au milieu du pédoncule caudal.

Première dorsale médiocrement élevée, les 3/5 environ de la hauteur du corps, sa deuxième épine est lisse, grêle; la seconde dorsale commence à une distance de la première égale environ à la longueur de la base de celle-ci; elle est peu élevée. L'anale, avec les rayons un peu plus développés, prend son origine vers le point où se termine la première dorsale. Les pectorales finissent au même niveau, elles sont petites, ainsi que les ventrales, dont l'insertion se trouve très nettement en arrière de la base de celles-là.

La coloration, sur le frais, est d'un gris souris, devenant noire, surtout chez les jeunes sujets, à l'abdomen, au battant operculaire, un peu à la tête, par suite de la teinte foncée de la séreuse péritonéale et des muqueuses, qui tapissent la bouche et la cavité branchiale.

Les écailles sont fortement armées et d'un type assez spécial. Une d'elles, prise sur le corps (1) de l'individu le plus développé, qui a servi de type, est ovalaire, ne mesurant que $1^{mm},6$ de long et $2^{mm},4$ de haut; l'aire spinigère occupe plus de la moitié de la lame, les champs latéraux manquant, on peut dire, complètement; les spinules sont peu nombreuses, 6 à 10 (sur un jeune individu, long de 160^{mm}, je n'en trouve même qu'une seule), leur disposition est plutôt en quinconce, elles sont remarquablement robustes, coniques, à base fortement radiée. Les écailles placées le long de la seconde dorsale sont très peu plus grandes, $1^{mm},7$ sur $2^{mm},5$, leurs spinules sont plus développées. Une écaille de la ligne latérale (2) est exactement du même type et de mêmes dimensions que les écailles du corps, seulement les spinules manquent à la partie moyenne où se trouve une gouttière peu profonde, s'élargissant d'avant en arrière; il semble y avoir une perforation, mais elle n'est pas assez nette pour qu'on puisse affirmer le fait, d'autant que la hauteur des spinules gêne pour l'emploi de forts grossissements.

Diamètre du cristallin, $3^{mm},2$.

(1 Pl. XVIII, fig. 2ª.
(2 Pl. XVIII, fig. 2ᵇ.

	Millim.	1/10
Longueur	301	»
Hauteur	38	12
Épaisseur	20	6
Longueur de la tête	52	17
— de la nageoire caudale	»	»
— du museau	15	29
Diamètre de l'œil	13	25
Espace interorbitaire	16	31

N° 86-118, *Coll. Mus.*

Numéro du dragage.	Localité.	Profondeur.	Nombre d'indiv.
1. XXXII	Côtes du Maroc	1590	1
2. CXXI	Açores	1442	9
3. CXXVII	—	1257	5
			15

La présence d'une deuxième épine lisse à la dorsale fait placer cette
espèce dans le § IV du tableau donné précédemment. Elle ne peut être
confondue avec le *Coryphænoides denticulatus* Rich., qui a l'origine de
sa seconde dorsale fort éloignée de la première, des écailles à épines nombreuses et grêles, dont on trouve seulement 5 rangées au-dessus de la
ligne latérale. Le *Coryphænoides longifilis* Günth. offre une bouche beaucoup plus grande, puisque le maxillaire atteint le bord postérieur de l'œil;
les nageoires pectorales et ventrales ont un certain nombre de leurs rayons
très prolongés; enfin les écailles portent cinq carènes rayonnantes faibles,
et l'on en compte 13 à 14 rangées au-dessus de la ligne latérale. Quant au
Coryphænoides sulcatus G. et B., sans parler des sillons qui séparent les
spinules sur les écailles, le museau est plus court et l'espace interorbitaire
au plus égal au diamètre oculaire.

Sauf l'individu-type ici étudié, tous ceux qui ont été capturés à bord du
Talisman étaient de petite taille et la plupart en si mauvais état que quatre
seulement ont pu être conservés. Ce fâcheux résultat est dû à la nature des
écailles : par leurs spinules elles adhèrent si fortement aux fauberts, que
l'animal, dans le relèvement de la drague, est tiraillé, brisé, aussi devient-il
impossible, la plupart du temps, de le dégager dans un état convenable,
quelque précaution qu'on puisse prendre.

159. Coryphænoides gigas.

(Pl. XX, fig. 2, 2ª, 2ᵇ, 2ᶜ.)

B. VI + D. II, 8—87; A. 107; V. 10.

Écailles 9 138/34.

Cette espèce, remarquable par la taille qu'elle peut atteindre d'après les deux exemplaires capturés, a la forme typique des Macrurinæ, avec toutefois le tronc relativement allongé, eu égard à la position de l'anus.

La hauteur est environ 1/6 de la longueur, l'épaisseur moindre, 1/8.

La longueur de la tête égale à très peu près la hauteur. Cette tête est globuleuse, légèrement aplatie; le museau obtus, arrondi, court, y entre pour 1/4. La bouche est infère, quoiqu'à une petite distance du bout du museau, assez grande, la commissure se trouvant très peu en avant du niveau du bord orbitaire postérieur; les mâchoires présentent chacune une seule rangée de dents coniques, enfoncées dans une sorte de muqueuse gingivale : elles sont assez fortes, un peu écartées; on en compte environ 20 à 25 de chaque côté à l'une et l'autre mâchoire; sous la mandibule se voient 5 ou 6 pores enfoncés; les lèvres, surtout la supérieure, sont molles, papilleuses. Les narines, largement ouvertes, séparées par un pont membraneux étroit, sont rapprochées de l'œil. Le centre de celui-ci se trouve situé vers le tiers antérieur de la tête : son diamètre en fait 1/5 : l'espace interorbitaire est sensiblement plus grand, 1/4 de cette même dimension. Le premier sous-orbitaire, autant qu'on peut en juger au travers des téguments, se prolonge un peu en arrière, mais certainement n'atteint pas le préopercule. On trouve un barbillon peu développé, mesurant environ le diamètre de l'œil. L'orifice branchial est largement ouvert, cependant la membrane branchiostège adhère à l'isthme sur une petite étendue. Le préopercule forme à son angle une saillie arrondie; il n'est pas possible de se faire une idée de la forme des autres pièces. Toute la tête couverte d'écailles semblables à celles du corps.

Celui-ci, assez régulièrement fusiforme, est proportionnellement long, l'anus se trouvant un peu en arrière du tiers antérieur. Les écailles, médiocrement adhérentes, sont, eu égard à la taille de l'animal, de dimensions ordinaires ou même plutôt petites, si on a égard à leur nombre d'après les formules ; elles donnent à la peau une âpreté sensible. La ligne latérale, placée en avant vers le cinquième supérieur de la hauteur, ne se trouve au milieu qu'à la fin du premier quart du pédoncule caudal.

La première dorsale est élevée, la seconde épine mesure au moins moitié de la hauteur du corps ; cette épine ne peut pas être regardée comme réellement denticulée, bien qu'à la terminaison il soit possible de reconnaître trois ou quatre rugosités ascendantes, peu élevées ; sur le reste de son étendue on ne trouve que des inégalités moins sensibles à la vue qu'au toucher. La seconde dorsale commence à une distance de la première égale à deux fois et demie la base de celle-ci et inférieure à la longueur de la tête, les premiers rayons en sont courts et écartés. L'origine de l'anale se place sensiblement plus en avant, les rayons en sont de suite assez élevés. Les pectorales relativement petites n'atteignent pas le niveau où se termine la première dorsale. Les ventrales placées un peu en arrière des précédentes ont leur rayon externe du double au moins plus long que le suivant.

Tout l'animal est d'un gris souris, avec la membrane branchiostège et les nageoires brunâtres.

Les écailles du corps (1) les plus développées sont longues de 10^{mm}, hautes de 9^{mm}, en forme d'écu d'armoirie, à foyer à très peu près central ; les champs antérieur et latéraux sont chargés de stries fines, sans sillons centripètes, bien que l'on puisse distinguer un large lobe marginal, qui occupe la plus grande partie du bord adhérent ; l'aire spinigère présente des spinules en séries parallèles parfaitement régulières, et comme ces spinules sont très inclinées en arrière, elles se recouvrent, semblent se toucher et changer les séries en sortes de crêtes dentelées, surtout au centre, où les spinules sont plus fortes. En se rapprochant de la ligne ventrale les écailles deviennent plus petites, de forme irrégulière, paucispinulées (2). Les écailles de la ligne latérale (3) un peu moins grandes que celles du

1) Pl. XX, fig. 2^a.
2) Pl. XX, fig. 2^c.
3) Pl. XX, fig. 2^b.

corps, 8^{mm},4 de long sur à peu près autant de hauteur, sont du même type, seulement une gouttière remplace les rangées centrales de spinules, il n'y a pas de perforation focale visible.

L'appareil branchial n'offre rien de bien intéressant à noter, sauf la petitesse de la dernière des fentes: les trachéaux sont très peu élevés, en quelque sorte tuberculeux. Il n'existe pas de pseudo-branchie.

La vessie natatoire développée, simple, à paroi fibreuse assez épaisse, est revêtue intérieurement d'une muqueuse argentée, laquelle d'ailleurs avait été arrachée et enlevée sur une grande partie de la surface par suite de la rupture de l'organe.

L'estomac est ample, en siphon, se prolongeant en arrière sur les deux tiers de la longueur de la cavité abdominale; les parois en sont épaisses, la muqueuse chargée de plis serrés, cérébriformes. L'intestin, dont l'origine est rapprochée de l'orifice cardiaque, a sur une longueur d'environ 20^{mm} le même aspect que l'estomac, mais à partir de ce point, où il reçoit 10 cæcums pyloriques allongés, il devient membraneux; sa longueur est grande et ne peut guère être estimée à moins de quatre fois la longueur de la cavité abdominale ; il se dirige d'abord en arrière pour se recourber au delà de l'orifice anal, remonte puis descend en formant deux circonvolutions en U, qui ne dépassent pas le milieu de la cavité, enfin revient jusqu'au niveau de l'anse pylorique pour gagner l'anus en formant sur ce trajet plusieurs replis; dans sa portion terminale la paroi s'épaissit de nouveau. Le foie offre un lobe droit volumineux, qui occupe toute la longueur de la cavité viscérale, s'atténuant en arrière; le lobe gauche au contraire ne dépasse pas l'orifice pylorique de l'estomac. Une sorte de sac pyriforme, long d'au moins 60^{mm} à 70^{mm}, doit représenter la vésicule biliaire, mais les connexions sont rompues, les viscères ayant été rejetés par la cavité buccale à la suite de la dilatation des gaz de la vessie natatoire.

L'appareil rénal est constitué par une masse discoïde, aplatie, on pourrait dire nummulaire, il existe un uretère dilaté en réservoir vésical vers sa terminaison.

Les testicules, larges de 60^{mm}, renflés en avant, atténués en arrière, où ils se réunissent, sont enveloppés chacun par un repli du péritoine, qui

forme un véritable canal vecteur. L'orifice de ce canal est assez large,
situé en dehors de la marge de l'anus et certainement distinct de l'orifice
uréthral.

	Millim.	1 100.
Longueur.	730	»
Hauteur.	125	17
Épaisseur	88	12
Longueur de la tête.	116	16
— de la nageoire caudale.	»	»
— du museau	30	26
Diamètre de l'œil.	24	20
Espace interorbitaire	32	27

N° 86-117, *Coll. Mus.*

Numéro du dragage.	Localité.	Profondeur.	Nombre d'indiv.
1. CXXXV.	Atlantique N.	4165	1
2. CXXXVI	—	4255	1
			2

Le *Coryphænoides gigas* appartient, comme le *C. asperrimus*, au § IV
du tableau, il diffère assez de ce poisson, et des *C. denticulatus* Rich., *C.
rudis* Günth., *C. sulcatus* G. et B., par les spinules des écailles disposées en
séries parallèles, pour qu'il soit inutile d'insister sur d'autres caractères.
Quant au *Coryphænoides longifilis* Günth., il présente à la mâchoire supérieure des dents plus fines intérieures en outre des fortes dents externes,
les écailles n'ont que cinq côtes rayonnantes faibles, enfin la seconde
dorsale commence immédiatement en arrière de la première.

Genre MACRURUS Bloch.

Premier sous-orbitaire prolongé en arrière en une crête âpre, qui le
joint au préopercule. Dents en velours à l'une et l'autre mâchoire. Écailles
toujours cténoïdes, les spinules, de forces très variables, disposées soit en
séries rayonnantes, soit en carde, d'autres fois remplacées par des crêtes.
Barbillon toujours distinct, simple.

La disposition particulière du sous-orbitaire antérieur, déjà signalée par Cuvier comme rappelant ce qu'on trouve chez les Joues cuirassées parmi les Acanthopterygii, distingue spécialement ce genre. Il est vrai que ce caractère n'est pas toujours d'une netteté absolue ; parfois la crête sous-orbitaire s'arrête en arrière avant d'atteindre le préopercule, laissant là un faible espace assez distinct sur le frais, disparaissant lorsque l'animal est desséché soit par l'action de l'alcool, soit à l'air libre. Le fait peut s'observer sur les espèces voisines du *Macrurus sclerorhynchus* Val. M. Jordan, à propos du *Macrurus Bairdii* G. et B., a insisté de son côté sur la difficulté d'établir une différence notable entre le genre *Macrurus* et le genre *Coryphænoides*, en ce qui concerne la présence ou l'absence de cette ligne âpre sous-orbitaire atteignant le préopercule. Quoi qu'il en soit, ce caractère est dans le plus grand nombre des cas assez évident pour que le doute ne soit pas possible, et on peut le regarder comme suffisant pour justifier la distinction générique.

Le nombre des espèces étant devenu dans ces dernières années considérable, il n'est pas toujours facile de les distinguer les unes des autres, quoique l'étude des écailles, sur l'importance desquelles M. Günther a particulièrement attiré l'attention, ait rendu sous ce rapport la chose plus aisée dans bien des cas (1).

Pour faciliter les comparaisons, comme dans les genres précédents, je grouperai les espèces de la manière suivante :

(1) L'importance attachée à l'étude de ces organes pour les distinctions spécifiques m'a engagé à figurer pl. XXII, fig. 5 et 5ᵉ comme terme de comparaison les écailles du corps et de la ligne latérale du *Macrurus macrolepidotus* Kaup, dont le type fait partie des collections du Muséum, en y joignant le tableau des dimensions, pour compléter autant que possible la description donnée par l'auteur de l'espèce.

Écailles 4 63 *ultr.* 12

	mill.	1/100
Longueur	310?	»
Hauteur	50	16
Epaisseur	35	11
Longueur de la tête	51	22
— de la nageoire caudale	»	»
— du museau	20	28
Diamètre de l'œil	30	42
Espace interorbitaire	14	19

Nᵒ A-7573, *Coll. Mus.*

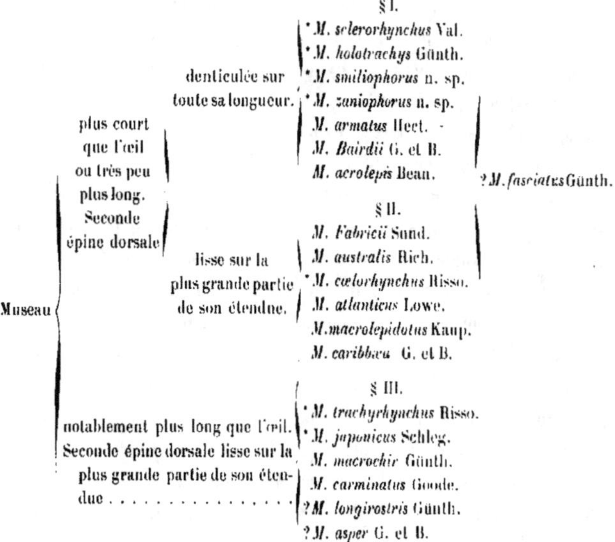

La conformation de la seconde épine dorsale ne m'est pas connue pour les *Macrurus fasciatus* Günth., *M. longirostris* Günth., *M. asper* G. et B., leur place reste par suite douteuse dans le tableau.

165. **Macrurus sclerorhynchus** Valenciennes.

(Pl. XXII, fig. 2, 2ᵃ, 2ᵇ, 2ᶜ.)

B. VI+D. II, 9−n; A. n+ V. 9.

Écailles 8/177?/25.

Cette espèce, bien connue depuis Valenciennes, a été décrite et figurée dans ces dernières années avec très grand soin par M. Vinciguerra (1) et il serait inutile de revenir ici sur ce point, j'ajouterai seulement quelques détails sur les écailles et le sagitta.

(1) *Ann. del Mus. civ. di Sc. nat. di Genova*, t. XIV, p. 622; pl. II, 1879.

Les premières, en ce qui concerne celles du corps, ont été déjà étudiées, je ne les donne ici (1) que pour mémoire et comme terme de comparaison avec celles de la ligne latérale. Celles-ci (2) sont du même type, plus petites seulement, avec des spinules plus robustes, en séries moins nombreuses, les médianes manquent pour former une espèce de gouttière en face de la petite perforation focale.

Le sagitta, amygdaloïde, ovalaire, est presque horizontalement placé ; sur un individu de plus de 170^{mm} (la queue manque en partie), il mesure 7^{mm},5 de long, sur 4^{mm},6 de hauteur et 1^{mm},3 d'épaisseur. Sillon acoustique étendu sur presque toute la longueur de la face supéro-interne (3); ilots antérieur et postérieur bien distincts ; embouchure placée de côté, le rostrum étant fort saillant, l'antirostrum reculé, ce qui rend l'échancrure ostiale très nette. Face inféro-externe (4) à peu près aussi convexe que la précédente, toutes deux ne le sont d'ailleurs que faiblement, comme on peut en juger par le peu d'épaisseur de l'otolithe ; cette face ne présente d'autre accident notable qu'une assez forte incisure, chez certains sujets, en face de l'échancrure ostiale. Le limbe inférieurement est en courbe simple, régulière, supérieurement il présente des festons plus ou moins accentués, celui qui forme l'antirostrum le plus développé.

Diamètre du cristallin 6^{mm}.

La première fente branchiale est moins étendue que les suivantes ; trachéaux courts, sous forme de petits faisceaux épineux. Corps rouges de la vessie natatoire disposés en deux appendices linguiformes divergents.

L'estomac est en siphon et l'on compte 10 cæcums pyloriques ; l'intestin se recourbe deux ou trois fois avant d'aboutir à une portion plus dilatée qui le termine.

	Millim.	1/100.
Longueur.	270	»
Hauteur.	35	13
Épaisseur.	20	7

1. Pl. XXII, fig. 2^b.
2. Pl. XXII, fig. 2^c.
3. Pl. XXII, fig. 2.
4. Pl. XXII, fig. 2^a.

	Millim.	1 100.
Longueur de la tête.	40	15
— de la nageoire caudale.	»	»
— du museau.	12	30
Diamètre de l'œil.	14	35
Espace interorbitaire	9	22

N° 86-165, *Coll. Mus.*

Numéro du dragage.	Localité.	Profondeur.	Nombre d'indiv.
1. (Tr. 1882) XXXVIII.	Côtes du Maroc. . . .	636	1
2. VIII	. . . .	540	2
3. IX	—	622	7
4. X	—	717	1
5. XI	—	1084	3
6. XIII	—	1216	1
7. XVII.	—	550	11
8. XVIII	—	550	1
9. XIX	—	920	1
10. XX.	—	1105	5
11. XXI	—	1319	4
12. XXVIII	—	2600	1
13. XXXI	—	1103	4
14. XXXIII	—	1350	6
15. XXXIII *bis*	—	831	2
16. XXXVI	—	912	4
17. XXXVIII.	—	2210	1
18. XLV.	—	1235	3
19. XLVIII	—	1180	4
20. XLIX	Canaries.	865	2
21. L.	—	975	8
22. LI	—	1238	1
23. LII.	—	946	1
24. LVIII	—	2015	1
25. LXII.	Côtes du Soudan . . .	782	8
26. LXIII	— . . .	640	6
27. LXXI	— . . .	640	4
28. LXXIII	— . . .	1435	2
29. LXXVIII.	— . . .	1435	1
30. LXXIX *bis*	— . . .	1250	1
31. LXXX	— . . .	1139	19
32. LXXXII	— . . .	932	25

A *reporter*. . . 141

Numéro du dragage.	Localité.	Profondeur.	Nombre d'indiv.
		Report. . .	141
33. LXXXIII.	Côtes du Soudan. . .	930	14
34. LXXXIV.	— . . .	860	7
35. LXXXV.	— . . .	830	35
36. LXXXVI.	— . . .	800	23
37. LXXXVII	Banc d'Arguin	1113	45
38. XCIII	—	1495	21
39. XCIV	—	1090	1
40. XCV.	—	1230	14
41. XCVI	—	2330	5
42. XCVII.	—	2324	1
43. XCVIII	—	2324	3
44. C	—	1550	2
45. CI	Cap-Vert	3200	3
46. CII.	—	3655	3
47. CXIII	Iles du Cap-Vert . . .	760	1
48. CXIV	— . . .	633	2
49. CXXVII	Açores.	1257	8
50. CXXIX	—	2220	2
			331

Cette espèce, remarquable par son abondance dans les ·régions abyssales (1), se distingue des *Macrurus armatus* Hector et *M. holotrachys* Günth. par le plus grand nombre des rangées de spinules, autant qu'on en peut juger d'après détails fournis par les auteurs. Pour le *Macrurus Bairdii*, bien qu'il y ait, semble-t-il, un certain désaccord, quant à la disposition des spinules, entre la description primitive donnée par MM. Goode et Bean et celle de M. Cope, les premiers indiquant sur les écailles, au moins celles de la partie antéro-supérieure du corps, une rangée de spinules médianes formant carène, tandis que le second dit que les spinules, subégales et alternes, ne sont au contraire jamais réunies de cette façon, il paraît en résulter toutefois que la disposition sériale n'est pas aussi nette que sur le *Macrurus sclerorhynchus* Val. Le *Macrurus acrolepis* Bean, connu d'après un exemplaire unique retiré de l'estomac d'un phoque, ne peut être regardé comme ayant été décrit d'une façon suffisante, et je ne

(1) Il est vrai que dans l'énumération précédente il peut y avoir eu confusion pour un certain nombre de cas avec le *Macrurus smitiophorus*, ci-après décrit, l'examen des écailles n'ayant pu être fait à bord sur tous les individus; ces deux *Macrurus* sont assez voisins pour que cela n'ait qu'une importance secondaire au point de vue de la répartition générale des espèces bathyolkésites.

saurais trouver de caractère différentiel net, on ne possède pas notamment de détails sur la nature des écailles ; cependant l'épithète spécifique paraît y faire allusion.

166. **Macrurus holotrachys** Günther.

(Pl. XXII, fig. 3.)

Günther, *Ann. and May. Nat. Hist.* 5ᵉ sér., t. II; p. 24, 1878.

B. VI $+$ D. II, 8 $-n$; A. $n+$ V.7.

Écailles 7/136?/22.

Ce Macroure, quoique de taille un peu plus forte, à en juger par les individus capturés, se rapproche tellement du *Macrurus sclerorhynchus* Val., qu'il me paraît inutile d'en donner une description détaillée.

Les proportions sont les mêmes. Le museau présente les trois saillies épineuses, mieux marquées peut-être, mais cela peut tenir à l'état de conservation. La différence de longueur entre le museau et l'œil est très peu moins grande ; le premier équivaut à 1/3 environ, le second à 3/11 de la tête, tandis que chez le *Macrurus sclerorhynchus* Val. le museau ayant à peu près la même dimension relative, l'œil est égal à 4/11.

Ces particularités, assez peu importantes en elles-mêmes, sont heureusement accompagnées de différences plus grandes dans la structure des écailles ; je ne parle pas en effet des différences dans la formule de la ligne latérale, lorsque les chiffres sont aussi élevés, ce caractère perd de sa valeur.

Une écaille du corps (1) sur l'individu pris comme type mesure environ 3ᵐᵐ,3 dans les deux sens ; sa forme générale est d'ailleurs assez comparable à celle connue pour l'espèce précédente, seulement les spinules sont plus robustes, surtout celles de la rangée médiane, plus nettement radiées à leur base, en séries moins nombreuses, 5 à 7 seulement. A la ligne

(1) Pl. XXII, fig.3.

latérale, je ne trouve même plus que deux spinules placées au bord libre, une de chaque côté de la gouttière.

	Millim.	1/100.
Longueur.	360	"
Hauteur.	42	11
Épaisseur.	28	8
Longueur de la tête.	64	18
— de la nageoire caudale. . .	"	"
— du museau	20	31
Diamètre de l'œil.	18	28
Espace interorbitaire	15	23

N° 84-179, *Coll. Mus.*

Numéro du dragage.	Localité.	Profondeur.	Nombre d'indiv.
1. XXXIX	Côtes du Maroc. . . .	2200	2
2. XLI	—	2115	2
			4

Ces poissons ne m'avaient pas paru, au premier abord, devoir être distingués du *Macrurus sclerorhynchus* Val., si ce n'est comme constituant une simple variété (1). Toutefois, la différence de taille, la disposition des spinules des écailles plus robustes et moins nombreuses, peuvent être regardées comme suffisantes pour nécessiter une distinction spécifique.

On peut les rapprocher du *Macrurus holotrachys* Günth., à en juger d'après la diagnose donnée de cet animal, lequel a été trouvé par le *Challenger* vers l'embouchure du Rio de la Plata par une profondeur de 1.097 mètres.

167. Macrurus smiliophorus.

(Pl. XXII, fig. 1, 1ᵃ, 1ᵇ, 1ᶜ, 1ᵈ.)

B. VII + D. II, 8 — *n*; A. *n* + V. 7.

Écailles, 8/211?/16.

Forme très allongée, corps atténué vers son extrémité postérieure au point de devenir filiforme. Plus grande hauteur, presque double de

(1. Ceci a été maintenu par mégarde dans l'énumération statistique des dragages, voir p. 54.

l'épaisseur et contenue un peu plus de sept fois dans la longueur totale.

Tête grosse et courte, très peu plus longue que le corps n'est haut. Museau n'en faisant guère que 1/3, raccourci, tétraédrique, fortement épineux à son extrémité antérieure, qui est peu saillante. Œil grand, son diamètre horizontal occupe 3/8 de la longueur de la tête; espace inter-orbitaire n'atteignant que 1/5 de cette même dimension. Bouche infère, médiocre, mâchoires garnies de fines dents en velours. Barbillon man-dibulaire long de 6^{mm} à 7^{mm}, en soie fine à son extrémité libre. Ligne latérale dans son septième antérieur offrant une courbure légère et placée vers le tiers supérieur de la hauteur, en occupant le milieu dans le reste de son trajet. Anus situé vers le cinquième antérieur de la longueur.

Première dorsale courte, élevée, la seconde épine dépassant au moins de 1/6 la plus grande hauteur du corps, son bord antérieur garni de denticulations dirigées de haut en bas, elles sont fines, serrées, au nombre de 37 environ; abaissée en arrière, cette épine dépasse de près de moitié de sa longueur le point d'origine de la seconde dorsale. Celle-ci composée d'un grand nombre de rayons bas, prolongée, comme dans les autres espèces du genre, jusqu'à l'extrémité postérieure du corps où elle se joint à l'anale, laquelle commence plus en avant au niveau de la perpendiculaire abaissée du dernier rayon de la première dorsale. Le nombre des rayons, des plus difficiles à déterminer exactement, est en tous cas considérable; j'en ai compté environ 187 pour l'une et 122 pour l'autre. Il n'y a pas à proprement parler de nageoire caudale, à moins de regarder comme telle les quelques faibles rayons placés à l'extrémité dans le prolongement du corps au point d'union des nageoires dorsale molle et anale. Les nageoires pectorales et ventrales, insérées assez exac-tement l'une au-dessus de l'autre, dépassent le point d'origine de l'anale par leurs extrémités libres, le rayon externe des secondes est prolongé en filament.

Coloration uniformément argentée, un peu rougeâtre, avec des reflets bleu d'acier, les régions abdominale antérieure et branchiostégale d'un bleu foncé presque noir. Le barbillon a cette dernière teinte à la base, il est blanchâtre sur le reste de son étendue.

Écailles des flancs (1) avec les champs antérieur et latéraux, couverts de crêtes concentriques fines; un seul grand lobe marginal occupe tout le bord adhérent; sur le bord libre de l'aire spinigère 10 à 12 spinules inégales, vitreuses, élargies en lame de lancette (d'où le nom spécifique), les spinules sur le champ même semblables mais un peu moins développées, en séries peu régulières, on en compte environ 6 sur la rangée rayonnante médiane. Écaille de la ligne latérale (2) constituée exactement de la même manière, les spinules manquent seulement à la partie médiane de l'aire spinigère, où se trouve un espace soit en parallélogramme soit en triangle allongé à base tournée en arrière, sur lequel s'observent des crêtes concentriques, moins accusées seulement que sur la partie antérieure; je n'ai pu observer de perforation focale, bien que j'aie examiné un assez bon nombre d'écailles appartenant à divers individus; dans certains cas à l'origine de la gouttière se trouve de chaque côté une pièce écailleuse, qui s'élève, se recourbe en dedans de manière à former un canal complet, sauf, sur le sec, une fente longitudinale plus ou moins large, entre les deux pièces.

Le sagitta, quoique du même type que chez le *Macrurus sclerorhynchus* Val., en diffère cependant au premier coup d'œil. Sa forme est plutôt lancéolée, élargie en avant; sur la face interne (3), le sillon acoustique, les ilots, n'offrent rien de particulier, sauf l'embouchure de celui-là, laquelle est moins rejetée de côté, le rostrum étant plus obtus, moins proéminent; ce qui distingue cet otolithe, c'est la saillie plus grande du feston anti-rostral, laquelle forme une sorte de lobe rappelant, quoiqu'à un beaucoup moindre degré, la disposition décrite chez l'*Hymenocephalus italicus* Gigl. (4). Nous verrons cette forme s'accentuer dans quelques-unes des espèces suivantes.

Diamètre du cristallin 7^{mm},5 sur un individu long de plus de 270^{mm}.

(1) Pl. XXII, fig. 1^c.
(2) Pl. XXII, fig. 1^d.
(3) Pl. XXII, fig. 1^a.
(4) Voy. p. 212, pl. XIX, fig. 1^a, 1^b.

	Millim.	1/100.
Longueur.	250	»
Hauteur.	34	13
Épaisseur.	18	7
Longueur de la tête	37 .	15
— de la nageoire caudale. . .	»	»
— du museau	11	30
Diamètre de l'œil.	14	38
Espace interorbitaire	8	21

N° A.2510, *Coll. Mus.*

Numéro du dragage.	Localité.	Profondeur.	Nombre d'indiv.
1. (Tr. 1880) XVI. . . .	Golfe de Gascogne. .	1160	1
2. (Tr. 1881) XXX . . .	Côtes du Maroc. . . .	1205	1
3. XI.	—	1084	5
4. XIII.	—	1216	1
5. XXI.	—	1319	2
6. LXXXII.	Côtes du Soudan. . .	932	2
7. LXXXV.	— . . .	830	3
8. CX.	Iles du Cap-Vert. . .	460	1
			16

Cette espèce, si l'on s'en tenait à l'apparence extérieure, ne peut être distinguée du *Macrurus sclerorhynchus* Val., soit pour les proportions, soit pour la taille et l'aspect général, mais l'examen des écailles lève toute difficulté, les spinules n'étant pas régulièrement disposées en série et offrant une apparence tout autre. On peut aussi invoquer la différence de forme que présente le sagitta.

168. Macrurus zaniophorus.

(Pl. XXII, 4, 4ᵃ.)

B. VI + D. II, 9 — *n*; A. *n* + V. 8.

Écailles 7/133?/19?.

Cette espèce, qui peut atteindre une assez grande taille, nos individus varient entre 180ᵐᵐ et 430ᵐᵐ, appartient encore au groupe du *Macrurus sclerorhynchus* Val., dont elle se rapproche sous beaucoup de rapports.

Le corps est peut-être un peu moins allongé, la hauteur ne faisant guère que 1/7 de la longueur. La tête serait un peu plus longue, 2/11 de cette même dimension; museau court, 3/11 de la longueur de tête, ayant également, au moins sur l'animal conservé dans l'alcool, trois saillies épineuses. L'œil, l'espace interorbitaire, les narines sont comparables, pour les dimensions et la disposition, à ce qu'on voit chez le *Macrurus sclerorhynchus* Val.

Les nageoires sur tous les exemplaires sont en assez mauvais état et je n'ai pu trouver une seconde épine dorsale entière, on peut constater toutefois qu'elle était spinuleuse et assez robuste; la distance qui sépare les deux dorsales est au moins double de la base de la première probablement supérieure, car le point exact d'origine pour la seconde est assez difficile à déterminer d'une façon précise.

La couleur sur le frais est terre de Sienne, avec des reflets veloutés produits par l'écaillure.

Les écailles, proportionnées à la taille de l'individu type, sont grandes. Une du corps (1) mesure 5ᵐᵐ,1 de long sur très peu moins de large; il est inutile de la décrire en détail, car elle ne diffère pas, comme type général, de celles des autres Macroures, mais l'aire spinigère est chargée de spinules grêles, nombreuses, disposées irrégulièrement en carde (d'où l'épithète spécifique), sauf sur les bords extérieurs, où peut parfois s'observer une disposition plus ou moins sériale, rayonnante. L'écaille de la ligne latérale (2) ne diffère de la précédente que par l'absence de spinules au centre laissant, comme chez d'autres espèces, une gouttière libre, élargie en arrière; il existe une perforation, mais petite et oblique, aussi ne peut-on distinguer les bords des ouvertures qu'à un fort grossissement.

	Millim.	1/100.
Longueur.	380	»
Hauteur.	56	15
Épaisseur.	32	8
Longueur de la tête.	70	18

(1) Pl. XXII, fig. 4.
(2) Pl. XXII, fig. 4ᵃ.

	Millim.	1/100.
Longueur de la nageoire caudale. . .	»	»
— du museau	19	27
Diamètre de l'œil.	24	34
Espace interorbitaire	14	20

N° 86-182, *Coll. Mus.*

Numéro du dragage.	Localité.	Profondeur.	Nombre d'indiv.
1. XXXIII.	Côtes du Maroc. . . .	1350	1
2. LXXXII	Côtes du Soudan. . .	932	1
3. LXXXV	— . . .	830	1
4. LXXXVII.	Banc d'Arguin.	1113	3
			6

Le *Macrurus zaniophorus* pour la taille rappelle plutôt le *M. holo-trachys* que toute autre des espèces précédemment citées; son aspect général est toutefois un peu plus lourd. Ici encore c'est la disposition des spinules des écailles qui fournit le meilleur caractère, elles sont grêles et disposées sans ordre déterminé bien visible. Le *Macrurus Bairdii* G. et B. s'en rapproche, peut-être sous ce rapport, en ce qui concerne les écailles du corps, mais celles du vertex dans ce poisson présentent une rangée médiane de spinules formant carène, ce qui ne se rencontre pas dans l'espèce ici décrite:

170. **Macrurus cœlorhynchus** Risso.

(Pl. XXI, fig. 3, 3ᵃ, 3ᵇ.)

B. V + D. II, 8 — n; A. n + V. 7.

Écailles 5/84?/18.

Cette espèce est trop bien connue, d'après les descriptions ou les figures données par Giorna, Bonaparte et surtout M. Vinciguerra (1) pour qu'il ne soit pas inutile d'en détailler ici les caractères; je me bornerai à l'étude de quelques points complémentaires sur son anatomie.

(1) *Ann. del Mus. civ. di Sc. nat. di Genova,* t. XIV, p. 619, 1879

La forme générale des écailles ne diffère pas sensiblement de ce qu'elle est dans plusieurs des espèces précédentes, sauf peut-être une tendance à s'élargir davantage; celle qui se trouve ici figurée (1) mesure 4ᵐᵐ,8 de long sur 5ᵐᵐ,5 de haut; l'aire spinigène est couverte de spinules coniques, droites, allongées, disposées en séries plus ou moins distinctes, mais rayonnantes et non parallèles comme ceci existe chez les *Macrurus sclerorhynchus* Val., *M. macrolepidotus* Kaup, etc., aussi ne voit-on d'abord l'alignement que sur la série centrale et les séries extrêmes, mais une fois la disposition saisie, il est facile de la retrouver partout sur les écailles bien conservées. Les écailles de la ligne latérale ne diffèrent des précédentes que par l'absence des spinules centrales sur le trajet de la gouttière et par suite le moindre nombre des séries; une perforation focale en tube oblique se voit sur certaines de ces écailles, d'autres en paraissent réellement privées.

Sur un petit individu de 141ᵐᵐ, le sagitta mesure 6ᵐᵐ,4 de long, sur 4ᵐᵐ,5 de large et 1ᵐᵐ,2 d'épaisseur. Sa forme générale est irrégulièrement lancéolée. Face supéro-interne (2) convexe, courbe, parcourue assez exactement en son milieu par le sillon acoustique étendu en ligne droite depuis la saillie rostrale antérieure jusqu'à son fond, qui est proche de l'extrémité postérieure de l'otolithe sans l'atteindre toutefois; crêtes limitantes bien marquées, mais je ne distingue pas d'îlots; échancrure ostiale presque nulle. Face inféro-externe (3) plus relevée que la précédente par suite de la saillie du foyer, quelques gouttières centrifuges sur les bords de l'aire périphérique surtout dans sa moitié supérieure. Limbe en courbe assez régulière dans son demi-contour inférieur, avec des lobes dont quelques-uns forment une saillie notable vers son tiers antérieur, dans son autre moitié.

	Millim.	1/100.
Longueur.	270	»
Hauteur.	41	15
Épaisseur.	27	10
Longueur de la tête.	73	27

(1) Pl. XXI, fig. 3ᵇ.
(2) Pl. XXI, fig. 3.
(3) Pl. XXI, fig. 3ᵃ.

	Millim.	1/100.
Longueur de la nageoire caudale. . .	"	"
— du museau	27	37
Diamètre de l'œil.	25	34
Espace interorbitaire	17	23

N° 86-139, *Coll. Mus.*

Numéro du dragage.	Localité.	Profondeur.	Nombre d'indiv.
1. (Tr. 1882) VIII. . .	Golfe de Gascogne. . .	411	1
2. LXIX	Côtes du Soudan . . .	410	2
3. XCI.	Banc d'Arguin.	235	21
4. XCII.	—	140	3
5. CX.	Iles du Cap-Vert. . . .	460	2
6. CXI	—	580	6
7. CXXIII	Açores.	560	2
			40

Sous le rapport de la longueur du museau, comparée à celle de l'œil, le *Macrurus cœlorhynchus* Risso est limite entre les groupes, car si l'égalité de ces deux dimensions est habituelle, cependant dans certains cas elle est rompue en faveur du premier et ces individus, comme celui dont les dimensions sont données ci-dessus, passeraient au type du *Macrurus trachyrhynchus* Risso, mais la différence est trop faible pour mériter d'être prise en considération.

Toutefois cet allongement relatif permet à première vue de distinguer cette espèce des *Macrurus macrolepidotus* Kaup, et *M. fasciatus* Günth., chez lesquels le museau est beaucoup plus court. La disposition des spinules des écailles plutôt en carde et ne formant pas de carènes ne permet pas de la confondre avec les *Macrurus Fabricii* Sund. et *M. australis* Richards. Il est plus difficile, au moins d'après les descriptions, de différencier ce Macroure des *Macrurus atlanticus* Lowe et *M. caribbœus* G. et B. Cependant ces deux dernières espèces auraient la seconde dorsale et l'anale à rayons beaucoup plus nombreux, puisque chez la première on trouve respectivement les nombres approchés 100 et 110, chez la seconde 110 et 110, tandis que le *Macrurus cœlorynchus* ne posséderait, d'après M. Günther, que 68 et 83 rayons : il faut dire que le compte de ces parties n'est pas sans présenter certaines difficultés chez ces Gadoïdes. On peut ajouter que chez le *Macrurus atlanticus* Lowe le second rayon de la première dorsale atteint ou dépasse l'origine de la seconde si on le couche en arrière, tandis que pour le *Macrurus cœlorhynchus* Risso il atteint rarement ce point. Le *Macrurus caribbœus* G. et B. a une formule d'écaille assez différente du Macroure dont il est ici question, 6/124/15 ou 16.

173. **Macrurus trachyrhynchus** Risso.

(Pl. XXI, fig. 2, 2ᵃ. 2ᵇ, 2ᶜ.)

B. VII+D. II, 10—*n*; A. *n*+V. 6.

Écailles 3/126?/19.

Ce Macroure est médiocrement comprimé, la hauteur étant égale à 1/7 et l'épaisseur à 1/9 de la longueur, parfois même il est tout à fait arrondi.

La tête entre pour 2/7 dans cette même longueur; elle est divisée en deux régions par les crêtes âpres qui s'étendent de l'extrémité du museau à l'angle operculaire: la région supérieure, très élevée, offre une autre crête joignant la partie postérieure de l'œil au pli operculaire supérieur; elle est assez régulièrement convexe, sauf sur le museau où elle devient plus déprimée; région inférieure également un peu bombée. Le museau lui-même est aigu, aplati, muqueux sur le frais à l'extrémité, qui devient très fragile chez les exemplaires conservés dans la liqueur. Bouche assez grande, en fer à cheval, son bord antérieur étant un peu plus éloigné de l'extrémité du museau que de l'angle branchiostège, elle commence très peu en avant du niveau antérieur de l'œil et n'atteint pas son bord postérieur. Narines rapprochées, ovalaires, à grands diamètres verticaux, celui de l'antérieure au moins trois fois plus petit que celui de la postérieure. Œil développé, son diamètre horizontal, qui fait au moins 1/4 de la tête, notablement plus grand (de 1/4) que le diamètre vertical, l'espace interorbitaire lui est à très peu près

égal. Le prolongement étendu des sous-orbitaires au préoperculaire
participe à la formation de la ligne âpre rostrale citée plus haut. Barbillon grêle et court, ayant environ 2/7 du diamètre horizontal de l'œil.
Orifice branchial largement ouvert, bien que le pli operculaire ne soit
pas placé à beaucoup plus des deux tiers de la hauteur. Les pièces du
battant sont peu visibles, cependant on reconnaît que le préopercule
s'arrondit fortement en arrière et ne laisse en haut qu'un très petit
espace pour les autres pièces entrant dans la composition de cette partie.
La tête est entièrement couverte d'écailles allongées, présentant chacune
une forte carène épineuse, c'est à peine si on trouve un petit espace nu
au-dessous de la narine antérieure.

Anus reculé aux 2/3 environ de la longueur du corps. Les écailles sont
excessivement âpres et le long des nageoires impaires supérieure et inférieure existe, de chaque côté, une série de ces organes beaucoup plus
développés, auxquelles une carène médiane, élevée, épineuse, serrati-
forme, donne à peu près l'apparence d'une tuile faîtière; ces carènes se
répondant d'écaille à écaille, l'ensemble de ces dernières forme deux
plans, l'un dorsal, l'autre ventral, au milieu desquels se voient respectivement chacune des nageoires. La ligne latérale se trouve au quart
supérieur de la hauteur, assez rapprochée du dos, dont elle suit la
courbure sur une grande partie de sa longueur.

Première nageoire dorsale avec les épines très faibles; la première,
plus longue qu'elle ne l'est d'habitude dans ces poissons (11^{mm}), a 1/3 de
la hauteur, la seconde est du double plus grande; distance qui sépare
les deux dorsales très petite, on pourrait presque dire qu'elles sont
en continuité directe; la seconde s'élève en arrière où les rayons ont à
peu près comme longueur 1/3 de la hauteur du corps. Anale comparable à la seconde dorsale. La base des pectorales se trouve très peu
en avant de l'origine de la première dorsale, leur longueur équivaut
environ au diamètre horizontal de l'œil. Les ventrales sont insérées très
nettement en avant des précédentes, elles sont courtes, sauf le rayon
externe, qui se prolonge en filament.

La couleur sur le frais était uniformément d'un gris plus ou moins
bleuâtre.

Les écailles, dont M. Günther a déjà donné une figure (1), sont remarquablement rudes. Une de celles-ci, prise sur les flancs (2), est élargie, la lamelle mesurant 3^{mm},6 de long sur 5^{mm},9 de haut, on ne voit pas de crêtes concentriques nettes, les spinules sont peu nombreuses, 3 à 7, rapprochées du bord, les médianes excessivement robustes, coniques. Les écailles de la ligne latérale (3) sont absolument du même type, mais les spinules, réduites à deux, également très robustes, se trouvent près du foyer; elles peuvent être coniques ou triangulaires, le plus souvent aiguës, parfois, comme le montre la figure, tronquées, cette différence ne provient-elle pas de ruptures accidentelles ?

Le sagitta, de forme assez irrégulière, mesure, sur un individu de 340^{mm}, 14^{mm} de long, 10^{mm},3 de large et 3^{mm},3 d'épaisseur. La face supéro-interne (4) est en plan courbe d'avant en arrière, avec le sillon acoustique assez large, en gouttière, à crêtes limitantes nettes, son origine se rapproche beaucoup de l'extrémité postérieure, l'embouchure est légèrement oblique, les îlots sont surtout distincts par leur bord inférieur, qui suit parallèlement la crête limitante correspondante et forme ainsi une sorte de gouttière secondaire: rostrum constitué par l'extrémité saillante antérieure, antirostrum très développé; aire supérieure irrégulièrement bosselée et divisée partiellement par des gouttières centrifuges, aire inférieure simple. Face inféro-externe (5) avec le foyer relevé, mais les plans descendant d'une manière plus brusque en haut et en bas, l'ensemble est en dos d'âne à axe antéro-postérieur, l'aire périphérique simple en bas, en avant et en arrière, est tourmentée, comme l'autre face dans la partie supérieure correspondante. Le limbe, en courbe régulière très légèrement festonné dans sa moitié inférieure, présente au contraire, dans le reste de son étendue, des lobes excessivement saillants dont le plus fort correspond à l'antirostrum, il est suivi de trois ou quatre lobes encore très accusés, leur ensemble forme une saillie notable, rappelant jusqu'à un certain point ce qui a été signalé plus haut

----

(1) *Introduction to the Study of Fishes*, p. 551, fig. 254, 1880.
(2) Pl. XXI, fig. 2^b.
(3) Pl. XXI, fig. 2^c.
(4) Pl. XXI, fig. 2.
(5) Pl. XXI, fig. 2^a.

pour l'*Hymenocephalus italicus* Gigl. (1), on observe aussi quelques
festons à l'échancrure ostiale.

	Millim.	1/100.
Longueur.	430	»
Hauteur.	53	12
Épaisseur.	46	10
Longueur de la tête.	117	27
— de la nageoire caudale. . .	»	»
— du museau	50	43
Diamètre de l'œil.	33	28
Espace interorbitaire	32	27

N° 86-122, *Coll. Mus.*

Numéro du dragage.	Localité.	Profondeur.	Nombre d'indiv.
1. IX	Côtes du Maroc. . . .	622	1
2. XXXI	—	1103	1
3. XXXIII *bis.*	—	834	2
4. LXXII	Côtes du Soudan. . .	882	1
5. LXXX	— . . .	1139	3
6. LXXXII	— . . .	932	2
7. LXXXIII.	— . . .	930	3
8. LXXXIV.	— . . .	860	7
9. LXXXV	— . . .	830	26
10. LXXXVI.	— . . .	800	11
11. LXXXVII	Banc d'Arguin	1113	2
12. XCIII.	—	1495	1
13. CXII	Iles du Cap-Vert. . .	405	1
			61

Bien que cette espèce ait été prise dans de nombreux dragages et en
grande quantité, on n'a pu en conserver que peu d'exemplaires et encore
en médiocre état, tant ce poisson s'altère avec facilité, même dans les
liquides conservateurs, aussi avons-nous dû, pour certains détails, re-
courir aux exemplaires de la collection du Muséum, entre autres à un
type envoyé par Risso (2).

Le *Macrurus trachyrhynchus* Risso, par la disposition des épines rares
et exceptionnellement robustes, qui arment les écailles du corps, se dis-

(1) Voir page 212 et pl. XIX, fig. 1ª, 1ᵇ.
(2) N° A 7563, *Coll. Mus.*

tingue de toutes les autres espèces du § III, le *Macrurus longirostris* seul pourrait en être rapproché, suivant la remarque de M. Günther. Sans reproduire ici la diagnose différentielle donnée par cet auteur, je rappellerai, parmi les caractères cités, que les fortes écailles dorsales et ventrales ont dans cette dernière espèce leur arête formant une épine lisse et non denticulée comme cela se trouve chez le Macroure dont il est ici question.

174. Macrurus japonicus Schlegel.

(Pl. XXI, fig. 1, 1ª, 1ᵇ, 1ᶜ, 1ᵈ, 1ᵉ, 1ᶠ.)

Macrurus parallelus? Günth. *Ann. Mag. Nat. Hist.*, 4ᵉ sér., t. XX, p. 439, 1877.
— *occa?* Goode et Bean, *Proc. U. S. Nat. Mus.*, t. VIII, p. 593, 1885.

B. IV + D. 9—n; A. n.— V. 7.

Écailles 5/106?/13.

Cette espèce rappelle beaucoup la précédente par l'aspect et les proportions : la hauteur équivaut à 1/9 et la largeur à 1/10 de la longueur.

La tête fort aiguë entre pour 1/4 dans cette même dimension, sa forme générale est celle d'une pyramide quadrangulaire, dont les angles consistent en des arêtes saillantes, très âpres; les deux inférieures (1) suivent, comme chez le *Macrurus trachyrhynchus* Risso, les côtés du museau jusqu'à l'angle operculaire, elles comprennent le prolongement qui unit les sous-orbitaires au préopercule; les deux supérieures naissent un peu au devant de l'œil et passent sur celui-ci pour gagner le pli operculaire; sur la face supérieure de la pyramide, limitée par ces deux dernières arêtes, se trouvent deux autres côtes analogues, à peu près parallèles, qui divisent ainsi cette face légèrement convexe en trois parties, elles naissent au niveau du sommet de l'orbite et se prolongent jusqu'à la nuque. Museau triangulaire, spatuliforme, muqueux et gonflé sur le frais, sa longueur entre pour très près de moitié dans celle de la tête. Bouche petite,

(1) Pl. XXI, fig. 1, 1ª, 1ᵇ

en fer à cheval, son bord antérieur, plus éloigné du bout du museau
que de l'angle branchiostège, se trouve en avant de l'œil, et son
angle postérieur ne dépasse pas celui-ci; dents fines en velours aux
deux mâchoires, nulles sur le palais et la langue. Narines ovalaires
rapprochées l'une de l'autre, l'antérieure très petite, la postérieure
beaucoup plus grande, plus du triple en diamètre, placée très près
de l'œil. Celui-ci fort grand; son diamètre horizontal, supérieur au vertical, équivaut à plus de 1/4 de la longueur de la tête, l'espace interorbitaire est moindre, un peu plus de 1/5 de cette même dimension. Barbillon
ayant à peine 1/4 du diamètre horizontal de l'œil. Orifice branchial assez
large, cependant le pli operculaire ne se trouve que peu au-dessus du
milieu de la hauteur. Le préopercule se prolonge obliquement en arrière
et se réfléchit sur la face inférieure de la tête; l'espace triangulaire laissé
libre au-dessus est occupé par l'opercule à la partie supérieure et le
sous-opercule à la partie inférieure, il est caché en partie sous le précédent, l'interopercule manque. Les faces supérieure et latérales de la tête,
sauf un area bien visible autour des narines, sont couvertes d'écailles
très rudes, celles surtout placées sur les crêtes, dont les spinules
dirigées d'avant en arrière se distinguent facilement à l'œil nu; la face
inférieure est tout à fait privée d'écailles.

Corps un peu aplati; anus placé vers les deux cinquièmes antérieurs.
Écailles semblables sur tout le corps, sans séries plus fortes le long
des lignes dorsale et ventrale, elles sont âpres avec des carènes très
apparentes. La ligne latérale, à partir du pli operculaire, suit la courbure
du dos et ne se place au milieu de la hauteur qu'au delà de l'anus.

Première dorsale à seconde épine grêle, lisse, élevée, ayant à peu
près les 4/5 de la hauteur du corps, la base est au moins moitié moindre,
la distance qui la sépare de la seconde plus petite encore. Cette dernière
nageoire est basse, inférieure sous ce rapport à l'anale, qui commence
immédiatement en arrière de l'anus. Pectorales petites se terminant vers
le niveau du milieu de l'espace qui sépare les dorsales, composées
d'environ 17 rayons. Ventrales insérées en arrière des précédentes, à
rayon externe prolongé en un filament, qui dépasse l'anus.

La couleur était uniformément d'un gris rosé avec la première dorsale et les ventrales sombres ; narine postérieure bordée de noir en avant.

Une écaille des flancs (1) est à peu près hexagonale, mesurant 5^{mm},5 de long sur 5^{mm},9 de large ; foyer central, érodé ; champs antérieur et latéraux chargés de fines crêtes concentriques, aire spinigère avec des spinules robustes, rares, en séries parallèles, la série médiane est la plus distincte, formée de pointes notablement plus fortes que les latérales, inclinées les unes sur les autres en arrière, en sorte que c'est plutôt une crête dentelée, la spinule terminale fait une saillie sensible au delà du bord. Une écaille de la ligne latérale (2) offre à peu près la même forme et les mêmes dimensions, il existe une perforation focale très petite et très oblique, difficilement visible, avec une gouttière triangulaire postérieurement élargie ; de chaque côté sont des spinules rappelant ce qu'on trouve sur les écailles précédentes, celles qui sont placées le long des bords de la gouttière forment deux séries comparables à la série médiane de l'écaille des flancs.

Le sagitta est horizontalement placé, lancéolé, extrémité postérieure la plus aiguë ; sur un individu d'environ 360^{mm}, il mesure 11^{mm},9 de long sur 7^{mm},2 de large et 2^{mm} d'épaisseur ; il n'atteint que 5^{mm},5 sur un exemplaire de 105^{mm}, la forme et les détails sont d'ailleurs les mêmes pour l'un et l'autre. La face supérieure (3), assez régulièrement convexe, est parcourue en son milieu par le sillon acoustique, dont le fond atteint presque le bord postérieur de l'otolithe ; l'embouchure est centrale, antérieure ; les ilots, unis par une petite languette, se voient avec netteté ; il n'y a à proprement parler ni rostrum ni antirostrum, ni échancrure ostiale. La face inférieure (4) est relevée de la périphérie au centre. Le limbe ne présente que de faibles sinuosités. Ce sagitta est le plus simple que j'aie rencontré jusqu'ici dans le genre *Macrurus*.

Diamètre du cristallin 11^{mm}.

(1) Pl. XXI, fig. 1^b.
(2) Pl. XXI, fig. 1^f.
(3) Pl. XXI, fig. 1^e.
(4) Pl. XXI, fig. 1^d.

	Millim.	1/100.
Longueur	370	»
Hauteur	45	12
Épaisseur	38	10
Longueur de la tête	98	26
— de la nageoire caudale	»	»
— du museau	45	46
Diamètre de l'œil	27	27
Espace interorbitaire	22	22

N° 86-123, *Coll. Mus.*

Numéro du dragage.	Localité.	Profondeur.	Nombre d'indiv.
1. LXXIX	Côtes du Soudan	1232	3
2. XCIII	Banc d'Arguin	1495	4
3. CX	Iles du Cap-Vert	460	10
4. CXI	—	580	7
5. CXXI	Açores	1442	1
6. CXXVII	—	1257	11
7. CXXIX	—	2220	1
			37

Le Macroure dont la description vient d'être donnée appartient, on le
voit, au § III du tableau des espèces et paraît pouvoir se distinguer facilement du plus grand nombre de celles qui s'y trouvent énumérées. Ainsi
le *Macrurus trachyrhynchus* Risso, dont la description a été faite plus
haut, a le museau écailleux en dessous, les arêtes céphaliques supérieures non marquées, les écailles ornées d'une tout autre façon, et des
rangées de ces organes spécialement développés le long des nageoires
dorsale et anale. Le *Macrurus longirostris* Günth. offre également sur ce
point des écailles plus larges. Pour le *Macrurus macrochir* Günth., la
seconde dorsale se trouve placée à une distance de la première égale à
la moitié de la largeur de la tête; ses pectorales sont remarquablement
allongées et le rayon externe des ventrales n'est pas prolongé en filament. D'après le type des écailles on pourrait également éliminer dans
cette diagnose différentielle les *Macrurus asper*, G. et B. et *M. carmi-
natus* Goode, la rangée centrale des spinules étant semblable aux latérales dans le premier, ces spinules disposées en carde dans le second.

Restent les *Macrurus Japonicus* Schleg., *M. parallelus* Günth. et *M. Occa*

G. et B., entre lesquels j'avoue ne pas reconnaitre de différence importante à s'en remettre aux descriptions, et que je crois en conséquence devoir réunir, jusqu'à ce que la comparaison directe des types permette de juger ce qu'il y a de fondé ou non dans cette manière de voir. On remarquera que les deux premières espèces viennent des mers du Japon, la troisième et nos exemplaires de l'Atlantique.

178. **Dicrolene introniger** Goode et Bean.

(Pl. XXIII, fig. 2, 2ᵃ, 2ᵇ, 2ᶜ, 2ᵈ, 2ᵉ.)

Goode et Bean, *Bull. Mus. Havard Coll.*, t. X, p. 202, 1883.

B. VIII + D. *n*; A. *n*; + V. 2.

Écailles 7/127?/30.

Cette espèce a le corps comprimé, s'atténuant en arrière sans être précisément filiforme, si on néglige les rayons formant la nageoire caudale. La hauteur équivaut environ à 1/8 et l'épaisseur à 1/12 de la longueur.

La tête, assez forte, entre pour 2/11 dans cette dimension. Le museau est court, 1/4 de la longueur de la portion céphalique, le maxillaire dépasse le bord postérieur de l'orbite; les deux mâchoires, sensiblement égales, sont garnies de très fines dents en velours, le vomer et les palatins sont munis d'organes analogues, sur la portion médiane de l'hyoïde on en observe d'un peu plus fortes, mais sur l'extrémité linguale elles font défaut. La narine antérieure, située à peu près au milieu du museau, est ovalaire à grand axe horizontalement dirigé, et plus petite que la postérieure, laquelle se trouve contre l'orbite, placée verticalement; la première serait aisément confondue avec une des cryptes céphaliques, dont il sera parlé plus loin. Œil de très peu inférieur à la longueur du museau et à l'espace interorbitaire. Pas de barbillon. Orifice branchial largement ouvert. Préopercule arrondi présentant 3 ou 4 fortes dents espacées sur la partie postéro-inférieure du limbe; opercule également armé d'une épine horizontale

robuste, laquelle ne dépasse pas le lobe membraneux : le sous-opercule
est développé, constituant pour la plus grande part la portion postérieure du battant operculaire. Toute la tête est chargée d'écailles et
présente des pores muqueux très développés ; 6 ou 8 en dessus formant
deux séries parallèles, autant autour de l'œil, quelques-uns entre
celui-ci et l'angle branchial, 5 sous chacune des mandibules, sont
particulièrement visibles.

L'anus est placé à la terminaison du tiers antérieur de la longueur
totale. Les écailles sont petites, peu épaisses, elles manquent en grande
partie sur la plupart des individus. La ligne latérale, peu distincte,
remonte, très près de son origine, vers le dos, qu'elle suit à une petite
distance de la nageoire supérieure, mais on la perd plus ou moins loin
au delà de la moitié de la longueur du corps.

Dorsale et anale peu élevées, la première commence à une distance
de l'extrémité du museau égale à une fois un quart la longueur de la
tête, la seconde plus en arrière, très près de l'anus. A la rigueur on peut
distinguer une caudale sur une troncature postérieure. Les pectorales
sont remarquables, elles peuvent être considérées comme se composant
de deux portions, la supérieure est formée de 17 rayons unis à la base
par une membrane, c'est la nageoire pectorale proprement dite, les
9 autres sont libres sur toute leur étendue, plus épais, plus longs,
surtout le second et le troisième, en comptant de haut en bas ; ils
mesurent, en effet, au moins 1/3 de la longueur totale, les plus longs
rayons de la portion supérieure ayant à peine 1/5 de cette même dimension. Les articles cartilagineux, qui composent les rayons libres, sont
sensiblement plus courts que ceux des rayons supérieurs. Il existe
là, on le voit, une disposition analogue à celles que présentent les
Cheilodactyles, les Polynèmes, même les Trigles, chez lesquels les
régions inférieures de la pectorale deviennent des organes spéciaux du
tact. Le jeu de ces rayons tactiles, à en juger par l'épaississement de la
base et la constitution des parties cartilagineuses doubles, doit être
le même que chez les Trigles, cités précédemment à propos du
Bathypterois dubius (1). Les ventrales constituées chacune par deux

(1) Voir p. 126.

rayons grêles ayant à peine 2/3 de la longueur de la tête sont nettement jugulaires ; le rayon externe un peu plus court que l'interne.

Couleur d'un gris rosé chair, avec le pourtour de la bouche et l'orifice branchial d'un noir foncé, cette dernière teinte se retrouve, formant un petit liséré, au bord des nageoires dorsale et anale, les pectorales, surtout les rayons libres, sont d'une teinte sombre.

L'étude des écailles est intéressante comme montrant un passage très net des écailles cycloïdes ordinaires exsertes aux écailles cycloïdes sous-épidermiques. Une d'elles, prise sur les flancs (1), est oblongue, mesurant $2^{mm},4$ de long sur $1^{mm},7$ de large, à foyer excentrique, placé au tiers antérieur ; il n'y a pas de champs distincts, les crêtes concentriques, régulièrement disposées, sont coupées par des sillons centrifuges nombreux dont la plupart partent presque du foyer et qui les divisent en une multitude de petits îlots allongés. L'écaille de la ligne latérale (2), irrégulièrement arrondie, et ayant ses deux dimensions à très peu près égales, $1^{mm},8$ de long sur $1^{mm},7$ de large, est exactement du même type ; foyer excentrique, bien qu'un peu moins antérieur, il existe à une petite distance en arrière de celui-ci une perforation oblique, qu'on ne peut distinguer qu'à un fort grossissement, et deux crêtes médiocrement élevées, étroites, partant de ce point pour former une sorte de fer à cheval ouvert en arrière, c'est là sans aucun doute la base du canal caractéristique de ces écailles. Ces îlots calcaires, formés par le morcellement des crêtes concentriques, conduisent bien évidemment aux îlots plus isolés encore des écailles des *Anguilla*, des *Rhypticus*, des *Clinus* et autres poissons à écailles intracutanées.

L'encéphale (3) n'offre à noter que le grand développement des lobes optiques (*c*) et surtout des renflements de la moelle allongée (*e*), ces derniers en rapport sans doute avec l'importance prise par les rayons de la pectorale comme organe du tact. On peut rapprocher cette disposition de celle signalée plus haut chez le *Bathypterois dubius* (4).

Le sagitta hémiovoïde, elliptique, mesure $4^{mm},4$ de long sur $2^{mm},7$

(1) Pl. XXIII, fig. 2d.
(2) Pl. XXIII, fig. 2e.
(3) Pl. XXIII, fig. 2a.
(4) Voir p. 130 et pl. XV, fig. 4.

de haut et 0^{mm},7 d'épaisseur, il est placé de champ. Face interne (1)
plane avec un sillon acoustique médian, qui n'est bien visible qu'à
la partie moyenne, son fond est peu distinct et, vers l'embouchure, il
devient superficiel, entamant peu la surface, les îlots sont imparfaitement
accusés. Face externe (2) à umbo saillant, placé vers le foyer antérieur
de l'ellipse. Limbe très simple sans autre accident sensible qu'une
légère échancrure vers le milieu du bord supérieur.

Diamètre du cristallin 4^{mm}.

Trachéaux antérieurs du premier arc branchial longs, les postérieurs
et ceux des autres arcs courts, en tubercules épineux.

Vessie natatoire en sac simple, ovoïde, allongé. A la partie postérieure
et inférieure, j'ai observé un trou arrondi, de moins d'un millimètre,
dont la signification m'échappe. il était parfaitement net, à bords réguliers, ne provenant certainement pas d'une rupture accidentelle. Met-il
en rapport cette vessie natatoire avec une portion membraneuse ténue,
qui aurait disparu dans la dissection? Est-ce l'origine d'un canal pneumatophore? L'état de conservation des animaux ne m'a pas permis de
le décider.

Un feuillet péritonéal d'un noir profond revêt toute la paroi abdominale, laissant en dehors cette vessie natatoire. Le tube digestif se
compose d'un estomac allongé à extrémité assez aiguë; le duodénum,
qui en part relativement près du fond, ne présente que des cæcums
pyloriques très petits et peu distincts, disposés en couronne autour du
tube intestinal; j'en compte environ 5; la portion de l'intestin placée
à la suite est comme glanduleuse, plus élargie que le reste, à trajet
postéro-antérieur; elle forme une courbure appliquée contre le diaphragme abdomino-branchial, après laquelle l'intestin revient en arrière
au delà du cul-de-sac stomacal, se replie en ce point pour venir
former en avant une seconde courbure concentrique à la première et, à
partir de là, se dirige directement vers l'anus. L'œsophage et l'estomac
sont violet noirâtre, la première portion de l'intestin chamois plus ou
moins orangé, le reste du tube digestif jaune verdâtre. Foie médio-

(1) Pl. XXIII, fig. 2^b.
(2) Pl. XXIII, fig. 2^c.

crement volumineux, jaune chamois ainsi qu'une masse ovoïde placée
dans l'angle gastro-duodénal et qui me paraît être le pancréas.

	Millim.	1/100.
Longueur.	210	»
Hauteur.	28	13
Épaisseur.	20	9
Longueur de la tête.	39	18
— de la nageoire caudale.	20	9
— du museau.	10	25
Diamètre de l'œil.	9	23
Espace interorbitaire	10	25

N° 86-511, *Coll. Mus.*

Numéro du dragage.	Localité.	Profondeur.	Nombre d'indiv.
1. LXXIX.	Côtes du Soudan	1232	2
2. LXXIX *bis*.	—	1250	1
3. LXXX	—	1139	3
4. LXXXVII.	Banc d'Arguin.	1113	6
5. LXXXVIII	—	888	1
6. XCIII.	—	1495	28
			41

La description donnée par MM. Goode et Bean ne permet pas de douter
que ce ne soit l'espèce vue par ces ichthyologistes.

180. Prorogadus nudus.

(Pl. XXIV, fig. 2, 2ᵃ, 2ᵇ.)

B. VIII + D. *n*; A. *n* + V. 2.

Poisson très allongé, peu comprimé, la hauteur étant égale à 1/12
et l'épaisseur à 1/15 environ de la longueur.

La tête n'entre que pour 1/7 dans celle-ci. Dans l'état de conservation
où se trouve l'animal, elle est (1) anfractueuse, hérissée d'épines,
avec une crête médiane; il existe une de ces épines très forte à la

(1) Pl. XXIV, fig. 2ᵃ.

partie antérieure et moyenne de l'orbite, 2 en arrière, l'une devant
l'autre, placées sur le sous-orbitaire à l'extrémité opposée du diamètre; 5 au-dessus de l'orbite, dont une antérieure, deux moyennes
situées sur une même ligne transversale, les deux postérieures
vers l'angle supérieur, et également placées, l'une en dehors, l'autre
en dedans; enfin on trouve 2 ou 3 épines sur une crête s'étendant de l'orbite au pli operculaire; le surscapulaire en offre 5,
deux sur sa base, longitudinalement disposées (1), deux en arrière,
une à chacun des angles postérieurs, la cinquième est au bord inférieur vers le milieu de la longueur; on pourrait encore signaler
2 autres prolongements spiniformes, l'un en arrière de la narine
postérieure, il dépend du sous-orbitaire antérieur, l'autre beaucoup
moins accentué, à l'extrémité du museau. Celui-ci arrondi, aplati,
occupant 2/7 de la longueur de la tête. Bouche grande, le maxillaire
dépasse notablement l'œil; dents très fines, en velours, sur les
mâchoires, le vomer et les palatins. Narines placées l'une au quart,
l'autre à la moitié de la distance qui sépare le bout du museau du
bord antérieur de l'œil. Ce dernier occupe près de 1/5 de la tête,
l'espace interorbitaire a la même dimension. Sous-orbitaires bien distincts, anfractueux. Orifice branchial largement ouvert; préopercule
avec une gouttière limitée par un double rebord, chacun d'eux armé de
3 épines obtuses; opercule avec un aiguillon supérieur; sous-opercule
membraneux. On ne voit pas qu'il ait existé d'écailles sur la tête,
l'appareil des canaux muqueux y est très développé, particulièrement dans les sous-orbitaires et la gouttière du préopercule; sous
chacune des mandibules, 4 ou 5 enfoncements appartenant au même
appareil.

Le pédoncule caudal est très atténué, presque filiforme en arrière,
avec une faible troncature. Anus un peu en avant du tiers antérieur et à
une distance de l'origine des ventrales (39^{mm}), notablement supérieure à
la longueur de la tête. Les écailles manquant presque en totalité, je n'ai
pu en découvrir quelques-unes que dans le voisinage de l'orifice bran-

---

(1) L'épine antérieure est peut-être indépendante du surscapulaire; avec un aussi petit nombre
d'exemplaires, il n'est pas possible de décider le fait d'une manière certaine.

chial ; il ne m'a pas été possible de déterminer la position de la ligne latérale.

Dorsale commençant un peu en arrière de la base des pectorales, vers le tiers de la longueur de celles-ci ; l'anale immédiatement en arrière de l'anus ; ces nageoires sont médiocrement élevées, et les rayons terminaux, constituant la caudale ne sont pas très prolongés. Pectorales médiocres, mesurant un peu plus des 2/3 de la longueur de la tête. Ventrales un peu plus longues que les précédentes, le rayon interne légèrement plus court que l'externe.

Coloration d'un blanc rosé avec les parties inférieures et latérales de la tête, la région operculaire et l'abdomen noir-bleuâtre.

L'écaille que j'ai pu observer (1) est ovalaire, allongée, plus aiguë à l'extrémité postérieure ; elle ne mesure que 1^{mm},3 de long sur 0^{mm},6 de large ; le foyer, situé vers le tiers postérieur, est entouré de crêtes concentriques coupées au côté radical et latéralement par quelques sillons centrifuges. Ces organes sont, on le voit, du même type que chez le *Dicrolene introniger* G. et B., précédemment étudié.

	Millim.	1/100.
Longueur.	202	»
Hauteur.	17	8
Épaisseur	12	6
Longueur de la tête.	31	15
— de la nageoire caudale. . .	5	2
— du museau.	9	20
Diamètre de l'œil.	6	19
Espace interorbitaire	6	19

N° 86-537, *Coll. Mus.*

Numéro du dragage.	Localité.	Profondeur.	Nombre d'indiv.
1. XCVIII.	Banc d'Arguin.	2324	3
2. CI	Cap-Vert.	3200	1
			4

Ce poisson est évidemment très voisin du *Porogadus miles* G. et B. On peut trouver quelques différences dans les proportions générales du

(1) Pl. XXIV, fig. 2^b.

corps, mais elles sont peu importantes. L'absence des trois rangées latérales de pores, la longueur des pectorales, bien supérieure à la moitié de la longueur de la tête, les ventrales s'étendant beaucoup moins en arrière (la distance qui sépare leur extrémité de l'anus est de trois fois supérieure à la longueur du museau au lieu de lui être égale), la présence d'une épine de plus au surscapulaire, sont des caractères de plus de valeur. Cependant je ne les aurais pas regardés comme suffisants pour justifier une distinction spécifique, parce qu'ils peuvent, jusqu'à un certain point, dépendre du plus ou moins bon état de conservation de l'individu, mais, d'après la description fort complète donnée par MM. Goode et Bean, la longueur du tronc offre une différence sensible, puisque dans leur espèce la distance qui sépare l'origine des ventrales de l'anus est à peu près égale à la longueur de la tête, tandis que chez le *Porogadus nudus* cette même distance surpasse celle-ci de plus d'un quart.

La description et ces remarques s'appliquent particulièrement à un individu convenablement conservé du dragage xcviii; l'exemplaire du dragage ci est de petite taille, assez abîmé, aussi n'est-il pas facile de dire si la détermination est exacte. Il se rapproche toutefois beaucoup plus du *Porogadus nudus* que de l'espèce suivante.

181. Porogadus subarmatus.

(Pl. XXIV, fig. 3, 3ᵃ, 3ᵇ, 3ᶜ.

B. VIII — D. *n*: A. *n* ⟂ V. 2.

Espèce très voisine de la précédente, quoiqu'elle en soit certainement distincte.

Les proportions générales sont à peu près les mêmes, cependant la tête est un peu plus courte, 1/8 seulement de la longueur du corps; espace interorbitaire plus large. 2/9 de la longueur céphalique et un peu supérieure au diamètre de l'œil, qui n'entre dans celle-ci que pour 2/11. La tête est moins bien armée (1); on trouve une épine préorbitaire, une crête

(1) Pl. XXIV, fig. 3ᵃ.

postorbitaire également épineuse à sa partie postérieure, mais incomparablement moins saillante; l'aiguillon operculaire existe également; en revanche, elle est beaucoup plus anfractueuse. Au devant des yeux se voient 2 gros pores, un de chaque côté, et en arrière une série de 7 autres non moins développés, disposés en fer à cheval à concavité tournée en arrière, sur la portion pariéto-occipitale de la tête; les pores se continuent au delà pour gagner la ligne latérale en passant sur le pli operculaire. Les sous-orbitaires, le bord préoperculaire, la partie inférieure des mandibules, présentent de semblables enfoncements, qui dépendent évidemment du système dit muqueux. La distance qui sépare la racine des ventrales de l'anus est un peu supérieure à la longueur de la tête (30^{mm}).

La coloration est celle de l'espèce précédente, la bouche, le battant operculaire, l'abdomen, présentent une teinte noire par transparence, les muqueuses et les séreuses correspondantes étant très foncées.

Comme dans le *Porogadus nudus*, les écailles sont excessivement peu adhérentes et manquaient sur tous les individus, qui cependant étaient en nombre dans le dragage; c'est à grand'peine que j'ai pu en trouver une près de la fente operculaire. Elle est de forme irrégulièrement arrondie, mesurant 1^{mm},7 sur 1^{mm},4; le foyer est excentrique, sans que je puisse dire s'il est antérieur ou postérieur, car la surface est uniformément couverte de crêtes concentriques fines et régulières, sans sillons ni lobes qui permettent de l'orienter. C'est encore bien évidemment une écaille cycloïde intracutanée.

Sagitta hémilenticulaire; ses dimensions sur un individu de 190^{mm} étaient de 1^{mm},7 de long sur 1^{mm},5 de large et 0^{mm},7 d'épaisseur. La face supéro-interne (1) est très simple; presque plane avec un enfoncement médian, qui représente le sillon acoustique. Face inféro-externe (2) relevée vers un umbo légèrement excentrique. Limbe assez exactement circulaire, sauf en avant, où se trouve une petite troncature rectiligne.

Diamètre du cristallin 2^{mm},7.

Trachéaux antérieurs du premier arc branchial allongés, les autres courts, épineux. Vessie natatoire simple.

(1) Pl. XXIV, fig. 3^b.
(2) Pl. XXIV, fig. 3^c.

L'estomac est en siphon, de couleur noire, et le duodénum présente, près de son origine, une demi-douzaine environ de cæcums pyloriques disposés circulairement autour de lui; ils sont courts, arrondis, blanc-jaunâtre, comme le reste de l'intestin.

Les œufs sortant de l'abdomen sont rouge de Saturne.

	Millim.	1/100.
Longueur	204	»
Hauteur	17	8
Épaisseur	12	6
Longueur de la tête	27	13
— de la nageoire caudale	6	3
— du museau	8	29
Diamètre de l'œil	5	18
Espace interorbitaire	6	22

N° 86-530, *Coll. Mus.*

Numéro du dragage.	Localité.	Profondeur.	Nombre d'indiv.
Cl	Cap-Vert	3200	11

Genre SIREMBO Bleeker.

Bathynectes Günther, 1878.
Bathyonus Goode et Bean, 1885.

Corps arrondi ou faiblement comprimé, pédoncule caudal longuement atténué en arrière, ligne latérale toujours simple, en général peu distincte, souvent incomplète. Tête gonflée, lisse; museau sans barbillons ni cils; yeux médiocres ou petits; dents égales, fines, en velours aux deux mâchoires, sur le vomer et sur les palatins; une épine operculaire, parfois deux; préopercule à bords ordinairement lisses. Nageoires verticales confondues; pectorales le plus souvent simples, ne présentant qu'exceptionnellement un ou deux rayons tactiles isolés; elles sont placées en avant de l'anus; ventrales jugulaires.

Ce genre est très voisin des *Dicrolene* G. et B. et des *Porogadus* G. et B. Le premier s'en distingue par la présence d'épines préoperculaires,

jointe à la disposition de la pectorale; le second par les aspérités qui
recouvrent la tête. Ces caractères ont-ils réellement une valeur générique? Il est permis d'en douter.

Quoi qu'il en soit, la diagnose donnée ci-dessus peut permettre de
distinguer ces poissons parmi les genres nombreux qui composent aujour-
d'hui la section des BROTULINA dans la famille des OPHIDIIDÆ. Elle s'applique
au *Sirembo imberbis* Schleg., type réel du groupe et laisse en dehors le
Sirembo armatus Schleg., mal connu d'après un exemplaire sec en mauvais état et dont la place ne peut être déterminée.

Le genre *Bathynectes* Günth., dont le nom, pour fait de priorité, a été
changé en celui de *Bathyonus* par MM. Goode et Bean, ne me paraît pas
devoir en être séparé, au moins d'après les caractères donnés par ces
auteurs (1), ne voyant pas nettement sur quoi repose la distinction.

Ainsi limité, le genre *Sirembo* comprendrait aujourd'hui une douzaine
d'espèces; il faut joindre en effet au type primitif, *Sirembo imberbis* Schleg.,
les *Sirembo Messieri* Günth., *S. laticeps* Günth., *S. compressus* Günth., *S.
gracilis* Günth., *S. catena* G. et B., *S. pectoralis* G. et B., et quatre
espèces nouvelles dont on trouvera ci-après la description, *S. Guentheri,
S. metriostoma, S. murænolepis, S. microphthalmus, S. oncerocephalus.*

192. Sirembo Guentheri.

(Pl. XXIV, fig. 5.)

Br. VIII + D. *n* ; A. *n.* + V. 2.

Poisson à corps plus ramassé qu'il ne l'est en général dans les espèces
du même groupe. La hauteur équivaut à 1/8, et l'épaisseur au 1/11 de
la longueur.

La tête entre pour 2/11 dans cette même dimension, son chanfrein descend obliquement en avant: museau élargi, arrondi, légèrement déprimé,
sa longueur fait les 2/9 de la tête elle-même. Bouche bien fendue, le

<hr>

(1) Voir en particulier les diagnoses génériques données par M. Günther pour le genre *Sirembo*
(Cat. Brit. Mus. Fishes. t. IV. 373, 1862 , et pour le genre *Bathynectes* (*Introduction to the Study of
Fishes*, p. 547, 1880 .

maxillaire se prolongeant notablement au delà du bord orbitaire postérieur. La dentition n'offre rien de particulier. Narine antérieure petite,
placée vers la moitié de la longueur du museau, la postérieure plus
visible, rapprochée de l'orbite, au niveau du diamètre transversal de l'œil.
Celui-ci petit, un peu plus de 1/7 de la longueur de la tête, l'espace
interorbitaire, 2/5 de cette dimension, est presque triple de l'œil.
Système dit muqueux représenté, au-dessous de ce dernier, par une gouttière formée d'une sorte de lambeau transversal en haut et des sous-
orbitaires en bas, elle se termine en cul-de-sac en avant où une cloison
verticale limite un enfoncement, un gros pore antérieur, en arrière elle
est ouverte ; une gouttière analogue se trouve en avant du préopercule,
elle se change en un canal sous la mâchoire inférieure, lequel ne com-
munique bien visiblement au dehors que par un pore de petite dimension
placé près de la symphyse. Fente operculaire largement ouverte, épine de
l'opercule forte. La tête paraît avoir été entièrement couverte d'écailles.

L'anus est à 40ᵐᵐ de l'origine des ventrales, distance supérieure d'environ 1/4 à la longueur de la tête. Les écailles ayant disparu, il n'est
pas possible de bien déterminer la position de la ligne latérale.

Dorsale commençant au niveau de l'orifice branchial, à rayons médiocrement élevés ; l'anale lui est semblable et prend son origine un peu
en arrière de l'anus, vers les 2/5 de la longueur. La petite troncature du pédoncule caudal permet de distinguer, à la rigueur, une
nageoire impaire terminale, mesurant à peine 1/12 de la longueur
du corps. La pectorale compte environ 16 rayons ; les trois inférieurs
sont isolés, non toutefois aussi nettement que chez le *Dicrolene
introniger*, G. et B., mais doivent remplir le même office d'organe tactile, car ils sont très développés ; l'inférieur, le plus long, mesure au
moins 1/4 de la longueur du corps (55ᵐᵐ). Les ventrales sont d'un tiers
moins longues que la tête, insérées à l'isthme du gosier bien en avant
des pectorales, chacune composée de deux rayons égaux.

Couleur entièrement d'un blanc rosé, le revêtement d'un noir intense,
qui tapisse les cavités buccales, branchiales et abdominales, fait par
transparence apparaître ces parties en noir.

Diamètre du cristallin 3ᵐᵐ.

	Millim.	1/100.
Longueur	170	»
Hauteur	23	13
Épaisseur	15	9
Longueur de la tête	32	19
— de la nageoire caudale	15	9
— du museau	7	22
Diamètre de l'œil	5	15
Espace interorbitaire	13	40

N° 86-525, *Coll. Mus.*

Numéro du dragage.	Localité.	Profondeur.	Nombre d'indiv.
Cl	Cap-Vert	3200ᵐ	2

C'est avec doute que je donne cette espèce comme nouvelle, car,
sauf le caractère d'élongation des rayons inférieurs de la pectorale, elle
me parait ressembler de tous points, d'après la description, au *Sirembo
(Bathynectes) laticeps* Günth., auquel je l'avais d'abord réunie. Comme
cette disposition anatomique, quoique très apparente, peut être difficile à
constater, si les individus ne sont pas dans un état parfait de conservation, il est possible que ces deux espèces doivent être réunies après
comparaison des types.

Le *Sirembo Guentheri* fait, on le voit, passage très direct aux *Dicrolene*, dont il diffère par l'absence d'épines préoperculaires.

193. Sirembo metriostoma.

(Pl. XXIII, fig. 3, 3ᵃ, 3ᵇ.)

B. VII + D. *n*.; A. *n* + V. 1.

Écailles 10/151/33.

Ce poisson est allongé, élevé sur une certaine partie de sa longueur,
car il ne s'atténue sensiblement qu'au delà de la moitié du corps. Sa
hauteur égale à peu près 1/7 de la longueur, l'épaisseur est moitié
moindre.

La tête entre pour environ 1/5 dans cette même dimension, elle est anfractueuse sur l'animal conservé dans la liqueur, mais gonflée sur le frais par des liquides muqueux. Museau obtus, arrondi, faisant près de 1/5 de la tête, la mâchoire supérieure dépasse un peu la mandibule, le maxillaire s'étend au delà du bord orbitaire postérieur ; de fines dents en velours sur les mâchoires, les palatins, la portion médiane de l'hyoïde, très peu plus fortes sur le vomer. Narines petites, arrondies, sur une même ligne horizontale, l'antérieure vers la moitié du museau, la postérieure contre le bord orbitaire. Œil un peu plus long que le museau, 2/9 de la longueur de la tête, égalant l'espace interorbitaire. Orifice branchial largement ouvert; 2 ou 3 dents triangulaires, assez fortes au bord du préopercule; elles sont, sur l'animal intact, cachées sous la peau, l'opercule offre une forte épine horizontale, qui ne dépasse pas le lobe membraneux; le sous-opercule est développé, s'étendant sur la plus grande partie du bord postérieur du battant. Toute la tête est couverte d'écailles; les pores muqueux ne sont pas apparents.

L'anus se trouve au tiers de la longueur totale et distant de l'origine des ventrales d'un peu plus que la longueur de la tête (30ᵐᵐ). Écailles petites, bien distinctes, paraissant moins caduques que dans beaucoup des espèces voisines. La ligne latérale, en partant du pli operculaire, se prolonge au même niveau jusque vers le milieu du corps parallèlement à la ligne dorsale et se perd en arrière.

Origine de la dorsale nettement plus reculée que la base des pectorales; anale commençant très près de l'anus, toutes deux médiocrement élevées. Pectorales sans rayons inférieurs libres, mesurant environ la moitié de la longueur de la tête. Ventrales longues, n'ayant chacune, au moins en apparence, qu'un seul rayon prolongé un peu au delà des pectorales.

Couleur grisâtre passant au noir par transparence à la bouche, sur le battant operculaire et le ventre; un liséré sombre borde les nageoires impaires.

Écailles de grandeur moyenne. Une du corps (1) est en ovale allongé, mesurant 1ᵐᵐ,39 de long sur 0,79 de large, à foyer légèrement reculé et

____

(1) Pl. XXIII, fig. 3ᵃ.

entouré de crêtes concentriques régulières ; celles-ci sont coupées en arrière par 3 ou 4 sillons centrifuges, courts, entre lesquels se voient des lobes marginaux peu saillants ; des sillons existent également sur les champs latéraux, mais en s'avançant vers le bord libre ils deviennent de moins en moins nets et finissent par disparaître (1). Une écaille de la ligne latérale (2) est irrégulièrement arrondie et ne se distingue des précédentes que par l'absence de crêtes concentriques à la partie postérieure, qui devient membraneuse.

	Millim.	1:100.
Longueur.	136	»
Hauteur.	19	14
Épaisseur.	10	7
Longueur de la tête.	26	19
— de la nageoire caudale. . .	»	»
— du museau.	5	19
Diamètre de l'œil.	6	23
Espace interorbitaire	6	23

Numéro du dragage.	Localité.	Profondeur.	Nombre d'indiv.
1. XCV	Banc d'Arguin.	1230	1
2. CXXI.	Açores	1442	1
3. CXXVII	—	1257	1
			3

Le *Sirembo metriostoma* se distingue du *S. imberbis* Schleg., par la dimension de la tête, qui, chez ce dernier, est plus grande, 2/7 de la longueur. Chez les *S. laticeps* Günth., *S. compressus* Günth., *S. gracilis* Günth., l'œil est beaucoup moins développé, au plus 2/11 de la tête. Le *S. Messieri* Günth. offre un museau moitié plus long que le diamètre oculaire. L'espace interorbitaire du *S. pectoralis* G. et B a un peu plus de deux fois ce même diamètre. C'est évidemment avec le *S. catena*, G. et B., qu'existent le plus d'affinité ; cependant on trouve chez celui-ci, d'après la description donnée par les auteurs américains, une tête plus

(1) La netteté des sillons latéraux et postérieurs est exagérée sur la figure.
2° Pl. XXIII, fig. 3b.

courte, elle ne fait guère que 1/10 de la longueur du corps et les
ventrales insérées plus en arrière. On peut ajouter que les épines préoperculaires constituent pour le *Sirembo metriostoma* un caractère
spécial, qui le rapproche beaucoup des *Dicrolene*, mais il n'a pas de
rayons allongés spécialement tactiles à la pectorale.

194. Sirembo murænolepis.

(Pl. XXIII, fig. 4, 4ª.)

B. VI $\div$ D. n; A. $n \div$ V. 2.

Poisson comprimé, élevé, la hauteur étant équivalente aux 2/11
de la longueur du corps et l'épaisseur à 1/13.

La tête, comme longueur, égale la première de ces dimensions, elle est
plutôt comprimée. Museau médiocre, 3/11 de la tête. Bouche peu
étendue, car le maxillaire ne dépasse pas le bord postérieur de l'œil ;
ces rapports, il est vrai, sont assez difficiles à apprécier, car sur les deux
exemplaires qui ont été pris, les mâchoires sont luxées, largement
ouvertes et il n'est pas possible de les rétablir en position ; dents très
petites, n'offrant d'ailleurs rien de remarquable à noter. On ne distingue
clairement que la narine postérieure rapprochée de l'œil. Celui-ci est
grand, près de 1/4 de la longueur de la tête, l'espace interorbitaire a la
même dimension, tous deux par conséquent très peu plus courts que le
museau. Orifice branchial largement ouvert. Les pièces operculaires,
recouvertes par la peau, ne sont pas distinctes ; l'opercule se termine
par 2 épines naissant vers le même point, la supérieure, analogue à celle
qu'on trouve dans les autres animaux du même genre, est droite, horizontale, l'inférieure descendante, courbée en cimeterre, atteint la partie
moyenne du bord postérieur operculaire, sa pointe se termine là au
même niveau que celui de l'épine supérieure. La tête est entièrement
couverte d'écailles semblables à celles du corps.

Anus aux deux cinquièmes de la longueur, à une distance de la base
des ventrales (23ᵐᵐ) à très peu près égale à la longueur de la tête. Les
écailles couvrent tout le corps, sauf la région abdominale, qui en paraît

dépourvue ; elles sont petites, serrées, ni en rangées régulières, ni imbriquées, mais formant une sorte de mosaïque ; on en compte environ une dizaine au-dessus de la ligne latérale. Celle-ci, placée au quart de la hauteur, marche parallèlement à l'arête dorsale, et disparaît vers le tiers postérieur du pédoncule caudal.

La dorsale commence à peu près au milieu de la longueur des pectorales, l'anale, immédiatement en arrière de l'anus ; toutes deux sont peu élevées. Pectorale à bord postérieur un peu convexe, sans rayons libres : on en compte 21 ; sa longueur moitié de celle de la tête. Ventrales ayant à peu près la même dimension ; les deux rayons, qui composent chacune d'elles, unis à la base, l'interne notablement plus long que l'externe.

Couleur générale gris lilas, devenant bleuâtre à la gorge et sur l'abdomen ; tout le corps parsemé d'une multitude de ponctuations pigmentaires noires ; nageoires bistre pâle, sauf les ventrales, qui sont d'une teinte foncée. Iris gris-bleu avec un cercle, étroit, argenté, bordant la pupille.

Les écailles sont de formes assez variées, et cela sur un même point du corps, tantôt hexagonales très allongées, comme celle qui se trouve figurée ici (1), laquelle mesure $1^{mm},3$ sur $0^{mm},8$, d'autres fois oblongues ou ovoïdes, ou orbiculaires ; le foyer n'est jamais central ; de fines stries concentriques recouvrent toute la surface ; elles sont divisées en flots par des sillons centrifuges qui atteignent généralement le foyer. Je n'ai pu trouver d'écailles de la ligne latérale, laquelle n'est sans doute formée que de parties membraneuses.

	Millim.	1/100.
Longueur.	109	»
Hauteur.	21	19
Épaisseur.	9	8
Longueur de la tête.	21	19
— de la nageoire caudale.	»	»
— du museau	6	28
Diamètre de l'œil.	5	24
Espace interorbitaire	5	24

N° 86-523, *Coll. Mus.*

(1) Pl. XXIII, fig. 4.

Numéro du dragage.	Localité.	Profondeur.	Nombre d'indiv.
LXIX.	Côtes du Soudan. . .	410	2

Le *Sirembo murænolepis* assez voisin du précédent comme aspect se distingue par les mêmes caractères que lui des autres poissons de ce genre. Les deux espèces ne peuvent toutefois être confondues, le *Sirembo metriostoma* ayant les ventrales notablement plus allongées et simples, les écailles d'un type moins franchement sous-cutané, plus apparentes, le maxillaire moins prolongé en arrière, une seule épine operculaire.

195. Sirembo microphthalmus.

(Pl. XXIV. fig. 4.)

B. VI — D. *n*; A. *n* — V.1.

Ce poisson est moins comprimé, plus anguilliforme que les précédents; sa hauteur équivaut à 1/10, la largeur à 1/13 de la longueur.

Tête entrant pour 1/5 dans cette même dimension, aplatie en dessus, étroite, allongée. Le museau, qui en fait environ les 4/11, est un peu spatuliforme; la mâchoire supérieure s'avance sensiblement au delà de l'inférieure. Bouche infère, moins grande que ne le ferait supposer la longueur du maxillaire, qui dépasse l'œil, mais n'est guère plus long que la moitié de la tête. Dents petites, en velours sur les mâchoires, les palatins, le vomer, formant un Λ sur ce dernier. Narine antérieure rapprochée du bout du museau, munie d'une sorte de voile membraneux, la postérieure à moitié de la distance rostro-oculaire. Œil très petit, presque caché sous la peau, cependant distinct, même sur le frais; son diamètre équivaut à peine à 1/20 de la longueur de la tête, tandis que la distance interorbitaire en égale près de 1/4. Orifice branchial largement ouvert. Pièces operculaires indistinctes; le préopercule porte vers l'angle quatre épines, robustes; l'opercule en présente une, subulée, forte, faisant saillie très peu au-dessus de la partie moyenne du bord libre du battant; à son point d'origine elle se recourbe de bas en haut, rappelant un peu la disposition de l'épine operculaire inférieure du *Sirembo murænolepis*. La joue et le battant operculaire sont couverts d'écailles, le reste de la tête est nu avec des enfoncements, en rapport avec des cavités gonflées, sur le frais, par une substance muqueuse.

Anus vers les deux cinquièmes antérieurs, à une distance de la base des ventrales (37^{mm}) très supérieure à la longueur de la tête. Les écailles sont excessivement petites, peu visibles à l'œil nu, noyées dans la peau, plus distinctes à la partie ventrale que sur le reste du corps. La ligne latérale ne paraît représentée que par une série d'élévations très peu apparentes, qui cessent même vers la moitié de la longueur; elle est rapprochée de la ligne du dos.

Origine de la dorsale vers le milieu de la pectorale, celle de l'anale immédiatement après l'anus; toutes deux sont basses. Les pectorales, composées de 13 rayons, ont comme longueur moitié de celle de la tête; elles sont lancéolées, les deux rayons inférieurs détachés, sans être plus développés que les autres. Ventrales encore plus petites; leur terminaison visiblement obtuse pourrait faire douter au premier abord qu'elles fussent intactes, cependant cette particularité se retrouve sur les trois exemplaires et de la même façon.

Coloration blanche, sauf la tête noir bleuâtre ainsi que l'abdomen, et la nageoire pectorale d'une teinte sépia foncée.

Écailles tout à fait orbiculaires; leur diamètre ne dépasse pas 0^{mm},4; le foyer, suivant les cas, exactement ou à très peu près central, est entouré de crêtes concentriques, divisées par des sillons centrifuges, dont la majeure partie atteignent le foyer, le tout formant un dessin d'une grande régularité. Ce sont encore des écailles d'un type franchement intra-cutané.

	Millim.	1/100.
Longueur.	142	»
Hauteur.	14	10
Épaisseur.	10	7
Longueur de la tête.	28	20
— de la nageoire caudale.	»	»
— du museau	10	36
Diamètre de l'œil.	1,5	5
Espace interorbitaire	7	24

N° 86-539, *Coll. Mus.*

Numéro du dragage.	Localité.	Profondeur.	Nombre d'indiv.
CI	Cap-Vert.	3200	3

Cette espèce, par son aspect extérieur et la petitesse de ses yeux, diffère trop de tous les autres *Sirembo* pour qu'il soit nécessaire d'insister sur les caractères différentiels; on pourrait même se demander s'il ne conviendrait pas d'en faire un genre à part. Cependant, autant que la description permet d'en juger, elle ne serait pas sans présenter quelques rapports avec le *Sirembo compressus* Günth.; chez celui-ci toutefois la distance ventro-anale serait beaucoup plus faible, seulement égale à la longueur de la tête, et l'œil placé plus en avant, au quart antérieur de celle-ci.

196. Sirembo oncerocephalus.

(Pl. XXIV, fig. 6.)

B. VIII+D. *n*; A.*n*; + V. 1.

Ce poisson, pour la forme générale du corps, se rapproche plus que le précédent des espèces typiques du genre *Sirembo*; il est allongé, comprimé, la hauteur n'étant guère que 1/9 et l'épaisseur 1/13 de la longueur.

La tête entre pour 2/11 dans cette même dimension; elle est arrondie, gonflée sur le frais, au point de ne laisser voir aucune des saillies du crâne. Museau hémisphérique, occupant 3/11 de la longueur de la tête et dépassant la bouche. Celle-ci médiocre, quoique le maxillaire s'étende notablement au delà de l'œil, il n'arrive pas au niveau de la partie moyenne de la tête; les deux mâchoires, le vomer et les palatins sont garnis de dents fines en velours. Narines peu éloignées l'une de l'autre, l'antérieure proche de l'extrémité du museau, la postérieure à égale distance de la précédente et de l'œil. Ce dernier, peu apparent, caché sous les téguments; son diamètre fait à peine 1/15 de la longueur de la tête, espace interorbitaire cinq fois plus grand. Orifice branchial largement ouvert; les pièces composant le battant operculaire, noyées dans le tégument muqueux qui couvre la tête, sont indistinctes; il ne paraît y avoir qu'une épine mousse à l'opercule. Écailles peu visibles sur le vertex, davantage sur les joues et le battant operculaire.

Anus au tiers de la longueur du corps et séparé de l'origine des ventrales par une longueur (48ᵐᵐ) un peu supérieure à celle de la tête. Les écailles, très ténues, sont cependant légèrement imbriquées les unes sur les autres; le plus grand nombre manquent. Pas de ligne latérale perceptible, à moins qu'elle ne se confonde avec l'interstice musculaire latéral supérieur.

Dorsale commençant un peu en avant de l'orifice branchial, anale immédiatement en arrière de l'anus, l'une et l'autre assez élevées en arrière, presque moitié de la hauteur du corps. Caudale assez distincte. Pectorales courtes, un peu plus d'une demi-longueur de tête, composées de 21 rayons unis par une membrane. Ventrales de même dimension que les précédentes, assez robustes, obtusément terminées.

Couleur d'un blanc assez pur, tête entièrement noir bleuâtre, teinte qui se retrouve, mais moins intense, sur l'abdomen.

Les écailles que j'ai pu étudier ont été prises dans le voisinage de la fente branchiale. La mieux conservée est ovoïde mesurant 2ᵐᵐ,9 sur 2ᵐᵐ,3, à foyer excentrique, très probablement antérieur, il est entouré de crêtes nombreuses, excessivement fines, très régulièrement disposées et espacées, sans trace de sillons centrifuges, ce qui est assez différent de ce que l'on a vu exister dans les autres espèces.

	Millim.	1/100.
Longueur	221	»
Hauteur	26	12
Épaisseur	17	7
Longueur de la tête	41	18
— de la nageoire caudale	18	8
— du museau	11	27
Diamètre de l'œil	2,5	6
Espace interorbitaire	12	29

N° 86-541, *Coll. Mus.*

Numéro du dragage.	Localité.	Profondeur.	Nombre d'indiv.
Cl	Cap-Vert	3200	1

Cette espèce peut être regardée plus encore que la précédente comme anormale dans le genre *Sirembo*; sa tête gonflée, la petitesse de l'œil comparé à la longueur du museau et à la largeur de l'espace inter-orbitaire lui donnent un faciès très particulier.

205. Bythites crassus.

(Pl. XXV, fig. 1.)

B. VIII + D. *n*.; A. *n*. + V. 2.

Écailles 20/156? 50.

Par sa forme générale, ce poisson se rapproche assez du *Bythites fuscus* Reinh.; sa hauteur fait un peu plus de 1/5, et son épaisseur de 1/9 de la longueur.

La tête entre environ pour 2/11 dans celle-ci; elle est épaisse, le museau bombé, arrondi en quart de cercle. Bouche médiocrement fendue; le maxillaire ne dépasse que de peu le bord postérieur de l'œil. Il existe des dents fines en velours aux deux mâchoires, aux palatins, au vomer; ces dernières forment une plaque en triangle très surbaissé, les angles en sont simples; il existe aussi des dents de même sorte sur la langue. Narine antérieure vers le premier tiers du museau, assez grande, allongée horizontalement, entourée d'un repli cutané qui forme un tube nasal rudimentaire; on trouve une fente ou fossette profonde, placée au-dessous et descendant jusqu'au bord de la lèvre supérieure; narine postérieure un peu plus petite, ovalaire, verticale, rapprochée de l'œil. Celui-ci peu développé, à peine 1/8 de la longueur de la tête; espace interorbitaire beaucoup plus grand, près des 4/11 de cette même dimension. Orifices branchiaux largement ouverts; membranes branchiostèges s'unissant en angle et passant librement sous la gorge. Pièces operculaires enveloppées d'une peau épaisse, qui ne permet pas d'en distinguer les rapports; l'épine de l'opercule est toutefois bien distincte, aplatie, robuste, sa pointe n'atteint pas le bord membraneux; autant qu'il est permis d'en juger au travers des téguments, le préopercule serait obtusément denté. Toute la tête, y compris les mâchoires inférieures et la partie des téguments répondant aux membranes branchiostèges, couvertes d'écailles comme le reste du corps.

Celui-ci est très comprimé dans la seconde moitié du pédoncule caudal. Anus un peu en avant du milieu de la longueur. Écailles petites, comme le montre la formule, serrées, se prolongeant sur les nageoires dorsale, anale et même pectorales. Une ligne latérale supérieure, placée au tiers environ de la hauteur, suit parallèlement le bord du dos et, sur le pédoncule caudal, se perd plus ou moins loin, car celle de gauche paraît plus prolongée que celle de droite; une autre inférieure se voit sur la moitié postérieure de ce même pédoncule, elle est plus rapprochée du bord ventral que l'autre ne l'est du bord dorsal. Il est douteux qu'il existe une troisième ligne latérale également sur la partie postérieure du pédoncule juste à mi-hauteur; ce n'est peut-être que l'interstice entre les masses musculaires dorsale et ventrale, l'état de l'exemplaire ne permet pas de décider cette question.

La dorsale, assez peu distincte à son origine, étant recouverte par le tégument écailleux, commence en arrière de la base des pectorales, elle est peu élevée, 1/3 à peine de la hauteur; sa base est engagée dans la peau. L'anale a exactement la même apparence et se trouve placée immédiatement en arrière de l'anus. Il n'y a pas, à proprement parler, de caudale. Les pectorales sont courtes, moitié environ de la longueur de la tête, arrondies, fortement engagées aussi dans le tégument. Ventrales, en réalité composées de deux rayons, mais intimement unis à leur base, l'interne, le plus long, est de très peu supérieur à la moitié de la hauteur (34^{mm}): l'externe n'a que les 3/5 de cette même dimension (20^{mm}), il est libre dans sa moitié terminale.

La couleur était uniformément d'un brun rougeâtre, plus foncé, passant au noir sur les nageoires.

Les écailles du corps sont en ovale régulier, longues de 3^{mm} à 4^{mm}, hautes de 1^{mm} à 1^{mm},5: bien qu'appartenant au type des écailles intracutanées, elles paraissent disposées régulièrement et imbriquées, autant qu'on en peut juger, car elles manquent sur une grande partie du corps. Le foyer est excentrique, placé vers le quart postérieur de la longueur, entouré de crêtes coupées par des sillons centrifuges, lesquels sont assez régulièrement espacés à leur terminaison sur le limbe, et s'arrêtent plus ou moins loin du centre pour partager ces crêtes en îlots quadrilatères allongés concentriquement et presque égaux entre eux (1). Je n'ai pu observer les écailles de la ligne latérale, soit qu'elles aient été enlevées, soit, ce qui me paraît plus probable, qu'un système de canaux simplement membraneux les remplace.

Les viscères, sur un individu unique, n'ont pu être examinés d'une façon suffisante. Cependant j'ai pu reconnaître que les trachéaux antérieurs du premier arc branchial sont allongés, les autres en tubercules courts; il n'y a pas de pseudobranchie, mais il existe une vessie natatoire. Le boyau pylorique naît assez près du fond de l'estomac; on trouve de petits cæcums grêles allongés; deux seuls étaient distincts: il doit, je suppose, y en avoir davantage, sans qu'ils paraissent être nombreux. En arrière de l'anus, très développé, se voit nettement un pore abdominal par lequel les produits de la glande mâle doivent être conduits à l'extérieur, un repli séreux formant canal relie les laitances à cet orifice.

	Millim.	1/100.
Longueur.	300	"
Hauteur.	63	21
Épaisseur.	34	11
Longueur de la tête.	59	19
— de la nageoire caudale. . .	20	6
— du museau.	15	25
Diamètre de l'œil.	8	13
Espace interorbitaire	21	35

N° 86-552, *Coll. Mus.*

Numéro du dragage.	Localité.	Profondeur.	Nombre d'indiv.
CXXXVI	Atlantique N.	4255	1

Cette espèce, tout en se rapprochant du *Bythites fuscus* Reinh. et du *Neobythites Gilli* G. et B., en est certainement distincte. Le premier a la

---

(1) C'est le type d'écaille décrit plus haut pour le *Sirembo muraenolepis*, voir pl. XXIII, fig. 4ª.

tête plus allongée, puisqu'elle occupe 1/4 de la longueur; on trouve de plus de petits cirrhes céphaliques, la bouche est plus fendue, le maxillaire s'étendant bien au delà de l'orbite; enfin il existe une papille anale, mais comme c'est là un caractère sexuel variant peut-être avec la saison, on peut ne pas en tenir compte. Quant au *Neobythites Gilli* G. et B., pour ne citer que les caractères les plus saillants, l'œil égale l'espace interorbitaire et est beaucoup plus grand, puisqu'il occupe 3/11 de la longueur de la tête, la plaque dentaire vomérienne a une forme différente; le maxillaire s'étend bien au delà de l'œil, les ventrales sont beaucoup plus longues et atteignent presque l'anus.

Il ne me paraît pas que le genre *Neobythites* puisse être conservé; le seul caractère distinctif se tire de la présence d'une épine operculaire et de deux épines à l'angle du préopercule; or la première se trouve également sur l'individu typique de Reinhardt, d'après l'examen qu'a bien voulu en faire à ma demande M. Lutken; quant aux épines préoperculaires, elles sont, de l'avis de MM. Goode et Bean, faibles; on ne peut guère voir là au plus qu'un caractère spécifique.

Genre ALEXETERION (1).

Peau nue. Tête courte, à mâchoire inférieure relevée verticalement au devant de la supérieure, bouche ascendante. Des dents fines aux deux mâchoires, manquant sur le vomer et les palatins. Œil rudimentaire. Barbillon nul. Orifice branchial largement ouvert; membrane branchiostège libre. Anus éloigné de la gorge. Nageoires verticales confondues. Pectorales distinctes, ventrales nulles.

Ce genre offre des affinités multiples, qui rendent sa position assez difficile à déterminer.

La dorsale unique, confondue avec l'anale et la caudale, doivent évidemment le faire ranger parmi les Ophididæ. Mais, d'un côté, son aspect extérieur, la petitesse des yeux le rapprochent de certains Brotulina,

(1) Ἀλεξητήριον, amulette, talisman.

tels que les *Typhlonus* Günth., les *Aphyonus* Günth., dont il diffère par l'absence de ventrales; d'autre part ce dernier caractère indiquerait peut-être des rapports avec les Fierasferina, seulement la position de l'anus, placé notablement plus en arrière, est toute différente chez l'*Alexeterion*, qui ne s'éloigne pas moins des Ammodytina également apodes.

Dans ces dernières années (1883), M. Giglioli a fait connaître un genre *Bellottia*, qu'il place parmi les Ophidiidæ et chez lequel les ventrales font défaut; sans se prononcer absolument sur la situation que peut occuper ce genre dans la famille, l'auteur compare ce poisson au *Pteridium*. On n'a encore que des renseignements très incomplets sur ce *Bellottia* et l'*Alexeterion*; ils ne sont connus, le premier que par deux exemplaires, le second par un seul, décrit ci-après; il est toutefois présumable que ces deux genres devront être considérés comme faisant passage des Fieras-ferina aux Brotulina, bien plus près toutefois de ces derniers.

Quant aux différences à établir entre eux, les plus saillantes peuvent se tirer de la présence, chez les *Bellottia*, de dents plus fortes au milieu des dents en velours à la mandibule, de ce que le vomer et les palatins y sont armés, enfin, sans doute, de la direction des mâchoires.

207. Alexeterion Parfaiti.

(Pl. XXV, fig. 2, 2ᵃ, 2ᵇ.)

B. V + D. 48 ; A. 40 + V. 0.

Corps allongé, comprimé, surtout dans la partie postérieure, la plus grande hauteur n'étant guère que 1/6 et l'épaisseur, au niveau des pectorales, 1/8 de la longueur.

La tête entre pour 1/6 dans celle-ci; sa forme globuleuse lui donne un aspect assez singulier qui, par suite de la disposition de la bouche, rappelle ce que l'on connaît chez les *Uranoscopus*, les *Synanceia*, etc. Elle est comme tronquée en avant; le museau occupe le bord supérieur de la troncature; la bouche, arrondie en fer à cheval, est dirigée verticale-ment, la mâchoire inférieure étant, lors de l'occlusion de l'orifice, tout à fait relevée, les deux mandibules se courbent en dehors et circonscrivent entre elles un ovale, qui dans cette position regarde directement en avant; intermaxillaire étroit, à peu près de même longueur que le maxillaire, lequel est dilaté à son extrémité postérieure, ou plus exactement inférieure, puisque lui aussi est verticalement placé (1). On trouve des dents fines, égales, sur la mandibule et sur la partie antéro-supérieure de l'intermaxillaire; sur ce dernier elles ne paraissent pas s'étendre plus loin ; je n'ai pu en reconnaître ni sur le vomer ni sur les palatins. L'œil, très rudimentaire, fort petit, environ 1/15 de la longueur de la tête, n'apparaît que comme une tache noire, pigmentaire; il n'était guère plus visible sur le frais. Orifice branchial large, son angle branchiostège se prolonge très loin en avant; la petitesse du poisson et l'état membraneux des parties scléreuses ne permettent pas de bien distinguer les pièces operculaires.

Anus vers le milieu de la longueur du corps. Il n'est pas possible de constater trace d'écailles ou de ligne latérale.

Les nageoires impaires sont confondues, commençant à la partie dorsale au niveau de l'anus, très peu plus en arrière à la partie ventrale, les rayons excessivement délicats sont longs de 4^{mm} à 5^{mm}. Pectorales étendues jusqu'au niveau d'origine de la dorsale. Ventrales nulles. Le dénombrement des rayons est assez difficile vu la petitesse et l'état de conservation de l'individu.

La couleur était uniformément d'un blanc très légèrement rosé.

	Millim.	1/100.
Longueur.	42	»
Hauteur.	7	16
Épaisseur.	5	12
Longueur de la tête.	7	16
— de la nageoire caudale.. . .	»	»
— du museau.	3	43
Diamètre de l'œil.	0,5	7
Espace interorbitaire	4	57

N° 86-554. *Coll. Mus.*

(1) Pl. XXV, fig. 2ª.

Numéro du dragage.	Localité.	Profondeur.	Nombre d'indiv.
CXXXVII.	Atlantique N.	5005	1

Cette espèce, intéressante par la profondeur à laquelle elle a été trouvée, ne peut guère, comme on l'a vu par les caractères génériques, être
confondue avec aucun autre des OPHIDIIDÆ. Celui qui paraît s'en rapprocher peut-être davantage serait le *Bellottia apoda* Gigl., très différent
toutefois par son aspect, comparable, d'après l'auteur de l'espèce, au
Pteridium atrum Risso, par sa coloration foncée, par son œil beaucoup
plus développé, 1/5 de la longueur de la tête, par les pores muqueux qui
couvrent le corps et surtout la partie céphalique, ce dont il n'existe pas
trace sur l'*Alexeterion Parfaiti*, enfin par les rayons de la dorsale et de
l'anale certainement plus nombreux, D. 90; A. 75; C. 12.

209. Motella tricirrhata Bloch.

L'individu pêché à bord du *Talisman* était entièrement d'un beau rouge
carmin, plus foncé au bord libre des nageoires impaires, sur les nageoires
paires et aux barbillons. Iris d'un joli bleu grisâtre.

	Millim.	1/100.
Longueur.	113	»
Hauteur.	16	14
Épaisseur.	10	8
Longueur de la tête.	23	20
— de la nageoire caudale. . .	13	11
— du museau.	6	26
Diamètre de l'œil.	5	22
Espace interorbitaire	4	17

N° 86-555, *Coll. Mus.*

Numéro du dragage.	Localité.	Profondeur.	Nombre d'indiv.
1. (Tr. 1882) XXXIV. .	Côtes du Maroc. . . .	112	1
2. LXXI.	— du Soudan. . .	640	1
			2

Bien que ces individus soient de petite taille, pour celui dont il est particulièrement question ici et provenant du second dragage, les proportions générales et la présence d'une rangée de dents externes plus fortes ne permettent pas de le rapporter au *Motella maculata* Risso, ni au *M. fusca* Risso. L'autre étant moins développé, la détermination est douteuse.

Il est singulier de trouver cette espèce côtière et plutôt sédentaire à une semblable profondeur, cela ne doit-il pas être mis en rapport avec la latitude moins élevée?

219. **Læmonema robustum** Günther.

B. IV + D. 5 — 61 ; A. 60 + V, 2.

Écailles 12/154/30.

Les individus capturés sont de petite taille, les uns brunâtres, les autres blanchâtres, tous avec les nageoires dorsale et anale lisérées de noir; la coloration différente de ces derniers paraît due à la chute des écailles.

Celles-ci petites, en quadrilatère allongé, arrondi aux deux extrémités, celles du corps mesurent $1^{mm},8$ de long sur 1^{mm} de large. Foyer plus ou moins éloigné du bord antérieur, mais toujours au delà du milieu, en ovale allongé; les crêtes concentriques suivent assez régulièrement la direction du bord libre, sur le champ postérieur, mais en avant se dirigent directement au bord radiculaire, sauf six ou sept, les plus voisines du foyer, lesquelles se réunissent sous un angle aigu en avant de celui-ci, les sillons centrifuges font absolument défaut (1). Celles de la ligne latérale sont du même type, plus petites, $1^{mm},3$ sur $0^{mm},8$, mais le foyer, répondant au point où naît le canal, est reculé jusqu'au bord postérieur de l'écaille et le champ correspondant n'existe pas; on trouve là un espace circulaire, sans accidents; les crêtes en partent pour gagner le bord adhérent comme dans les écailles précédentes; sur l'espace circulaire s'insère un tube membraneux long de $0^{mm},2$ constituant un véritable canal.

Le sagitta, long de 7^{mm} sur $2^{mm},6$ de haut et $2^{mm},2$ d'épaisseur, est

(1) Disposition analogue à celle figurée pour d'autres poissons, voir Pl. XVIII, fig. 1e, Pl. XXIII, fig. 1e.

énorme comparativement à la taille de l'animal (180^{mm} pour l'exemplaire étudié); il appartient comme forme au type singulier, dont on trouvera la description plus loin pour le *Physiculus Dalwigkii* Kaup (1); l'extrémité antérieure est seulement moins saillante, plus arrondie.

	Millim.	1/100.
Longueur.	130	„
Hauteur.	17	13
Épaisseur.	15	11
Longueur de la tête.	30	23
— de la nageoire caudale.	7	5
— du museau	10	33
Diamètre de l'œil.	11	
Espace interorbitaire	4	13

N° 86-556, *Coll. Mus.*

Numéro du dragage.	Localité.	Profondeur.	Nombre d'indiv.
1. (Tr. 1882) XXXVIII.	Côtes du Maroc.	636	1
2. CX.	Iles du Cap-Vert.	460	3
3. CXI.	—	580	20
4. CXIII^.	—	760	5
			29

Le genre *Læmonema* diffère très peu des *Phycis*, car le nombre des rayons de la première dorsale, 5 au lieu de 8 ou 10, me paraîtrait plutôt devoir être considéré comme un simple caractère spécifique, et l'absence d'écailles sur les nageoires impaires est, dans bien des cas, d'une constatation difficile. Faut-il y joindre le caractère tiré de la forme du sagitta? Nos connaissances sur la valeur taxinomique de cet organe ne permettent guère, à l'heure actuelle, de juger cette question.

Trois espèces ont été signalées et c'est du *Læmonema robustum* Günth., que nos individus paraissent se rapprocher soit par les formules de la seconde dorsale et de l'anale, soit par celle des écailles, enfin par la longueur des ventrales, qui dépassent notablement l'anus. Chez le *Læmonema Yarrellii* Lowe, on ne trouve que 110 écailles à la ligne latérale, le

____

(1) Voir page 291 et pl. XXV, 3,ᵃ 3ᵇ, 3ᶜ.

L. barbatula G. et B. a les nageoires ventrales beaucoup moins étendues.

Ces différences ont évidemment une importance médiocre; il serait nécessaire, avant d'admettre ces espèces comme réelles, de comparer des individus en nombre et de vérifier les modifications que l'âge ou la saison peuvent apporter.

221. Phycis albidus Linné-Gmélin.

(Pl. XXVI, fig. 4, 4ª.)

B. VI + D. 8 — 52; A. 51 + V. 2.

Écailles 8 /105/23.

Il existe dans la distinction des espèces du genre *Phycis* une confusion telle, que je ne puis présenter qu'avec réserve la détermination spécifique ici proposée. Les individus dragués sont tous de petite taille, 50^{mm} à 100^{mm}, ce qui rend la chose encore plus difficile.

Ils se rapprochent du *Phycis albidus* L. Gm. par leur première dorsale sensiblement plus élevée que la seconde, 14^{mm} au lieu de 10^{mm}, et les ventrales dépassant notablement l'anus.

La coloration était d'un blanc rosé sur le corps, argentée sur le ventre et la tête; première dorsale brunâtre à la pointe, la seconde dorsale et l'anale lisérées de cette même teinte, celle-là avec deux taches sombres, l'une tout à fait à la partie antérieure, l'autre juste au milieu de la longueur. Pectorales d'un blanc laiteux.

Sagitta amygdaloïde allongé, à grosse extrémité antérieure, de taille moyenne; sur un individu long de 70^{mm} il mesure 4^{mm},8 de long, 1^{mm},8 de haut et 1^{mm},3 d'épaisseur. Face supéro-interne (1) bombée en travers, irrégulièrement striée suivant la longueur, une strie plus étendue presque médiane représente le sillon acoustique, il est très peu profond, difficile à reconnaître. Face inféro-externe (2) mamelonnée, une partie des vallécules la coupent d'un bord à l'autre. Limbe, surtout inférieurement, festonné par la saillie de ces mêmes mamelons.

Diamètre du cristallin 3^{mm}.

(1) Pl. XXVI, fig. 4.
(2) Pl. XXVI, fig. 4ª.

	Millim.	1/100.
Longueur.	98	»
Hauteur.	19	19
Épaisseur.	11	11
Longueur de la tête.	24	24
— de la nageoire caudale.	11	11
— du museau.	8	33
Diamètre de l'œil.	7	29
Espace interorbitaire	6	24

N° 83-104, *Coll. Mus.*

Numéro du dragage.	Localité.	Profondeur.	Nombre d'indiv.
1. (Tr. 1881) XV.	Villefranche	40	1
2. (—) XXVIII.	Penon de Velez.	370	1
3. (Tr. 1882) XXV.	Côtes du Portugal.	460	1
4. (—) XXVI	—	370	2
5. (—) XXVII.	—	450	1
6. (—) LVIII	—	440	1
			7

Ce poisson n'est pas à proprement parler une espèce des grandes profondeurs, d'après ces dragages il n'atteindrait pas tout à fait les fonds de 500 mètres.

222. **Phycis mediterraneus** Delaroche.

Un exemplaire, encore moins déterminable que les précédents, vu sa petite taille, peut provisoirement être rapporté à cette espèce.

La première dorsale est de même hauteur que la seconde, les ventrales n'atteignent pas l'anus.

Teinte générale plus sombre que dans les individus décrits plus haut du *Phycis albidus* L. Gm., il existe partout de petites ponctuations noires particulièrement visibles sur la tête, qui est argentée dans ses parties inférieures ainsi que le ventre. Nageoires incolores, même les ventrales, qui, par suite, sont assez difficiles à distinguer au premier abord.

	Millim.	1/100.
Longueur.	54	»
Hauteur.	12	22
Épaisseur.	8	15
Longueur de la tête.	15	28
— de la nageoire caudale. . .	5	9
— du museau	4	26
Diamètre de l'œil.	5	33
Espace interorbitaire	3	20

N° 83-98, *Coll. Mus.*

Numéro du dragage.	Localité.	Profondeur.	Nombre d'indiv.
(Tr. 1882) I.	Golfe de Gascogne. .	614	1

Physiculus Dalwigkii Kaup.

(Pl. XXV, fig. 3, 3ᵃ, 3ᵇ, 3ᶜ.)

B. VI + D. 6 — 65 ; A. 68 + V. 5.

10/130/33.

Des individus de tailles variées, 120ᵐᵐ à près de 300ᵐᵐ de long, ont été pris dans deux dragages. Ils répondent parfaitement à la description donnée par M. Günther [1], sauf sur quelques points de détail, et l'on ne peut guère douter de l'assimilation avec ce type spécifique.

Sur le gros individu dont les dimensions sont données plus loin, je n'ai compté, il est vrai, que VI rayons branchiostèges ; mais un petit exemplaire, en assez mauvais état pour qu'on ait pu le sacrifier, m'en a montré VII. Je ne vois pas les épines nuchales du cou dont parle le savant directeur du *British Museum;* les sus-scapulaires font un peu saillie sous la peau : est-ce de cela qu'il s'agit ? Enfin à la ventrale cet auteur ne signale qu'un rayon prolongé, le rayon externe, sur nos exemplaires le second l'est également.

L'état de conservation des individus ne permet de calculer la formule des écailles que par la trace des cryptes, elles manquent presque

[1] Günther, *Cat. Brit. Mus. Fishes*, t. IV, p. 348.

partout, je n'ai pu en trouver que vers la ligne latérale et près de la pectorale, celles-ci irrégulières, toutes d'ailleurs du type cycloïde. Les premières sont en quadrilatère allongé, à petits côtés légèrement arrondis, longues de 2^{mm},9, larges de 1^m,7; foyer linéaire placé sur la moitié postérieure; les crêtes concentriques sont dirigées presque directement d'arrière en avant, et parallèles aux bords latéraux, elles s'infléchissent vers l'axe antéro-postérieur à leurs extrémités, celles du centre s'unissant sous un angle aigu, les autres aboutissant au bord adhérent et au bord libre; l'aire postérieure est chargée de ponctuations pigmentaires.

Le sagitta, sur un individu de 180^{mm}, est long de 9^{mm}, haut de 3^{mm}, épais de 2^{mm},8, il offre un aspect des plus insolites, sa forme peut être comparée à la moitié d'un fuseau, irrégulièrement anfractueux, coupé suivant son axe par un plan qui, dans la position normale de l'organe, serait vertical. Cette face (1) est la face interne, elle se trouve divisée en deux portions inégales par un sillon ou mieux une fente profonde surtout postérieurement, c'est là sans doute le sillon acoustique; la portion inférieure, la plus longue et un peu plus large que la supérieure, se rétrécit en pointe obtuse à ses deux extrémités et présente, en son milieu, une surface allongée dans laquelle on pourrait voir l'îlot postérieur, si la forme inusitée de ce sagitta ne rendait toute assimilation difficile, en dessus règne une gouttière dépendant du sillon acoustique; la portion supérieure s'écarte de la précédente surtout en arrière, où elle offre une pointe aiguë, particulièrement bien visible lorsqu'on regarde l'otolithe par en haut. La surface convexe, placée en dehors de la face plane interne précédente, correspond à ce qu'on désigne habituellement sous le nom de face inféro-externe, laquelle ici regarde successivement en haut, en dehors puis en dessous; on peut lui considérer deux faces : l'une supérieure (2), avec quelques mamelons, présente, en arrière de son milieu, sur sa moitié interne, une incisure transversale limitée en dedans par la pointe aiguë dont il a été question plus haut, mourant insensiblement en dehors, cette incisure dépend du sillon acoustique;

(1) Pl. XXV, fig. 3^a.
(2) Pl. XXV, fig. 3^b.

la face inférieure (1) est plus simple, grossièrement mamelonnée. Cette forme d'otolithe qui n'a pas, que je sache, encore été décrite, s'observe dans quelques autres espèces, par exemple le *Læmonema robustum* Günth., cité plus haut (2).

Le cristallin mesurait 6^{mm} de diamètre sur ce même individu.

	Millim.	1/100.
Longueur.	276	»
Hauteur.	38	14
Épaisseur.	36	13
Longueur de la tête.	65	23
— de la nageoire caudale.	25	9
— du museau	22	34
Diamètre de l'œil.	17	26
Espace interorbitaire	14	21

N° 86-572, *Coll. Mus.*

Numéro du dragage.	Localité.	Profondeur.	Nombre d'indiv.
1. LXII.	Côtes du Soudan.	782	1
2. LXXI	—	640	5
			6

Le *Physiculus Dalwigkii* Kaup se distingue facilement du *P. fulvus* Bean, par ses écailles plus petites, la formule donnée pour ce dernier étant 6/61 ou 62/16, et du *P. Kaupi* Poey, par la présence d'une épine operculaire, qui manque à ce dernier.

Genre BROSMICULUS.

Corps allongé. Une seule dorsale et une seule anale; caudale distincte; ventrales étroites composées de 5 rayons. Dents médiocres, bisériées aux deux mâchoires; dents vomériennes et palatines nulles. Pas de barbillon ni de pseudobranchie.

Ce genre, tout en étant voisin des *Brosmius* par sa forme générale et

(1) Pl. XXV, fig. 3ᵉ.
(2) Voir page 287.

la disposition des nageoires, s'en distingue par l'absence de dents au palais et de barbillon génial. On pourrait ajouter que l'anus est porté plus en avant et l'anale de même longueur que la dorsale.

Je n'ai compté non plus que VI rayons branchiostèges; mais n'ayant qu'un individu à ma disposition, je n'oserais répondre que ce chiffre soit exact.

229. Brosmiculus imberbis.

(Pl. XXV, fig. 4.)

B. VI + D. 58; A. 58 + V. 5.

Écailles 7/81/23.

Gadidé ayant l'apparence des *Brosmius*. La plus grande hauteur égale environ 1/6 et l'épaisseur, en avant, 1/9 de la longueur.

La tête entre dans celle-ci pour 2/9; elle est un peu plus haute que large, arrondie, le museau obtus, tronqué, fait le 1/4 de sa longueur. Bouche médiocrement fendue, bien que le maxillaire atteigne le niveau du centre de l'œil; la mâchoire inférieure dépasse légèrement la supérieure, l'angle symphysaire étant un peu proéminent. Des dents aux deux mâchoires, espacées, coniques, bien visibles, quoique petites, sur deux rangs, l'un externe, l'autre interne : vomer et palatins inermes. Narine antérieure petite, arrondie, la postérieure plus grande, allongée verticalement, rapprochées l'une de l'autre et de l'œil; dans l'espace qui les sépare se voit un lambeau cutané formant opercule pour la seconde. Œil occupant 1/4 de la longueur de la tête; espace interorbitaire notablement plus grand, 3/10 de cette même dimension. Les sous-orbitaires cachent en grande partie le maxillaire. Pas de barbillon génial. Orifice branchial largement ouvert, membrane branchiostège libre. Préopercule arrondi; opercule en triangle rectangle, soutenu par deux côtes divergentes, partant de l'angle droit antérosupérieur, l'une suit le côté supérieur, l'autre, s'écartant peu du côté antérieur, atteint vers son quart inférieur le bord libre qui est légèrement convexe, elles ne dépassent ni l'une ni l'autre ce dernier; interopercule formant une bordure parallèle au préopercule; pas de sous-opercule distinct. Toutes les pièces operculaires sont membraneuses, peu résistantes, couvertes de fines stries rayonnantes. La tète est complètement écailleuse jusqu'à l'extrémité du museau.

Le corps s'atténue régulièrement d'avant en arrière et devient en même temps de plus en plus comprimé. Anus au quart de la longueur. La ligne latérale rapprochée du dos se perd vers les trois cinquièmes de la longueur; peut-être y en a-t-il plusieurs, mais il ne reste qu'un trop petit nombre d'écailles, pour permettre de juger de la disposition réelle sur le poisson dans son état d'intégrité.

La nageoire dorsale a son origine en arrière de la base de la pectorale, elle occupe, ayant partout la même hauteur, la presque totalité du dos et s'arrête à une petite distance de la caudale. L'anale commence presque au même niveau que la précédente et finit avec elle, lui étant en tout comparable. Caudale arrondie, 23 rayons, mesurant environ 1/10 de la longueur. Pectorales un peu plus courtes que la tète, 21 rayons. Ventrales jugulaires, moins longues que les précédentes, à base étroite, cependant aplatie, le second rayon, le plus développé de beaucoup, dépasse l'origine de l'anale.

Coloration sombre, plus claire sur la tète, la partie postérieure du dos et le pédoncule caudal; joues argentées; nageoires impaires d'un brun sépia foncé, les nageoires paires noirâtres.

D'après les quelques écailles qui ont pu être examinées et dont les seules un peu intactes appartiennent à la ligne latérale, le type est cycloïde, analogue à celui décrit pour l'*Hymenocephalus longifilis*, G. et B. (1), mais elles sont régulièrement ovoïdes, longues de 2^{mm},3, larges de 1^{mm},4; le foyer est au tiers postérieur et les crêtes concentriques parallèles au bord libre dans le champ correspondant, se réunissent en angle aigu ou aboutissent au bord adhérent, suivant qu'elles sont plus ou moins rapprochées de l'axe; il existe au bord postérieur une échancrure sur laquelle s'insère un tube membraneux dépendant du système de la ligne latérale; lorsque ce tube manque, il est difficile de savoir si

(1) Pl. XXIII, fig. 1er.

l'écaille n'est pas une écaille du corps, car on ne trouve ni perforation, ni gouttière.

Diamètre du cristallin 3ᵐᵐ,3.

	Millim.	1/100.
Longueur.	159	»
Hauteur.	27	17
Épaisseur.	18	11
Longueur de la tête.	36	22
— de la nageoire caudale.	17	10
— du museau.	9	25
Diamètre de l'œil.	9	25
Espace interorbitaire	11	30

N° 86-569, *Coll. Mus.*

Numéro du dragage.	Localité.	Profondeur.	Nombre d'indiv.
CX.	Iles du Cap-Vert.	460	2

230. Halargyreus brevipes.

(Pl. XXV, fig. 5).

B. VII + D. 8 — 56 ; A. 26 — 22 + V. 5.

Écailles 7/122/30.

Pour l'aspect extérieur, ce poisson présente une certaine ressemblance avec le *Merluccius vulgaris* (L.) Flem., le corps est presque arrondi en avant, l'épaisseur étant à peu près égale à la hauteur, qui mesure environ 1/8 de la longueur.

La tête entre pour 1/4 dans celle-ci, elle est un peu moins haute que large. Museau médiocre, à contour ovalaire, occupant environ 1/3 de la longueur de la tête. Bouche assez grande, bien que le maxillaire ne s'étende pas au delà du niveau du centre de l'orbite; la mâchoire inférieure avec une petite saillie dure en avant de la symphyse, dépasse nettement la supérieure ; l'une et l'autre sont armées de dents fines en velours, le vomer et les palatins sont inermes. Narines contiguës, ovalaires, grandes, rapprochées de l'œil. Celui-ci équivaut à 1/4 de la longueur de la tête; espace interorbitaire notablement moindre, 2/11 seulement de cette même dimension. Pas de barbillon génial. Orifice branchial largement ouvert; préopercule arrondi, opercule et sous-opercule se terminant chacun par une extrémité lamelleuse, appointie, formant la partie saillante du bord operculaire. Toute la tête est couverte d'écailles jusqu'à l'extrémité du museau.

Anus vers le milieu de la longueur du corps. La presque totalité des écailles étant tombées, il est assez difficile de se rendre compte de l'aspect général du poisson; la ligne latérale se rapproche du dos, même sur le pédoncule caudal, en avant, elle se trouve vers le quart supérieur. Les traces laissées par les écailles permettent cependant d'établir la formule et font juger qu'elles sont nombreuses.

Les nageoires impaires ont été aussi fort détériorées, en particulier la caudale. L'origine de la première dorsale se trouve en arrière de la base des pectorales, cette nageoire est courte; la seconde se trouve presque immédiatement après elle et laisse en arrière un espace appréciable entre sa terminaison et les faux rayons de la caudale. La première anale commence environ au niveau du quart antérieur de la seconde dorsale; la seconde est presque continue avec elle, la différence de hauteur des rayons seule les distingue. Caudale nettement séparée des deux nageoires impaires précédentes, surtout de l'anale, précédée de faux rayons fulcroïdes; elle est en trop mauvais état pour qu'on puisse en apprécier la forme. Pectorales médiocres, mesurant environ comme longueur 1/3 de la tête (30^{mm}). Ventrales excessivement courtes; moins de moitié des précédentes.

Couleur rougeâtre, argentée sur les joues et les parties inférieures; pectorales sombres; cavités buccale et branchiale d'un noir intense.

L'état de conservation ne permet pas d'étudier les écailles d'une manière complète, sauf celles de la ligne latérale, car je n'ai pu en trouver du corps que dans le voisinage de celle-ci, et la forme irrégulière qu'elles affectent peut faire supposer qu'il s'agit d'écailles anormales, comme il est fréquent d'en observer sur ce point; l'une d'elles, ovale, lancéolée vers l'extrémité libre, est longue de 5^{mm}, large de $2^{mm},7$, le foyer est à très peu près central, les crêtes concentriques se réunissent en avant et en arrière de lui sous des angles plus ou moins aigus pour les médianes, les plus extérieures atteignant le bord adhérent ou le bord libre. Une écaille de la ligne latérale est en quadrilatère un peu élargi au bord radical, qui est arrondi, les trois autres étant rectilignes et le postérieur carrément coupé; elle mesure $4^{mm},4$ de long sur $3^{mm},4$ de large; les champs antérieur et latéraux sont occupés par des crêtes concentriques parallèles aux côtés et serrées sur ces derniers, plus écartées, unies en angle aigu ou atteignant le bord adhérent, sur le premier; le champ postérieur présente au centre une surface chagrinée, rectangulaire, offrant une crête élevée de chaque côté; une lame membraneuse transforme le tout en canal sur le frais; le petit espace latéral compris entre le canal et les extrémités des champs latéraux est couvert de stries écartées, parallèles au bord libre.

	Millim.	1/100.
Longueur.	350	"
Hauteur.	44	12
Épaisseur	39	11
Longueur de la tête.	89	25
— de la nageoire caudale.	23?	6
— du museau.	28	31
Diamètre de l'œil.	22	25
Espace interorbitaire	17	19

N° 86-578, *Coll. Mus.*

Numéro du dragage.	Localité.	Profondeur.	Nombre d'indiv.
XXI.	Côtes du Maroc.	1319	1

La seule espèce citée du genre est l'*Halargyreus Johnsonii* Günth. de Madère. Notre espèce s'en distingue très aisément, à en juger par la description, car je ne sache pas que ce type générique ait été figuré; dans celui-ci, la tête est beaucoup plus haute que large, le maxillaire dépasse le centre de l'œil, les mâchoires sont égales, la dorsale commence au niveau de la racine des pectorales et le rayon ventral externe est prolongé en un filament; ajoutons que les trachéaux antérieurs externes sont plus longs que les lamelles branchiales, caractère qui ne se rencontre pas chez l'*Halargyreus brevipes*.

231. **Mora mediterranea** Risso.

(Pl. XXV, fig. 6, 6ª).

B. VII + D. 7—44 ; A. 13—13 + V. 6.

Écailles 7/87/24.

Ce poisson a été, depuis Risso, décrit avec soin par plusieurs zoologistes ; toutefois, les figures données soit dans l'*Ichtyologie des îles Canaries*, soit dans le *Fauna italica*, ne sont pas absolument satisfaisantes ; aucune ne rend, surtout d'une manière convenable, la grandeur de l'œil, dont le diamètre dépasse visiblement la longueur du museau.

Écailles grandes, relativement à la taille du poisson, et assez caduques. Sur le corps, pour l'individu type, l'une d'elles mesure 11^{mm} sur 9^{mm} ; elle est de forme quadrilatérale à bords antérieur et postérieur légèrement saillants en angle ; quoique le centre soit érodé sur une grande étendue, il est facile de constater que les crêtes concentriques, parallèles entre elles et au bord libre sur le champ postérieur, s'écartent d'arrière en avant, de telle sorte que les médianes s'unissent en angle aigu vers le bord radical, que les moyennes aboutissent à ce dernier et les externes aux bords latéraux. Une écaille de la ligne latérale est en trapèze, le bord libre représentant le petit côté parallèle ; elle mesure $9^{mm},1$ sur $8^{mm},7$; à la partie moyenne du bord postérieur aboutit un canal mi-partie scléreux, mi-partie membraneux, bien limité, occupant 1/4 environ de la longueur de l'écaille ; les stries concentriques sont disposées comme sur les écailles du corps.

Le sagitta, sur un exemplaire de plus petite taille, environ 300^{mm}, mesure $14^{mm},5$ de large sur $9^{mm},2$ de plus grande hauteur et $3^{mm},3$ d'épaisseur ; sa forme, très singulière, peut être comparée à celle d'une hache ; dans le crâne il est placé verticalement avec le lobe, figurant le fer de la hache, en avant et en haut. La face interne (1) présente un sillon acoustique mal défini en avant, où il est formé de deux rainures peu profondes limitant un large îlot antérieur quadrangulaire, allongé ; en arrière, le sillon est constitué par une double gouttière tordue en portion de spire ;

(1) Pl. XXV, fig. 6.

la gouttière inférieure très profonde se dilate en spatule postérieurement, l'autre devient indistincte en avant, où la crête limitante supérieure s'efface; la saillie linéaire qui sépare ces deux demi-canaux peut être regardée comme l'homologue de l'îlot postérieur; l'échancrure ostiale, répondant au sillon supérieur en avant, est bien marquée par suite de la saillie de l'antirostrum, le rostrum se confond avec l'embouchure du sillon acoustique, laquelle par suite n'est pas apparente; les aires supérieure et inférieure disparaissent en arrière, la première, formée par le lobe, est demi-circulaire avec une extrémité postérieure presque linéaire; la seconde est fort étroite, toutes deux ont leur surface faiblement anfractueuse. La face externe (1) offre des dépressions plus fortes, dont une longitudinale fait, en quelque sorte, la contre-partie du sillon acoustique s'étendant de l'échancrure ostiale presque jusqu'à l'extrémité du manche et séparant celui-ci du lobe; une autre dépression gagne le bord supérieur. Le limbe, autour du lobe saillant supérieur, est irrégulièrement festonné.

	Millim.	1/100.
Longueur	430	»
Hauteur	103	24
Épaisseur	65	15
Longueur de la tête	110	25
— de la nageoire caudale	57	13
— du museau	27	24
Diamètre de l'œil	34	30
Espace interorbitaire	23	21

N° A 4798, *Coll. Mus.*

Numéro du dragage.	Localité.	Profondeur.	Nombre d'indiv.
1. (Tr. 1881) XXXIV et XXXV.	Sétubal	1367	9
2. (Tr. 1882) I.	Golfe de Gascogne.	614	2
3. IX.	Côtes du Maroc...	622	3
4. XI.	...	1084	1
5. XXXIII	— ...	1350	1
6. XLVII.	— ...	1163	1
7. XLVIII	— ...	1180	1
8. L.	Canaries	975	2
			20

(1) Pl. XXV, fig. 6ᴬ.

Ce Gadoïde a déjà été cité comme pris dans l'Océan, en premier lieu, par MM. Webb et Berthelot (1), puis par Brito Capello (2), les premiers l'ayant rencontré aux îles Canaries, le second sur les côtes du Portugal. Partout, même dans la Méditerranée où il a été signalé pour la première fois par Risso, ce Gade est indiqué comme rare, ce qu'on doit attribuer à la difficulté qu'ont les pêcheurs pour l'atteindre dans les grandes profondeurs qu'il habite d'ordinaire. A Sétubal, 9 ont été pêchés devant nous, leur taille était assez considérable, l'un des plus grands mesurant 470^{mm} de longueur totale, nous en avons pris par contre à bord du *Travailleur* n'ayant que 85^{mm}.

Suivant les observations rapportées par Valenciennes, d'après MM. Webb et Berthelot, dans les points où ces naturalistes ont recueilli ce poisson, on le pêche toute l'année par 183^m et 366^m (100 et 200 brasses), profondeur très différente de celle de 1,367^m, à laquelle descendent ces animaux sur les côtes de Portugal. Bonaparte (3) se contente de dire que le *Mora mediterranea* Risso est un poisson des grands fonds, lequel se rapprocherait des côtes en été.

La comparaison des individus rapportés par la Commission scientifique du *Travailleur* et du *Talisman*, avec les exemplaires venant de la Méditerranée et faisant partie des collections du Muséum, ne peut laisser aucun doute sur leur identité spécifique, question que M. Günther s'était posée dans son catalogue des Poissons du *British Museum;* les dents de la partie antérieure du palatin se voient chez tous les individus ayant acquis une certaine taille.

232. Merluccius vulgaris (Linné) Fleming.

B. VIII + D. 11 — 40 ; A. 32 + V. 7.

Écailles 15/168/21.

Écailles du corps très allongées; une d'elles, prise près de la dorsale (sur l'individu du dragage LXIII choisi comme type), est longue de 10^{mm}, large

(1) *Ichthyologie des îles Canaries*, par Valenciennes, p. 76. Pl. XIV, fig. 3 ; 1836-1844 (sous le nom d'*Asellus canariensis*).

(2) *Cat. Peixes de Portugal*, p. 30, n° 141 ; 1880.

(3) *Iconographia della Fauna Italica*.

de 4^{mm}, arrondie en avant, appointie à l'autre extrémité; foyer un peu en arrière du milieu de la longueur; crêtes concentriques assez régulièrement parallèles au bord libre et aux bords latéraux dans la partie postérieure, dans le champ antérieur les médianes se réunissent entre elles, les externes aboutissent au bord adhérent. Écailles de la ligne latérale beaucoup plus petites, 4^{mm},2 sur 3^{mm},2, avec une perforation centrale très nette; couvertes de crêtes serrées, régulièrement concentriques dans les champs antérieur et latéraux, le champ postérieur étant occupé sur toute son étendue par un canal large, en carré, demi-membraneux.

Le sagitta est lamelleux, remarquable par sa longueur, courbé un peu suivant celle-ci sur la face externe; chez un individu de 450^{mm} environ, il mesure 31^{mm} de long sur 10^{mm} de large et 2^{mm},6 seulement d'épaisseur; élargi et obtus antérieurement, en arrière il se rétrécit en pointe. Face interne un peu convexe d'avant en arrière, avec un sillon acoustique large, sauf à la partie moyenne, où existe un étranglement, et terminé très peu en avant de l'extrémité postérieure, crêtes limitantes fort distinctes, ainsi que les deux îlots; la gouttière placée au-dessus de l'îlot postérieur amincit assez le sagitta pour le rendre translucide, il présente même souvent là de petites perforations en fentes transversales; échancrure ostiale large, rostrum épais, arrondi; antirostrum d'autant plus visible qu'une échancrure supérieure, parfois une inférieure, le limitent; aire supérieure avec quelques sillons rayonnants, aire inférieure lisse. Face externe convexe transversalement dans sa moitié inférieure, d'où résulte un bourrelet aplati, longitudinal; elle est parcourue suivant sa largeur par des côtes mousses, irrégulières, séparées par des sillons plus nets dans la moitié supérieure. La partie supérieure du limbe est festonnée, certains lobes, surtout vers l'échancrure ostiale et aussi tout à fait en arrière, sont limités par des incisures profondes; la partie inférieure est tranchante, simple ou légèrement crénelée en arrière.

	Millim.	1/100.
Longueur	520	»
Hauteur	73	14
Épaisseur	60	11
Longueur de la tête	140	27

	Millim.	1/100.
Longueur de la nageoire caudale . .	51	10
— du museau.	49	35
Diamètre de l'œil.	27	19
Espace interorbitaire	37	26

N° 86-577, *Coll. Mus.*

Numéro du dragage.	Localité.	Profondeur.	Nombre d'indiv.
1. (Tr. 1880) XVII. . .	Golfe de Gascogne. . .	306	1
2. II.	Côtes d'Espagne. . . .	99	2
3. IV	—	118	1
4. LXIII.	Côtes du Soudan. . . .	640	1
			———
			5

Bien que le premier et surtout le dernier de ces dragages puissent faire
présumer que le *Merluccius vulgaris* (L), Flem. descend à une certaine
profondeur, cependant son abondance sur nos marchés montre assez
qu'il se tient de préférence à des niveaux plus élevés. C'est pour ces
poissons en particulier qu'il serait important de déterminer exactement
le moment où ils ont pu pénétrer dans le chalut. Il faut noter que c'est à
une faible latitude qu'a été pêché dans le dragage LXIII l'individu dont
les dimensions ont été données plus haut; c'est peut-être la raison qui
expliquerait la profondeur plus grande à laquelle était descendu ce Gadoïde.

235. **Merlangus argenteus** Guichenot.

(Pl. XXV, fig. 7, 7ª; pl. XXVI, fig. 5.)

B. VII + D. 9 — 14 — 16; A. 18 — 15 + V. 6.

Écailles ? 9/58/11.

Ce poisson ne paraît pas atteindre une grande taille, il a l'aspect d'un
véritable *Gadus;* la hauteur est assez exactement 1/4, et l'épaisseur 1/7
de la longueur.

La tête, plutôt élevée, en occupe 1/3, elle est aplatie, anfractueuse
en haut, angulaire en bas par suite de la saillie tectiforme que font les
membranes branchiostèges. Museau court, occupant 3/11 de la lon-

gueur de la tête; bouche relevée obliquement, de grandeur médiocre, le maxillaire s'étendant peu au delà du bord antérieur de l'œil; mâchoire inférieure dépassant la supérieure, l'une et l'autre garnies de fines dents en velours; palais et langue inermes, sauf deux très petites plaques occupant les extrémités du vomer, lesquelles même ne paraissent pas exister sur tous les individus; chez ceux où elles manquent les angles du vomer sont très saillants. Œil grand, 4/11 de la longueur de la tête, l'espace interorbitaire n'en a que 1/7. Les sous-orbitaires forment une bande étroite et anfractueuse. Pas de barbillon. Orifice branchial largement ouvert; battant operculaire terminé en pointe mousse, les pièces qui le composent, toutes distinctes, ne présentent rien de remarquable à noter. Il n'y a pas d'écailles céphaliques, sauf sur la nuque.

Le tronc est comprimé; anus au milieu de la longueur. Les écailles sont d'une grande ténuité et paraissent même manquer normalement sur la plus grande partie du corps. La ligne latérale, indiquée par une série de points noirs espacés, partant du pli branchial supérieur, reste, jusqu'au niveau de la seconde dorsale, parallèle à la ligne du dos vers le quart supérieur du corps; à partir de ce point elle descend pour gagner la portion moyenne, qu'elle n'atteint toutefois que très en arrière vers le milieu de la troisième dorsale.

La première dorsale commence juste au niveau de l'extrémité de l'opercule, la première anale est placée immédiatement en arrière de l'anus. Le rapport des longueurs de ces nageoires peut être exprimé de la manière suivante, celle de la première dorsale étant prise pour unité :

1ʳᵉ D	2ᵉ D	3ᵉ D	1ʳᵉ A	2ᵉ A
1	1,9	1,3	2,3	1,3

La nageoire caudale paraît avoir été convexe. Au reste, malgré le nombre relativement assez considérable d'individus capturés, aucun exemplaire ne présentait ces parties dans un état assez satisfaisant de conservation pour qu'on pût se faire une idée exacte de leur forme. Pectorales peu développées, arrondies, atteignant à peine l'anus.

Ventrales nettement en avant des précédentes, encore plus courtes.

Coloration uniformément rosée, sauf le ventre et les joues, qui sont argentés. Nageoires grisâtres, transparentes.

La seule écaille observée, prise au-dessus de la pectorale près du battant operculaire, est assez exactement arrondie, mesurant $2^{mm},4$ à $2^{mm},5$ de diamètre; foyer non central, vers le tiers antérieur; toute la surface est chargée de crêtes concentriques plus serrées sur la portion antérieure, divisées en îlots dans le champ postérieur par des sillons centrifuges aboutissant au bord (1).

Sagitta fort simple, court, amygdaloïde, lancéolé, également relevé en carène des deux côtés; sur un individu de 90^{mm}, il mesure $5^{mm},6$ de long, $4^{mm},3$ de large et $1^{mm},6$ d'épaisseur. Face supéro-interne (2), à sillon acoustique large, assez profond, un peu rétréci à sa partie moyenne, aboutissant vers le centre de l'extrémité semi-circulaire antérieure, et terminé avant d'atteindre l'extrémité postérieure; îlots peu distincts, séparés par un large détroit. Face inféro-externe (3) à umbo vers le tiers antérieur, quelques stries rayonnantes peu marquées. Limbe à festons larges et peu accentués.

Diamètre du cristallin $6^{mm},2$.

Il a été question plus haut de la terminaison de la colonne vertébrale, prise comme exemple de la disposition habituelle chez les ANACANTHINI vrais (4).

On trouve quatre arcs branchiaux, tous munis de trachéaux courts, tuberculeux, sauf sur la rangée externe du premier arc, où ils sont allongés, sétacés. Pas de pseudobranchie. Bien que je n'aie pu étudier la forme de la vessie natatoire, sa présence est suffisamment constatée par le retournement et la projection des viscères chez la plupart des individus; elle a des parois délicates et devient difficile à reconnaître lorsqu'elle a éclaté.

Estomac de couleur noir-violet, ainsi que le péritoine: sa forme est

(1) Ceci rappellerait la disposition signalée chez l'*Hymenocephalus longifilis* G. et B. (voir page 249, et Pl. XXIII, fig. 1°).

(2) Pl. XXV, fig. 7.

(3) Pl. XXV, fig. 7ᵃ.

(4) Pl. XXVI, fig. 5 voir page 142).

globuleuse ; l'intestin se rend à l'anus en se repliant deux fois ; il n'existe
que 6 cæcums pyloriques.

	Millim.	1,100.
Longueur	113	"
Hauteur	28	25
Épaisseur	17	15
Longueur de la tête	39	34
— de la nageoire caudale	13	11
— du museau	11	28
Diamètre de l'œil	14	36
Espace interorbitaire	6	15

N° 86-586, *Coll. Mus.*

Numéro du dragage.	Localité.	Profondeur.	Nombre d'indiv.
1. (Tr. 1882) VIII	Golfe de Gascogne	411	49 (1)
2. VIII	Côtes du Maroc	540	10
3. XVII	—	550	5
4. LXIX	Côtes du Soudan	410	9
			73

Le *Merlangus argenteus* Guich. est, on le voit, un poisson des zones
abyssales supérieures ; son abondance dans l'un des dragages peut faire
présumer que, comme quelques-uns de ses congénères, il vit en troupes.

Guichenot avait créé pour ce poisson le genre *Gadiculus*, d'après
l'absence de dents vomériennes. M. Bellotti, après avoir examiné les
individus en sa possession comparativement avec les exemplaires types
que le Muséum lui avait communiqués, a montré que c'était là un accident, et mes observations propres confirment pleinement la manière
de voir de cet ichthyologiste. Le vomer porte des dents, mais très
petites, et sans doute caduques, car elles manquent sur bon nombre
d'individus. Le genre *Gadiculus* ne saurait donc être maintenu. Dans
l'état actuel de nos connaissances, et en formant pour les Morues sans
barbillon une division générique distincte, cet animal doit porter le nom
de *Merlangus argenteus* Guich.

(1) Ce nombre est trop faible, une partie des individus étaient en si mauvais état que le compte
n'a pu en être fait exactement.

242. Lycodes macrops Günther.

(Pl. XXVI, fig. 2, 2ᵃ, 2ᵇ, 2ᶜ. 2ᵈ.)

Des deux exemplaires que j'ai eus à ma disposition, l'un est en très médiocre état, le tégument, la paroi abdominale ayant été en grande partie enlevés et les nageoires plus ou moins détruites; de l'autre il ne reste que la tête et une portion du corps en décomposition, mais ayant pu toutefois être utilement employées pour quelques recherches anatomiques.

Ce *Lycodes* appartient, sans aucun doute, aux espèces anguilliformes, la hauteur, peu différente de l'épaisseur, ayant à peine 1/12 de la longueur.

La tête entre assez exactement pour 1/5 dans celle-ci, elle paraît aplatie, en demi-cercle. Bouche, comme d'ordinaire, médiocrement fendue, quoique le maxillaire atteigne le centre de l'œil; les lèvres épaisses, avec une série de 6 pores très visibles à la supérieure, on en trouve 7 sous chaque branche de la mâchoire inférieure; les dents sont fortes, unisériées sur les intermaxillaires, bisériées sur les dentaires; elles sont peu nombreuses sur le vomer et les palatins, 5 environ pour le premier, et disposées sur deux rangs. L'œil, dans l'état de conservation où se trouvent les individus, est énorme proportionnellement à ce que sont ces organes dans les autres espèces du genre, car il n'aurait guère moins de 2/7 de la longueur de la tête, et égalerait la longueur du museau; l'espace interorbitaire serait au contraire très petit, 1/15 à peine de la longueur de la tête, c'est-à-dire moins de 1/5 du diamètre oculaire. Les quatre pièces operculaires sont bien distinctes quoique membraneuses.

Il n'est pas possible d'apprécier exactement la position de l'anus ni le trajet de la ligne latérale, par suite de l'enlèvement de la peau et de la paroi abdominale; cependant, sur des débris qui en restent, on constate aisément la présence d'écailles petites, écartées, enfoncées dans le tégument.

La dorsale commence à une distance du bout du museau égale environ
à 1/4 de la longueur, le point d'origine exacte de l'anale ne peut être
apprécié. La pectorale, un peu moins longue que la tête (21^{mm}), se
prolonge au delà de l'origine de la dorsale. Les ventrales, dépouillées
de la peau, qui doit normalement les envelopper, sont constituées par
6 rayons simples, articulés; les plus longs mesurent 6^{mm}.

Il n'a pas été possible de reconnaître la coloration.

Les écailles, du type sous-épidermique, sont assez régulièrement
circulaires, leur diamètre étant de 1^{mm},05; les crêtes concentriques sont
coupées, sur toute l'étendue du limbe, par des sillons centrifuges, qui
partent en rayonnant du foyer central pour atteindre directement le bord et
partagent les crêtes en îlots quadrilatères, très allongés transversalement.
C'est la forme que nous retrouverons dans l'une des espèces suivantes (1).

L'encéphale (2) offre une division assez accentuée du lobe olfactif
(a) pour qu'il paraisse double au premier abord; les lobes cérébraux (b)
et les lobes optiques (c) grossissent graduellement, ces derniers étant
assez volumineux, le cervelet (d) est développé, et le lobe inférieur (g)
plus encore peut-être, celui-ci porte une hypophyse (h) sphérique, sans
pédoncule bien marqué.

Sagitta hémi-amygdaloïde, losangique, placé de champ dans le saccule,
la face plane en dedans; sur une tête mesurant 31^{mm} (la même dimension
que chez l'individu pris ici pour type); sa longueur est de 4^{mm}, la largeur
2^{mm},6, l'épaisseur de 1^{mm}. Le sillon acoustique s'étend sur les deux tiers
de la face interne (3) en son milieu, un peu rétréci à mi-longueur
par le rapprochement des crêtes limitantes supérieure et inférieure; il a
son embouchure placée latéralement au-dessus de la pointe antérieure
formant le rostrum; antirostrum peu marqué, par suite de la faible profondeur de l'échancrure ostiale; extrémité postérieure du sillon nette bien
arrêtée; îlots indistincts; aire supérieure avec des stries rayonnantes
assez nombreuses, peu accentuées; aire inférieure lisse, sauf une gouttière

(1) Voir *Lycodes albus*, pag. 310. Pl. XXVI, fig. 1e.
(2) Pl. XXVI, fig. 2, 2^{a}, 2^{b}.
(3) Pl. XXVI, fig. 2e.

allongée, étroite, peu profonde, placée à sa partie antérieure parallèlement au sillon acoustique. Face interne (1) élevée, à umbo presque central, placé un peu au-dessous de l'axe, lisse, sauf quelques sillons espacés dans la partie supérieure de l'aire périphérique. Limbe beaucoup plus convexe en haut qu'en bas, largement festonné au bord supérieur, obscurément à l'inférieur.

Diamètre du cristallin 4^{mm},3.

	Millim.	1/100.
Longueur	161	»
Hauteur	13	8
Épaisseur	12	7
Longueur de la tête	32	20
— de la nageoire caudale	»	»
— du museau	9	28
Diamètre de l'œil	9	28
Espace interorbitaire	2	6

N° 86-592, *Coll. Mus.*

Numéro du dragage.	Localité.	Profondeur.	Nombre d'indiv.
XCIII (2)	Banc d'Arguin	1495	2

Bien que l'état de conservation laisse à désirer et rende la détermination douteuse jusqu'à un certain point, cependant, à en juger d'après la description et la figure données par M. Günther, la brièveté relative du museau, le diamètre considérable des yeux, l'étroitesse de l'espace interorbitaire, montrent assez que ce poisson est, sinon identique, au moins très voisin du *Lycodes macrops* Günth., lequel se différencie d'ailleurs aisément de la plupart des autres espèces du genre par ces caractères. L'individu dont il est ici question paraît, il est vrai, avoir le corps proportionnellement un peu plus allongé, douze fois la hauteur au lieu de dix fois, mais la peau et la paroi abdominale manquant, cette dernière dimension se trouve diminuée, en sorte que la différence, déjà faible, peut être considérée comme nulle. Les *Lycodes paxillus*, G. et B. et *L. paxilloides*, G. et B. ont également l'œil égal à la longueur du

(1) Pl. XXVI, fig. 24.
(2) Sous le nom de *Lycodes? Verrillii* G. et B. dans l'énumération statistique page 51.

museau et l'intervalle interorbitaire beaucoup plus petit, 1/4; mais ici la longueur du corps est incomparablement plus grande, seize fois la hauteur, et celle de la tête beaucoup moindre, puisqu'elle occupe seulement 1/8 de la longueur.

243. Lycodes albus.

(Pl. XXVI, fig. 1, 1ᵃ, 1ᵇ, 1ᶜ.)

B. V.-+D. 132; A. 108+V 1.

Ce *Lycodes* est de forme très allongée, la hauteur, à très peu près égale à l'épaisseur, n'étant guère que 1/17 de la longueur.

La tête n'entre que pour 1/8 dans celle-ci, elle est aplatie, enveloppée d'une peau muqueuse. Museau arrondi, occupant 1/3 de la tête; bouche petite, à lèvres épaisses, frangées, infère, car la mâchoire supérieure dépasse notablement l'inférieure, l'épaisseur des téguments ne permet pas d'apprécier le point où finit le maxillaire, mais la commissure buccale atteint à peine le milieu de l'espace compris entre le bout du museau et le centre de l'œil. Dents assez fortes, coniques, dirigées d'avant en arrière aux deux mâchoires; il en existe également sur le vomer et les palatins. On ne distingue bien que la narine antérieure, tubuleuse et placée tout à fait en avant sur le bord labial, au premier abord elle se confond avec les franges et les saillies formées par les cryptes muqueuses, qui sont au nombre de 6 environ à la mâchoire supérieure, et de 4 ou 5 sous chaque branche de la mâchoire inférieure. Œil tourné presque directement en haut, peu visible, même sur le frais, étant caché sous la peau; son diamètre n'est guère que 1/9 de la longueur de la tête ou 1/3 de celle du museau; l'espace interorbitaire a les mêmes dimensions. Orifice branchial assez large, car la membrane branchiostège n'adhère à l'isthme que sur une faible largeur, 2ᵐᵐ ou 3ᵐᵐ au plus; l'opercule est en triangle à peu près isocèle à sommet inférieur; le sous-opercule allongé remonte à la partie postérieure du précédent, qu'il dépasse en haut et en arrière pour former une pointe mousse membraneuse. La peau de la tête ne présente pas d'écailles.

L'anus se trouve placé un peu en avant des 2/7 de la longueur. Les écailles, sous forme de taches pâles, sont bien distinctes à la partie postérieure du corps et, en avant, à la face ventrale sur l'animal conservé dans la liqueur. La ligne latérale, peu visible, est située antérieurement vers le milieu de la hauteur, mais descend ensuite en arrière vers son tiers ou son quart inférieur.

La dorsale est assez reculée, commençant vers le quart de la longueur (à 53^{mm} du bout du museau), l'origine de l'anale se trouve encore plus loin (61^{mm}), toutes deux peu élevées, exactement semblables, se réunissent à l'extrémité avec la caudale. Pectorale large, enveloppée dans un tégument épais; la base se trouve à 26^{mm} du bout du museau; sa longueur a cette même dimension et son extrémité est loin d'atteindre le niveau d'origine de la dorsale. Les ventrales, ne mesurant que 3^{mm} et placées à 21^{mm} du bout du museau, ne paraissent constituées que par un seul rayon, il est probable qu'en réalité il y en a plusieurs réunis sous une gaine cutanée simple.

La coloration était, sur le frais, d'un blanc très légèrement bleuàtre avec la tète, une ligne dorsale et une ventrale, suivant la base des nageoires correspondantes, d'un bleu indigo clair; abdomen sombre; les pectorales, les ventrales, le bord libre des nageoires impaires, brun sépia. Iris bleuàtre.

Il est inutile de refaire ici la description des écailles (1), ce qui a été dit à propos du *Lycodes macrops* Günth. (2) pouvant leur être appliqué mot pour mot: leur diamètre n'atteint guère que 0^{mm},6. Il ne parait pas y avoir d'écailles spéciales de la ligne latérale, elle serait entièrement membraneuse.

	Millim.	1/100.
Longueur	199	»
Hauteur	12	6
Épaisseur	10	5
Longueur de la tète	26	13
— de la nageoire caudale	3	1
— du museau	9	34

1. Pl. XXVI, fig. 1r.
2) Voir p. 307.

	Millim.	1/100.
Diamètre de l'œil	3	11
Espace interorbitaire	3	11

N° 86-590, *Coll. Mus.*

Numéro du dragage.	Localité.	Profondeur.	Nombre d'indiv.
CXXXIII.	Atlantique N.	3975	2

Le *Lycodes albus* se range évidemment parmi les espèces anguilliformes du groupe, et sa longueur proportionnelle peut déjà servir à le
distinguer des *Lycodes Sarsii* Coll. et *L. Verrillii* G. et B., chez lesquels
la hauteur est de 1/14 et 1/12 de la longueur. Chez les *Lycodes
paxillus* G. et B., *L. paxilloides* G. et B., l'œil est beaucoup plus grand,
occupant 2/7 de la longueur de la tête. C'est en somme du *Lycodes
muræna* Coll. que ce poisson paraîtrait se rapprocher davantage, mais
ce dernier a l'œil également plus développé, 1/5 de la tête, le corps est
plus long, vingt et une à vingt-deux fois la hauteur. Enfin j'ajouterai
que dans toutes ces espèces la dorsale commence plus en avant sur le
milieu des pectorales ou sur leur partie postérieure.

Il m'avait d'abord paru que ce *Lycodes albus* et les espèces voisines
méritaient de former un genre à part, auquel j'avais provisoirement
donné le nom de *Lycodophis*, mais, malgré les importants travaux
publiés par M. Lütken et M. Colett, l'étude de ces poissons présente
de si grandes difficultés, que, n'ayant pu voir, par moi-même, des types
authentiques de toutes les espèces, la question doit être réservée.

244. **Lycodes mucosus?** Richardson.

B. VI | D. 106? ; A. 81? + V. 2.

L'individu pris dans les dragages du *Talisman* se trouve être en si
mauvais état, qu'il n'est pas possible de le déterminer spécifiquement
avec certitude.

Tout ce qu'on peut dire, c'est que ce poisson, d'assez grande taille,
appartient plutôt aux espèces zoarciformes, la hauteur n'étant guère

que 1/11 de la longueur. Sur des lambeaux du tégument pris dans certains points protégés, comme le voisinage des pectorales, on peut constater qu'il devait être d'un noir profond, avec des amas punctiformes pigmentaires nombreux, mais sans trace d'écailles, car vu l'état de la peau et la disposition régulière des taches colorées en ces endroits, il est certain qu'elles n'y ont jamais existé.

La dorsale commençait à une distance du bout du museau égalant à peu près 1/4 de la longueur du corps, et l'anale plus en arrière, vers les 2/5, mais il n'est pas sûr que la portion antérieure de celle-ci n'ait pas été emportée avec la paroi abdominale, qui manque. Pectorales élargies, longues de 50^{mm}, ayant environ 22 rayons. Les ventrales ne mesurent que 10^{mm} et, autant qu'on en peut juger, n'offrent que 2 rayons.

Diamètre du cristallin, 8^{mm},4.

	Millim.	1/100.
Longueur	430	»
Hauteur	38	9
Épaisseur	40	9
Longueur de la tête	84	28
— de la nageoire caudale	»	»
— du museau (1)	33	39
Diamètre de l'œil	17	20
Espace interorbitaire	8	9

N° 86-589, *Coll. Mus.*

Numéro du dragage.	Localité.	Profondeur.	Nombre d'indiv.
XCV	Banc d'Arguin	1230	1

Genre GYMNOLYCODES (2).

Corps comprimé, atténué, ensiforme; peau peu adhérente aux couches sous-jacentes et privée d'écailles. Nageoires verticales réunies; pecto-

---

(1) Le mauvais état dans lequel est la tête rend cette dimension et les deux suivantes fort incertaines.

(2) Γυμνός, nu : *Lycodes*, genre typique.

rales enveloppées dans le tégument; ventrales jugulaires? Mâchoires garnies de dents fines sur plusieurs rangs, disposées en quinconce : vomer et palatin inermes. Orifice branchial petit, placé un peu au-dessus des pectorales.

Cet Anacanthinien me paraît devoir être rapporté à la famille des LYCODIDÆ, les nageoires verticales sont en effet unies en une seule, l'orifice branchial est petit et la membrane branchiale soudée à l'isthme du gosier.

Il ne peut toutefois être placé dans aucun des genres, aujourd'hui assez nombreux, qui composent ce groupe. Les nageoires ventrales ont été arrachées, mais d'après le point d'insertion, il est possible cependant de reconnaître leur place en avant des pectorales directement sous l'orifice branchial: la présence de ces nageoires distingue ce genre des *Gymnelis* Reinh. et genres voisins : *Maynea* Cunn., *Melanostigma* Günth., *Gymnelichthys* Fischer, *Cronectes* Günth. L'absence de dents palatines ne permet pas de le confondre avec les *Lycodes* Reinh., *Hypolycodes* Hector et *Lycodonus* G. et B., mais le rapproche des *Blennodesmus* Günth. et *Lycodopsis* Coll., dont il diffère par l'absence d'écailles et la forme du corps atténué régulièrement de la tête à l'extrémité caudale, tandis qu'il est à bords parallèles sur une assez grande longueur dans les espèces connues de ces deux derniers groupes, fort voisines et qu'il conviendra peut-être de réunir un jour.

249. Gymnolycodes Edwardsi.

(Pl. XXVI, fig. 3.)

B. VI + D. *n*: A. *n* + V. ?

Ce petit poisson est moins allongé que la plupart des LYCODIDÆ, sauf peut-être les *Melanostigma*, et la forme aplatie de son corps le fait plutôt ressembler aux OPHIDIIDÆ du groupe des BROTULINA. La plus grande hauteur est à très peu près 1/5 et l'épaisseur 1/7 de la longueur.

La tête fait environ 2/9 de cette dernière dimension: sa forme est globuleuse, autant qu'on en peut juger, car elle est altérée par la luxation des mâchoires, dont celle de gauche a disparu, et la distension exagérée de la membrane branchiostège. Museau busqué, occupant 2/5 de la tête : bouche grande, le maxillaire se prolonge jusque vers le niveau du centre de l'œil. Sur l'intermaxillaire et le dentaire se voient des dents petites, planes, pavimenteuses, rappelant, par leur disposition, ce qu'on connaît chez certains Élasmobranches, tels que les *Mustelus* ou quelques Raies ; le palais est absolument lisse. Œil de dimension moyenne, occupant 1/5 de la longueur de la tête ; l'espace interorbitaire est plus grand, 1/3 environ de cette même dimension. Je n'ai pu découvrir de barbillon. L'orifice branchial consiste en une simple fente placée vers l'angle supérieur et descendant à peine jusqu'au niveau de l'insertion de la pectorale. On ne peut reconnaître la forme et la disposition des pièces operculaires, qui paraissent imparfaitement développées : la membrane branchiostège est soutenue par des rayons relativement longs, forts, lesquels, dans l'état où se trouve l'individu, sont écartés, distendant la membrane en une sorte de globe.

Anus placé un peu en arrière du tiers antérieur. Il n'est pas possible de savoir s'il y avait ou non de ligne latérale, la peau, peu adhérente, comme chez certains poissons tels que les *Liparis*, manquant sur la plus grande partie du corps. Tégument absolument privé d'écailles, mais parsemé de nombreux points pigmentaires, chromoblastiques, qui le couvrent presque entièrement aussi bien sur le corps que sur la tête et les nageoires.

La dorsale ne paraît pas commencer fort en avant, son origine étant à peu près au niveau de l'anus, celle de l'anale se trouve très légèrement plus reculée, l'une et l'autre sont comparables, comme aspect et dimensions : leur hauteur peut être estimée à 5^{mm} ou 6^{mm}, d'après la longueur de quelques rayons ; elles se réunissent à l'extrémité postérieure du corps où il n'existe pas, à proprement parler, de caudale, en ce point les rayons atteignent 9^{mm}. Les pectorales, complètement engagées dans la peau, sont longues d'environ 12^{mm}, le nombre de leurs rayons peut être de 11 à 13.

Au sortir du chalut l'animal était entièrement de couleur bistre, plus foncé sur les nageoires; le ventre noir bleuâtre. L'intérieur de la bouche et de la cavité branchiale étaient jaunâtres, avec quelques points pigmentaires très espacés.

	Millim.	1 100.
Longueur	91	»
Hauteur	19	21
Épaisseur	13	14
Longueur de la tête	20	22
— de la nageoire caudale	9	10
— du museau	8	40
Diamètre de l'œil	4	20
Espace interorbitaire	7	35

N° 86-522, *Coll. Mus.*

Numéro du dragage.	Localité.	Profondeur.	Nombre d'indiv.
XXI	Côtes du Maroc	1319	1

Il serait nécessaire de compléter cette étude sur des exemplaires en meilleur état, notre individu, déjà fort abîmé à la sortie du chalut, s'étant depuis notablement détérioré.

ACANTHOPTERYGII

FAMILLE. NOTACANTHIDÆ.

Cette famille pourrait comprendre d'après les auteurs deux genres, les *Notacanthus* Bl. (1), ayant pour type le *N. nasus* Bl., les *Polyacanthonotus* Bleek., ne renfermant jusqu'ici que le *P. Rissoanus*, Fil. et Ver. M. Günther, pour ce dernier, avait proposé de reprendre la dénomination générique *Campylodon*, créée par Fabricius et abandonnée comme postérieure au nom de *Notacanthus*, mais elle s'applique suivant toute vraisemblance à l'espèce de Bloch, on ne peut donc légitimement la détourner de sa signification primitive et, dans le cas où l'on croirait devoir maintenir la distinction générique, le nom proposé par Bleeker mériterait la préférence.

Il n'est pas facile, en dehors du *Notacanthus Rissoanus* Fil. et Ver., de se faire une idée de la valeur des espèces, admises aujourd'hui par les ichthyologistes dans cette famille, et bien que la collection du Muséum puisse passer pour riche, eu égard à la rareté de ces Poissons, les matériaux sont encore insuffisants pour décider cette question. Nos collections renferment en premier lieu un superbe exemplaire, de près d'un mètre de long, auquel encore manque une bonne portion de la queue; il a été rapporté du Groenland, lors du voyage de *la Recherche* (2), deux individus beaucoup plus petits, 132^{mm} et 147^{mm}, venant de Nice, ils ont été étudiés par M. E. Moreau; enfin, pendant la campagne du

---

(1) Ce nom a été universellement adopté; cependant Bloch, soit dans la grande édition de son *Ichthyologie* (t. XII, p. 112; 1787), soit dans l'édition posthume par Schneider (p. 390; 1801), forme le nom d'une façon différente et écrit: *Acanthonotus*. Comme le texte exprime plutôt la pensée de l'auteur, ce terme ne devait-il pas être préféré à celui porté par la planche, laquelle plus souvent consultée, à ce qu'il semble, donne: *Notacanthus?* Cela paraîtrait logique, mais aurait aujourd'hui plus d'inconvénients que d'avantages. Les deux dénominations se trouvant dans le même ouvrage, il était, on peut dire, loisible de prendre l'une ou l'autre; celle pour laquelle l'usage a prévalu est cependant la moins régulièrement composée.

(1) C'est l'exemplaire figuré dans le *Voyage en Islande et au Groenland*, pl. XI, et dans l'Atlas du *Règne animal illustré*, pl. LV, fig. 2.

Talisman, cinq Notacanthes mesurant de 250^{mm} à 314^{mm} ont été capturés.

Si d'un autre côté on se reporte aux descriptions et aux figures données, on trouve un total de six espèces, qui par ordre de date sont les suivantes:

Notacanthus nasus Bloch, 1787. — La description première est peu satisfaisante, elle a été complétée par Cuvier et Valenciennes, qui avaient pu examiner l'exemplaire type (*Hist. Poiss.*, t. VIII, p. 467); toutefois celui-ci était en très médiocre état et bien des points restent obscurs. Ainsi ces derniers auteurs donnent pour formule de la ventrale I, 8, tandis que Bloch indique II, 10, ce qui est sans doute plus près de la vérité. A cette même espèce a été rapporté l'individu du voyage de *la Recherche*, mais à tort, si on a égard à la formule des nageoires anale et dorsale, comme on le verra plus loin.

Notacanthus Bonaparti Risso, 1840. — MM. Filippi et Verany ont fait remarquer avec justesse qu'il est assez difficile d'avoir une idée exacte de ce poisson, vu le désaccord qui existe sur des points, non sans importance, entre la description et la figure: ainsi l'auteur indique IX épines dorsales et il n'y en a que VII de représentées. La première devrait sans doute être prise de préférence en considération; il faut remarquer toutefois qu'elle est souvent malaisée à comprendre par suite des nombreuses fautes typographiques qu'on y rencontre et que d'autre part la planche paraît soigneusement étudiée.

Notacanthus sexpinnis Richardson, 1844-1848. — Description parfaite, comparative avec la figure du poisson donné comme *Notacanthus nasus* dans l'édition du *Règne animal illustré*; elle est accompagnée d'une planche excellente.

Notacanthus mediterraneus Filippi et Verany, 1859. — La description est très bonne, il est fâcheux qu'il n'y ait pas de représentation iconographique à l'appui. M. le D' E. Moreau a rapporté à cette espèce, malgré quelques différences dont il fait mention, les deux spécimens des collections du Muséum provenant, comme le type original, de Nice.

Notacanthus phasganorus Goode, 1881. — L'individu, quoiqu'en mauvais état (il avait été pris dans l'estomac d'un *Somniosus brevipinna* Lesueur), offre des caractères assez nets, si on a égard au nombre élevé des épines anales.

Notacanthus analis Gill, 1884. — Très voisin du précédent, dont il différerait surtout par les dimensions comparatives du museau, de l'œil et de l'espace interorbitaire, caractères d'une appréciation délicate, si on songe surtout à l'état dans lequel se trouvait le premier de ces exemplaires.

Le Notacanthe du voyage de *la Recherche* paraît intermédiaire entre ces deux derniers, se rapprochant toutefois davantage du *Notacanthus phasganorus* Goode.

Les caractères sur lesquels ont été établies ces espèces se tirent surtout de la composition des portions épineuses de la dorsale et de l'anale, de la disposition des dents palatines, mandibulaires et maxillaires, du nombre de ces dernières, enfin de quelques différences dans les proportions de la tête. Quant aux proportions générales, utilement employées d'ordinaire dans les distinctions spécifiques, l'alcool altère si profondément et, semble-t-il, si inégalement suivant les cas ces animaux, si fréquemment ils sont mutilés, qu'il est fort difficile d'y avoir recours.

Quoi qu'il en soit, on arriverait avec ces données à établir le tableau synoptique suivant :

Genre NOTACANTHUS Bloch.

```
                  ┌ VI ou VII. Épines de la  ┌ IV . . . . . . . . . . . . . . N. mediterraneus F. et V.
                  │ ventrale au nombre de    └ II. . . . . . . . . . . . . . . N. sexpinnis Richards.
 Épines           │
 dorsales,        │          ┌ X à XIII. Sur chaque in-  ┌ 20 à 22 dents.  N. Bonaparti Risso.
 non compris      │ IX à XI. │ termaxillaire. . . . . .   └ 30 dents. . . . N. nasus Bl.
 la               │ Épines   │
 petite épine ────┤ anales   │          ┌ supérieure au diamètre de
 articulée        │ au       │ XVIII    │   l'œil . . . . . . . . . . . . . N. phasganorus Goode.
 postérieure,     │ nombre   │ à XXII.  │
 au               │ de       │ Longueur │
 nombre de        │          └ du museau └ égale au diamètre de l'œil. N. analis Gill.
                  │
                  └ XXX et au delà. . . . . . . . . . . . . . . . . . . . N. Rissoanus Fil. et Ver.
```

Ce tableau, emprunté aux descriptions données par les auteurs et qui n'a d'autre but que de fixer les idées sur ce point, ne peut être accepté sans réserves relativement à la valeur des caractères qui y sont employés.

On doit en premier lieu regarder ceux-ci comme peu sûrs dans une certaine limite en raison du petit nombre d'exemplaires connus. La plupart des espèces sont établies d'après l'examen d'un seul sujet, en sorte qu'il est absolument impossible de distinguer les caractères spécifiques réels des particularités individuelles, lesquelles, autant qu'il est permis d'en juger, peuvent ne pas être sans importance.

Par exemple, le nombre des épines qui composent la dorsale varie de V à VII et de IX à XI, pour l'anale on en trouve de IX à XXII; il est bien entendu qu'il n'est pas question, comme je l'ai dit plus haut, du *N. Rissoanus*, lequel, en tant qu'espèce au moins, est parfaitement distinct. Or il est facile de se convaincre, en étudiant la structure et la disposition de ces épines, qu'elles doivent très probablement varier quant au nombre avec l'âge, sur un même individu. C'est surtout en examinant la nageoire anale qu'il est difficile de se défendre de cette idée, la limite entre les épines et les rayons articulés est en quelque sorte impossible à saisir, on passe des unes aux autres par des transitions insensibles et très ordinairement les dernières épines présentent des vestiges non douteux d’articles, quoiqu’elles soient absolument rigides ; le fait a été déjà noté par Richardson et se trouvait fort bien rendu sur la magnifique planche du *Voyage en Islande et au Groenland*. D’un autre côté, en arrière de la dernière épine dorsale se voit habituellement un petit rayon non branchu, mais distinctement articulé ; il est d’ailleurs demi-rigide et ressemble plutôt sous le rapport de la consistance à une épine qu’à un rayon proprement dit. N’est-ce pas là, en effet, une épine en voie de développement, laquelle s’accroîtra et s’éloignera de la précédente pour prolonger la dorsale? Sur certains sujets cette épine articulée manquerait (1), on s’est même demandé si ce n’était pas là un caractère spécifique. Ne seraient-ce pas plutôt des individus pris au moment où la dernière épine, venant d’acquérir tout son développement, n’est pas suivie du rayon dont l’évolution n’a pas encore commencé au moins d’une manière apparente? Il y aurait là quelque chose de comparable à ce qui existe chez les Polyptères pour l’accroissement du nombre des pinnules. Le fait, il est vrai, en ce qui concerne les épines dorsales des Notacanthes, est beaucoup plus douteux parce qu’on ne voit pas ici de transition insensible comme chez ceux-là et les épines dorsales paraissent d’autant plus développées qu’elles sont plus reculées. D’un autre côté, la distance qui sépare ces mêmes épines est régulière et les postérieures ne sont pas moins espacées que les antérieures comme chez les Polyptères. Pour l’anale il en est tout autrement, ces objections ne peuvent être faites.

Si le nombre des épines varie, ne pourrait-il pas être mis en relation avec la taille et par conséquent avec l’âge probable des individus? Dans l’espérance d’apporter quelque lumière à cette question j’ai rassemblé dans le tableau suivant les données fournies par les auteurs, qui, la plupart, sont très explicites sur ce point, en y joignant l’examen des matériaux dont j’ai pu disposer. Il comprend dans une première colonne l’indication des sources où sont puisés les renseignements ; les trois suivantes donnent : la dimension de chaque individu (2), puis le nombre des épines pour la nageoire dorsale et pour la nageoire anale ; enfin on

---

(1) D’après les auteurs, car je l’ai rencontrée sur tous les individus que j’ai pu examiner.

(2) Ces chiffres ne donnent qu’une approximation ; la perte de la portion caudale semble être un accident fréquent chez ces animaux et bon nombre d’individus sont en voie évidente de réparation.

trouvera dans une dernière colonne l'indication historique en ce qui concerne chaque exemplaire (1).

	Taille.	Nombre des épines		
		dorsales.	anales.	
1. Nº 6470, Coll. Mus.	132^{mm}	VII, 1	IX	Vu par M. E. Moreau.
2. Nº 2614, id.	147	VII, 1	XI	id.
3. Sec. Risso, 1840.	148	IX	XV	Type du *N. Bonaparti* Risso.
4. Sec. Filippi et Verany, 1859.	203	VI, 1	XII	Type du *N. mediterraneus* Fil. et Ver.
5. Nº 87-128, Coll. Mus. . . .	?235 (2)	V. 1.	X	Campagne du *Talisman*. 1883.
6. Nº 87-127, id.	255	VI. 1	X	id.
7. Nº 87-129 *bis*, id.	310	VI, 1	XI	id.
8. Nº 87-129 id.	314	VI, 1	XI	id.
9. Sec. Richardson, 1844-48.	330	VI. 1	XIV	Type du *N. sexpinnis* Richards.
10. Sec. Cuv. Valenc., 1851. .	812	X	XIII	Type du *N. nasus* Bl.
11. Nº A, 6864, Coll. Mus. . . .	930	XI. 1	XXII	Du voyage de *la Recherche*.
12. Sec. Goode, 1881.	968	X	XIX	Type du *N. phasganorus* Goode.

En laissant de côté pour un moment les trois premiers spécimens, on trouverait un certain rapport entre la taille et le nombre des épines, tant à la dorsale qu'à l'anale, mais la progression n'est pas toutefois régulière, car si on néglige le nº 9 comme habitant des régions très différentes de tous les autres, en passant des nᵒˢ 4 à 8 au nº 10, à une augmentation de taille de plus du double correspond une élévation du nombre des épines assez sensible pour la dorsale, faible au contraire pour l'anale, tandis qu'entre ce dernier individu et ceux qui portent lés nᵒˢ 11 et 12, bien que la dimension longitudinale ne subisse qu'une augmentation relativement petite, le nombre des épines anales peut devenir plus de moitié plus grand. D'un autre côté les trois premiers exemplaires, bien que de taille beaucoup moindre comparés aux autres, ont des formules plus élevées pour la dorsale en particulier, que ceux qui les suivent immédiatement.

On peut conclure de cette discussion que si, chez les Notacanthes, sur un individu donné le nombre des épines dorsales et surtout anales varie,

---

(1) Le *Notacanthus analis* Gill, présente un nombre d'épines élevées D. XI. 1; A. XVIII, il ne figure pas dans ce tableau, sa taille n'étant pas indiquée dans la description.

(2) Cet exemplaire, doit il sera question plus loin, sous le nom de *Notacanthus mediterraneus*, var. *pallidus* (Voir page 328 note), a la partie postérieure du corps tronquée et en voie de réparation (Pl. XXVII, fig. 2ᵉ), il devait normalement avoir une taille sans doute égale à celle des nᵒˢ 7 et 8.

c'est dans des limites probablement définies et par conséquent les formules combinées des deux nageoires sont susceptibles de fournir des caractères propres à la détermination des espèces.

En ce qui concerne spécialement les exemplaires de la collection du Muséum, deux d'entre eux (n°s 1 et 2) appartiennent à un premier type, qui me paraît être le *Notacanthus Bonaparti* Risso (1), quatre (n°s 5, 6, 7 et 8) peuvent être assimilés avec plus de certitude au *N. mediterraneus* Fil. et Ver., le dernier enfin (n° 11) est à rapprocher du *N. phasganorus* Goode, bien que, on l'a dit plus haut, il présente certaines affinités avec le *N. analis* Gill.

Pour les espèces qui ne sont connues que par les descriptions et les figures, le *N. sexpinnis* Richards. doit vraisemblablement être regardé comme un type à part, bien que l'on ne puisse préciser ses caractères distinctifs, car le *N. mediterraneus* Fil. et Ver. en paraît très voisin, sauf la formule de l'anale. La chose paraît plus douteuse en ce qui concerne le *N. nasus* Bl., qui pourrait bien n'être que l'état adulte du *N. Bonaparti* Risso, lequel devrait dans ce cas changer de nom, mais cette espèce, quoique typique, n'est qu'imparfaitement connue, vu l'état de l'exemplaire qui a servi aux descriptions. Sans doute, d'après Cuvier et Valenciennes, les dents maxillaires antérieures sont bisériées, ou plurisériées, tandis qu'elles sont sur une seule rangée chez le *N. Bonaparti* Risso : mais ce caractère, que l'on retrouve sur le *N. phasganorus* d'après M. Goode et que j'ai pu vérifier sur l'exemplaire du voyage de *la Recherche*, me paraît être un caractère d'âge, vu l'inégal développement de ces organes chez cet individu et leurs rapports différents avec l'os qui les supporte, les dents les plus longues étant immobiles, égales, tandis que les autres paraissent n'adhérer que faiblement, comme le font à leur début des dents de remplacement, et sont en outre de tailles variées.

Une question sur laquelle les ichthyologistes hésitent encore à se prononcer, c'est la position qu'il conviendrait d'assigner dans la classe des Poissons à la famille des Notacanthidæ.

Pour ne parler que des principales opinions émises à ce sujet, Cuvier

---

(1 Ils rappellent d'une manière frappante la figure donnée par cet auteur.

place ces êtres auprès des Rynchobdelles et des Mastacembles parmi les
Scombéroïdes, en faisant remarquer toutefois que cette position dans
la série ichthyologique est douteuse, vu les notions incomplètes qu'on
avait sur ces animaux. Ce rapprochement fut, en partie au moins,
adopté par Müller, qui réunit ces trois genres en une famille commune,
Notacanthi, mise également auprès des Scombres.

Dans le catalogue des Poissons du *British Museum*, M. Günther forme
deux familles, Mastacembelidæ et Notacanthi, cette dernière réduite au
genre *Notacanthus*, placées à la fin de la série des Acanthopterygii, en
quelque sorte hors rang, l'une faisant passage aux Apoda, l'autre aux
Abdominales. Toutefois, dès cette époque, dans un résumé sous forme
de tableaux joint au troisième volume dudit catalogue, il place les Mastacembelidæ parmi les Acanthopterygii blenniformes, les Notacanthi restant
à part, dans leur situation première. C'est l'opinion conservée par le
savant auteur dans son *Introduction to the Study of Fishes* en 1880.
Deux ans plus tard, nous voyons les auteurs américains MM. Jordan
et Gilbert reprendre l'idée de Müller en réunissant les deux familles
dans l'ordre des Opisthomi, emprunté à M. Cope et caractérisé par la
ceinture scapulaire suspendue à la colonne vertébrale, et non adhérente
au crâne, mais les caractères donnés pour cet ordre, s'ils s'appliquent
convenablement aux Mastacembelidæ, sont fautifs sur des points importants en ce qui concerne les Notacanthes.

Chez ces derniers, en effet, la vessie natatoire est pourvue d'un canal
pneumatophore, caractère qui rapprocherait ces poissons des Abdominales, comme l'aspect extérieur, la position des catopes, l'avaient déjà
fait supposer à différents ichthyologistes, toutefois cette disposition anatomique se rencontre également dans le groupe des Ganoïdes, et c'est
parmi ceux-ci en effet qu'il convient, je pense, de placer les Notacanthes.

On peut invoquer en faveur de cette manière de voir un caractère
histologique qui, sans être exclusif, puisqu'il se rencontre dans bon
nombre d'abdominaux, est très exceptionnel chez les Acanthoptérygiens :
la présence d'ostéoplastes, qui existent non seulement dans les épines
des nageoires, mais également dans les différentes parties du squelette, os

du crâne (pariétal), vertèbres, côtes (1). Les épines montrent encore ce caractère de n'avoir qu'un canal nourricier central et non deux, comme cela se rencontre sur les épines osseuses de certains Abdominaux, Silures et Cyprins par exemple, particularité qui cadre mal avec la position attribuée aux Notacanthes parmi les Téléostéens, et doit plutôt être regardée comme indiquant des analogies avec les écussons dorsaux des Esturgeons ou mieux les pinnules isolées des Polyptères; on pourrait ajouter que la variabilité plus ou moins grande du nombre de ces organes chez tous ces poissons n'est pas sans leur donner un certain air de famille.

Enfin, on verra plus loin que la constitution de la vertèbre écarte les Notacanthes de la plupart des Téléostéens pour les rapprocher des Elasmobranches ou mieux du groupe intermédiaire des Ganoïdes. La disposition des lames apophysaires neurales percées d'un trou de conjugaison et élargies au point de se toucher les unes les autres, leur articulation par l'intermédiaire d'un cartilage rayonnant basi-crural, ce qui se trouve également pour l'articulation de l'arc hémapophysaire, sont les plus frappantes de ces particularités, on pourrait y joindre la présence d'une corde dorsale en grande partie persistante, toutefois ce dernier caractère demanderait à être vu sur des animaux dans un état meilleur de conservation, je n'ai pu en juger que d'après la vertèbre desséchée.

On pourrait objecter que la vessie natatoire simple, les écailles cycloïdes, l'absence de valvule spirale dans l'intestin (ce à quoi il faut peut-être joindre l'absence de valvules en rangées multiples dans le bulbe artériel, éloignent ces Poissons des Ganoïdes. Mais il faut dire que le premier de ces caractères se voit déjà chez les Sturioniens; quant aux écailles et à la valvule spirale, chez les *Amia* les premières sont d'un type analogue, et chez ces mêmes poissons, auxquels on peut joindre les *Lepidosteus*, la seconde est si réduite, qu'il est souvent difficile ou même impossible d'en constater la présence.

(1 M. Kölliker, dans son travail sur la structure histologique du squelette des Poissons (1859), le plus complet encore sur ce sujet, place les Notacanthini parmi les Acanthopteri sans ostéoplastes, mais il suit la classification de Müller et il s'agit évidemment des Mastacembles, chez lesquels, j'ai pu le vérifier, le squelette ne montre pas ces éléments histologiques et qui présentent des épines formées d'un tissu analogue à la dentine ou mieux à la vitrodentine.

En résumé, en admettant le groupe des Ganoïdes, évidemment fort
hétérogène, si on s'en tient au moins à ses représentants actuels, c'est
parmi eux que le genre *Notacanthus* doit être placé comme établissant un
nouveau lien entre ces poissons, les Esturgeons en particulier, et les
Téléostéens abdominaux et apodes (1).

253. **Notacanthus mediterraneus** Filippi et Verany.

(Pl. XXVII, fig. 2, 2ᵃ, 2ᵇ, 2ᶜ, 2ᵈ, 2ᵉ.)

Br. VIII + D. VI, 1 ; A. XI, 120? + V. III, 6.

Écailles, 19/290/25.

Forme aplatie, étirée, la queue se prolongeant pour se terminer par
une très faible troncature comme chez certains OPHIDIIDÆ ; la hauteur fait environ 1/12, l'épaisseur moins de 1/20 de la longueur du
corps.

La tête entre dans celle-ci pour 1/6 ou 1/7 ; elle est comprimée. Museau
proéminent, muqueux, aussi, suivant l'état de conservation, c'est-à-dire
s'il a été plus ou moins rétracté par l'alcool, il occupe les 2/7 ou moins
du quart de la longueur de la tête ; cette partie doit jouir, sur le vivant,
d'une certaine mobilité, et constitue un organe de tact très sensible, à en
juger par le volume de la branche nerveuse, qui s'y ramifie. Bouche infère,
plutôt petite, car son bord antérieur se trouve vers le milieu de la
longueur du rostre et la commissure n'atteint pas, ou à peine, le tiers
antérieur de l'œil. Le maxillaire est remarquable par sa terminaison
postérieure fourchue ; la branche supérieure donne une forte épine,
l'inférieure se recourbe en un lobe allongé, arrondi ; cette disposition
que je constate sur tous les exemplaires et, comme on le verra, sur
l'espèce suivante, paraît être générale dans le genre et n'a cependant été
signalée que par Richardson à propos du *Notacanthus sexpinnis* ; il a
fait, il est vrai, la remarque que la figure donnée par Valenciennes
dans le *Règne animal illustré* l'indiquait parfaitement. L'intermaxillaire

(1. Cette nouvelle manière de comprendre la position des *Notacanthus* dans la série ichthyologique modifierait sur ce point les vues générales exposées au début de ce travail (voir page 20).

est large, armé d'environ 24 dents, aplaties, aiguës, recourbées d'avant en arrière vers le milieu de leur longueur, pour former de véritables crochets; mandibule munie de dents analogues, mais droites, on en compte 26 ou 27 de chaque côté; enfin, au palais existe une rangée de dents exactement semblables à ces dernières, formant un fer à cheval concentrique à l'arc mandibulaire, tous ces organes sont solidement fixés aux parties du squelette qui les supportent. Il est remarquable que les dents mandibulaires répondent plutôt aux dents palatines qu'aux intermaxillaires, les premières sont immédiatement placées en avant des secondes et avec celles-ci doivent servir à couper comme le feraient des lames de ciseaux, tandis que les dents des intermaxillaires sont placées beaucoup plus en avant; ces os et les maxillaires paraissent jouir d'une grande mobilité; un système de tendons assez compliqué s'y insère. On peut préjuger, d'après cette disposition, que les dents antérieures sont spécialement destinées à saisir la proie, leur forme semble en rapport avec cette fonction, et à l'attirer entre les dents postérieures qui la sectionnent ou la retiennent. Les autres parties de la bouche ne présentent pas d'organes dentaires. Les narines peu apparentes sont rapprochées l'une de l'autre et situées vers le quart postérieur du museau; deux lobes, l'un supérieur, l'autre inférieur, se voient sur le pont membraneux qui les sépare, et se prolongent un peu sur les bords de la narine antérieure. Œil médiocre occupant 1/5 environ de la longueur de la tête; les sous-orbitaires faisant complètement défaut, l'orbite n'est limitée en arrière que par les parties molles et surtout les masses musculaires, qui meuvent les mâchoires.

Orifice branchial largement ouvert, le pli supérieur cependant ne remonte guère plus haut que les 2/3 de la hauteur du corps, mais l'angle symphysaire est porté très en avant. On trouve le battant operculaire composé des pièces habituelles, elles sont complètement recouvertes d'une peau épaisse, aussi ne peut-on les distinguer qu'après avoir enlevé celle-ci : sa forme générale est celle d'un quadrilatère allongé, le bord postérieur étant à peu près rectiligne. Le préopercule en L se prolonge en pointe en avant: l'opercule forme presque à lui seul la partie postérieure du battant; le sous-opercule n'est représenté que par une

bande étroite, placée au-dessous du précédent, tous deux sont parcourus
par des côtes ou mieux des stries rayonnantes égales, serrées, dirigées
d'avant en arrière, et qui, pour l'opercule, partent de son angle antéro-
supérieur et semblent continuer les rayons branchiostèges ; l'interopercule est moins distinct, une sorte de pièce étroite, allongée, carrément
coupée en arrière, le représente. Tête entièrement couverte d'écailles
semblables à celles du corps, plus petites seulement.

Anus vers les deux cinquièmes de la longueur de celui-ci ; un orifice
génital postérieur distinct. Ligne latérale commençant en avant assez
haut, car elle est au-dessus du pli operculaire, et, vers la partie médiane
du corps, située encore notablement plus près du dos que du ventre.
Écailles peu visibles, enfoncées dans le tégument.

Épines dorsales courtes, robustes, renforcées par une côte postérieure, hautes de 4^{mm} à 5^{mm}, à base élargie transversalement pour l'articulation avec l'interépineux, et mesurant dans ce sens 2^{mm} au moins ;
la première épine, placée bien en avant de l'anus, est à 115^{mm} du
bout du museau ; la base de la nageoire, constituée par ces épines
libres, mesure environ 54^{mm} : le petit rayon placé en arrière de la
VIe épine est brisé, mais sa partie basilaire bien distincte. L'anale
commence immédiatement en arrière de l'anus, ou plutôt du pore génital
entre les IIe et IIIe épines dorsales ; sa portion épineuse finit avant ou au
niveau de la VIe ; les épines qui la composent sont plus grêles que les
dorsales, la Ire étant à peine haute de 1^{mm},5, la XIe de 7^{mm}, la portion
molle s'arrête à une distance faible mais réelle (1^{mm} à 1^{mm},5) de l'extrémité du corps. En ce point existe une troncature sensible, malgré l'atté-
nuation du pédoncule caudal, avec une uroptère distincte quoique très
courte et composée d'un très petit nombre de rayons, 5 ou 6. Pectorale
peu développée, sa longueur étant à peine moitié de celle de la tête,
pointue, falciforme, composée de 12 rayons : sa base est à une certaine
distance de l'orifice branchial (7^{mm} ou 8^{mm}). Ventrales un peu en avant de
la première épine dorsale, qui répond environ à leur tiers antérieur :
l'extrémité des rayons atteint l'anus, la IIIe épine, la plus longue, est
moitié plus courte (10^{mm}), la Ire ne mesure que 3^{mm} à 4^{mm}, la IIe est intermédiaire comme longueur : ces épines sont robustes, comparables à

celles de l'anale, les deux premières à pointe simple, la troisième nettement bifide; sur les individus parfaitement intacts, les ventrales sont jointes sur la ligne médiane, mais la faible membrane qui les unit se rompt avec la plus grande facilité.

Tous les exemplaires, sauf un (1), étaient brun-sépia avec le pourtour de la bouche, le bord du battant operculaire, la portion molle de l'anale, un liséré dorsal sur la partie postérieure du pédoncule caudal et l'uroptère, noirs.

Les écailles sont du type très franchement sous-épidermique, de forme ovalaire, plus ou moins allongées, mesurant 1^{mm} de long sur 0^{mm},6 à 0^{mm},7 de large avec le foyer central ou très peu en avant. On ne distingue que des sillons centrifuges rectilignes et les crêtes concentriques très étroites, en sorte que la surface se trouve divisée en petits quadrilatères larges d'environ 0^{mm},020 sur 0^{mm},070 à 0^{mm},080 de long, au niveau de la partie moyenne du rayon. Ces écailles sont toutefois imbriquées, mais ce qu'elles présentent de remarquable, c'est leur fragilité extrême; il a été impossible, sur les exemplaires, cependant bien conservés, de nos dragages, d'en extraire d'intactes et les mesures ont dû être prises sur des lambeaux du tégument auquel on les avait laissées adhérentes; lorsqu'on veut les enlever par le grattage, opération qui les fournit en bon état pour l'étude chez l'Anguille, le *Rypticus* et autres poissons ayant ces organes du même type, on n'obtient chez les Notacanthes que des écailles comme pulvérisées, les petits quadrilatères se disjoignent et il semble que la lamelle basilaire, qui les soutient d'habitude, fasse ici défaut (2).

(1) Cet exemplaire, pris dans le dragage LXXXII, constitue peut-être une espèce distincte; dans le tableau précédemment donné (voir page 321) il est inscrit sous le n° 5. Sa couleur était d'un blanc laiteux à l'état frais, et le nombre de ses épines dorsales est le plus faible connu jusqu'ici. Ses dents sont peut-être un peu moins nombreuses (20 à l'intermaxillaire), quoique la longueur de la tête (30^{mm}) soit à très peu près comparable à celle de l'individu pris pour type et que les proportions des différentes parties, longueur du museau, diamètre de l'œil, espace interorbitaire, soient sensiblement les mêmes. Par malheur la partie postérieure de la queue (pl. XXVII, fig. 2e) a été coupée accidentellement et était, avons-nous dit, en voie de réparation. Je le considère comme simple variété, sous le nom de *N. mediterraneus*, var. *pallidus*, jusqu'à ce qu'on puisse avoir des renseignements plus complets sur ses caractères propres. De tous les Notacanthes pêchés dans nos dragages, c'était de beaucoup le mieux conservé et il a particulièrement servi à l'étude des viscères abdominaux.

(2) Sur le grand exemplaire de *Notacanthus phasganorus* du *Voyage en Islande et au Groenland*, n° A. 6864, *Coll. Mus.*, cette lamelle paraît avoir acquis plus de résistance et, bien que les écailles soient encore fragiles, j'ai pu, par le procédé ordinaire avec les brucelles fines, en extraire quelques-unes intactes; elles mesurent 3^{mm} à 4^{mm} de long sur 2^{mm} à 3^{mm} de large et sont du même type.

Le squelette est d'une assez grande simplicité. On compte environ
50 vertèbres abdominales et 168 caudales. La dernière est tronquée
pour supporter l'uroptère. La constitution des pièces rachidiennes présente d'intéressantes particularités et s'écarte de ce qu'on connaît chez
la plupart des Téléostéens. Le centrum est annulaire, avec une perforation centrale, qui s'étend à près de la moitié du rayon pour les vertèbres
antérieures et plus loin encore pour les vertèbres du milieu de la
queue, la corde dorsale serait donc en grande partie persistante; les
faces de la portion osseuse sont concaves et la périphérie, sur le sec,
fendillée, lacuneuse suivant l'axe vertébral, les cônes osseux antérieur
et postérieur se trouvant unis par des lamelles longitudinales, ce qui
rappelle la disposition connue chez certains Squales tels que l'*Alopias
vulpes* et d'ailleurs d'autres poissons. Chacune des branches inférieures
de l'épine neurale se joint au corps de la vertèbre par une sorte de
palette sur laquelle des sillons font distinguer une partie centrale inférieure triangulaire et deux supérieures de même forme, l'une en avant,
l'autre en arrière, celle-ci percée d'un trou donnant passage à une
des racines nerveuses, les palettes sont contiguës entre elles : il est
impossible de ne pas être frappé des analogies que présente cette disposition avec celle qu'on rencontre chez les Plagiostomes et certains
Ganoïdes, et de ne pas assimiler ces pièces aux cartilages cruraux, surcru-
raux et intercruraux de ces vertébrés. L'articulation de cet arc neural, et
ceci existe également pour l'arc hémal, ne se fait pas directement avec la
substance osseuse qui constitue le centrum, mais par l'intermédiaire de
bases cartilagineuses placées dans quatre fossettes, deux supérieures,
deux inférieures, creusées dans le corps de la vertèbre, en sorte que sur
une coupe transversale on trouve quatre rayons cartilagineux rappelant
la disposition connue chez les Élasmobranches astérospondyliens (1).

Le crâne (2), largement ouvert antérieurement, n'offre aucune trace

(1) Nos connaissances en ce qui concerne la structure des vertèbres chez les Téléostéens sont
loin d'être aussi avancées que pour les Élasmobranches, si bien connus sous ce rapport depuis le
travail magistral de M. Hasse. D'après des recherches personnelles, je trouve chez la Perche, le
Hareng, la Carpe, l'Anguille et beaucoup d'autres Poissons osseux, les arcs neuraux et hémaux
directement soudés au centrum, mais chez le Brochet se rencontre un cartilage basilaire radiant
déjà figuré par Gegenbaur.
(2) Pl. XXVII, fig. 2ᵃ.

de saillies à la partie supérieure; en dessous, le sphénoïde se bifurque formant deux crêtes postérieures, qui n'atteignent pas toutefois la portion apparente du basilaire, en avant ce même os donne une longue tige presque droite prolongée par le vomer, une autre tige supérieure courbe constituée par les frontaux et les nasaux se joint à elle tout à fait en avant de manière à circonscrire un vaste espace libre. Au point d'union existent des cartilages dont le postérieur pourrait être regardé comme un ethmoïde, l'antérieur semi-lunaire aplati, élevé, soutient la portion saillante muqueuse du rostre.

L'arc maxillo-crémastique ne laisse distinguer qu'une partie des os qui le composent habituellement. D'après l'examen qui a pu en être fait, on trouve en arrière un grand os triangulaire à sommet tronqué, dont la base, tournée en haut, s'articule d'une part avec le crâne, d'autre part supporte l'opercule et le préopercule, il existe toutefois un large vide entre lui et ce dernier, c'est le temporal, mais comme il présente supérieurement une perforation, peut-être la caisse y est-elle jointe. Le sommet tronqué du triangle se trouve prolongé par une partie lamelleuse, appointie, sur laquelle s'articule le suspensorium de l'appareil hyoïdien, ce serait donc là le symplectique. Une lame scléreuse, bifurquée en arrière pour recevoir la pointe de la portion précédente, remonte en avant et s'articule avec l'extrémité antérieure du crâne, on n'y distingue pas nettement de suture, elle offre en bas une saillie articulaire pour la mâchoire inférieure et son côté supérieur est bordé par une pièce styliforme, qui se prolonge en arrière jusqu'au temporal, auquel elle est jointe dans la partie inféro-antérieure de ce dernier; cette pièce pourrait bien représenter le ptérygoïdien interne, la lame bifurquée renferme certainement le jugal, qui en occuperait la portion inférieure et postérieure, son prolongement antérieur pouvant être regardé comme le transverse. Quant au palatin, il est constitué par un os en demi-cercle solidement articulé à celui du côté opposé et formant le fer à cheval dentifère dont il a été question en décrivant la bouche; ce qui serait ici très particulier, c'est qu'il est indépendant de l'arc maxillo-crémastique, étant relié avec lui, aussi bien qu'avec le crâne, par des ligaments et des muscles, qui laissent à l'ensemble une grande

mobilité et permettent des mouvements étendus. Ceci amène à cette
conclusion que la chaîne maxillo-crémastique s'articule en avant non
par l'intermédiaire du palatin, ce qui est le cas habituel, mais au moyen
du transverse. On ne peut guère trouver l'analogue de cette indépendance, de cette mobilité du palatin, que chez l'Esturgeon ou chez les
Élasmobranches, en reprenant l'interprétation de Cuvier quant à la
signification des cartilages dentifères supérieurs chez ces derniers,
interprétation abandonnée à tort, comme M. Günther dans de récents
travaux l'a très justement fait remarquer.

Le maxillaire est cléidiforme, bifurqué en arrière; la branche supérieure constituant une épine robuste et acérée, comme on l'a vu plus
haut. La mâchoire inférieure, très haute postérieurement, présente
une pointe géniale inférieure suivie d'un feston, au-dessus duquel
se voit une perforation pour le passage de nerfs ou de vaisseaux.
Elle est constituée, comme d'ordinaire, par deux pièces, une dentaire
et une articulaire; une lame cartilagineuse interne joue sans doute le
rôle d'operculaire. La pièce dentaire en arrière et en bas se prolonge en une assez large lame triangulaire, qui se recourbe sous la
gorge.

La ceinture scapulaire (1) est attachée directement à la colonne vertébrale à une certaine distance en arrière du crâne, comme chez les APODA :
l'union est faite par des ligaments très lâches; on ne distingue que
deux os allongés représentant le scapulaire (47) et l'huméral (48).
La portion basilaire de la nageoire consiste en une grande lame cartilagino-fibreuse (*a, a*) avec deux écailles osseuses, l'une supérieure,
arrondie, le radial (52), l'autre inférieure, sécuriforme, le cubital (51).
En arrière de ce dernier se voient trois petits os carpiens (64, 64', 64"),
qui supportent les rayons inférieurs de la nageoire, les supérieurs s'insèrent directement à la lame cartilagineuse.

Le bassin est formé d'un os unique en pyramide triangulaire, aplatie,
allongée, aiguë ; l'un des angles dièdres est placé en bas, formant une
crête d'insertion pour les muscles, la base est oblique de dehors en

1) Pl. XXVII, fig. 2*.

dedans et d'avant en arrière, avec son angle externe saillant comme une sorte de dent mousse.

Les interépineux, supportant les épines dorsales, sont robustes, formés d'une lamelle antéro-postérieure, renforcée de chaque côté par une autre lamelle transversale, qui donne en haut une surface articulaire dirigée également en travers et précède une autre surface d'articulation plus petite, arrondie. L'épine en cône allongé dans presque toute sa longueur se dilate inférieurement, s'aplatit d'avant en arrière, et présente un sillon postérieur en ce point; elle se bifurque à la base pour s'articuler avec l'interépineux. J'ai déjà dit que ces rayons durs sont formés d'une substance osseuse, où se voient de véritables ostéoplastes, lesquels, sur une coupe vers le milieu de la hauteur, sont disposés concentriquement autour d'une cavité centrale unique.

Le cerveau, en très mauvais état, n'a pu être étudié que fort incomplètement. Les lobes cérébraux et les lobes optiques sont arrondis, les seconds très peu plus volumineux que les premiers. Cervelet très grand, comme aplati, demi-ovale antérieurement, coupé carrément en arrière, où il laisse la plus grande partie du quatrième ventricule et la moelle allongée à découvert, tandis qu'en avant il semble comme rabattu sur les lobes optiques, dont il cache au moins le tiers postérieur (1).

On a vu que l'abondance et le volume des nerfs, qui se rendent dans le museau, doivent faire présumer que celui-ci sert particulièrement au toucher.

Le sagitta est placé de champ, fort simple, lenticulaire, peu développé, car sur l'individu disséqué, mesurant 310^{mm}, il a 1^{mm},6 de long sur 1^{mm},2 de haut et 0^{mm},6 d'épaisseur. La face interne (2), un peu convexe, présente pour tout accident un sillon acoustique simple, médian, étendu sur la moitié antérieure, assez profond, à bords subparallèles; le côté rostral est un peu plus saillant que l'antirostral. La face externe (3), plus fortement bombée, est lisse. Limbe sans festons prononcés, sauf l'échancrure ostiale. J'ai pu examiner le lapillus et l'astéricus, le premier

(1) Cette disposition du cervelet n'est pas sans analogie avec celle qui a été signalée plus haut chez les *Halosaurus* (voir pages 182 et 186; pl. XV, fig. 2ᵈ et 3).

(2) Pl. XXVII, fig. 2ᶜ.

(3) Pl. XXVII, fig. 2ᵈ.

de forme sphérique, le second semilunaire, l'un et l'autre de très petites dimensions.

Diamètre du cristallin 4^{mm},7.

L'appareil respiratoire se compose de 4 arcs branchiaux, garnis chacun de doubles lamelles pectinées. Sauf les trachéaux de la rangée antérieure du premier arc, qui sont allongés, mesurant 2^{mm},5, les autres sont courts, tous d'ailleurs espacés ; les pharyngiens inférieurs en présentent de semblables à ces derniers sans autre armature, les pharyngiens supérieurs manquent. Pas de pseudobranchie.

La vessie natatoire se trouve située dans la cavité abdominale, à la partie supérieure de celle-ci, au-dessus des autres viscères et s'étend à peu près sur toute sa longueur. La séreuse qui la recouvre étant bien distincte du feuillet pariétal proprement dit, cette vessie natatoire n'est pas, comme chez beaucoup de Poissons et, en particulier, chez les Acanthoptérygiens munis de cet organe, adhérente, elle flotte librement. Sa forme est en fuseau très allongé ; paroi constituée de trois membranes, l'externe séreuse, mince, incolore, transparente, la moyenne argentée, plus épaisse, l'interne non moins développée, jaunâtre, d'apparence glandulaire. La présence d'un canal pneumatophore me paraît démontrée par ce fait que sur aucun des individus, et en particulier sur celui dont il a été question comme *Notacanthus mediterraneus*, var. *pallidus*, la vessie natatoire n'avait ni éclaté ni projeté les viscères au dehors ; cependant cet individu était fort bien conservé et avait été ramené d'une profondeur de plus de 1200 mètres. Je dois toutefois avouer que je n'ai pu mettre clairement ce canal en évidence. Après avoir regardé comme le représentant un tractus, étendu de la partie postérieure de l'estomac à la portion centrale de la vessie, disposition qui aurait rappelé celle connue chez le Hareng, je suis arrivé à me convaincre que c'était simplement un lien vasculaire. Il me paraît plus probable que la communication a lieu par l'extrémité antérieure de la vessie, se prolongeant jusqu'au niveau du diaphragme branchio-abdominal, en un canal sur lequel la séreuse péritonéale forme un revêtement d'un noir intense. D'un autre côté, dans l'estomac, très près de l'orifice cardiaque, entre deux des gros plis longitudinaux, qui parcourent la face interne de ce viscère, se trouve à la partie supérieure un orifice assez large, ayant près d'un millimètre de diamètre, qui me paraîtrait représenter l'orifice externe. Mais le rapport direct entre le tube et cet orifice n'ayant pu être établi, la question de continuité doit être réservée jusqu'à ce qu'on ait pu faire l'examen d'autres individus, surtout à l'état frais, car en dehors de cette condition l'étude de ce point d'anatomie présente, on le sait, les plus grandes difficultés.

Par suite de la position de la ceinture scapulaire le cœur, comme chez les Apodes, est reculé, situé en quelque sorte dans la cavité abdominale, à la paroi antérieure et inférieure de laquelle la poche péricardique apparaît comme une masse piriforme allongée. L'oreillette est placée au-dessus et à gauche du ventricule, qu'elle dépasse en arrière; celui-ci en forme d'olive s'étend au contraire un peu plus en avant; le bulbe artériel est, comme d'ordinaire, conique, à parois épaisses; il ne m'a pas été possible de constater la disposition des valvules, par suite de la petitesse de l'organe, qui dans son ensemble mesure à peine 20^{mm} de long, le bulbe en faisant environ 2/5. Les globules sanguins mesurent $0^{mm},024$ sur $0^{mm},010$.

L'appareil digestif comprend un estomac court, d'une teinte violet foncé, presque noir, garni intérieurement de plis longitudinaux. L'intestin naît de sa partie la plus reculée, se porte en avant, puis se recourbe pour se diriger en arrière; à la courbure il reçoit 4 cæcums pyloriques assez gros, ayant presque le diamètre de l'intestin et de même aspect; deux à droite, longs, égaux, deux à gauche, l'inférieur plus court : l'intestin arrive ainsi directement jusqu'à l'extrémité postérieure de la cavité abdominale, remonte alors de nouveau en avant jusque vers le milieu de celle-ci et de là gagne l'anus; sa partie terminale, très légèrement dilatée, peut être regardée à la rigueur comme gros intestin, d'autant que sur la paroi interne s'observe un repli valvulaire iléo-rectal formant un anneau complet. Le foie de grosseur médiocre, constitué de deux lobes latéraux, recouvre l'origine des cæcums pyloriques et la portion antérieure de l'estomac; le pancréas, autant qu'on en peut juger, est représenté par des masses glandulaires logées dans les premières sinuosités de l'intestin. Le tube digestif, au milieu d'éléments cellulaires assez difficiles à déterminer, contenait des fibres musculaires striées et des spicules d'Éponges hexactinellides.

Le rein occupe la partie postérieure de la cavité abdominale et ne se prolonge pas en avant.

Je n'ai pu observer que les laitances, formant deux masses latérales énormes, qui remplissent les interstices laissés dans la cavité abdominale entre tous les autres organes : il ne paraît exister aucun canal vecteur.

	Millim.	1/100.
Longueur.	314	"
Hauteur.	27	8
Épaisseur.	13	4
Longueur de la tête.	50	16
— de la nageoire caudale. . .	8	12
— du museau.	12	24
Diamètre de l'œil.	10	20
Espace interorbitaire.	5	10

N° 87-129, *Coll. Mus.*

Numéro du dragage.	Localité.	Profondeur.	Nombre d'indiv.
1. LXXIX	Côtes du Soudan. . . .	1232	1
2. LXXXII.	—	932	1
3. XCIII	Banc d'Arguin	1495	2
			4

256. Notacanthus Rissoanus Filippi et Verany.

(Pl. XXVII, fig. 1.)

B. VIII + D. XXXVII, 1; A. XXVII, n + V. 1, 9.

Espèce de forme plus svelte que les autres Notacanthes, autant qu'on en peut juger ; la plus grande hauteur, qui se trouve sur notre individu en arrière de l'anus, vers le milieu de la longueur du corps. fait à peine 1/15 de cette dimension, l'épaisseur étant moitié moindre.

La tête donne surtout cette apparence, non qu'elle soit beaucoup plus allongée, 1/8 environ de la longueur, mais le museau, qui en occupe plus du tiers, au lieu d'être busqué, se prolonge en une sorte de trompe

molle, qui rappelle assez bien celle des *Mastacemblus* (1). L'état de
l'animal ne permet pas de juger de la grandeur de la bouche; en tout cas,
la commissure n'atteint pas le bord orbitaire antérieur, sa forme est analogue à ce qu'elle est dans les autres espèces du genre, c'est-à-dire infère ;
les dents excessivement fines et serrées garnissent l'une et l'autre mâchoire, il y a des dents plus fortes, sur le palais, où elles forment un
fer à cheval concentrique à celui des dents intermaxillaires, c'est la disposition générale dans le genre. Le maxillaire présente également ici une
extrémité postérieure fourchue, dont la branche supérieure est en épine
robuste. L'état de conservation ne permet pas de distinguer les narines.
Œil médiocre occupant à peine 1/8 de la tête, l'espace interorbitaire très
petit n'a pas moitié de cette dimension. Orifice branchial large; battant
operculaire presque carrément coupé en arrière ; sa composition est
d'ailleurs la même que pour l'espèce précédente.

Anus placé en avant de la moitié de la longueur (à 107^{mm} de la pointe
rostrale) ; on ne voit pas traces d'écailles, cependant la ligne latérale est
nette, partant du pli operculaire pour se placer au milieu de la hauteur
ou même un peu au-dessous, vers le niveau de l'orifice anal.

La nombreuse série des épines composant la dorsale commence assez
près de la tête (à environ 48^{mm} du rostre); la première épine mesure
environ 1^{mm} de haut, la dernière 4^{mm}, elles sont toutes légèrement
courbées d'avant en arrière ; on voit un rayon supplémentaire plus
petit et plus grêle après la XXXVII° épine, je n'ai pu lui trouver d'articulations distinctes; la distance comprise entre les rayons extrêmes est
assez exactement moitié de la longueur du corps. La portion dure de
l'anale commence immédiatement en arrière de l'anus, vers le niveau
du milieu de la nageoire précédente et s'étend un peu plus en arrière,
il peut d'ailleurs y avoir doute sur le point où lui succède la portion
molle, attendu qu'après la XXVII° épine comptée, se trouve une lacune,
faible il est vrai, qui me parait avoir dû être occupée par des rayons
mous, mais il est impossible de justifier cette manière de voir, étant
donnée la difficulté qu'on éprouve sur les autres espèces à distinguer

____

(1) Ce détail est donné d'après l'observation sur le frais, car cette partie au déballage était dé-
truite et le museau fort détérioré.

les dernières épines des premiers rayons à la nageoire anale; cette portion molle, dont la plus grande hauteur peut être de 8^{mm}, s'arrête un peu avant l'extrémité, en sorte qu'il y a une caudale distincte formée de 5 ou 6 rayons. Pectorale à une distance de la fente operculaire égale environ à 1/3 de la longueur de la tète, sa base étant très peu en avant de la première épine dorsale; sa longueur est de 11^{mm}, sa forme ovalaire; j'y compte 13 rayons. Les ventrales, placées à une distance du rostre égale environ à 1/3 de la longueur du corps, n'atteignent pas l'anus, et ont à peu près la même dimension que les pectorales, elles sont désunies sur notre exemplaire; je ne vois qu'une épine, longue d'à peine 5^{mm}.

La couleur sur le frais était d'un blanc laiteux avec la tête noire. Iris de cette dernière teinte.

Diamètre du cristallin, 2^{mm},3.

	Millim.	1 100.
Longueur.	260	»
Hauteur.	20	7
Épaisseur.	9	3
Longueur de la tête.	31	12
— de la nageoire caudale.	5	2
— du museau.	11	35
Diamètre de l'œil.	4	13
Espace interorbitaire.	2	6

N° 87-130, *Coll. Mus.*

Numéro du dragage.	Localité.	Profondeur.	Nombre d'indiv.
XL.	Côtes du Maroc.	2212	1

Le *Notacanthus Rissoanus* n'est qu'imparfaitement connu d'après la brève diagnose donnée par MM. de Filippi et Verany en 1859, encore ces savants paraissent-ils l'avoir faite d'après un dessin que leur avait communiqué Risso, neveu du célèbre zoologiste, dans la collection duquel, nous disent-ils, M. Bellotti avait vu l'exemplaire type. Les caractères énoncés conviennent de tous points à notre individu, qui doit être considéré comme de la même espèce, chose d'autant plus probable que les rapports entre la faune méditerranéenne et celle des régions où il a été trouvé ne sont plus à démontrer.

257. Centriscus scolopax Linné.

(Pl. XXVII, fig. 3.)

Lig. lat. 57; lig. tr. 37.

Ce poisson, depuis longtemps connu et soigneusement décrit par nombre d'auteurs, ne paraît pas avoir été étudié quant à la structure de ses écailles, lesquelles présentent une disposition très singulière.

Il n'y a pas de ligne latérale réelle visible et, comme l'indiquent les auteurs systématiques, les écailles sont petites et rugueuses. Lorsqu'on les examine à un grossissement suffisant, on reconnaît (1) qu'elles présentent une partie basilaire en lamelle irrégulièrement losangique ou rhomboïdale, allongée en travers, à angles aigus souvent courbés en crochets, mesurant environ $0^{mm},4$ sur $1^{mm},2$, d'où s'élève un pédoncule, haut d'à peu près $0^{mm},4$, à l'extrémité duquel s'insère à angle droit une lamelle foliacée, lancéolée ou cordiforme, chargée d'épines formant une nervure médiane bien marquée, étendue de la base au sommet, et de chaque côté une ou deux nervures latérales, parallèles à la précédente, mais moins régulières, souvent interrompues; le bord postérieur du limbe est également épineux; la dimension de cette feuille peut être de $1^{mm},2$ de long sur 1^{mm} de large.

Il est difficile de ne pas être frappé de la ressemblance que présentent dans leur forme ces organes avec les scutelles de certains Élasmobranches tels que les *Acanthias*, les *Centrophorus* (2). Ici toutefois la structure histologique n'est pas celle de la véritable dentine. On observe sur la base des lignes sombres disposées assez régulièrement et concentriquement, elles sont croisées par des lignes centrifuges, ce qui rappelle fort exactement l'ornementation de certaines écailles cycloïdes. Sur la lamelle foliacée ce sont des arborisations irrégulières ou des traits partant des nervures comme les barbes d'une plume, ces apparences de canalicules sont de simples crevasses et disparaissent de suite en plaçant l'écaille dans un

(1) Pl. XXVII, fig. 3.
(2) Voir pl. III, fig. 2e, 3.

liquide même peu réfringent. Malgré leur forme inusitée, ce sont donc des écailles de véritables Téléostéens.

	Millim.	1/100.
Longueur	106	»
Hauteur	31	29
Épaisseur	10	9
Longueur de la tête	50	47
— de la nageoire caudale	14	13
— du museau	35	70
Diamètre de l'œil	10	20
Espace interorbitaire	8	16

N° 87-134, *Coll. Mus.*

Numéro du dragage.	Localité.	Profondeur.	Nombre d'indiv.
1. XXIII	Côtes du Maroc	120	1
2. LXVII	— du Soudan	130	1
3. XC	Banc d'Arguin	175	2
4. XCI	—	235	1
5. XCII	—	140	5
			10

Ce poisson descend à peine au delà de 200ᵐ et ne peut être considéré comme appartenant réellement à la faune profonde.

En examinant l'exemplaire du *Ramphosus aculeatus* Agass., de Monte-Bolca, conservé dans les collections du Muséum, on retrouve sur plusieurs points des traces du tégument montrant des écailles en losange disposées suivant des séries obliques, ce qui rappelle fort exactement la disposition signalée pour le *Centriscus scolopax* Lin., j'ai cru même distinguer une base triangulaire avec ses pointes retournées. Il me paraît donc hors de doute que dans ce genre fossile, si tant est qu'il doive être conservé, la structure des écailles était la même que dans le genre actuellement existant.

258. Aulostoma? longipes.

(Pl. XXVII, fig. 4.)

D. 5; A.9 + V.6.

Un exemplaire unique a été recueilli, de très petite taille et en médiocre état de conservation.

Sa forme est allongée, presque cylindrique, car la hauteur est environ égale à 1/9, et l'épaisseur à 1/11 de la longueur.

La tête entre pour très peu plus du tiers dans cette dimension; museau occupant les 4/9 de la longueur de la tête. L'œil gauche seul existe, encore ne paraît-il pas intact, il n'occuperait guère que 1/8 de cette même longueur; espace interorbitaire presque nul. On ne voit pas trace d'écailles, et la ligne latérale n'est indiquée que par une série de taches pigmentaires, dont il sera parlé plus loin à propos de la coloration.

Pour dorsale, on ne trouve qu'une nageoire excessivement courte (3^{mm} à 4^{mm}), placée très en arrière aux 2/3 de la longueur; une anale exactement semblable lui répond à la partie inférieure du corps. La caudale, quoique brisée, montre mieux sa disposition; on y compte 15 rayons et de plus des épines fulcroïdes au nombre de 12 en haut et de 8 en bas environ; il est certain qu'elle n'a pas de rayons prolongés médians. Les pectorales sont passablement longues (8^{mm}); les ventrales, composées, autant qu'on en peut juger, de 6 rayons, ont leur point d'insertion très rapproché des nageoires dorsale et anale, et se prolongent au delà du pédoncule caudal, ayant plus du tiers de la longueur du corps; une autre particularité, c'est qu'elles paraissent portées sur une sorte de base hémisphérique saillante.

La couleur est d'un rouge jaunâtre; un peu en arrière des pectorales commence, vers la partie inférieure des flancs, une ligne noire, qui se prolonge jusqu'à l'extrémité du corps, elle est formée d'une multitude de taches pigmentaires arrondies, dont les plus grosses atteignent $0^{mm}.08$ à $0^{mm}.10$, elles sont en série continue en avant, se groupant en petites fascies obliques sur chaque faisceau musculaire en arrière; en ce point une seconde ligne parallèle à la précédente, mais formée de taches espacées, se trouve au-dessus de l'interstice musculaire; enfin des ponctuations de même nature occupent toute la hauteur du pédoncule caudal à la base de l'uroptère. La face ventrale présente trois paires de grosses macules noires, séparées dans chaque groupe par un étroit espace, elles partagent en quatre parties égales la distance comprise entre les pectorales et les ventrales, au niveau de celles-ci se voit un point médian noir, et la base renflée de ces nageoires offre la même teinte, l'ensemble de ces taches donne sur cette partie du corps de l'animal un dessin très régulier.

Les lambeaux de tégument que j'ai pu examiner, car il manque sur une partie du corps, ne présentent pas trace d'écailles.

Le long de la ligne ventrale, entre et sous les taches noires, s'observe une traînée saillante, une sorte de bourrelet jaunâtre, qui pourrait bien être un reste de la vésicule ombilicale.

	Millim.	1/100.
Longueur.	45	"
Hauteur	5	11
Épaisseur.	4	9
Longueur de la tête.	16	35
— de la nageoire caudale.	6	13
— du museau.	7	44
Diamètre de l'œil.	2	12
Espace interorbitaire.	0,5	3

N° 87-136, *Coll. Mus.*

Numéro du dragage.	Localité.	Profondeur.	Nombre d'indiv.
XLVII.	Côtes du Maroc.	1163	1

Ce poisson n'est malheureusement connu, on le voit, que d'une manière fort imparfaite, car il s'agit là d'un individu excessivement jeune, peut-être à l'état d'alevin, aussi la détermination reste-t-elle douteuse.

C'est évidemment un Bouche-en-flûte de la famille des AULOSTOMIDÆ. Les ventrales abdominales l'éloignent des *Aulorhynchus* Gill., l'absence du filament caudal des *Fistularia* Lin., aussi par exclusion l'ai-je rangé parmi les *Aulostoma* Lacép. Toutefois il faut remarquer que le tégument nu, le manque de la série d'épines dorsales en avant de la nageoire molle, sont deux caractères négatifs importants. Pour le premier, l'individu est si jeune qu'il est très admissible que la peau n'a pas encore acquis tout son développement et l'on sait que les écailles n'y apparaissent qu'assez tard. Quant aux épines il existe sur ce spécimen, en avant de la dorsale molle, une fente qui pénètre entre les masses musculaires supérieures, ne résulte-t-elle pas de l'arrachement de ces organes et des interépineux, qui les supportaient?

N'avons-nous pas affaire à un alevin d'*Aulostoma coloratum* Mull. et Trosch.? C'est ce que j'avais admis tout d'abord, mais dans celui-ci les ventrales sont à mi-distance à peu près entre les pectorales et l'anale, elles sont très courtes. Je ne vois pas, en parcourant les travaux remarquables qui ont été publiés dans ces derniers temps sur les métamorphoses des poissons de mer, en particulier les travaux de M. Lutken, qu'on ait constaté dans aucun cas un changement aussi grand avec l'âge dans la position de ces nageoires, car il est bien évident que la longueur plus grande des rayons est loin d'avoir la même valeur, pour ce dernier caractère les exemples de semblables variations ne manqueraient pas. On pourrait ajouter que l'*Aulostoma coloratum* Mull. et Trosch. n'est pas connu de ces régions et n'est guère signalé que des côtes d'Amérique, cependant le **Muséum** possède un exemplaire rapporté de Sainte-Hélène, par Arnoux, en 1846.

Une dernière question serait de savoir si l'*Aulostoma longipes* provient bien de la profondeur indiquée par le dragage dans lequel il a été trouvé. Je pense, sans pouvoir en donner la preuve absolue, qu'il provient plutôt de la surface, les Bouches-en-flûte n'ayant en réalité aucun des caractères des poissons bathyoïkésites.

268. Dibranchus atlanticus Peters.

N° 87-209, *Coll. Mus.*

Numéro du dragage.	Localité.	Profondeur.	Nombre d'indiv.
CXII.	Iles du Cap-Vert	405	1

Notre exemplaire est en très mauvais état, la portion céphalo-somatique se trouve écrasée et divisée en deux. Cependant il ne peut y avoir de doute sur la détermination, la peau étant assez intacte pour permettre de bien apprécier la forme générale du corps, la disposition et l'aspect des tubercules cutanés, même la conformation de la bouche ; les deux arcs branchifères du côté droit sont restés ; aussi, en se reportant à l'excellente description donnée par Peters et aux figures qui l'accompagnent (1), on se convainc facilement que ce ne peut être une autre espèce. L'exemplaire de la collection du Muséum mesurait environ 82^{mm} avec la caudale, celle-ci ayant 15^{mm}.

Les individus d'après lesquels a été décrit le *Dibranchus atlanticus* Peters proviennent d'ailleurs à peu près des mêmes régions (10° 12,9 lat. N. ; 17° 25,5 long. O.) et d'une profondeur très peu plus grande, 675^{m}.

269. Chaunax pictus Lowe.

(Pl. XXVIII, fig. 1, 1ª, 1ᵇ, 1ᶜ, 1ᵈ, 1ᵉ, 1ᶠ, 1ᵍ, 1ʰ, 1ⁱ.)

B. V + D. I — 10; A. 7 + V. 4.

Lig. lat. 51 (2).

Les individus pêchés à bord du *Talisman* diffèrent de l'exemplaire type que Lowe a si bien étudié, par quelques caractères tirés de la composition et de la forme de certaines nageoires.

La dorsale proprement dite a un rayon de moins, 10 au lieu de 11, et la membrane inter-radiale, d'une délicatesse extrême, se rompt avec la plus grande facilité. Par contre l'anale a deux rayons de plus, 7 au lieu de 5 (3). Ces différences ne sont point de nature à justifier une distinction spécifique.

Tout le corps, sur ces petits exemplaires, était d'un joli rose tendre

(1) Peters, *Monatsb. K. Acad.* Berlin, t. XL, p. 736 (25 novembre 1875), 1876.

(2) Vu la forme anormale de ce poisson, le nombre des écailles est compté sur la ligne latérale supérieure de l'extrémité du museau à la base de la caudale.

(3) Sur plusieurs individus les nageoires ventrales étaient invaginées dans la peau, qu'il fallait rebrousser pour les découvrir ; je ne sais si cela peut se présenter normalement sur le frais ou est dû à l'action des liquides conservateurs.

avec le tour de la bouche et les différentes nageoires d'un rouge vermillon vif : le dessin formé des lignes d'écailles du système latéral se distinguait par une teinte grisâtre, due sans doute à la présence de la vase dans les anfractuosités. Iris jaune paille très clair, pupille foncée.

Le tégument présente des parties scléreuses qui diffèrent assez, surtout celles du corps, des écailles habituellement connues chez les Téléostéens. Tout l'animal est couvert de sortes de petits disques (1) minces, arrondis ou très légèrement ovalaires, leur diamètre varie de $0^{mm},4$ à $0^{mm},6$ ou $0^{mm},7$, du centre de chacun d'eux s'élève une petite épine conique, légèrement courbée, haute de $0^{mm},25$ à $0^{mm},40$; l'ensemble de ces prolongements donne à la peau un aspect velouté. Les écailles des lignes latérales sont également curieuses (2), on peut se les figurer comme une sorte de selle renversée, formée d'une lame scléreuse peu épaisse, percée d'un orifice situé sur la ligne médiane et rapproché du bord antérieur, les côtés relevés se terminent par une ou deux épines, celle de devant étant la plus longue dans ce dernier cas ; les dimensions sont d'environ $0^{mm},8$ d'avant en arrière sur $1^{mm},2$ transversalement et $0^{mm},8$ de hauteur, non compris l'épine, qui peut atteindre $0^{mm},2$. Quant à la structure, les lames paraissent homogènes ; cependant sur les écailles du système latéral on peut parfois reconnaître des lignes légères parallèles aux bords antérieur et postérieur ; les épines des écailles somatiques sont creuses, la paroi ayant environ $0^{mm},007$; celles qui arment les bords relevés des écailles du système latéral sont au contraire pleines, mais visiblement constituées par des cônes emboîtés, on peut en compter quatre ou cinq ; les unes comme les autres sont formées d'une substance homogène assimilable à la vitrodentine.

Le sagitta lenticulaire, volumineux relativement à la taille de l'animal, mesure, sur un individu de 95^{mm}, $5^{mm},3$ de long sur $3^{mm},8$ de large et $1^{mm},3$ d'épaisseur. Sa situation, autant que j'ai pu l'observer sur un individu, qu'il était nécessaire de ménager pour d'autres recherches, me paraît anormale. Il serait horizontalement placé, et ce qu'on peut re-

(1) Pl. XXVIII, fig. 1e, 1f.
(2) Pl. XXVIII, fig. 1e, 1h, 1i.

garder comme étant le sillon acoustique serait sur la face inférieure. Celle-ci (1), sauf le sillon placé à la partie centrale, s'étendant un peu en avant et en arrière, mais mal limité dans ces deux directions et présentant une sorte d'ilot postérieur, n'offre aucun autre accident. La face supérieure (2), à foyer comme usé, montre 6 ou 7 sillons centrifuges gagnant l'intervalle des festons limbaires; vu de ce côté, l'aspect de cet otolithe rappellerait assez bien la forme de certaines coquilles bivalves à grosses côtes. Le limbe est simplement convexe en dehors (normalement bord inférieur), largement festonné en dedans (bord supérieur).

Globe oculaire volumineux, près de 10^{mm} de diamètre; dimension du cristallin moitié moindre.

Trois fentes branchiales seulement; le premier arc adhérent, privé de lamelles respiratoires et armé d'une rangée simple de trachéaux, courts, épineux; les deux suivants sont branchifères, les lamelles paraissent simples, les trachéaux, semblables aux précédents, sont sur une double rangée; le quatrième arc est adhérent comme le premier, mais porte des lamelles branchiales, un tiers moins hautes, toutefois, que celles des autres arcs, il n'a qu'une rangée de trachéaux. L'orifice branchial postérieur, placé à une certaine distance en arrière et un peu au-dessus des pectorales, est assez difficile à reconnaître, même sur le frais, et, par suite sans doute des conditions de décompression dans lesquelles sont ramenés ces animaux, devient dans ces circonstances plus perméable, si l'on peut dire, de dehors en dedans, que dans le sens opposé habituel. Les individus sont toujours arrivés gonflés d'eau et ce liquide, remplissant deux vastes poches latérales étendues des branchies à l'orifice externe, ne s'écoulait pas spontanément, dans quelque sens qu'on tournât le poisson, mais l'évacuation a lieu lorsqu'on introduit d'arrière en avant un stylet par cet orifice qu'on franchit dans cette direction avec beaucoup de facilité. Rien de semblable ne s'observe sur les *Lophius* que j'ai pu étudier comparativement. Pas de vessie natatoire.

Les viscères étant en médiocre état de conservation, l'estomac seul a

(1) Pl. XXVIII, fig. 1c.
(2) Pl. XXVIII, fig. 1d.

pu être examiné. Il est presque sphérique et succède à un œsophage très large ; l'orifice pylorique étant rapproché de ce dernier, cet estomac peut être considéré comme du type siphonaire. Des cæcums pyloriques ne paraissent pas exister.

	Millim.	1/100.
Longueur.	116	»
Hauteur.	28	24
Épaisseur.	64	55
Longueur de la tête (1).	42	36
— de la nageoire caudale.	28	24
— du museau.	15	36
Diamètre de l'œil.	8	19
Espace interorbitaire.	14	33

Nº 87-210, *Coll. Mus.*

Numéro du dragage.	Localité.	Profondeur.	Nombre d'indiv.
1. LXXXV	Côtes du Soudan.	830	1
2. CXIII.	Iles du Cap-Vert.	760	4
			5

Nos individus sont tous comparativement de petite taille, 73ᵐᵐ à 144ᵐᵐ de longueur totale, tandis que le type décrit par Lowe ne mesurait pas moins de 400ᵐᵐ. Aussi, malgré les caractères différentiels indiqués plus haut, je ne crois pas devoir les considérer, ainsi que je l'avais fait d'abord (2), comme formant une espèce nouvelle, bien que le nombre plus grand des rayons de l'anale ne soit évidemment pas sans importance.

Le *Chaunax pictus* Lowe a une aire d'extension assez vaste, puisqu'il a été retrouvé par M. Goode sur les côtes de l'Amérique du Nord.

270. Melanocetus Johnsonii Günther.

Ce poisson a été décrit par M. Günther d'une façon très complète, aussi me paraît-il inutile de revenir sur ce point.

(1) De l'extrémité rostrale à l'articulation occipito-vertébrale.
(2) Dans une publication populaire ce poisson a été figuré avec ses couleurs, d'après une maquette due à l'habile pinceau de notre collègue M. le Mⁱˢ de Follin, sous le nom de *Dibranchus festivus*.

L'individu pêché dans le dragage xiv, bien que ramené d'une profondeur considérable, était encore vivant et nous a rendu témoin du jeu des pharyngiens supérieurs, armés, comme on le sait, de dents très fortes. Ouvrant largement son énorme gueule, l'animal projette en avant ces organes jusqu'au niveau des mâchoires, ils arrivent écartés, placés verticalement à droite et à gauche, puis aussitôt se rapprochent, les dents d'abord dirigées en avant, s'engrenant les unes dans les autres sur la ligne médiane, comme celles d'une paire de cardes, l'appareil est ensuite ramené en arrière et les mâchoires se ferment. Cette succession de mouvements s'est répétée devant nous plusieurs fois jusqu'à la mort de l'animal. Les pharyngiens supérieurs chez ce poisson paraîtraient, d'après cela, pouvoir être considérés comme des mâchoires supplémentaires, destinées à saisir la proie, à l'attirer au fond de la bouche, venant ainsi en aide aux mâchoires véritables. Il n'est peut-être pas sans intérêt de noter que le jeu de ces pharyngiens se fait dans un plan horizontal comme pour les appareils masticateurs de bon nombre d'invertébrés.

	Millim.	1:100.
Longueur.	74	"
Hauteur.	45	61
Épaisseur.	26	35
Longueur de la tête.	42	57
— de la nageoire caudale.	23	31
— du museau.	18	36
Diamètre de l'œil.	4	9
Espace interorbitaire.	17	10

N° 87-215, *Coll. Mus.*

Numéro du dragage.	Localité.	Profondeur.	Nombre d'indiv.
1. XIV.	Côtes du Maroc.	2516	1
2. CXXXIX	Atlantique.	4789	1
			2

L'individu pris comme type dans le tableau des dimensions est le mieux conservé, mais un peu plus petit que l'autre, lequel mesure 111^{mm} de longueur totale.

272. **Lophius piscatorius** Linné.

Numéro du dragage.	Localité.	Profondeur.	Nombre d'indiv.
1. CX.	Iles du Cap-Vert. . . .	460	2
2. CXI	—	580	1
3. CXIII^A.	—	760	1
4. CXXIII	Açores	560	1
			5

La brièveté de l'épine operculaire rapproche nos individus du *Lophius piscatorius* Lin., ils sont tous jeunes, le plus grand mesurait 250^{mm} à 270^{mm} de longueur totale, le plus petit 80^{mm} à 90^{mm}.

L'espèce n'a pas, que je sache, été encore signalée à une latitude aussi basse, c'est à cette cause qu'il faut, sans doute, attribuer la profondeur à laquelle nous l'avons rencontrée, car dans les mers placées plus au nord, c'est un poisson plutôt de la région côtière, il n'est pas excessivement rare sur nos marchés.

273. **Gobius Lesueurii** Risso.

Numéro du dragage.	Localité.	Profondeur.	Nombre d'indiv.
1. (Tr. 1881) IX.	Villefranche.	445	1
2. (—) XV	—	40	1
3. (Tr. 1882) XXIV . . .	Côtes du Maroc. . . .	112	1
4. (—) XLVII. . .	Canaries.	80	1
			4

Bien que cette espèce, comme on le voit, ait été trouvée dans un dragage au delà de 400^m, on ne peut guère la regarder comme appartenant à la faune profonde.

274. Callionymus lyra Linné.

Numéro du dragage.	Localité.	Profondeur.	Nombre d'indiv.
1. (Tr. 1882) VIII. . . .	Golfe de Gascogne. . .	411	2
2. (--) XXXIV . .	Côtes du Maroc. . . .	112	6
3. (—) LVII . . .	— du Portugal . .	240	1
4. II.	— d'Espagne . . .	99	2
5. III	— — . . .	106	5
6. CVII	Iles du Cap-Vert. . . .	90	1
			17

Le *Callionymus lyra* Lin. est une espèce de passage entre les
zones supérieures et les zones profondes, et mérite à peine d'être
regardé comme appartenant à la faune abyssale. Tous les individus capturés étaient de petite taille, les plus grands mesurant à peine 40^{mm} ou
50^{mm}, aussi la détermination spécifique est-elle quelque peu incertaine.

275. Callionymus phaëton Günther.

Numéro du dragage.	Localité.	Profondeur.	Nombre d'indiv.
CXXIII	Açores.	560	3

Le plus grand des individus mesure environ 60^{mm}. Ils répondent bien à
la figure et à la description du *Callionymus festivus* Bonap., qu'il ne faut
pas, d'après M. Günther, confondre avec l'espèce de Pallas portant le
même nom.

279. Cyttus roseus Lowe.

Br. VII + D. VIII, 27; A. 1, 25 + V, 1, 7.

Écailles, 9?/53/10?

Ce poisson, dont le faciès rappelle celui du *Zeus faber* Lin., est élevé,
aplati, la hauteur étant moitié et l'épaisseur égale seulement à 1/8 de la
longueur du corps.

La tête entre pour 2/5 dans cette même dimension, la bouche étant fermée. Le museau dans la même position fait encore plus de moitié de la longueur de la tête, cependant le maxillaire, par suite de sa direction presque verticale, atteint à peine le bord antérieur de l'orbite; il n'y a de dents qu'aux intermaxillaires, sur les dentaires et le vomer, toutes sont petites, en velours. Narines rapprochées l'une de l'autre et de l'œil, en forme de boutonnières verticales, la postérieure beaucoup plus grande que l'antérieure. Œil énorme, 1/3 de la longueur de la tête, élevé, le bord orbitaire supérieur dépassant le chanfrein, et garni sur toute sa longueur d'une série d'épines en dents de scie, dirigées en avant, au nombre de près d'une trentaine, les 5 ou 6 premières notablement plus développées que les autres, qui ne peuvent être vues qu'à la loupe. L'espace interorbitaire est légèrement concave, orné de stries, dont les intérieures se réunissent en donnant une sorte d'ogive, dont le sommet atteint à peu près l'occiput. Le sous-orbitaire antérieur dilaté en avant se prolonge pour concourir à former la gaine dans laquelle rentre l'apophyse montante, excessivement développée, de l'intermaxillaire. Orifice branchial large, élevé; comme chez le *Zeus faber* Lin., le préopercule et l'interopercule sont fort allongés, l'opercule et le sousopercule par contre très réduits.

Anus très peu en arrière du milieu de la longueur. Bien qu'on constate sur la peau un dessin régulier assez net (1), semblant indiquer des écailles, je n'ai pu en reconnaître l'existence sauf à la ligne latérale et dans son voisinage immédiat. Celle-ci, placée vers le cinquième au moins de la hauteur sur le tronc, où elle marche parallèlement au contour du dos, descend à la partie moyenne sur le pédoncule caudal, ce dernier très distinct comme chez les poissons analogues. Entre le bouclier pelvien et l'anus, se trouvent quatre écussons développés, protégeant la ligne ventrale, les trois premiers sont armés d'épines fortes dirigées en arrière; à la base des nageoires dorsale et anale se voient une série de petites nodosités, correspondant aux interépineux, elles sont dirigées obliquement, donnant l'apparence d'une sorte de câble.

---

1. La formule pour la ligne transversale est donnée d'après cette apparence.

La dorsale occupe une grande partie de la longueur du dos, ses épines sont robustes, la IIIe, la plus forte, équivaut assez exactement à 1/3 de la hauteur; les 8 ou 10 premiers rayons mous vont en croissant, l'antérieur étant très bas, ils sont plus espacés que les suivants et la membrane d'union n'existe qu'à leur base. Anale absolument comparable à la portion molle de la précédente quant à son aspect; je ne trouve qu'une épine robuste et immobile. Le pédoncule caudal s'élargit à son extrémité pour fournir une base arrondie à l'uroptère, qui compte environ 14 rayons et est coupée carrément en arrière. Pectorales médiocres, obtuses, composées de 13 rayons. Ventrales remarquablement longues, ayant leur base à peu près au niveau de l'insertion des pectorales et s'étendant de plus du tiers de leur longueur au delà de l'épine anale; les deux tiges juxtaposées qui composent chaque rayon sont très distinctes presque dès la base, comme chez les Trigles et poissons analogues, il faut avoir égard à cette circonstance pour les compter, on pourrait sans cela facilement admettre un chiffre supérieur au nombre réel.

Couleur argentée passant au rougeâtre sur les parties supérieures et inférieures, nageoires jaunâtres, peu colorées, sauf les ventrales, dont la membrane interradiaire est noire et les rayons blanc de lait.

Les écailles, comme on l'a vu, manquent sur la plus grande partie du corps. Près de la ligne latérale, j'ai trouvé des plaquettes losangiques, très ténues, transparentes, mesurant 1^{mm},5 sur 2^{mm} environ, couvertes sur une de leurs moitiés seulement, la partie adhérente sans doute, de fines crêtes concentriques, leur forme et la disposition des stries indiquent assez des écailles anormales, comme cela est ordinaire en ce point. Les écailles de la ligne latérale sont en carré plus ou moins irrégulier, avec un des angles antérieurs remplacé par un angle rentrant, et mesurent 1^{mm},8 dans les deux sens; le canal fort développé n'a que deux orifices, le postérieur se confondant avec la perforation focale large, placée tout à fait en arrière; la lame est mince, offrant dans sa partie antérieure à la région moyenne de fines stries concentriques (1).

(1) La constitution de ces écailles n'est pas sans analogie avec celle indiquée plus haut pour l'*Aulopus Agassizi* Bonap. (Voir page 122 et pl. XII, fig. 3^b, 3e;.

Les otolithes sont de taille médiocre ; le sagitta, aplati, hémi-discoïde, mesurant $2^{mm},9$ de long sur 3^{mm} de haut et $0^{mm},7$ d'épaisseur ; les autres étant proportionnellement développés, car le lapillus, globuleux, trièdre, est long de $1^{mm},3$, large de 1^{mm}, et à peu près aussi épais ; l'astéricus, long de $1^{mm},2$, large de $0^{mm},6$, mais lamelleux, excessivement ténu et délicat ; ces mesures sont prises sur un poisson mesurant 105^{mm} de long. Le sagitta, dont la forme générale vient d'être indiquée, est placé de champ, divisé en deux parties à peu près égales par le sillon acoustique, qui s'étend sur toute la longueur ; chacune des extrémités de celui-ci répond à une profonde échancrure, et présente une saillie dans le canal lui-même, l'échancrure et la saillie antérieures répondent sans doute à l'échancrure ostiale et à l'îlot antérieur ; aire supérieure un peu moins haute que l'inférieure, en secteur tronqué, tandis que celle-ci est assez régulièrement demi-circulaire ; ces deux formes différentes résultent de l'inclinaison des angles rentrants, qui constituent les échancrures, les côtés inférieurs sont en effet dans le prolongement l'un de l'autre, tandis que les côtés supérieurs remontent obliquement en haut ; les aires sont onduleuses, lobées sur les bords, la supérieure plus régulièrement que l'inférieure, qui présente un gros feston médian et de plus petits latéraux. Face externe à foyer central, très légèrement relevé, de ce point partent des stries rayonnantes gagnant les échancrures interlobaires. Limbe mousse. On remarquera que la conformation de cet otolithe ne rappelle en rien le sagitta si anormal et si singulier du *Zeus faber* Lin. (1).

Diamètre du cristallin $9^{mm},4$ sur l'exemplaire pris pour type, dont les dimensions sont ici données .

	Millim.	1/100.
Longueur.	150	»
Hauteur	75	50
Épaisseur.	20	13
Longueur de la tête.	60	40
— de la nageoire caudale.	24	16
— du museau.	33	55
Diamètre de l'œil.	20	33
Espace interorbitaire.	11	18

(1) Voir en particulier : Retzius, *Das Gehörorgan der Wirbelthiere*, t. I, pl. VIII, fig. 4ª; 1881.

N° 87-232, *Coll. Mus.*

Numéro du dragage.	Localité.	Profondeur.	Nombre d'indiv.
LXIX	Côtes du Maroc. . . .	410	2

Le *Cyttus roseus* Lowe n'avait été décrit primitivement que d'une manière assez incomplète, M. Günther, dans le catalogue du *British Museum*,
a ajouté quelques caractères, qui permettent de le distinguer aisément du
Cyttus australis Richards, entre autres, chez ce dernier, la faiblesse et l'é-
longation des épines dorsales et anales, la gouttière, qui reçoit la ventrale,
à quoi l'on peut joindre la présence de quelques spinules peu saillantes sur
le champ postérieur des écailles. Il offre plus de rapport avec le *Cyttus
abbreviatus* Hector, cependant ce poisson a le museau plus court relativement au diamètre de l'œil, qui lui est au moins égal, l'œil lui-même
étant plus grand, puisqu'il occupe les 2/5 de la tête ; l'extrémité de son
maxillaire est échancrée, avec l'angle postéro-supérieur prolongé en
pointe, le sous-opercule offre quelques dentelures, les ventrales paraissent plus courtes ; enfin, les tubérosités en torsade, placées à la base des
nageoires dorsale et anale, sont armées de petites épines.

Les *Cyttus australis* Richards., et *C. abbreviatus* Hector, habitent
l'Océan Pacifique et ont été rencontrés dans les régions avoisinant la
Tasmanie et la Nouvelle-Zélande.

280. Capros aper Linné.

Écailles, 5/62/32.

Ce poisson est trop bien connu pour qu'il soit nécessaire ici de le
décrire, et je me contenterai de donner quelques détails complémentaires
sur les écailles et les otolithes en particulier.

Sauf deux individus dont, pour le plus grand, les dimensions sont ici
données, tous ceux qui ont été pris étaient de petite taille. Ceux-là
de couleur grisâtre, les autres d'un joli rouge tirant sur le vermillon aux
parties supérieures, blanc argenté sur le ventre. Iris doré avec quelques
macules rouges.

Les écailles sont cténoïdes. Une du corps, presque demi-circulaire, à bord libre très peu convexe et mesurant 2mm.9 de long, sur 3mm,5 de large, est entièrement couverte, sur les champs antérieur et latéraux, de stries très fines, très serrées, régulièrement concentriques au bord ; le champ postérieur, relativement étroit, est hérissé de spinules subulées longues de 1mm, épaisses à la base de 0mm,06 à 0mm,08, celle-ci étoilée, ces spinules sont disposées en quinconce et par leur longueur et leur finesse donnent à la peau son aspect velouté spécial. Une écaille de la ligne latérale a une forme irrégulièrement circulaire, mesurant 2mm,5 de long, sur 2mm,7 de large ; le canal s'étend sur presque toute sa longueur et présente deux orifices, le postérieur très rapproché du bord libre ; les champs antérieur et latéraux sont comparables à leurs homologues de l'écaille des flancs ; le champ postérieur, chargé de spinules absolument semblables par leur forme et leur disposition à ceux précédemment décrits, occupe un secteur au moins égal au quart de la surface ; il est à noter que des spinules semblables couvrent également la lamelle extérieure du canal, ce qui ne s'observe que très exceptionnellement.

Sagitta de taille médiocre, mesurant, sur un individu de 75mm, 3mm,2 de long, 3mm de haut, 1mm.1 d'épaisseur, convexe en dedans, plan en dehors ; sa forme générale est hémi-discoïde, assez voisine de ce qu'elle est chez le *Cyttus roseus* Lowe, et, jusqu'à un certain point, comparable à celle du sagitta chez le *Bathytroctes attritus* (1), avec exagération dans les accidents, ce qui le fait ici paraître comme divisé en deux moitiés, l'une supérieure, l'autre inférieure. La face interne présente cette division à un haut degré par suite de la profondeur du sillon acoustique, qui la parcourt dans toute son étendue, et répond en avant à une échancrure ostiale, pénétrant sur au moins 1/3 de la longueur ; une autre gouttière moins forte divise l'aire inférieure en deux parties, elle aboutit à une échancrure également très sensible du bord postérieur. Face inférieure plane sauf un certain nombre d'impressions rayonnantes dans l'aire supérieure. Quant au limbe, dans sa moitié supérieure il présente quelques gros festons, et dans la moitié inférieure de nombreux prolon-

____

(1) Voir pl. XII, fig. 2ᵇ, 2ᶜ.

gements dentiformes, petits, serrés, aigus, plus ou moins carrément coupés; quelques-uns, plus longs et moins régulièrement disposés, se voient à l'opposite de l'échancrure ostiale.

	Millim.	1/100.
Longueur.	115	"
Hauteur.	64	55
Épaisseur.	21	18
Longueur de la tête.	43	37
— de la nageoire caudale.	30	26
— du museau.	17	39
Diamètre de l'œil.	17	39
Espace interorbitaire.	13	30

N° A 2515, *Coll. Mus.*

Numéro du dragage.	Localité.	Profondeur.	Nombre d'indiv.
1. (Tr. 1880) XVII.	Golfe de Gascogne.	306	1
2. (Tr. 1882) XXIV	Côtes du Maroc.	112	1
3. IV.	— d'Espagne	118	1
4. V	—	60	1
5. VI.	— —	126	1
6 XXIII.	— du Maroc.	120	10
7. LXIV.	— du Soudan.	355	7
8. LXV	— —	250	1
9. LXVI.	— —	175	4
10. LXVII.	— —	130	1
11. XC.	Banc d'Arguin.	175	9
12. XCI	—	235	20
13. XCII.	—	140	79
			136

281. Diretmus argenteus Johnson (1).

Johnson. *Proceed. Zool. Soc.*, 1863, p. 403, pl. XXXVI, fig. 2.

D. I, 27; A. I, 23 + V. I, 5.

Corps très élevé, comprimé, la hauteur étant égale aux 8/11 et l'épaisseur seulement à 1/6 de la longueur.

(1) Sous le nom de *Gyrinomorus nummularis*, dans la liste méthodique, page 18, et dans l'énumération statistique, p. 45, dragage XX.

La tête, qui entre pour 3/7 dans cette dernière, est élevée, à chanfrein convexe se continuant régulièrement en quart de cercle avec la portion antérieure du dos. Museau médiocre, 1/4 de la longueur de la tête ; cependant la bouche est assez grande, presque verticale et le maxillaire dilaté, sécuriforme en arrière, atteint au moins le quart postérieur de l'œil ; les dents mandibulaires sont les plus distinctes, petites, plurisériées, autant que permet d'en juger la taille de l'animal ; aux intermaxillaires elles sont très faibles, ne formant qu'une rangée de denticulations visibles seulement à la loupe ; je n'ai pu découvrir d'organes dentaires sur d'autres parties de la bouche ; les os maxillaires à leur extrémité interne sont chacun muni d'une saillie mousse, dentiforme, bien visible en arrière des intermaxillaires. Œil développé, 4/9 au moins de la longueur de la tête ; l'espace interorbitaire à peine égal à 1/7 de celle-ci, c'est-à-dire au tiers du diamètre de l'orbite, présente en son milieu une carène longitudinale assez saillante. Fente branchiale étendue, le bord postérieur du battant operculaire est dirigé verticalement ou même s'avance un peu en arrière et forme, avec le bord inféro-antérieur, un angle aigu ; préopercule réuni sans doute avec l'interopercule, allongé, à bord postérieur rectiligne, arrondi en bas, où il est finement dentelé et strié ; opercule lamelleux, avec un angle supérieur obtus, s'étendant assez loin en pointe inférieurement, il est couvert de stries rayonnantes et festonné plutôt que dentelé au bord libre ; je n'ai pu distinguer le sous-opercule. Sauf la joue, où se voient des impressions squamoïdes, le reste de la tête est nu.

La ligne du dos en avant continue le chanfrein, formant avec lui, comme on l'a vu plus haut, un quart de cercle, qui s'étend jusqu'à la naissance de la dorsale, à partir de là elle est directement et obliquement descendante jusqu'au pédoncule caudal, qui est bien distinct et entre environ pour 1/7 dans la longueur. Ligne ventrale demi-circulaire, tranchante en avant, où se trouvent une série d'épines en dents de scie au nombre d'environ 21, placées sur autant d'écussons en chevrons, imbriqués. Sauf ces écailles spéciales, on ne voit sur la peau qu'un dessin réticulé simulant des squames qu'il est impossible d'isoler ; en s'en remettant à cette apparence on compterait à peu près 28 ou 29 écailles, aussi bien dans le sens longitudinal que dans le sens transversal. La ligne latérale n'est pas distincte.

La dorsale, dont l'origine se trouve très peu en arrière du niveau correspondant à la fente operculaire, s'étend jusqu'au pédoncule caudal, elle est médiocrement élevée, autant qu'on en peut juger, car les extrémités des rayons ne sont pas intactes, il faut attribuer sans doute à cette circonstance que ceux-ci paraissent simples et à peine articulés? L'épine est courte, 2^{mm} environ, et en avant présente vers son tiers inférieur deux petites denticulations épineuses superposées, dirigées en haut. Une série de petites protubérances, armées chacune d'une épine, se trouvent de chaque côté de la nageoire, lui formant une sorte de gaine. L'anale commence plus en arrière, un peu au delà du milieu de la longueur, et finit au même niveau que la précédente, les rayons sont semblables à ceux de celle-ci, l'épine antérieure est très courte, je ne puis découvrir de nodosités latéro-basilaires comme à la dorsale. Caudale composée d'une vingtaine de rayons, brisés en partie ; il n'est cependant pas douteux qu'elle ne soit profondément fourchue, elle est précédée sur le pédoncule par des rayons fulcroïdes, qui, à la partie inférieure, se continuent presque jusqu'à l'anale. Pectorales triangulaires, longues d'environ 1/3 de la longueur du corps, composées de 10 à 12 rayons, les deux ou trois premiers courts, le suivant le plus long, plus rigide avec de très petites épines espacées à la partie moyenne de son bord antérieur. Ventrales en trop médiocre état de conservation pour qu'on puisse en indiquer la forme et la longueur.

Couleur argentée sauf à la partie dorsale, où se voit une teinte brun rougeâtre.

Diamètre du cristallin, 2^{mm},5.

	Millim.	1/100.
Longueur.	30	"
Hauteur.	22	73
Épaisseur.	5	16
Longueur de la tête.	13	43
— de la nageoire caudale	5	16
— du museau.	3	25
Diamètre de l'œil.	6	46
Espace interorbitaire.	2	15

N° 87-253, *Coll. Mus.*

<table>
<tr><td>Numéro du dragage.</td><td>Localité.</td><td>Profondeur.</td><td>Nombre d'indiv.</td></tr>
<tr><td>XX. . . . .</td><td>Côtes du Maroc. . . .</td><td>1105</td><td>1</td></tr>
</table>

Comparé à la figure du *Diretmus argenteus*, donnée par M. Johnson, notre individu, plus petit d'ailleurs, paraissait assez différent surtout par l'écaillure, la forme du dos et quelques autres caractères, pour que j'aie cru d'abord devoir le regarder comme tout à fait distinct. Je ne puis, en effet, trouver traces d'écailles, mais cela peut tenir à l'âge du sujet. La description donnée par l'ichthyologiste anglais me fait supposer cependant, jusqu'à comparaison des types, qu'il s'agit de la même espèce, connue d'ailleurs, je crois, par ces deux seuls exemplaires.

M. Campbell a décrit et figuré (1878) un genre *Discus* de la Nouvelle-Zélande, très voisin évidemment du *Diretmus*, dont il diffère toutefois par son abdomen lisse et l'absence, au moins n'en est-il pas fait mention, du prolongement odontoïde dépendant des maxillaires.

284. Dentex macrophthalmus Bloch.

D. XII, 10; A. III, 8.

Écailles, 6/58/13.

Les écailles sont grandes, comme le montre la formule. Une d'elles, prise sur le corps, mesure 10^{mm} de haut sur 8^{mm},4 de long : elle est franchement cténoïde polystiche du type trop connu chez ces animaux pour qu'il soit utile d'insister sur sa description. A la ligne latérale une écaille mesure 7^{mm},6 de haut sur 5^{mm},1 de long, la lamelle du canal, qui en occupe le tiers moyen, est presque en carré parfait, on ne trouve qu'un orifice antérieur et la perforation focale : deux trous arrondis, placés sur l'aire spinigère à une petite distance du bord libre, dans la direction prolongée des bords de la lamelle du canal, se rapportent sans doute au système sensoriel latéral, ils ont 0^{mm},14 à 0^{mm},17 de diamètre et sont, chacun, reliés à la perforation interne par une gouttière peu profonde, creusée à la face inférieure de la lame : le champ antérieur ne présente qu'un large feston médian et deux petits festons latéraux où aboutissent des sillons centrifuges partant des bords du canal, il est, ainsi que les champs latéraux, chargé de stries excessivement fines; l'aire spinigère ne présente de spinules bien visibles qu'à la partie médiane du bord libre et sur deux ou trois rangs, le reste de la surface n'offrant que de faibles empreintes disposées en séries rayonnantes.

	Millim.	1/100.
Longueur.	209	»
Hauteur.	75	36
Épaisseur.	33	16
Longueur de la tête.	75	36
— de la nageoire caudale.	47	22
— du museau.	24	32
Diamètre de l'œil.	28	37
Espace interorbitaire.	18	24

N° 87-358, *Coll. Mus.*

Numéro du dragage.	Localité.	Profondeur.	Nombre d'indiv.
1. XXIII.	Côtes du Maroc.	120	1
2. LXIV.	— du Soudan.	355	1
3. LXVI.	— —	175	1
4. LXVII	— —	130	1
5. LXIX.	— —	410	1
6. XCI	Banc d'Arguin.	235	1
7. XCII.	—	140	5
			11

Le *Dentex macrophthalmus* Bl. n'est sans doute qu'accidentel dans la faune abyssale supérieure et appartient plutôt à la région côtière.

285. **Trigla cavillone** Lacépède.

Numéro du dragage.	Localité.	Profondeur.	Nombre d'indiv.
1. II.	Côtes d'Espagne.	99	4
2. XXIII.	— du Maroc	120	4
3. LXIV.	— du Soudan	355	2
4. LXV.	— —	250	1
5. LXVII	— —	130	2
6. XC.	Banc d'Arguin.	175	2
7. XCII.	—	140	4
8. CVII	Îles du Cap-Vert.	90	3
			22

Tous les exemplaires étaient de petite taille, les plus grands mesurant à peine 120^{mm} à 130^{mm} de longueur totale.

La remarque faite sur la situation bathymétrique du *Dentex macrophthalmus* Bl. peut s'appliquer à cette espèce et aux deux suivantes.

286. **Trigla pini** Bloch.

Numéro du dragage.	Localité.	Profondeur.	Nombre d'indiv.
(Tr. 1880) XVII. . .	Golfe de Gascogne. . .	306	1

Cet exemplaire mesure 223^{mm} de longueur totale, dont 40^{mm} pour l'uroptère.

287. **Trigla lyra** Linné.

Numéro du dragage.	Localité.	Profondeur.	Nombre d'indiv.
(Tr. 1882) VIII . . .	Golfe de Gascogne. . .	411	1

La petitesse de cet exemplaire, 44^{mm} de longueur totale, rend la détermination difficile, cependant la force et la grandeur de l'épine scapulaire, l'échancrure déjà nette du museau, le nombre des épines latéro-dorsales dépendant des os inter-épineux, ne peuvent guère laisser de doute à cet égard.

291. **Cottunculus torvus** Goode.

(Pl. XXVIII, fig. 3, 3ª, 3ᵇ, 3ᶜ.)

B. VII + D. VI, 11; A. 13 + V, 3.

Lig. lat. 18.

Tête énorme, corps atténué à partir de ce point, arrondi en avant, faiblement comprimé en arrière.

Cette tête globuleuse occupe les 3/8 de la longueur, elle est un peu moins haute que large, ayant dans le premier sens les 2/3, dans le second

les 2/7 de cette même dimension. Sur le frais, la peau muqueuse dont
elle est recouverte masque en grande partie les tubérosités ou épines
qui la hérissent et deviennent très apparentes sous l'action de l'alcool :
on en distingue deux occipitales symétriquement placées en travers, deux
plus en avant, vers la hauteur du milieu de l'orbite, formant avec les précédentes les angles d'un trapèze allongé, légèrement rétréci en avant ; de
ces épines suroculaires part de chaque côté une ligne courbe armée de
trois autres épines à peu près équidistantes, dont la dernière, répondant
au pli operculaire, est placée à un niveau postérieur à celui des tubérosités occipitales : entre les deux dernières épines de la ligne courbe se
voit une quatrième élévation beaucoup moins accusée que les autres :
sur les joues s'observent d'autres tubérosités, il sera question des plus
importantes en étudiant les pièces operculaires. Le museau, fortement
arrondi, occupe très peu plus du quart de la longueur de la tête. Bouche
relevée, bien fendue à cause de sa largeur, car le maxillaire atteint à
peine le centre de l'œil ; les deux mâchoires sont chargées de dents fines,
mobiles d'avant en arrière ; sur plusieurs rangs, en bandes dont la
mandibulaire est la plus large, le vomer porte également des dents fines
disposées en une bande étroite concentrique à la mâchoire supérieure,
elle semble s'interrompre au milieu. Je ne vois bien qu'une des narines,
l'antérieure, prolongée en un tube court, les pores muqueux empêchent
de distinguer la seconde. Œil à diamètre très peu moins long que le
museau, paraissant plus petit sur le frais par suite de l'épaisseur des
téguments qui l'entourent, espace interorbitaire près de moitié plus
petit. Sous-orbitaires formant une crête épineuse ; ils ont un prolongement très net qui s'appuie sur le préopercule. Ni barbillon, ni tentacules
visibles. Orifice branchial largement ouvert, bien qu'il y ait soudure de
la membrane branchiostège avec la gorge sur une étendue notable, mais le
pli branchial est très élevé et le bord supérieur du battant se prolonge
horizontalement en pointe bien au delà. Les pièces operculaires sont
absolument noyées dans la peau, on ne peut en reconnaître la disposition
qu'après les avoir mises à découvert ; le préopercule est en angle droit et
renforcé par une crête très saillante, soutenue de distance en distance
par des cloisons également scléreuses placées perpendiculairement à sa

direction le long de son bord inférieur pour la portion horizontale et de son bord postérieur pour la portion montante; il en résulte une série de cavités, faisant suite à des cavités analogues placées sur la face externe de la mandibule, toutes appartiennent au système des canaux dits muqueux; l'opercule est en triangle isocèle, sa surface sillonnée par des côtes rayonnant de l'angle supérieur; le sous-opercule est représenté par une bande, qui borde le côté opposé à cet angle et se prolonge au delà pour former la pointe extrême du battant; l'interopercule est constitué également par une lame allongée placée sous la portion horizontale du préopercule.

Anus situé en avant du milieu de la longueur. Ligne latérale très visible, bien qu'il n'y ait pas à proprement parler d'écailles, sauf quelques incrustations scléreuses en avant, le nombre donné plus haut comme formule se rapporte aux pores ou orifices muqueux très distincts, qui percent le tégument de distance en distance : elle s'abaisse assez rapidement du pli branchial pour atteindre le milieu de la hauteur vers le tiers antérieur du corps et y rester jusqu'à l'extrémité du pédoncule caudal en se prolongeant sur l'uroptère. La peau, qui n'adhère que faiblement aux parties sous-jacentes, est nue aussi bien sur le tronc que sur la tête.

Toutes les nageoires sont plus ou moins enveloppées par le tégument, ce qui en rend l'examen difficile et le compte des rayons n'a pu être établi que sur un individu sacrifié. La dorsale a son origine vers le niveau de l'angle supérieur du battant operculaire, mais n'est bien distincte (1) qu'au delà de la moitié du corps en arrière de l'anus, au point où commence la portion molle dont la longueur est environ 1/3 de la distance comprise entre l'extrémité du museau et la base de la caudale ; les épines, cachées sous la peau, se distinguent des rayons parce qu'elles sont simples, mais elles sont articulées, les autres sont faiblement branchues, et comme la division en articles se fait graduellement, on peut dire qu'il n'y a pas de limite nette entre ce qu'on appelle la portion dure et la portion molle; la hauteur est petite en avant, elle égale, vers le milieu de la nageoire, environ les 2/3 de la hauteur du corps. L'anale

(1) Plus cependant que ne l'indique la figure faite d'après l'animal conservé, où elle n'est plus visible.

ne comprenant guère que des rayons articulés simples est plus courte
que la dorsale molle et commence vers le quart antérieur de celle-ci, se
terminant au même niveau; sa hauteur est également moindre. La
caudale, qui mesure très peu plus de 1/5 de la longueur du corps, est
fortement arrondie en arrière; ses deux rayons supérieur et inférieur sont
grêles et courts, en sorte qu'il n'y a en réalité que dix rayons apparents,
lesquels sont divisés en deux à l'extrémité. Pectorales très développées
à base large, prolongées très en avant sous l'orifice branchial et se
confondant en quelque sorte là avec la peau, les rayons inféro-antérieurs
sont courts, gros et mous sur le vivant, destinés sans doute à servir
comme organes du tact; le 16e ou 18e rayon, le plus allongé, atteint
l'origine de la portion molle de la dorsale. Ventrales insérées à une petite
distance en arrière du premier rayon de la précédente, courtes (16^{mm}), les
trois rayons qui la composent sont à peu près de même longueur, non
branchus, de même que ceux de la pectorale.

Couleur, d'après le frais, uniformément gris violet pâle; une série de
petites taches foncées sur la ligne médio-dorsale, commençant à la
hauteur de l'extrémité de l'opercule et se changeant, sur la dorsale
même, en une bande noire, qui en suit le bord supérieur, ces taches
répondent aux épines; anale également lisérée de noir.

On a vu plus haut que la peau chez ce *Cottunculus torvus* Goode doit
être regardée comme privée d'écailles, cependant à la partie antérieure
de la ligne latérale et répondant aux 5 ou 7 premiers pores se voient
des endurcissements scléreux, qui constituent des anneaux, ou mieux
des canaux, plus ou moins imparfaits, car ils sont souvent réduits à leur
partie externe, formant alors une sorte de pont. Les plus complets (1)
offrent deux orifices larges, l'un antérieur, l'autre postérieur; les parois
latérales sont, le plus souvent, irrégulièrement fenêtrées, ces dernières
ouvertures étant comblées sur le frais par une membrane délicate. Ce
sont évidemment des canaux sans lamelles, dépendants du système
sensoriel de la ligne latérale, comme il n'est pas rare d'en rencontrer
chez les Poissons à peau nue.

(1) Pl. XXVIII, fig. 3e.

Le sagitta sur un individu de 130^{mm} mesure 5^{mm},5 de long, sur 4^{mm},1 de haut, et 1^{mm},2 d'épaisseur, sa forme est à peu près quadrilatérale, à angles arrondis, il est légèrement convexe à la face supéro-interne (1), un peu concave à la face opposée. Sur la première (2) le sillon acoustique présente une fossette centrale, allongée, profonde et forme antérieurement une gouttière comblée en grande partie par l'îlot antérieur, en arrière il est prolongé jusqu'au bord postérieur par un sillon étroit, qui n'est sans doute qu'une strie un peu forte faisant partie du système des stries rayonnantes écartées, qui couvrent l'aire supérieure; l'embouchure du sillon est nette, l'antirostrum plus élargi, peut-être plus saillant que le rostrum. La face inféro-externe (3) est aussi divisée par une strie médiane plus marquée en avant qu'en arrière et offre également des stries rayonnantes dans sa partie supérieure, elles répondent à celles de l'autre face et aux festons occupant la moitié correspondante du limbe. Le bord inférieur de celui-ci est simple, épais, presque rectiligne.

L'état de conservation n'a pas permis d'étudier dans tous ses détails la disposition des viscères. Cependant on peut reconnaître qu'il n'existe que trois arcs branchiaux complets, le quatrième est adhérent, et ne présente qu'une seule rangée de lamelles et de trachéaux, lesquels sont réduits partout à de petites saillies épineuses, en choux-fleurs; je n'ai pu voir la peudobranchie. Vessie natatoire nulle. Ce qui restait du tube digestif permet de reconnaître que l'estomac, de couleur blanche, est ample, en siphon.

	Millim.	1/100.
Longueur	146	»
Hauteur	32	22
Épaisseur	41	28
Longueur de la tête	56	38
— de la nageoire caudale	31	21
— du museau	16	28
Diamètre de l'œil	14	25
Espace interorbitaire	8	14

(1) Je ferai remarquer que ces otolithes, déterminés comme côtés droit et gauche, n'ont pu être orientés qu'après coup, et leur forme étant un peu anormale, il pourrait y avoir erreur dans la désignation des faces, bien que cela soit peu probable.

(2) Pl. XXVIII, fig. 3ᵃ.

(3) Pl. XXVIII, fig. 3ᵇ.

N° 87-199, *Coll. Mus*.

Numéro du dragage.	Localité.	Profondeur.	Nombre d'indiv.
1. LXXX	Côtes du Soudan. . . .	1139	7
2. XCIII	Banc d'Arguin	1495	2
			9

Ce *Cottunculus* diffère certainement du *Cottunculus microps* Coll., qui a la peau verruqueuse et l'espace interorbitaire beaucoup plus grand que l'œil. Est-il bien identique à l'espèce décrite par MM. Jordan et Gilbert (1) d'après l'exemplaire nommé par M. Goode? Les caractères donnés par ces auteurs lui conviennent, mais la description étant un peu brève, il pourrait y avoir doute.

Les individus pris dans nos dragages sont de tailles très variées, les plus petits ont 35^{mm} à 40^{mm} de long, abstraction faite de la caudale, qui mesure 8^{mm}.

292. Cottunculus inermis.

(Pl. XXVIII, fig. 2).

B. VI + D. VIII, 17; A, 14 + V. 2.

Forme gyrinoïde, corps en quelque sorte muqueux et se déformant sensiblement dans l'alcool.

La tête, en arrière de laquelle le tronc et la queue s'atténuent graduellement en cône, est absolument globuleuse sur le frais, ses trois dimensions étant à peu près les mêmes, mais après l'action des liquides conservateurs la longueur seule est peu altérée, elle équivaut aux 3/7 environ de la longueur, mais l'épaisseur et encore plus la hauteur diminuent d'une manière notable. Museau inférieur au tiers de la longueur de la tête. Bouche terminale, arquée, relativement médiocre, le maxillaire atteint à peine le niveau du bord antérieur de l'orbite; il n'existe de dents qu'aux intermaxillaires et aux dentaires, elles sont fines, en

____

(1) Jordan et Gilbert, *Bull. U. S. Nat. Mus.* N° 16, *Synopsis Fishes North America*, p. 688, 1882.

velours, je n'en ai trouvé ni sur le vomer, ni aux palatins, bien que le premier fasse une saillie transversale très visible en arrière de la mâchoire supérieure, concentrique à celle-ci et rappelant le vomer armé de l'espèce précédente. Sous-orbitaires anfractueux, les inégalités, non plus que celles qu'on peut reconnaître sur les autres parties de la tête, sont absolument indistinctes au travers du tégument muqueux, épais, qui les recouvre ; les os sont d'ailleurs membraneux, mous. Orifice branchial assez large, la membrane branchiostège unie à l'isthme, le pli operculaire remonté très haut vers le côté dorsal ; la disposition des pièces, autant qu'on en peut juger, est analogue à ce qu'on a vu pour l'espèce précédente, la faible consistance des parties scléreuses empêche d'en reconnaître nettement les limites ; l'opercule et le préopercule paraissent cependant un peu plus résistants.

Anus fort exactement au milieu de la longueur. La ligne latérale est représentée par des ponctuations blanchâtres, dont on peut compter 10 à 12 du pli operculaire à la base de la nageoire caudale, elles sont assez régulièrement espacées et rapprochées du bord dorsal, sauf postérieurement, où les 3 ou 4 dernières gagnent le milieu de la hauteur. Peau absolument nue, garnie de granulations pigmentaires serrées, dont on reconnaît nettement la disposition en chromoblastes étoilés sur certains points.

La dorsale, enveloppée dans cette peau muqueuse et très peu adhérente aux parties profondes, est difficile à reconnaître et, de même que les autres nageoires, n'a pu être étudiée pour le détail des rayons que sur un individu en mauvais état, dont tout le tégument avait été accidentellement enlevé ; elle commence en avant vers le niveau de l'extrémité du battant operculaire, et s'étend presque jusqu'à la caudale ; les épines, qui méritent à peine ce nom, tant elles sont molles et flexibles, occupent 1/3 de cette longueur, cette portion est moins haute que la portion molle, dont les plus longs rayons mesurent à peu près les 2/3 de la plus grande hauteur ; les 5 ou 6 derniers sont moins développés, la nageoire semble prolongée au delà par un repli tégumentaire. L'anale est comparable comme aspect à la portion molle de la dorsale, mais plus courte, plus reculée, commençant à une distance notable de l'anus, et terminée au même niveau qu'elle.

Caudale arrondie en arrière, environ 15 rayons. Pectorales grandes, élargies, à base prolongée en avant comme dans l'espèce précédente ; les plus longs rayons atteignent l'anale, on en compte 19. Ventrales très petites (à peine 4^{mm} de long), à base bien en arrière du point où s'étendent en avant les pectorales et à une distance de l'anus (13^{mm}) égale environ à 1/3 de la longueur de la tête.

Couleur d'un violet brun uniforme, plus foncé sur les nageoires dorsale et anale, les nageoires paires et le pourtour de la bouche. Iris argenté ; pupille gris bleuâtre clair. Cavités buccale et branchiales pâles.

L'encéphale offre des lobes olfactifs très petits ; les hémisphères, qui les suivent, et les lobes optiques vont en augmentant de volume, ces derniers étant assez développés ; cervelet sphérique, relativement petit, ayant à peine le volume d'un des deux hémisphères.

Les sagittas, sur un individu de 80^{mm} de long, étaient comme caséeux à la surface, ce qui doit être attribué à une altération accidentelle, et n'ont pu être étudiés qu'imparfaitement. Cet otolithe, long d'environ 4^{mm},5, haut de 3^{mm}, était placé de champ ; sa forme est en triangle à peu près isocèle, à côtés arrondis, bord inférieur, correspondant à la base, peu convexe, les autres avec de gros festons ; pointe rostrale obtuse et très saillante.

La disposition des branchies est la même à peu près que dans l'espèce précédente, c'est-à-dire qu'on trouve trois arcs branchiaux complets portant deux séries de lamelles et deux séries de trachéaux, plus un quatrième arc adhérent, à lamelles et trachéaux unisériés ; ces trachéaux sont proportionnellement un peu plus longs que chez le *Cottunculus torvus* Goode ; il existe une petite branchie operculaire. Les pharyngiens sont chargés de dents en cardes fortes et nombreuses. Dans l'estomac, on pouvait reconnaître des fragments de crustacés, plus une petite masse hémisphérique, qui m'a paru être une portion de cristallin, à en juger par sa structure fibreuse, et une colonne vertébrale, ces derniers débris provenant de poissons.

	Millim.	1/100.
Longueur.	86	»
Hauteur.	24	28
Épaisseur.	33	38

	Millim.	1/100.
Longueur de la tête	38	44
— de la nageoire caudale	26	30
— du museau	12	31
Diamètre de l'œil	6	16
Espace interorbitaire	15	39

N° 87-207 (1), *Coll. Mus.*

Numéro du dragage.	Localité.	Profondeur.	Nombre d'indiv.
1. LXXXIII.	Côtes du Soudan	930	1
2. XCIII	Banc d'Arguin	1495	2
			3

Le *Cottunculus inermis* diffère trop des deux espèces jusqu'ici connues du même genre par l'absence des tubercules épineux céphaliques, pour qu'il y ait lieu d'insister sur les autres caractères distinctifs apparents. On pourrait se demander si son faciès, l'absence de dents vomériennes, ne justifieraient pas l'établissement d'un genre spécial; toutefois l'apparence du vomer étant absolument la même et ces derniers organes chez les *Cottus* paraissant dans certains cas pouvoir manquer, je pense que ce sont là simplement des différences spécifiques.

299. Sebastes dactylopterus Delaroche.

D. XI — I, 12; A. III, 5 + P. 7, 12; V. I, 5.

Écailles, 6/50/24.

Les écailles sont d'un type trop connu pour qu'il soit nécessaire de les décrire ici, elles se rapprochent de celles des autres *Sebastes*.

(1) Le tableau des dimensions donné ci-dessus est pris sur un exemplaire conservé dans l'alcool, le tableau suivant a été établi d'après un autre individu frais: ils pourront faire juger des altérations produites par l'action du liquide conservateur.

	Millim.	1/100.
Longueur	81	»
Hauteur	35	43
Épaisseur	33	41
Longueur de la tête	36	44
— de la nageoire caudale	19	23
— du museau	11	30
Diamètre de l'œil	6	16
Espace interorbitaire	12	33

Toutefois je ferai remarquer, pour celles de la ligne latérale, que l'ouverture postérieure, de forme circulaire, est tout à fait tangente au bord libre, elle correspond sans aucun doute à la perforation focale, mais, par sa position, joue très exactement le rôle d'orifice terminal.

Le sagitta, de forme amygdaloïde, ovalaire, allongé, très simple, mesure, pour un individu de 122^{mm}, $7^{mm},4$ de long, 4^{mm} de haut et $1^{mm},2$ d'épaisseur, il est placé de champ. Face interne la plus convexe; le sillon acoustique en gouttière simple, très large, profond, en occupe au moins les 3/4; rostrum en pointe mousse, très saillant au delà de l'embouchure; antirostrum peu marqué, on ne distingue, et encore vaguement, que l'ilot antérieur; aires sans accidents. Il en est de même de la face externe, sur laquelle ne se trouve qu'une dépression faible et courte en face de l'échancrure ostiale. Le limbe en bas présente quelques légers festons, sur les deux tiers antérieurs, 8 à 10 au plus; dans sa partie supérieure il est à peine sinueux.

	Millim.	1/100.
Longueur.	234	»
Hauteur.	74	31
Épaisseur.	43	18
Longueur de la tête.	100	43
— de la nageoire caudale.	59	25
— du museau.	28	28
Diamètre de l'œil.	32	32
Espace interorbitaire.	11	11

N° 87-332, *Coll. Mus.*

Numéro du dragage.	Localité.	Profondeur.	Nombre d'indiv.
1. (Tr. 1882) VIII.	Golfe de Gascogne.	411	1
2. II.	Côtes d'Espagne.	99	1
3. VIII.	— du Maroc.	540	2
4. X	— —	717	1
5. XVII.	—	550	1
6. XVIII	— —	550	2
7. XIX	— —	920	1
8. L	Canaries.	975	1
9. LXII.	Côtes du Soudan.	782	2
10. LXIX	—	410	1
11. LXXI	—	640	1
	A reporter.		14

Numéro du dragage.	Localité.	Profondeur.	Nombre d'indiv.
	Report.		14
12. XCI	Banc d'Arguin	235	26
13. CVII	Iles du Cap-Vert . . .	90	9
14. CX	— . . .	460	121
15. CXI	— . . .	580	40
16. CXII	-- . . .	405	1
17. CXXIII	Açores	560	1
			212

Le *Sebastes dactylopterus* Delar. n'est pas précisément rare dans les parties élevées de la région abyssale supérieure et il passerait même dans la région côtière; cependant, comme déjà Delaroche en avait fait la remarque, reproduite par Cuvier et Valenciennes, l'espèce doit être considérée comme habitant plutôt les profondeurs.

Un nombre considérable de ceux que nous avons pêchés étaient de très petite taille, ainsi les exemplaires pris en quantité dans le dragage cx ne dépassaient guère 110^{mm} et beaucoup ne mesuraient pas plus de 30^{mm} ou 40^{mm}.

300. Sebastes Kuhlii Bowdich.

D. XI — I, 10; A. III, 5 + P. 9.13; V, I, 5.

Écailles, 5/50.25.

Pour ce qui concerne les écailles dans cette espèce, je n'aurais à répéter ici que ce qui a été dit pour l'espèce précédente.

Quant au sagitta, d'après les exemplaires sur lesquels j'ai pu l'examiner, son étude mérite une mention toute particulière. Sur un individu de petite taille mesurant 122^{mm}, il est de forme amygdaloïde, appointi surtout en avant, long de 8^{mm},2, haut de 3^{mm},4, épais de 1^{mm},4 placé de champ, d'ailleurs assez analogue à celui du *Sebastes dactylopterus* Delar., quoique plus allongé proportionnellement et à contour encore moins accidenté. Le sillon acoustique étendu sur les 2/3 ou les 3/4 de la longueur a son embouchure obliquement dirigée et son extrémité postérieure limitée imparfaitement; l'îlot antérieur apparaît sous la forme d'une sorte de crête supplémentaire partant de la crête limitante inférieure pour gagner le milieu de l'embouchure; le rostrum, par suite de l'obliquité de celle-ci, n'est pas aussi long que dans l'espèce précédente, l'antirostrum apparaît comme un faible feston. La face externe est relevée en dos d'âne suivant l'axe longitudinal; aire périphérique simple. Le limbe aux bords inférieur et supérieur sur leur moitié ou deux tiers antérieurs est légèrement et irrégulièrement festonné, l'extrémité postérieure, comme tronquée, présente une petite échancrure.

Sur un individu de grande taille, dont il sera fait mention plus loin et qui mesurait 410^{mm}, le sagitta paraît très différent. Ces otolithes aplatis, quoiqu'épais, pointus en arrière, ont une forme générale assez difficile à définir, le bord inférieur, à peu près droit, ne se relève que tout à fait antérieurement en quart de cercle, le bord supérieur, dans sa moitié antérieure, présente deux profondes échancrures séparées par la saillie de l'antirostrum, dans sa moitié postérieure il est obliquement descendant, faiblement convexe. Ceci s'applique au sagitta du côté gauche, car celui du côté droit n'est pas absolument symétrique, la partie supérieure étant comme écrêtée et se dirigeant en ligne droite et parallèlement au bord inférieur depuis l'antirostrum jusqu'à une petite saillie anguleuse située vers le tiers postérieur de la longueur du sagitta; à partir de ce point, le contour reprend la direction oblique et gagne la pointe terminale. Par suite de cette asymétrie les dimensions des deux otolithes ne sont pas tout à fait les mêmes au moins pour la largeur, qui, prise vers le milieu, est de 7^{mm},7 pour celui de droite, 10^{mm},5 pour celui de gauche, les longueurs ne sont pas d'ailleurs sensiblement différentes, 22^{mm} et 21^{mm}; l'épaisseur est la même, 3^{mm}. A la face interne le sillon acoustique est large, remarquablement profond, par suite de la saillie extraordinaire des crêtes limitantes, lesquelles ont plus de 1^{mm} de hauteur et s'étendent de chaque côté comme deux collines allongées, deux murailles parallèles; l'embouchure est, on l'a vu, anguleuse, enfoncée entre le rostrum et l'antirostrum très saillants, le premier surtout, le fond du sillon n'a pas d'autre limite précise que le point où s'arrêtent les crêtes; l'aire inférieure est étroite et se termine en pointe postérieurement; aire supérieure plus large et sans accidents, sauf deux ou trois impressions radiantes courtes, vers la pointe postérieure. Face externe plane ou même un peu concave à peine relevée en son centre. Le limbe a été décrit plus haut à propos de la forme générale de ces singuliers otolithes, j'ajouterai qu'il est en tranchant mousse dans son demi-contour inférieur et la moitié antérieure de son demi-contour supérieur, il est au contraire dans la seconde moitié de celui-ci comme écrêté, carrément ou obliquement coupé.

Bien qu'on puisse trouver des modifications sensibles dans la forme des sagittas pour une même espèce suivant la taille, c'est-à-dire l'âge des individus, ainsi que j'ai pu le constater moi-même chez le *Gadus Morrhua* Lin., cependant des différences aussi grandes ne paraissent jamais avoir été signalées. D'après les caractères extérieurs, je ne puis croire, cependant, que ces animaux n'appartiennent pas à une même espèce, le fait de dissemblances de ces otolithes est d'ailleurs d'une discussion d'autant plus difficile que, sur ce même exemplaire, se constate une asymétrie également exceptionnelle, aussi je donne ces détails surtout à titre de renseignements destinés à provoquer de nouvelles observations.

	Millim.	1/100.
Longueur.	217	»
Hauteur.	62	28
Épaisseur.	45	21
Longueur de la tête.	94	43
— de la nageoire caudale.	45	21
— du museau.	25	26
Diamètre de l'œil.	28	30
Espace interorbitaire.	9	9

N° 87-336, *Coll. Mus.*

Numéro du dragage.	Localité.	Profondeur.	Nombre d'indiv.
1. LXII	Côtes du Soudan.	782	1
2. LXXI	—	640	1
3. LXXXI	·	1139	1
4. LXXXII		932	2
5. LXXXIV	···	860	1
6. LXXXV	—	830	2
		A reporter.	8

Numéro du dragage.	Localité.	Profondeur.	Nombre d'indiv.
		Report.	8
7. LXXXVI	Côtes du Soudan. . . .	800	1
8. XC	Banc d'Arguin	175	1
9. XCI.	—	235	41
10. XCII	—	140	5
11. XCVI.	—	2330	1
			57

La Commission du *Talisman* a rapporté en plus de la rade de Palmas, mais sans niveau bathymétrique certain, deux exemplaires du *Sebastes Kuhlii* Bowd., dont l'un ne mesure pas moins de 520^{mm} de longueur totale, c'est celui qui a fourni les gros otolithes dont il a été question plus haut.

301. Setarches Guentheri Johnson.

B. VII — D. X — I, 10; A. III, 5, + V. I, 5.

Écailles, 10/62/40.

Malgré certaines différences dans les formules, dont les plus importantes seraient le nombre des épines de la première dorsale, X au lieu de XI (1), celui de la rangée longitudinale d'écailles, 62 au lieu de 82 ou 86, et pour quelques détails anatomiques, dont il sera question plus loin, les exemplaires pris à bord du *Talisman* me paraissent devoir être rapportés à l'espèce décrite et figurée par M. Johnson, d'autant plus que son exemplaire unique semble ne pas avoir été dans un état de parfaite conservation.

Les écailles ne sont pas cténoïdes, comme l'a très bien reconnu l'auteur anglais. Celles du corps, fort petites, mesurant, sur l'individu dont les dimensions sont données plus bas, environ 1^{mm},4 de long sur 1^{mm},1 de large, sont en forme d'écu à bord antérieur droit, avec 2 ou 3 lobes marginaux répondant à autant de sillons centrifuges, le restant du contour donne une portion d'ovale plus ou moins allongé, le foyer est tantôt net, circu-

(1) D'après les chiffres donnés dans le texte, car la figure ne montre que X épines à la première dorsale, la formule de la seconde restant I, 9. (Johnson, *Descriptions of some new Genera and Species of Fishes obtained at Madeira.* — *Proceed. Zool. Soc. of London,* p. 177, pl. XXIII, 1862.)

laire, d'autres fois érodé, irrégulièrement oblong dans l'un et l'autre cas, les crêtes concentriques se dirigent parallèlement au bord du limbe, plus serrées dans le champ antérieur que sur les trois autres. La ligne latérale, contrairement à ce qu'avait cru M. Johnson, offre des écailles, elles sont plus grandes que celles du corps, 2^{mm},6 de long sur 2^{mm},8 de large (abstraction faite de prolongements, dont il sera question dans un instant), mais beaucoup plus fragiles; la portion antérieure la plus distincte est limitée par un bord radical arrondi, à peine sinueux, les lobes marginaux étant nuls ou peu sensibles; les côtés légèrement courbés en S se prolongent en arrière en deux longues pointes semi-membraneuses, qui finissent par se perdre dans le tégument, et forment sur les flancs une suite de saillies allongées placées bout à bout, d'où résultent pour l'ensemble deux séries linéaires, l'une supérieure, l'autre inférieure, parallèles et limitant la ligne latérale, disposition indiquée, quoique d'une manière un peu imparfaite, sur la figure déjà citée; au point où naissent ces deux cornes et entre elles la lame se termine par un bord postérieur droit; le canal est formé par la peau étendue entre ces cornes, lesquelles sont presque aussi longues que la lame même; les aires antérieure et latérales sont chargées de crêtes concentriques fines, interrompues ou non par de faibles sillons centrifuges, dont on compte, dans le premier cas, 3 à 6.

Le sagitta sur un individu de 97^{mm} mesure 5^{mm},5 de long, 3^{mm},4 de haut, 1^{mm} d'épaisseur; il est placé de champ, de forme amygdaloïde avec un angle rentrant droit ou ouvert à la partie antéro-supérieure. Face interne peu convexe, sillon acoustique peu profond, mal limité, net seulement sur son tiers moyen, l'embouchure, placée au fond de l'angle rentrant, se trouve située à la limite du tiers antérieur de l'otolithe; en arrière une strie continue le sillon jusqu'à l'extrémité postérieure; le rostrum est très saillant, obtus, l'antirostrum arrondi; aire supérieure en demi-cercle avec une incisure étroite, marginale, rayonnante, vers son tiers postérieur; aire inférieure relevée par une faible crête longitudinale en dos d'âne, parallèle à son bord inférieur. Face externe convexe suivant une ligne courbe, longitudinale, symétrique à la crête précédente. Limbe mousse sur tout son pourtour; quelques festons dans son demi-contour supérieur, qui en outre est entamé par l'angle rentrant de l'embouchure ostiale et un enfoncement correspondant à l'incisure de l'aire supérieure interne; demi-contour inférieur largement et régulièrement courbe.

Diamètre du cristallin 4^{mm},6, sur l'exemplaire dont les dimensions sont données plus bas.

Quatre arcs branchifères, les trachéaux antérieurs du premier seuls allongés, les autres relativement courts; une pseudobranchie; la présence d'une vessie natatoire n'est pas douteuse, elle est simple, de couleur argentée.

	Millim.	1/100.
Longueur.	124	»
Hauteur.	37	30
Épaisseur.	22	18
Longueur de la tête.	50	40
— de la nageoire caudale. . .	25	20
— du museau.	18	36
Diamètre de l'œil.	11	22
Espace interorbitaire.	10	20

N° 87-319, *Coll. Mus.*

Numéro du dragage.	Localité.	Profondeur.	Nombre d'indiv.
1. CX.	Iles du Cap-Vert. . . .	460	4
2. CXI	—	580	6
			10

M. Goode sous le nom de *Setarches parmulus* a fait connaître (1880) une seconde espèce peu différente de celle décrite par M. Johnson, elle n'aurait que X épines à la première dorsale et 6 rayons seulement à la seconde ; la comparaison d'exemplaires types serait utile pour constater s'il n'existe pas de caractères différentiels plus importants.

De son côté M. Günther signale la présence d'un *Setarches* nouveau aux îles Fidji (1).

(1) Günther, *Introduction to the Study of Fishes*, p. 415, 1880.

304. **Pomatomus telescopus** Risso.

B. VII + D. VII — I, 10; A. II, 7 + V. I, 5.

Écailles, 3 44/14.

Le Pomatome télescope est fort bien connu depuis Risso, Cuvier et Valenciennes; plus récemment, M. É. Moreau en a complété la description sur plusieurs points.

Ce dernier icthyologiste a indiqué la structure cténoïde des écailles et la forme particulière des spinules. Pour le corps un de ces organes, pris sur l'exemplaire dont les dimensions sont ici données, mesure $9^{mm},5$ de long et $8^{mm},7$ de hauteur; ces écailles sont quadrilatérales avec de nombreux festons postérieurs, 17 environ, et des sillons centrifuges très nets; les spinules trièdres sont petites, très nombreuses, couvrant tout le champ postérieur. Une écaille de la ligne latérale moins grande, mesurant 6^{mm} dans les deux dimensions, offre un canal complet, formé d'une lamelle, qui occupe au moins moitié de la longueur de la lame, l'orifice antérieur et la perforation focale se voient nettement, il paraît y avoir deux canaux divergents en arrière, suivant chacun le bord du champ postérieur, mais cette portion de l'écaille restant membraneuse, il est difficile de décider, dans l'état de conservation où se trouvent ces poissons, si ce n'est pas là une simple apparence.

On trouve pour le nombre des vertèbres : D.12 + C.15. Les épines de la dorsale et de l'anale, celle de la pectorale également, montrent une structure cloisonnée comme chez les Apogons.

Le sagitta est obliquement dirigé en dehors, aplati, en quelque sorte nummulaire, quoiqu'appointi antérieurement, mesurant, sur un exemplaire de 155^{mm}, $8^{mm},3$ de long, 6^{mm} de large et $1^{mm},2$ d'épaisseur. Sillon acoustique net, les crêtes limitantes parallèles, mais plus écartées dans la moitié antérieure par suite d'un ressaut anguleux de la crête inférieure vers le milieu de l'otolithe; embouchure en fente, fond à une très faible distance de l'extrémité postérieure; ilot antérieur seul distinct, et encore assez peu, occupant toute la longueur de la partie élargie du sillon; rostrum et antirostrum en pointes aiguës, le premier dépassant notablement le second; aires très simples à peine gaufrées sur les bords, l'inférieure la plus étendue. Face inféro-externe peu convexe, irrégulièrement bossuée; des sillons centrifuges, peu profonds, gagnent les encoches séparant les larges festons postéro-supérieurs, quelques impressions conchoïdes parallèles au bord inférieur. Limbe obtus quoique peu épais, finement et irrégulièrement festonné dans son demi-contour inférieur, qui est presque en demi-cercle, plus largement dans son demi-contour supérieur, lequel est surbaissé; une incisure à la partie postérieure de ce dernier, surtout marquée à la face supéro-interne.

Diamètre du cristallin 14^{mm} sur l'exemplaire pris comme type.

Les trachéaux de la rangée antérieure sur le premier arc branchial sont allongés, les autres courts, sur chaque arc la rangée postérieure est toujours moins développée que l'autre. Pseudobranchie bien distincte.

	Millim.	1/100.
Longueur.	226	»
Hauteur.	46	20
Épaisseur.	42	18
Longueur de la tête.	80	35
— de la nageoire caudale.	40?	17
— du museau.	49	24
Diamètre de l'œil.	30	37
Espace interorbitaire.	22	27

N° 87-351, *Coll. Mus.*

Numéro du dragage.	Localité.	Profondeur.	Nombre d'indiv.
1. IX.	Côtes du Maroc.	622	1
2. XIX.	—	920	1
3. I.	Canaries.	975	1
4. LXIX.	Côtes du Soudan.	410	1
5. LXXI.	—	640	1
6. LXXXIII.	—	930	1
7. LXXXV.	—	830	5
8. CXIII^A.	Îles du Cap-Vert.	760	1
			12

Le *Pomatomus telescopus* Risso, indiqué dès la création de l'espèce comme habitant les « abîmes marins », ne paraît pas descendre au delà de 1000 mètres.

305. Hoplostethus mediterraneus Cuvier et Valenciennes.

(Pl. XXVII, fig. 5, 5ᵃ, 5ᵇ, 5ᶜ.)

B. VIII + D. VI, 13; A. III, 11 + V. I, 6.

Écailles, 11/31/19.

Ce poisson, comme le précédent, est trop bien connu pour qu'il soit nécessaire de revenir sur sa description, très complètement faite, même au point de vue anatomique, par Cuvier et Valenciennes, plus récemment par M. É. Moreau.

Les écailles du corps (1) sont en quelque sorte demi-circulaires, le bord adhérent étant très peu convexe; une d'elles mesure environ $4^{mm},2$ de long sur $5^{mm},1$ de large, ayant le foyer central entouré de fines crêtes concentriques, qui deviennent simplement moins distinctes ou parfois même disparaissent complètement dans le champ postérieur; à la partie dorsale, en avant de la nageoire et sur les côtés de celle-ci, comme l'ont fait déjà remarquer les auteurs de l'*Histoire des Poissons*, elles portent de véritables spinules et sont plus robustes, la lame est plus épaisse surtout pour les écailles bordant la nageoire, qui sont relevées en cônes vers leur centre. Les écailles de la ligne latérale (2) sont allongées dans le sens de la hauteur, celle ici figurée ne mesurait pas moins de $5^{mm},7$ sur $12^{mm},2$; la lamelle du canal, en forme de feuille lobée, n'adhère qu'au bord postérieur de la perforation focale, elle offre de petites ouvertures arrondies, plus nombreuses en arrière; la lame, plus étendue en dessous de la perforation qu'en haut, présente en face du canal un feston médiocre, et au bord libre un prolongement court, élargi, légèrement bilobé; toute la partie antérieure est ornée de crêtes concentriques fines, la partie libre porte des spinules, comparables à

(1) Pl. XXVII, fig. 5ᵇ.
(2) Pl. XXVII, fig. 5ᶜ.

celles des écailles dorsales, quoiqu'un peu moins fortes, il en existe également, chose, on le sait, peu habituelle (1), sur la lamelle du canal : ces spinules courtes, cylindriques, sont, dans l'aire postérieure, alignées suivant des lignes concentriques très régulières.

Le squelette, en ce qui regarde son aspect général, ayant été décrit par M. Owen, il me paraît inutile d'y revenir; j'ajouterai seulement que la formule des vertèbres est : D.10 + C.15, y compris l'hypural.

Les lobes cérébraux sont relativement peu développés, mais bien visibles, irrégulièrement cuboïdes plutôt qu'arrondis, avec un pli latéral peu étendu, ils recouvrent les lobes olfactifs, représentés par un très léger épaississement à l'origine du nerf. Lobes optiques très développés, au moins doubles en diamètre de ceux qui les précèdent, globuleux, débordant largement de chaque côté. Cervelet un peu inférieur comme volume à l'un des précédents, régulièrement sphérique, placé au-dessus d'eux, l'ensemble rappelant des boulets en pyramides, ce qui donne une hauteur inusitée à l'encéphale. La moelle allongée présente en premier lieu deux renflements latéraux antéro-supérieurs, qui soutiennent également le cervelet et le dépassent latéralement, bien qu'il les recouvre dans la plus grande partie de leur étendue; on devrait peut-être les considérer comme n'en étant qu'une dépendance; puis viennent deux renflements allongés suivant la direction des cordons médullaires, ils sont arrondis en arrière, et présentent un orifice entre et au-dessous de leurs extrémités postérieures, lequel est la terminaison du quatrième ventricule.

Le cerveau se trouve placé au-dessus de deux vastes ampoules scléreuses à parois plus ou moins calcifiées, dans lesquelles le saccule auditif est inclus, isolé par suite de la cavité crânienne proprement dite.

Le sagitta est volumineux, mesurant, sur un individu de 157^{mm}, 12^{mm},2 de long, 9^{mm},6 de large et 2^{mm},2 d'épaisseur, assez aplati par conséquent, tronqué carrément à la partie antérieure, en angle obtus postérieurement, il est incliné de bas en haut et de dedans en dehors dans sa position normale. La face supéro-interne (2) est très légèrement

(1) Voir plus haut, page 334, la remarque faite au sujet des écailles du *Capros aper* Lin.
(2) Pl. XXVII, fig. 5.

convexe d'avant en arrière; sillon acoustique large, peu profond, à extrémité mal définie; il offre les deux ilots, quoique la limite entre ceux-ci
soit peu accusée, en revanche leurs bords, surtout l'inférieur, et les
crètes limitantes, circonscrivent deux gouttières fort nettes, qui s'arrètent
très peu avant d'atteindre le rostrum et l'antirostrum; le premier est
rejeté en haut formant l'angle antéro-supérieur, en sorte que l'orifice
ostial est tout à fait placé sur le bord externe; l'aire supérieure est
parcourue par des sillons rayonnants qui forment des incisures plus ou
moins marquées, une particulièrement forte derrière l'antirostrum:
aire inférieure lisse. La face inféro-externe (1), comme l'indiquent Cuvier
et Valenciennes, est en « pyramide à quatre faces, très surbaissée »;
le sommet ou umbo se trouve rapproché du bord inférieur; la partie
supérieure de l'aire périphérique présente des sillons rayonnants et des
incisures correspondant à leurs homologues du côté opposé. Le limbe
est profondément déchiqueté et lobé dans sa partie supérieure; en bas
à la partie centrale, il présente aussi deux sortes d'épines saillantes
suivies de festons peu élevés, dont un forme l'extrémité postérieure;
vers l'angle antéro-inférieur se voient également quelques saillies
épineuses.

Sur un petit individu de 3^{mm}, chez lequel le sagitta ne mesure que
3^{mm},3 de long, 2^{mm},2 de large et 0^{mm},8 d'épaisseur, bien que l'aspect soit
à peu près le même, on observe certaines différences intéressantes à
signaler au point de vue des modifications que l'âge peut apporter à cet
organe. L'extrémité postérieure est tronquée comme l'antérieure, en
sorte que la forme générale rappelle plutôt celle d'un quadrilatère très
peu allongé; face supéro-interne plane, lisse, c'est à peine si on distingue une gouttière formée, d'après sa situation et sa direction, par
le bord des ilots et la crête limitante inférieure; face inféro-externe
régulièrement convexe; limbe simple, sauf une échancrure angulaire
supérieure vers l'embouchure du sillon acoustique et deux prolongements l'un un peu au-dessus de l'angle antéro-inférieur, l'autre au milieu
du bord inférieur, le premier particulièrement saillant, en épine; ils cor-

(1) Pl. XXVII, fig. 5^a.

respondent d'ailleurs évidemment aux accidents analogues indiqués pour l'otolithe décrit plus haut d'après l'adulte.

Diamètre du cristallin 11ᵐᵐ,3, sur l'individu dont les dimensions sont données plus loin.

Cuvier et Valenciennes ont décrit avec soin la disposition de l'appareil respiratoire; je ferai toutefois remarquer que les trois arcs branchiaux antérieurs seuls sont complets, le quatrième étant adhérent sur presque toute son étendue, il faut y regarder de très près pour voir la fente postérieure fort réduite et n'occupant que la partie moyenne de l'arc, sur lequel on ne trouve qu'une seule rangée de tubercules trachéaux et la rangée antérieure des lamelles branchiales, la postérieure n'étant représentée que par de courtes lamelles à la partie moyenne de l'arceau.

Ces mêmes auteurs ont insisté sur l'absence d'os lingual chez ce poisson, ce qui produit à la partie antérieure de l'hyoïde une troncature inusitée.

Je ne trouve qu'une quinzaine de cæcums pyloriques, en deux paquets égaux.

	Millim.	1/100.
Longueur.	200	»
Hauteur.	87	43
Épaisseur.	37	18
Longueur de la tête.	80	40
— de la nageoire caudale.	62	31
— du museau.	20	25
Diamètre de l'œil.	26	32
Espace interorbitaire.	23	29

Nº 87-268, *Coll. Mus.*

Numéro du dragage.	Localité.	Profondeur.	Nombre d'indiv.
1. (Tr. 1882) XXXVIII.	Côtes du Maroc.	636	3
2. VIII	—	540	4
3. IX	—	622	8
4. XVII.	—	550	11
5. XVIII	—	550	7
6. XIX	—	920	3
7. XX.	—	1105	4
		A reporter.	40

Numéro du dragage.	Localité.	Profondeur.	Nombre d'indiv.
		Report.	40
8. XXI	Côtes du Maroc. . . .	1319	8
9. XLIX	Canaries.	865	2
10. L.	—	975	4
11. LXII.	Côtes du Soudan. . .	782	32
12. LXIII	— . . .	640	12
13. LXIX	— . . .	410	20
14. LXXI	—	640	13
15. LXXII.	— . . .	882	1
16. LXXIII	—	1435	1
17. LXXXIII	— . . .	930	1
18. LXXXV.	— . . .	830	1
19. LXXXVI	— . . .	800	4
20. XCI	Banc d'Arguin. . . .	235	99
21. XCII.	—	140	6
22. CXXIII	Açores	560	1
			245

Ce poisson, des plus rares jusqu'à ces derniers temps dans les collections, se prend, comme on le voit, en abondance dans les zones supérieures de la région abyssale, il peut même en être regardé comme l'une des espèces les plus caractéristiques et ne remonterait qu'exceptionnellement dans la région côtière.

Nul doute qu'il ne faille y réunir le *Trachichthys pretiosus* Lowe, ainsi qu'a proposé de le faire M. Günther.

Quant à l'utilité de distinguer génériquement les *Hoplostethus* C. V., des *Trachichthys* Shaw, suivant les vues de Cuvier et Valenciennes, qui ne connaissaient en nature que le premier de ces genres, les auteurs sont partagés à cet égard, et le prince Ch. Bonaparte, Costa, émettent une opinion contraire. Il est certain qu'en comparant les deux espèces, qui représentent ces genres (1), on est frappé de leur similitude. Cependant, sans parler du nombre moins considérable des épines de la dorsale chez le *Trachichthys australis* Shaw, ce qui pour ces Acanthoptérygiens peut avoir une certaine valeur, la présence de dents vomériennes, quoique

(1) Le Muséum possède aujourd'hui, grâce aux soins de feu Castelnau, un fort bel exemplaire du *Trachichthys australis* Shaw.

formant une plaque très peu étendue, le plus grand développement des bandes dentifères palatines, les écailles si complètement développées, si franchement cténoïdes sur toute l'étendue du corps, forment un ensemble de caractères qui justifient la séparation.

CYCLOSTOMATA

FAMILLE. MYXINIDÆ

314. **Myxine glutinosa** Linné.

Numéro du dragage.	Localité.	Profondeur.	Nombre d'indiv.
Tr. 1882) XXV. . . .	Côtes du Portugal. .	460	1

Cet exemplaire, le seul représentant de cette sous-classe trouvé dans nos nombreux dragages, est de petite taille et mesure environ 190^{mm} de long sur 10^{mm} de diamètre.

APPENDICE

Les planches, qui accompagnent ce travail, étaient terminées entièrement et l'impression déjà avancée, lorsqu'a paru le grand ouvrage de M. Günther : *Report on the Deep Sea Fishes collected by H. M. S. Challenger during the years 1873-1876. London, 1887.* Comme il n'était plus possible d'introduire aucune modification sans détruire la concordance entre ces planches, les tableaux donnés dans les considérations générales et le texte descriptif, j'ai dû conserver celui-ci dans son intégrité première, me bornant à indiquer sous forme d'appendice les remarques principales que suggère la lecture de cette œuvre importante en ce qui concerne la synonymie des espèces.

Page 93. *Nemichthys infans* (non Günth.). == *N. Richardi* n. sp.

Page 96. Genre NEOSTOMA. — Les *Gonostoma gracile* Günth. (Pl. XLV, fig. C) (1) et, sans doute, *G. elongatum* Günth (id., fig. B) devraient être placés dans ce genre auprès du *Neostoma bathyphilum*, celui-ci très voisin du premier, dont il diffère par le moindre nombre de rayons à l'anale et l'adipeuse plus développée.

Page 136. *Bathysaurus obtusirostris* n. sp. = *B. mollis* Günth.

Page 139. *Bathysaurus Agassizii* G. et B. = *B. ferox* Günth.

Page 141. Genre SCOPELOGADUS. — Ce n'est sans doute pas autre chose que le genre MELAMPHAËS Günth. Notre espèce me paraît voisine, sauf certaines différences dans les formules des rayons et des écailles, du

---

(1) Ce renvoi et les suivants se rapportent aux planches du travail cité de M. Günther.

M. microps de M. Günther, rapporté primitivement par cet ichthyologiste au genre SCOPELUS.

Page 153. *Bathytroctes homopterus* n. sp. = *B. rostratus* Günth. (Pl. LVIII, fig. B).

Page 160. Genre ANOMALOPTERUS. — Il serait bien possible que la place de ce poisson fût tout autre, il n'est pas sans présenter quelques analogies avec les MELAMPHAËS Günth. et les MALACOSARCUS Günth. Cette question, vu l'insuffisance des matériaux d'étude, ne peut être que proposée.

Page 214. *Hymenocephalus crassiceps* Günth. — Notre espèce semble différer de celle-ci (Pl. XXXVII) par la grandeur de l'œil, la longueur du maxillaire, la denticulation de l'épine de la dorsale, les écaillures de la tête et du corps homogènes, etc., et devrait reprendre le nom d'*H. globiceps* Vaill.

Page 225. *Coryphænoides æqualis* Günth. — Ce n'est pas de cette espèce que doit être rapproché notre poisson, mais du *Coryphænoïdes (Malacocephalus) lævis*, Lowe (Pl. XXXIX, B), toutefois ce dernier a le barbillon plus court, la deuxième épine dorsale lisse, deux rangées de dents fortes à la mâchoire supérieure, l'œil plus grand. On pourrait désigner l'animal décrit dans le présent travail sous le nom de *Coryphænoides sublævis* n. sp., qu'il portait sur notre catalogue provisoire à bord du *Talisman*. Les exemplaires que j'ai signalés comme présentant une dentition différente (p. 228) sont sans doute de véritables *Coryphænoïdes lævis*, Lowe.

Page 241. *Macrurus holotrachys* Günth. — Nos individus se rapportent non pas à cette espèce (Pl. XXVIII, fig. B), mais au *M. sclerorhynchus* Günth. (nec Val.) (Pl. XXXII, fig. A) = *M. Guentheri* n. sp.

Page 242. *Macrurus smiliophorus* n. sp. — Sans doute identique au *M. æqualis* Günth. (Pl. XXXII, fig. C), quoique celui-ci ait les dents externes visiblement plus fortes que les autres, le premier rayon ventral non ou peu prolongé.

Page 254. *Macrurus japonicus* Schleg. — Le *M. parallelus* Günth. (Pl. XXIX, A) ne doit pas être maintenu dans la synonymie et constitue certainement une espèce distincte.

Page 268. *Sirembo Guentheri* n. sp. = *Mixonus (Bathynectes) laticeps* Günth. (Pl. XXV, fig. B).

Page 273. *Sirembo murænolepis* n. sp. = *Diplacanthopoma brachysoma* Günth.

(Pl. XXIII, C); celui-ci doit être altéré par l'action des liquides conservateurs.

Page 277. *Sirembo oncerocephalus* n. sp. — Offre quelque ressemblance avec le *Bathyonus compressus* Günth (Pl. XXII, fig. A). Celui-ci cependant a les mâchoires égales, l'œil plus grand, 1/11 de la longueur de la tête, l'espace interorbitaire plus étroit, 3 diamètres oculaires, sa couleur est noirâtre. Je ne pense pas que ces différences puissent s'expliquer par l'âge ou l'état de conservation.

Page 279. *Bythites crassus* n. sp. — Très voisin du *Neobythites grandis* Günth. (Pl. XXI, fig. A). Chez ce dernier le préopercule n'est pas armé; possède-t-il des dents linguales?

Page 313. *Gymnolycodes Edwardsi* n. sp. — Ce poisson n'appartient pas à la famille des LYCODIDÆ, l'enlèvement accidentel de la joue a mis à découvert une tige scléreuse orbito-operculaire, qui nous éclaire sur ses véritables affinités, il doit être placé parmi les DISCOBOLI, et rapproché du *Liparis micropus* Günth. (Pl. XII, fig. B), sinon même réuni avec lui, le mauvais état de conservation des nageoires ventrales ne permet pas d'être affirmatif à cet égard. Le groupement toutefois pourrait être maintenu pour ces espèces et celles qui diffèrent des vrais *Liparis* par leurs nageoires impaires continues, comme l'a proposé Kröyer en formant le genre *Careproctus*, qui me paraît, ainsi qu'à M. Collet, devoir être adopté.

Page 322. La synonymie des espèces du genre *Notacanthus* adoptée par M. Günther diffère surtout de celle ici exposée par la préférence qu'il accorde pour le *N. Bonaparti* de Risso à la description sur la figure. Celle-ci me paraît, je l'avoue, meilleure, étant surtout donnée la conformité qu'elle présente avec nos exemplaires de Nice. Il y a là une confusion que l'interprétation proposée dans le présent travail me paraît de nature à dissiper, elle aurait l'avantage de conserver pour les deux espèces méditerranéennes, que je crois distinctes, les deux noms anciennement donnés et de ne pas obliger à en créer un nouveau pour le *Notacanthus mediterraneus* Fil. et Ver.

Page 335. *Notacanthus Rissoanus* Fil. et Ver. — Le poisson du Japon décrit et figuré sous ce nom par M. Günther (Pl. LXI, B) est certainement distinct de l'espèce, dont il est ici question, laquelle, vu la localité, correspond vraisemblablement à celle qu'ont étudiée MM. Filippi et Verany.

Outre sa forme générale plus épaisse et son museau plus court, caractères, on l'a vu, difficiles à employer pour distinguer ces animaux, le
poisson du *Challenger* se différencie suffisamment par les épines anales
plus robustes, moins longues, incomparablement plus nombreuses (LIV),
ses écailles distinctes, etc. Je proposerais de le nommer *Notacanthus
Challengeri*.

Page 360. *Cottunculus torrus* Goode = *C. Thomsonii*, Günth. (Pl. IX, B).

EXPLICATION DES PLANCHES

(A moins d'indication contraire les objets sont figurés de grandeur naturelle.)

Planche I

Fig. 1 *Pristiurus atlanticus* n. sp. (p. 59). — Réduction à 1/2 de la grandeur naturelle.

1ᵃ Tête vue en dessus.

1ᵇ Tête vue en dessous.

1ᶜ Scutelles vues en dessus. — Gross. 40 diam.

1ᵈ Dent. — Gross. 14 diam.

Fig. 2 *Pristiurus melanostomus* Raf. — Scutelles vues en dessus. — Gross. 40 diam.

2ᵃ Dent. — Gross. 14 diam.

Fig. 3 *Scyllium? spinacipellitum* n. sp. (p. 60). — Scutelle. — Gross. 106 diam.

3ᵃ Dent du même. — Gross. 40 diam.

Fig. 4 *Scyllium? acutidens* n. sp. (p. 60). — Gross. 40 diam.

Fig. 5 *Scyllium stellare* Lin., jeune. — Scutelle vue de côté. — Gross. 106 diam. *a* Pédoncule. — *b* Lamelle.

5ᵃ Scutelle vue en dessus montrant la forme de la lamelle. — Gross. 106 diam.

5ᵇ Dent. — Gross. 40 diam.

Fig. 6 *Centroscyllium Fabricii* Reinh. (p. 72). — Dent. — Gross. 52 diam.

Fig. 7 Œuf d'un Élasmobranche indéterminé, de la famille des Scyllidiens sans doute (p. 61).

Planche II

Fig. 1 *Centroscymnus cœlolepis* Boc. et Cap. (p. 63). — Réduction aux 2/9 de la grandeur naturelle.

    1ᵃ Tête vue en dessus. — Réduction au 1/3 de la grandeur naturelle.

    1ᵇ Tête vue en dessous. — Réduction au 1/3 de la grandeur naturelle.

    1ᶜ Scutelle, coupe verticale, montrant l'articulation de la lamelle et du pédoncule. — Gross. 15 diam.

        a Côté antérieur de la lamelle. — *b* Côté postérieur de la lamelle. — *c*, *c′* Pédoncule en colonne cylindrique creuse. — *d* Cavité de la scutelle. — *e*, *e′* Suture d'union de la lamelle et du pédoncule.

    1ᵈ Dent prise à la mâchoire supérieure. — Gross. 5 diam.

    1ᵉ Dent à prise à la mâchoire inférieure. — Gross. 5 diam.

Fig. 2 *Centroscymnus obscurus* n. sp. (p. 67). — Réduction aux 3/7 de la grandeur naturelle.

    2ᵃ Tête vue en dessus. — Réduction aux 4/7 de la grandeur naturelle.

    2ᵇ Tête vue en dessous. — Réduction aux 4/7 de la grandeur naturelle.

    2ᶜ Scutelle vue en dessus montrant le système d'ornementation de la lamelle. — Gross. 30 diam.

    2ᵈ Dent prise à la mâchoire supérieure. — Gross. 13 diam.

    2ᵉ Dent prise à la mâchoire inférieure. — Gross. 8 diam.

Fig. 3 *Centrophorus squamosus* L. Gm. (p. 69). — Scutelle, coupe verticale montrant la continuité du pédoncule et de la lamelle. — Gross. 14 diam.

    (Les lettres *a*, *b*, *c*, *c′*, *d*, ont la même signification que pour la figure 1ᶜ).

PLANCHE III

Fig. 1 *Centrophorus calceus* Lowe (p. 71). — Réduction au 1/4 de la grandeur naturelle.

    1ᵃ Tête vue en dessus. — Réduction au 1/3 de la grandeur naturelle.

    1ᵇ Tête vue en dessous. — Réduction au 1/3 de la grandeur naturelle.

    1ᶜ Dent prise à la mâchoire supérieure. — Gross. 6 diam.

    1ᵈ Dent prise à la mâchoire inférieure. — Gross. 6 diam.

Fig. 2 *Centrophorus squamosus* L. Gm. (p. 69). — Réduction au 1/5 de la grandeur naturelle.

    2ᵃ Tête vue en dessus. — Réduction aux 3/11 de la grandeur naturelle.

    2ᵇ Tête vue en dessous. — Réduction aux 3/11 de la grandeur naturelle.

    2ᶜ Scutelle vue en dessus, montrant le système d'ornementation de la lamelle. — Gross. 8 diam.

    2ᵈ Dent prise à la mâchoire inférieure. — Gross. 5 diam.

    2ᵉ Dent prise à la mâchoire supérieure. — Gross. 5 diam.

Fig. 3 *Centrophorus squamosus* L. Gm. var. *Dumerilii*. — Scutelle vue en dessus montrant le système d'ornementation de la lamelle. — Gross. 8 diam.

3ᵃ Dent prise à la mâchoire supérieure. — Gross. 5 diam.
3ᵇ Dent prise à la mâchoire inférieure. — Gross. 5 diam.

PLANCHE IV

Fig. 1 *Raja fullonica* Lin. (p. 79 ; vu en dessus. — Réduction aux 3/4 de la grandeur naturelle.
(La queue n'est pas figurée tout à fait assez longue.)
    1ᵃ Le même vu en dessous. — Réduction aux 3/4 de la grandeur naturelle.
Fig. 2 *Chimæra monstrosa* Lin. (p. 80); fœtus.
    a Vésicule ombilicale.

PLANCHE V

Fig. 1 *Myrus pachyrhynchus* n. sp. (p. 81).
    1ᵃ Section du corps au niveau de la naissance de la dorsale.
    1ᵇ Section du corps vers le milieu de la région caudale.
Fig. 2 *Nettastoma melanurum* Raf. (p. 83). — Réduit aux 4/5 de la grandeur naturelle.
    2ᵃ Section du corps au niveau de la naissance de la dorsale.
    2ᵇ Section du corps vers le milieu de la région caudale.

PLANCHE VI

Fig. 1 *Uroconger vicinus* n. sp. (p. 86).
    1ᵃ Tête vue en dessous montrant la distance qui sépare les deux orifices branchiaux. — Réduction aux 2/3 de la grandeur naturelle.
    1ᵇ Section du corps au niveau de l'orifice branchial.
    1ᶜ Section du corps vers le milieu de la région caudale.
Fig. 2 *Synaphobranchus pinnatus* Gray (p. 88).
    2ᵃ Tête vue en dessous montrant la disposition des orifices branchiaux réunis dans une cavité commune. — Réduction aux 2/3 de la grandeur naturelle.
    2ᵇ Écaille. — Gross. 65 diam.

PLANCHE VII

Fig. 1 *Nemichthys infans* Günth. == *N. Richardi* n. sp. (p. 93 et 385).
    1ᵃ Section du corps vers le milieu du tronc.
Fig. 2 *Nemichthys scolopacea* Richardson (p. 93).

2ᵉ Section du corps vers le niveau de l'orifice branchial.

Fig. 3 *Nettastoma proboscideum* n. sp. (p. 84). — Tête.

Fig. 4 *Cyema atrum* Günth. (p. 91).

    4ᵃ Section du corps vers le niveau de l'orifice branchial.

Planche VIII

Fig. 1 *Neostoma bathyphilum* n. sp. (p. 96).

    1ᵃ Dent maxillaire. — Gross. 20 diam.

Fig. 2 *Neostoma quadrioculatum* n. sp. (p. 99).

    2ᵃ Dent maxillaire. — Gross. 161 diam.

    2ᵇ Disposition des os constituant la mâchoire supérieure et l'arc maxillo-crémastique. — Gross. 5 diam.

(Les chiffres correspondent à ceux employés par Cuvier dans la description de la tête du *Perca fluviatilis*. Cette remarque s'applique aux figures analogues dans les planches suivantes).

    17 Intermaxillaire. — 18 Maxillaire. — 22 Palatin. — 23 Temporal. — 24 Transverse. — 25 Ptérygoïdien interne. — 26 Jugal. — 27 Os de la caisse. — 28 Operculaire. — 30 Préoperculaire. — 31 Symplectique. — 32 Sous-operculaire (ou 33 interoperculaire).

    2ᶜ Hyoïde, rayons et membrane branchiostèges, pour montrer la position des taches photodotiques. — Gross. 10 diam.

Fig. 3 *Eustomias obscurus* n. sp. (p. 113).

    3ᵃ Extrémité du barbillon. — Gross. 7 diam.

Fig. 4 *Malacosteus choristodactylus* n. sp. (p. 108). — Réduction aux 7/9 de la grandeur naturelle.

Planche IX

Fig. 1 *Bathypterois dubius* n. sp. (p. 124). — Très peu plus petit que grandeur naturelle.

    1ᵃ Le même, réduit, pour montrer la position des nageoires pectorales observées sur l'animal à l'état frais.

    1ᵇ Tête du même vue en dessous.

    1ᶜ Variété à rayons tactiles ventraux, courts.

    1ᵈ État pathologique ayant amené une disposition anormale des rayons tactiles ventraux.

    1ᵉ Écailles des flancs. — Gross. 9 diam.

    1ᶠ Écaille de la ligne latérale. — Gross. 9 diam.

Fig. 2 *Neoscopelus macrolepidotus* Johnson (p. 119). — Écaille prise à la base
de la nageoire dorsale. — Gross. 5 diam.

    2ᵃ Écaille prise en arrière et très près des nageoires ventrales. — Gross.
5 diam.

    2ᵇ Écaille prise sur la ligne latérale. — Grandeur naturelle.

PLANCHE X

Fig. 1 *Bathysaurus Agassizii* G. et B. = *B. ferox* Günth. (p. 139 et 385). —
Réduction aux 2/5 de la grandeur naturelle.

    1ᵃ Tête vue en dessus. — Réduction à 1/2 de la grandeur naturelle.

    1ᵇ Écaille de la ligne latérale, face interne. — Gross. 9 diam.

Fig. 2 *Bathysaurus obtusirostris* n. sp. = *B. mollis* Günth. (p. 136 et 335). —
Réduction aux 2/5 de la grandeur naturelle.

    La nageoire adipeuse est placée un peu trop en avant.)

    2ᵃ Tête vue en dessus. — Réduction à 1/2 de la grandeur naturelle.

    2ᵇ Tête vue en dessous. — Réduction à 1/2 de la grandeur naturelle.

    2ᶜ Dent vomérienne vue de face. — Gross. 5 diam.

    2ᵈ La même, vue de côté. — Gross. 5 diam.

    2ᵉ Dent maxillaire prise au côté externe, vue de face. — Gross. 5 diam.

    2ᶠ La même vue de côté. — Gross. 5 diam.

    2ᵍ Écaille de la ligne latérale, face interne. — Gross. 9 diam.

PLANCHE XI

Fig. 1 *Alepocephalus rostratus* Rissso (p. 148). — Sagitta du côté droit, face
inféro-externe. — Gross. 5 diam.

    1ᵃ Le même, face supéro-interne. — Gross. 5 diam.

    1ᵇ Mâchoire inférieure vue du côté externe.

        a, a Suture qui sépare l'angulaire du dentaire.

    1ᶜ Écaille du corps. — Gross. 5 diam.

    1ᵈ Écaille de la ligne latérale. — Gross. 5 diam.

Fig. 2 *Alepocephalus macropterus* n. sp. (p. 150). — Réduction aux 7/11 de la
grandeur naturelle.

    2ᵃ Mâchoire inférieure vue du côté externe.

        a, a Suture qui sépare l'angulaire du dentaire.

    2ᵇ Écaille du corps. — Gross. 27 diam.

    2ᶜ Tube auquel sont réduites les écailles de la ligne latérale. — Gross.
9 diam.

Fig. 3 *Bathytroctes melanocephalus* n. sp. (p. 155).

3ᵃ Écaille du corps. — Gross. 20 diam.

3ᵇ Écaille de la ligne latérale. — Gross. 14 diam.

Fig. 4 *Anomalopterus pinguis*. n. sp. (p. 160 et 385).

(D'après une maquette faite sur le frais.)

4ᵃ Tête du même individu desséchée par l'action de l'alcool.

PLANCHE XII

Fig. 1 *Bathytroctes homopterus* n. sp. = *B. rostratus* Günth. (p. 153 et 385).

1ᵃ Portion de la mâchoire inférieure, vue par la face interne. — Gross. 20 diam.

a, a Rebord contre lequel sont placées les dents.

1ᵇ Une dent de la mâchoire inférieure, vue de trois quarts pour montrer l'extrémité aplatie en lame de lancette. — Gross. 106 diam.

Fig. 2 *Bathytroctes attritus* n. sp. (p. 158). — Portion de la mâchoire inférieure, vue de côté. — Gross. 106 diam.

2 Une dent de la mâchoire inférieure vue de côté. — Gross. 106 diam.

2ᵇ Sagitta du côté droit, vu par la face supéro-interne. — Gross. 9 diam.

2ᶜ Le même vu par la face inféro-externe. — Gross. 9 diam.

Fig. 3 *Aulopus Agassizi* Bonap. (p. 121). — Sagitta du côté droit, vu par la face supéro-interne. — Gross. 9 diam.

3ᵃ Le même, vu par la face inféro-interne. — Gross. 9 diam.

3ᵇ Écaille du corps. — Gross. 9 diam.

3ᶜ Écaille de la ligne latérale. — Gross. 9 diam.

Fig. 4 *Bathypterois dubius* n. sp. (p. 124). — Ceinture scapulaire et charpente squelettique du membre antérieur, nageoire pectorale. — Gross. 2,5 diam.

46 Sus-scapulaire. — 47 Scapulaire. — 48 Huméral. — 51 Cubital. — 52 Radial. — 64, 64' 64" Os du carpe. — 65 Rayons inférieurs. — 66 Rayons supérieurs, développés en organe spécial du tact. — *a* Lame scléreuse unissant ces différentes parties.

4ᵃ Extrémité d'une des deux parties en lesquelles se divisent les rayons externes des nageoires ventrales, montrant la disposition des aiguilles ostéoïdes tactiles. — Gross. 50 diam.

Fig. 5 *Alepocephalus rostratus*, Risso (p. 148). — Encéphale vu par la face supérieure. — Gross. 2,5 diam.

a Lobes olfactifs. — *b* Lobes cérébraux. — *c* Lobes optiques. — *d* Cervelet. — *e* Moelle allongée. — *f* Glande pinéale.

PLANCHE XIII

Fig. 1 *Xenodermichthys socialis* n. sp. (p. 162).

1ᵃ Tête vue en dessus.

1ᵇ Tête vue en dessous.

1ᶜ Cerveau vu en dessus. — Gross. 5 diam.

> *a* Lobes olfactifs. — *b* Lobes cérébraux. — *c* Lobes optiques. — *d* Cervelet. — *e* Moelle allongée.

1ᵈ Sagitta du côté droit, face supéro-interne. — Gross. 9 diam.

1ᵉ Le même, face inféro-externe. — Gross. 9 diam.

1ᶠ Viscères d'un individu mâle vus du côté gauche. — Très peu plus que grandeur naturelle.

> *a* Œsophage. — *b* Estomac. — *c* Cæcums pyloriques. — *d, d* Intestin. — *e* Orifice anal. — *f* Foie. — *g, g* Testicule.

1ᵍ Viscères d'un individu femelle vus du côté gauche. — Très peu plus que grandeur naturelle.

> (Les lettres *a, b, c, d, e, f*, ont la même signification que pour la figure précédente.)
>
> *h* Ovaire.

1ʰ Tube digestif vu du côté ventral pour montrer le mode d'insertion des cæcums pyloriques sur l'intestin. — Gross. 2,5 diam.

> (Les lettres *a, c, d*, ont la même signification que dans la figure 1ʰ.)

Fig. 2 *Leptoderma macrops* n. sp. (p. 166).

2ᵃ Tête vue en dessus.

2ᵇ Tête vue en dessous.

2ᶜ Cerveau vu en dessus. — Gross. 5 diam.

> (Les lettres *a, b, c, d, e*, ont la même signification que pour la figure 1ᶜ.)

2ᵈ Sagitta du côté gauche, face supéro-interne. — Gross. 9 diam.

2ᵉ Le même, face inféro-externe. — Gross. 9 diam.

2ᶠ Viscères d'un individu femelle vus par le côté gauche. — Gross. 1,5 diam. environ.

> (Les lettres *a, b, c, d, e, f, h*, ont la même signification que dans les figures 1ᶠ et 1ᵍ.)
>
> *i* Rein.

2ᵍ Portion antérieure du tube digestif vu du côté ventral pour montrer le mode d'insertion des cæcums pyloriques sur l'intestin. — Gross. 2,5 diam.

> (Les lettres *a, b, c, d*, ont la même signification que pour la figure 1ᶠ.)

PLANCHE XIV

Fig. 1 *Opisthoproctus soleatus* n. sp. (p. 106). — Gross. **2,5** diam.

   1 Le même vu en dessous. — Gross. **2,5** diam.

Fig. 2 *Ichthyococcus ovatus* Cocco (p. 101). — Gross. **2,5** diam.

   2ª Le même vu en dessous. — Gross. **2,5** diam.

Fig. 3 Tube digestif du *Bathysaurus obtusirostris* n. sp. = *B. Mollis* Günth. (p. 136 et 385).

   a Œsophage. — *b* Estomac. — *c* Cæcum pylorique? — *d* Intestin. — *e* Anus. — *f* Papille post-cloacale.

Fig. 4 Tube digestif du *Bathypterois dubius* n. sp. (p. 124).

   (Les lettres *a*, *b*, *d*, *e* ont la même signification que pour la figure 3.)

   f.f Ovaires.

Fig. 5 à 5ᶠ *Halosaurus Owenii* Johns. (p. 175). — Écailles diverses prises :

   5 Sur le tronc vers le niveau de la dorsale ;

   5ª Sur la ligne latérale immédiatement en arrière de la fente branchiale ;

   5ᵇ Sur la ligne latérale au quart antérieur du corps ;

   5ᶜ Sur la ligne latérale à la moitié du corps ;

   5ᵈ Sur la ligne latérale aux trois quarts du corps ;

   5ᵉ A la partie extrême de la queue ;

   Gross. 9 diam. pour toutes ces figures.

   5ᶠ Tube digestif.

   Les deux tiers antérieurs seulement ont été représentés.

   (Les lettres *a*, *b*, *c*, *d*, ont la même signification que pour la figure 3.)

   e Rate? — *f.f* Ovaires. — *g* Vessie natatoire. — *h* Son tube vecteur présumé. — *i* Foie.

PLANCHE XV

Fig. 1 *Halosaurus Owenii* Johns. (p. 175). — Réduction aux 9/11 de la grandeur naturelle.

   1ª Tête vue en dessus.

   1ᵇ Tête vue en dessous.

   1ᶜ Écaille prise à la partie extrême du pédoncule caudal (la même, a été figurée Pl. XIV, fig. 5ᵈ). — Gross. 36 diam.

Fig. 2 *Halosaurus Johnsonianus* n. sp. (p. 181).

   2ª Tête vue en dessus.

   2ᵇ Tête vue en dessous.

2ᵈ Écaille de la ligne latérale prise vers le niveau de la dorsale. — Gross.
9 diam.

2ᵈ Encéphale vu en dessus. — Gross. 5 diam.

    a Lobes olfactifs. — *b* Lobes cérébraux. — *c* Lobes optiques. —
    d Cervelet. — *e* Moelle allongée. — *g* Moelle épinière acciden-
    tellement repliée dans la cavité crânienne.

Fig. 3 *Halosaurus phalacrus* n. sp. (p. 185). — Encéphale vu en dessus.
—Gross. 5 diam.

    (Les lettres *a, b, c, a, e*, ont la même signification que pour la figure 2ᵈ.)

Fig. 4 *Bathypterois dubius* n. sp. (p. 124). — Encéphale vu en dessus. —
Gross. 5 diam.

    (Les lettres *a, b, c, d, e*, ont la même signification que pour la figure 2ᵈ.

4ᵃ Sagitta droit, face supéro-interne. — Gross. 9 diam.

4ᵇ Le même, face inféro-externe. — Gross. 9 diam.

Planche XVI

Fig. 1 *Halosaurus phalacrus* n. sp. (p. 185).

    1ᵃ Tête vue en dessus.

    1ᵇ Tête vue en dessous.

    1ᶜ Écaille de la ligne latérale prise vers le milieu du tronc. — Gross.
    9 diam.

Fig. 2 *Halosaurus macrochir*, Günth. (p. 170). — Réduction aux 3/4 de la
grandeur naturelle.

    2ᵃ Tête vue en dessus. — Réduction aux 3/4 de la grandeur naturelle.

    2ᵇ Tête vue en dessous. — Réduction aux 3/4 de la grandeur naturelle.

    2ᶜ Écaille de la ligne latérale, prise vers le milieu de la longueur du
    tronc. — Gross. 4,5 diam.

        a,a Crête qui sépare le champ postérieur des champs antérieur et
        latéraux.

    2ᵈ Coupe verticale d'une écaille de la ligne latérale. — Gross. 9 diam.

        a Extrémité antérieure ou radicale. — *b* Extrémité postérieure,
        libre. — *c* Coupe de la crête, qui sépare le champ postérieur
        des champs antérieur et latéraux.

2ᵉ Portion moyenne de cette même coupe. — Gross. 53 diam.

    A Crête qui sépare le champ postérieur des champs antérieur et
    latéraux. — *a* Couche calcifiée externe granuleuse. — *b* Couche
    calcifiée interne transparente. — *c* Couches fibreuses anciennes;
    dans les plus superficielles se voient des concrétions calcaires.

— *d* Couche fibreuse de nouvelle formation; elle se colore plus
rapidement et plus fortement par le picro-carminate d'ammoniaque
que les précédentes.

Fig. 3 *Halosaurus Owenii* Johns. (p. 175). — Sagitta du côté droit vu par la
face supéro-interne. — Gross. 13 diam.

3ᵃ Le même vu par la face inféro-externe. — Gross. 13 diam.

Planche XVII

Fig. 1 *Eurypharynx pelecanoïdes* Vaill. (p. 198).

1ᵃ Tube digestif et principaux viscères vus du côté droit.

a Partie postérieure du pharynx. — *b* Estomac; *b'* son cul-de-sac
postérieur. — *c* Première partie renflée de l'intestin. — *d* Intestin;
d' anus. — *e* Pancréas; *e'* son extrémité postérieure. — *f* Lobe
droit du foie rabattu pour mettre l'estomac et la première partie
de l'intestin à découvert; *f'* lobe gauche du foie. — *g, g'* Canal
hépatique; il a été sectionné pour permettre de rabattre le lobe
droit. — *h* Aorte (on a représenté ce vaisseau beaucoup plus écarté
des viscères qu'il ne se trouve en réalité, et l'artère gastro-intesti-
nale *h'* est loin d'être aussi longue que le montre la figure). —
i Veine caudale. — *k* Veine efférente du rein. — *l* Rein. —
m Testicule droit; *m'* organe correspondant du côté gauche.

1ᵇ Paroi de la poche buccale, coupe normale à la surface. — Gross. 46 diam.

a Couche pigmentée superficielle dépendant du derme. — *b* Tissu
conjonctif renfermant : *c* de nombreuses fibres élastiques. —
d Couche pigmentée interne dépendant de la partie profonde de
la muqueuse buccale.

1ᶜ Paroi de l'abdomen, coupe normale à la surface. — Gross. 40 diam.

a Couche pigmentée superficielle dépendant du derme. — *b* Tissu
conjonctif nacré sous-dermique. — *c* Couche des fibres musculaires. — *d* Tissu conjonctif intermédiaire. — *e* Couche pigmentée
interne. — *f* Partie profonde de la séreuse abdominale.

Planche XVIII

Fig. 1 *Bathygadus melanobranchus* n. sp. (p. 206). — Réduction aux 2/3 de la
grandeur naturelle.

1ᵃ Sagitta du côté droit vu par la face supéro-interne. — Gross. 5 diam.

1ᵇ Le même vu par la face inféro-externe. — Gross. 5 diam.

1ʳ Écaille du corps. — Gross. 9 diam.

1ᵈ Écaille de la ligne latérale. — Gross. 9 diam.

1ᵉ Vessie natatoire ouverte et étalée, montrant la disposition des corps rouges, *aa*, étirés.

Fig. 2 *Coryphænoïdes asperrimus* n. sp. (p. 229).

2ᵃ Écaille du corps, prise au-dessus de la ligne latérale vers le niveau de la première dorsale. — Gross. 9 diam.

2ᵇ Écaille de la ligne latérale prise vers le même niveau. — Gross. 9 diam.

PLANCHE XIX

Fig. 1 *Hymenocephalus italicus* Gigl. (p. 211).

1ᵃ Sagitta du côté droit, vu par la face supéro-interne. — Gross. 5 diam.

1ᵇ Le même vu par la face inféro-externe. — Gross. 5 diam.

1ᶜ Écaille du corps prise en avant de la nageoire ventrale. — Gross. 18 diam.

1ᵈ Écaille du corps prise au-dessus de la ligne latérale. — Gross. 18 diam.

Fig. 2 *Coryphænoïdes æqualis* Günth. = *C. sublævis* n. sp. (p. 225 et 386). — Réduction aux 2/3 de la grandeur naturelle.

2ᵃ Crâne vu en dessus.

2ᵇ Sagitta du côté droit, vu par la face supéro-interne. — Gross. 2,5 diam.

2ᶜ Le même, vu par la face inféro-externe. — Gross. 2,5 diam.

2ᵈ Écaille du corps. — Gross. 14 diam.

2ᵉ Écaille de la ligne latérale. — Gross. 14 diam.

(La disposition des spinules et séries rayonnantes est plus nette, plus régulière que ne l'indiquent ces deux dernières figures.)

PLANCHE XX

Fig. 1 *Hymenocephalus crassiceps* Günth = *H. globiceps* n. sp. (p. 214 et 386). — Réduction aux 3/4 de la grandeur naturelle.

1ᵃ Extrémité caudale d'un autre individu en voie de réparation.

1ᵇ Sagitta du côté droit, vu par la face supéro-interne. — Gross. 5 diam.

1ᶜ Le même, vu par la face inféro-externe. — Gross. 5 diam.

1ᵈ Écaille du corps. — Gross. 14 diam.

1ᵉ Écaille prise contre la nageoire dorsale. — Gross. 14 diam.

Fig. 2 *Coryphænoïdes gigas* n. sp. (p. 232). — Réduction aux 2/5 de la grandeur naturelle.

2ᵃ Écaille du corps. — Gross. 5 diam.
2ᵇ Écaille de la ligne latérale. — Gross. 5 diam.
2ᶜ Écaille irrégulière de la région ventrale. — Gross. 5 diam.

PLANCHE XXI

Fig. 1 *Macrurus japonicus* Schleg. (p. 254). — Réduction aux 3/4 de la grandeur naturelle.
  1ᵃ Tête vue en dessus. — Réduction aux 3/4 de la grandeur naturelle.
  1ᵇ La même, vue en dessous. — Réduction aux 3/4 de la grandeur naturelle.
  1ᶜ Sagitta du côté droit, vu par la face supéro-externe. — Gross. 3 diam.
  1ᵈ Le même, vu par la face inféro-externe. — Gross. 3 diam.
  1ᵉ Écaille du corps. — Gross. 9 diam.
  1ᶠ Écaille de la ligne latérale. — Gross. 9 diam.
Fig. 2 *Macrurus trachyrhynchus* Risso (p. 250). — Sagitta du côté droit, vu par la face supéro-interne. — Gross. 2 diam.
  2ᵃ Le même, vu par la face inféro-externe. — Gross. 2 diam.
  2ᵇ Écaille du corps. — Gross. 9 diam.
  2ᶜ Écaille de la ligne latérale. — Gross. 9 diam.
Fig. 3 *Macrurus cœlorhynchus* Risso (p. 247). — Sagitta du côté droit, vu par la face supéro-interne. — Gross. 3 diam.
  3ᵃ Le même, vu par la face inféro-externe. — Gross. 3 diam.
  3ᵇ Écaille du corps. — Gross. 9 diam.

PLANCHE XXII

Fig. 1 *Macrurus smiliophorus* n. sp. = ! *M. æqualis* Günth. (p. 242 et 386).
  1ᵃ Sagitta du côté droit, face supéro-interne. — Gross. 4,5 diam.
  1ᵇ Le même, face inféro-externe. — Gross. 4,5 diam.
  1ᶜ Écaille du corps. — Gross. 13 diam.
    Le centre n'est pas perforé.)
  1ᵈ Écaille de la ligne latérale. — Gross. 13 diam.
Fig. 2 *Macrurus sclerorhynchus* Val. (p. 237). — Sagitta du côté droit, face supéro-interne. — Gross. 4,5 diam.
  2ᵃ Le même, face inféro-externe. — Gross. 4,5 diam.
  2ᵇ Écaille du corps. — Gross. 9 diam.
    Le centre n'est pas perforé.)
  2ᶜ Écaille de la ligne latérale. — Gross. 9 diam.

Fig. 3 *Macrurus holotrachys* Günth. = *M. Guentheri* n. sp. (p. 241 et 386).
— Écaille du corps. — Gross. 9 diam.
Fig. 4 *Macrurus zaniophorus* n. sp. (p. 245). — Écaille du corps. — Gross.
9 diam.
4ª Écaille de la ligne latérale. — Gross. 9 diam.
Fig. 5 *Macrurus macrolepidotus* Kaup. (p. 236). — Écaille du corps. Gross.
5 diam.
5ª Écaille de la ligne latérale. — Gross. 5 diam.

PLANCHE XXIII

Fig. 1 *Hymenocephalus longifilis* G. et B. (p. 218).
1ª Sagitta du côté droit, face supéro-interne. — Gross. 7 diam.
1ᵇ Le même, face inféro-externe. — Gross. 7 diam.
1ᶜ Écaille du corps. — Gross. 18 diam.
Fig. 2 *Dicrolene introniger* G. et B. (p. 258).
2ª Encéphale, vu par la face supérieure. — Gross. 5 diam.
a Lobes olfactifs. — b Lobes cérébraux. — c Lobes optiques. —
d Cervelet. — e Moelle allongée.
2ᵇ Sagitta du côté droit, face supéro-interne. — Gross. 7 diam.
2ᶜ Le même, face inféro-externe. — Gross. 7 diam.
2ᵈ Écaille du corps. — Gross. 18 diam.
2ᵉ Écaille de la ligne latérale. — Gross. 18 diam.
Fig. 3 *Sirembo metriostoma* n. sp. (p. 270).
3ª Écaille du corps. — Gross. 26 diam.
3ᵇ Écaille de la ligne latérale. — Gross. 26 diam.
Fig. 4 *Sirembo murænolepis* n. sp. = *Diplacanthopoma brachysoma* Günth.
(p. 273 et 386).
4ª Écaille du corps. — Gross. 26 diam.

PLANCHE XXIV

Fig. 1 *Hymenocephalus dispar* n. sp. (p. 221).
Fig. 2 *Porogadus nudus* n. sp. (p. 262).
2ª Tête vue en dessus.
2ᵇ Écaille du corps, prise dans le voisinage de la fente operculaire. —
Gross. 20 diam.
Fig. 3 *Porogadus subarmatus* n. sp. (p. 265). — Portion antérieure du corps.
3ª Tête vue en dessus.

3ᵇ Sagitta vu par la face supéro-interne. — Gross. 9 diam.

3ᶜ Le même, vu par la face inféro-externe. — Gross. 9 diam.

Fig. 4 *Sirembo microphthalmus* n. sp. (p. 275).

Fig. 5 *Sirembo Guentheri* n. sp. = *Mixonus laticeps* Günth. (p. 268 et 386).

Fig. 6 *Sirembo onceocephalus* n. sp. (p. 277 et 386).

PLANCHE XXV

Fig. 1 *Bythites crassus* n. sp. (p. 279 et 386). — Réduction à 1/2 de la grandeur naturelle.

Fig. 2 *Alexeterion Parfaiti* n. sp. (p. 283).

2ᵃ Tête du même, vue de côté. — Gross. 3 diam.

2ᵇ Tête du même, vue en dessus. — Gross. 3 diam.

Fig. 3 *Physiculus Dalwigkii* Kaup. (p. 290). — Réduction à 1/2 de la grandeur naturelle.

3ᵃ Sagitta du côté droit, face interne. — Gross. 3 diam.

3ᵇ Le même, face supérieure. — Gross. 3 diam.

3ᶜ Le même, face inférieure. — Gross. 3 diam.

Fig. 4 *Brosmiulus imberbis* n. sp. (p. 293). — Réduction aux 9/10 de la grandeur naturelle.

Fig. 5 *Halargyreus brevipes* n. sp. (p. 295). — Réduction aux 2/3 de la grandeur naturelle.

Fig. 6 *Mora mediterranea* Risso (p. 298). — Sagitta du côté droit, vu par la face interne. — Gross. 2 diam.

6ᵃ Le même, vu par la face externe. — Gross. 2 diam.

Fig. 7 *Merlangus argenteus* Guich. (p. 302). — Sagitta du côté droit, vu par la face supéro-interne. — Gross. 5 diam.

7ᵃ Le même, vu par la face inféro-externe. — Gross. 5 diam.

PLANCHE XXVI

Fig. 1 *Lycodes albus* n. sp. (page 309).

1ᵃ Portion antérieure du corps, vue en dessus.

1ᵇ Portion antérieure du corps, vue en dessous.

1ᶜ Écaille du corps. — Gross. 40 diam.

Fig. 2 *Lycodes macrops* Günth. (p. 306). — Encéphale, vu de côté. — Gross. 4,5 diam.

2ᵃ Le même, vu en dessus. — Gross. 4,5 diam.

2ᵇ Le même, vu en dessous. — Gross. 4,5 diam.

Pour ces trois figures les mêmes lettres ont la même signification.

   a Lobes olfactifs. — *b* Lobes cérébraux. — *c* Lobes optiques. — *d* Cervelet. — *e* Moelle allongée. — *f* Glande pinéale. — *g* Lobe inférieur. — *h* Hypophyse.

Fig. 2ᶜ Sagitta du côté droit vu par la face interne. — Gross. 9 diam.

   2ᵈ Le même, vu par la face externe. — Gross. 9 diam.

Fig. 3 *Gymnolycodes Edwardsi* n. sp. = *Careproctus Edwardsi?* (p. 313 et 386).

Fig. 4 *Phycis albidus* L. Gm. (p. 288). — Sagitta du côté droit, vu par la face supéro-interne. — Gross. 9 diam.

   4ᵃ Le même vu par la face inféro-externe. — Gross. 9 diam.

   (Une petite portion de l'extrémité postérieure manque.)

Fig. 5 *Merlangus argenteus* Guich. (p. 302). — Terminaison de la colonne vertébrale. — Gross. 2,5 diam.

Fig. 6 *Scopelogadus corlès* n. sp. (p. 143 et 385). = ? *Melamphaës microps* Günth.

   6ᵃ Terminaison de la colonne vertébrale. — Gross. 2,5 diam.

   6ᵇ Sagitta du côté droit, vu par la face interne. — Gross. 9 diam.

   6ᶜ Le même, vu par la face externe. — Gross. 9 diam.

   6ᵈ Tube digestif, vu du côté gauche. — Gross. 2 diam.

   6ᵉ Le même, vu du côté droit. — Gross. 2 diam.

   Pour ces deux figures les mêmes lettres ont la même signification.

   a Orifice cardiaque de l'estomac. — *b* Estomac. — *c* Boyau pylorique. — *d* Caecums pyloriques supérieurs. — *d'* Caecums pyloriques inférieurs. — *e e* Intestin. — *f* Orifice anal.

PLANCHE XXVII

Fig. 1 *Notacanthus Rissoanus* Fil. et Ver. (p. 335).

Fig. 2 *Notacanthus mediterraneus* Fil et Ver. (p. 325).

   2ᵃ Crâne vu de côté.

   2ᵇ Ceinture scapulaire et charpente squelettique du membre antérieur, nageoire pectorale. — Gross. 2,5 diam.

     47 Scapulaire. — 48 Huméral. — 51 Cubital. — 54 Radial. — 64, 64', 64" Os du carpe. — 65 Rayons inférieurs. — 66 Rayons supérieurs. — *a* Lame scléreuse unissant ces différentes parties.

   2ᶜ Sagitta du côté droit, face supéro-interne. — Gross. 13 diam.

   2ᵈ Le même, face inféro-externe. — Gross. 13 diam.

   2ᵉ Portion caudale mutilée et en voie de réparation d'un autre individu. (var. *pallidus* — p. 328).

Fig. 3 *Centriscus scolopax* Lin. (p. 338). — Écaille du corps. — Gross. 27 diam.

Fig. 4 *Aulostoma! longipes* n. sp. (p. 340).

Fig. 5 *Hoplostethus mediterraneus*, C. V. (p. 378). — Sagitta du côté droit, face supéro-interne. — Gross. 2,5 diam.

    5ᵇ Le même face inféro-externe. — Gross. 2,5 diam.

    5ᵇ Écaille du corps. — Gross. 5 diam.

    5ᶜ Écaille de la ligne latérale. — Gross. 5 diam.

Planche XXVIII

Fig. 1 *Chaunax pictus*, Lowe (p. 343).

    1ᵃ Le même, vu en dessus.

    1ᵇ Le même, vu en dessous.

    1ᶜ Sagitta du côté droit, face inférieure. — Gross. 4,5 diam.

    1ᵈ Le même, face supérieure. — Gross. 4,5 diam.

    1ᵉ 1ᶠ Scutelles cutanées. — Gross. 27 diam.

    1ᵍ Écaille de la ligne latérale, vue par le côté antérieur. — Gross. 27 diam.

    1ʰ La même, vue de côté. — Gross. 27 diam.

    1ᶦ La même un peu inclinée, vue par la face externe. — Gross. 27 diam.

Fig. 2 *Cottunculus inermis*, n. sp. (p. 365).

Fig. 3 *Cottunculus torvus*, Goode = *C. Thomsonii* Günth. (p. 360 et 387).

  La portion dure de la dorsale n'est pas figurée.)

    3ᵃ Sagitta du côté droit. — Gross. 4,5 diam.

    3ᵇ Le même, vu par la face opposée. — Gross. 4,5 diam.

    3ᶜ Écaille de la ligne latérale, vue de trois quarts. — Gross. 14 diam.

1042-87. — Corbeil. Imprimerie Crété.

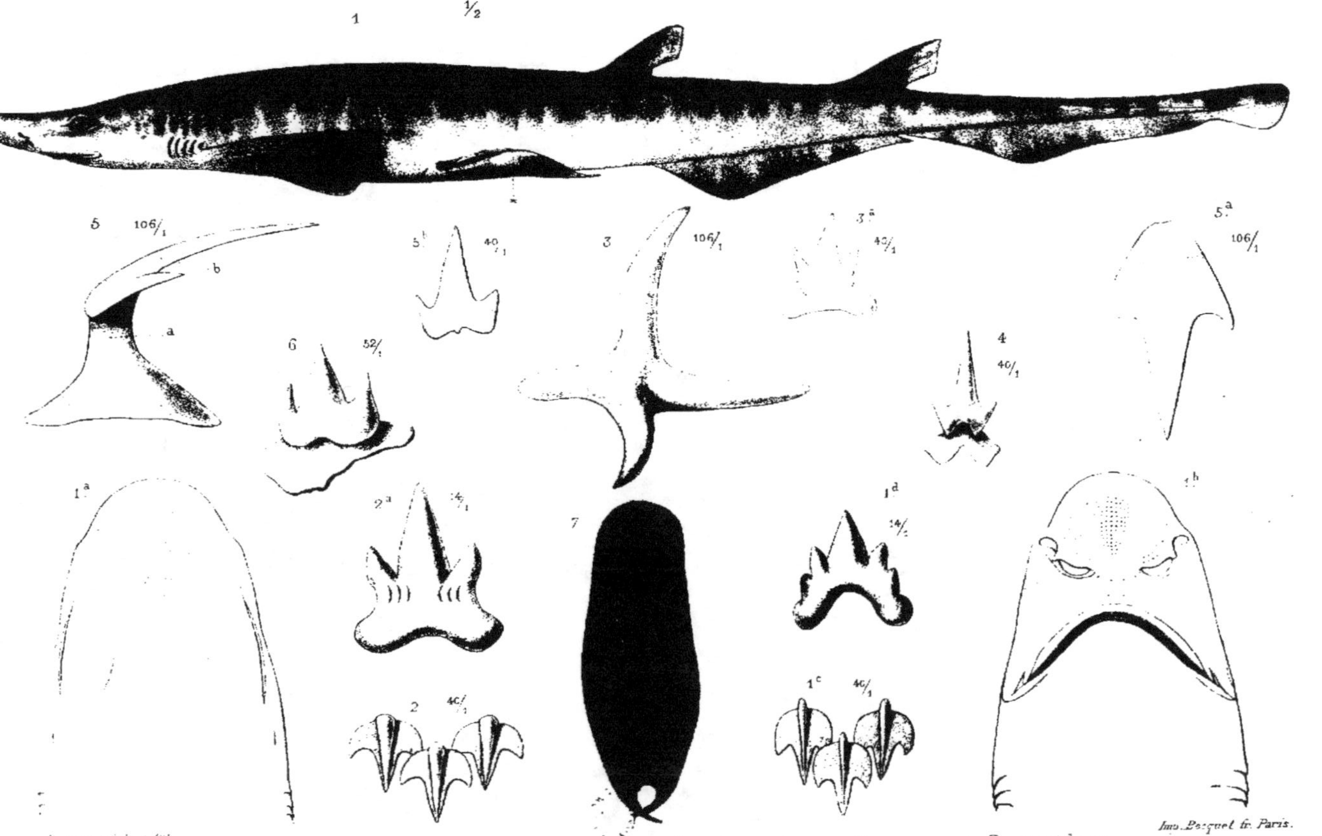

1. Pristiurus atlanticus sp. n. _ 2. P. melanostomus Raf _ 3. Scyllium spinacipellitum, sp. n. _ 4. S. acutidens, sp. n.
5. S. stellare Lin (jun) _ 6. Centroscyllium Fabricii, Reinh. _ 7. Œuf d'un Scyllidien.

1. Centroscymnus cœlolepis, Boc. Cap. — 2. Centroscymnus obscurus, sp.n.
3. Centrophorus squamosus, Lin.

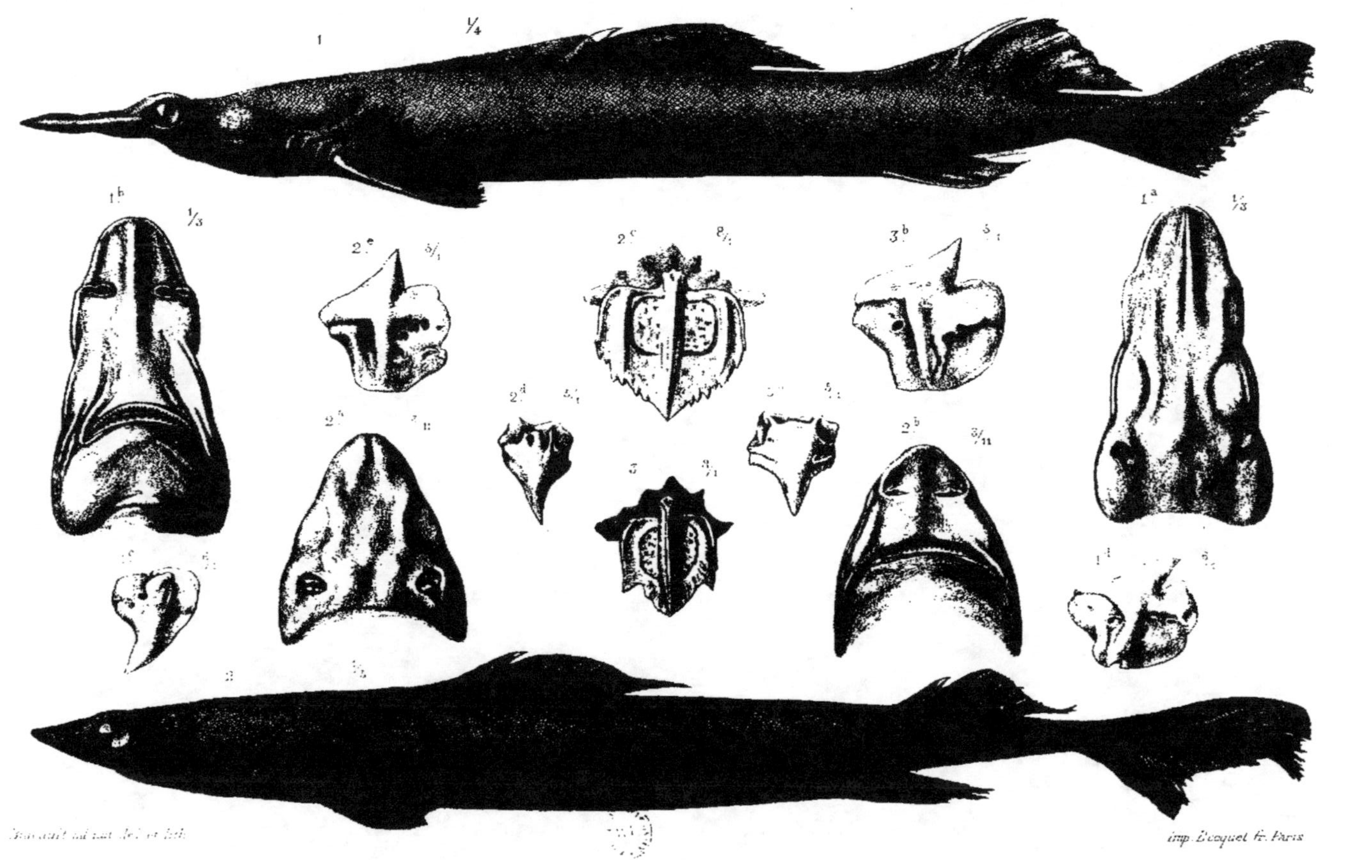

1 Centrophorus calceus Lowe — 2 Centrophorus squamosus L. Gm.
3 Centrophorus squamosus L. Gm. (var. Demerili)

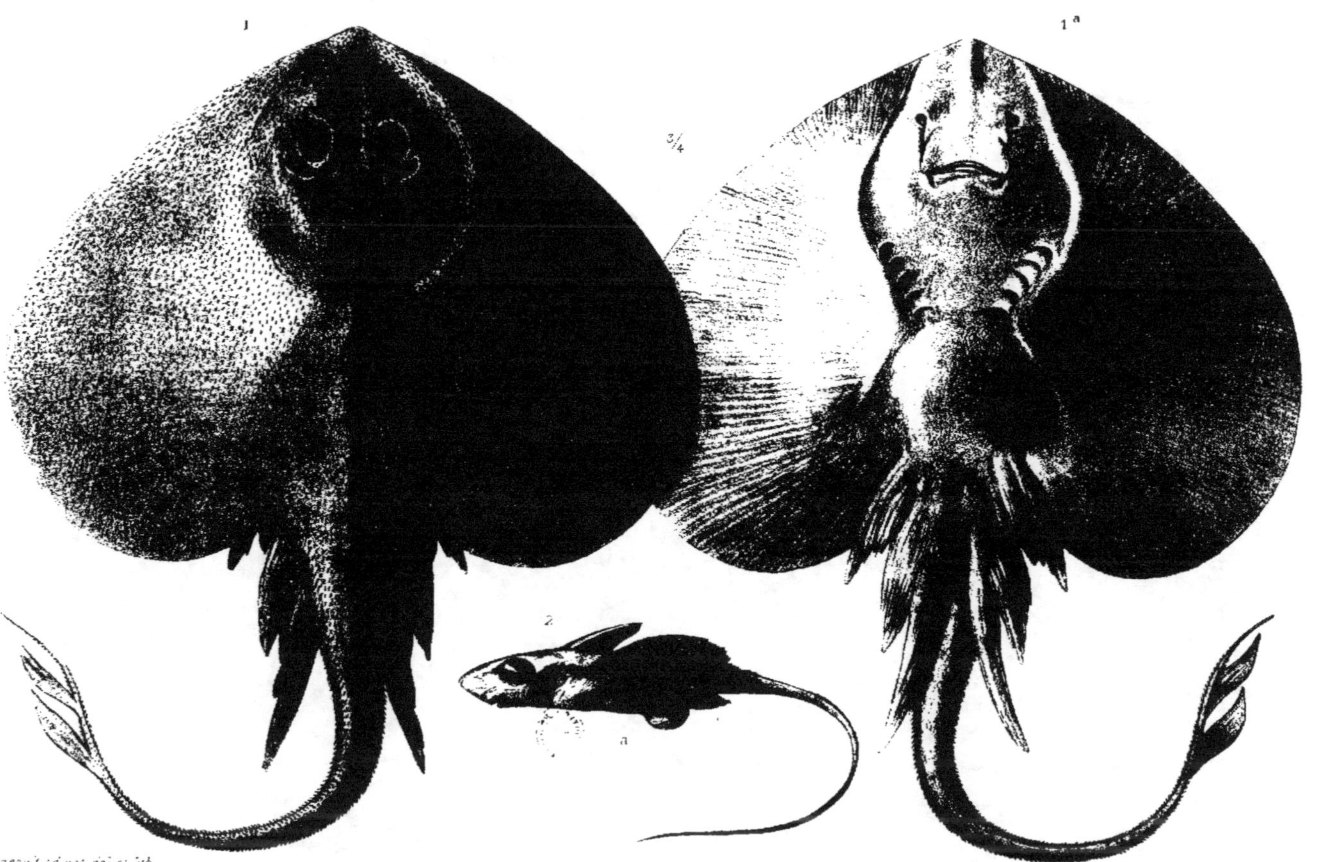

Bineault ad nat del et lith

Imp. Becquet fr. Paris

1. Raia fullonica, Lin _ 2. Chimœra monstrosa, Lin (Fœtus)

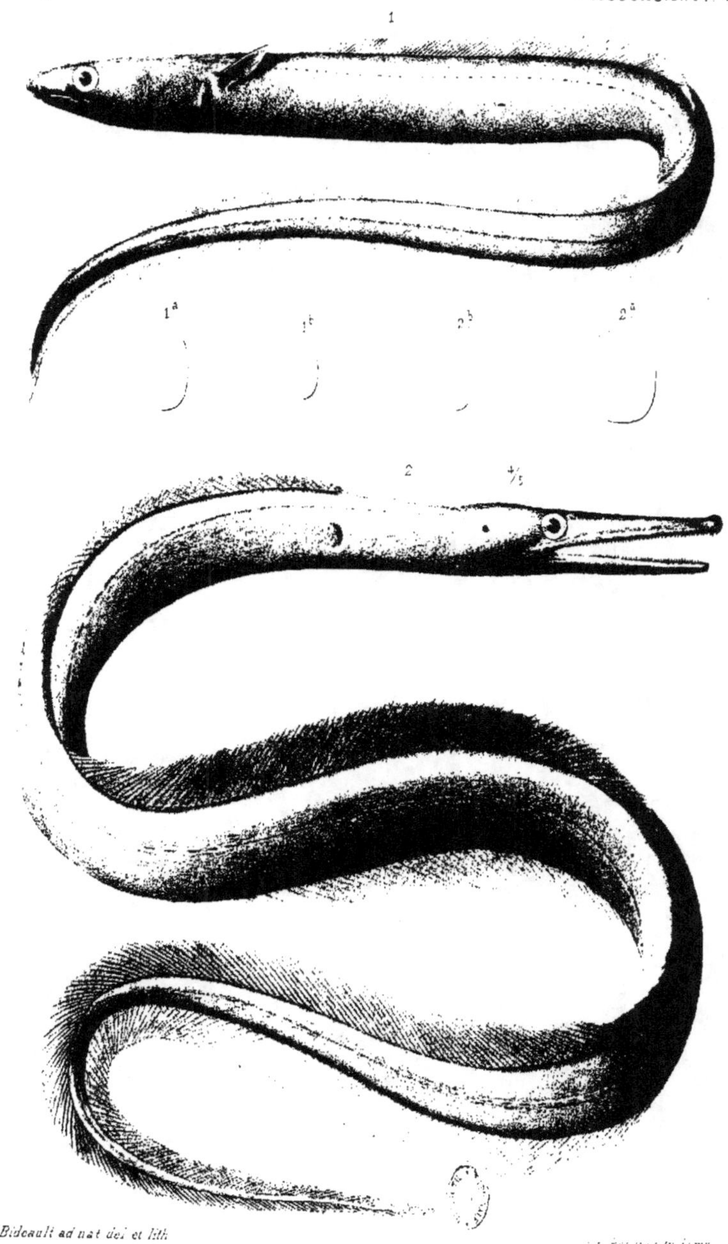

Bideault ad nat del et lith

1. Myrus pachyrhynchus. sp.   2. Nettastoma melanura.

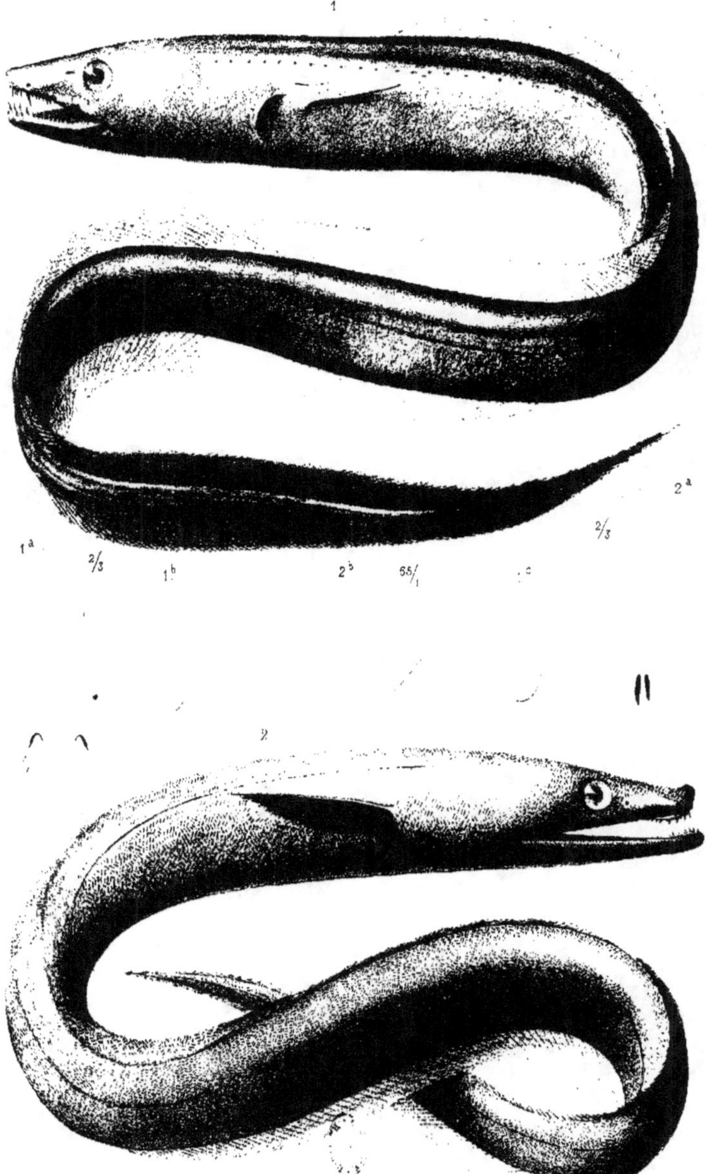

Bideault ad nat del et lith.   imp. Lemercier & Paris

1. Uroconger vicinus ... 2. Synaphobranchus ...

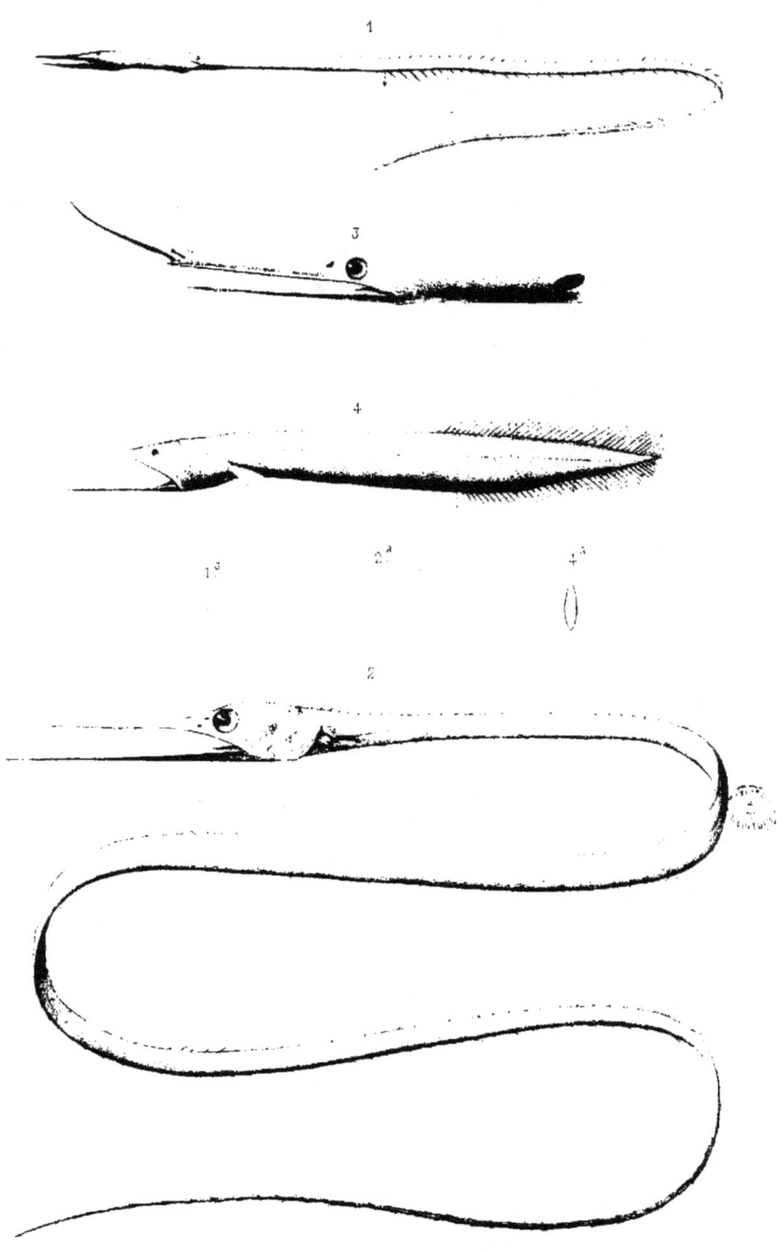

Bidault ad. nat. del. et lith.

1. Nemichthys infans. Gthr.__ 2. N. scolopaceus, Rich.
3. Nettastoma proboscideum, n. sp.__ 4. Coryna aurita, Gthr.

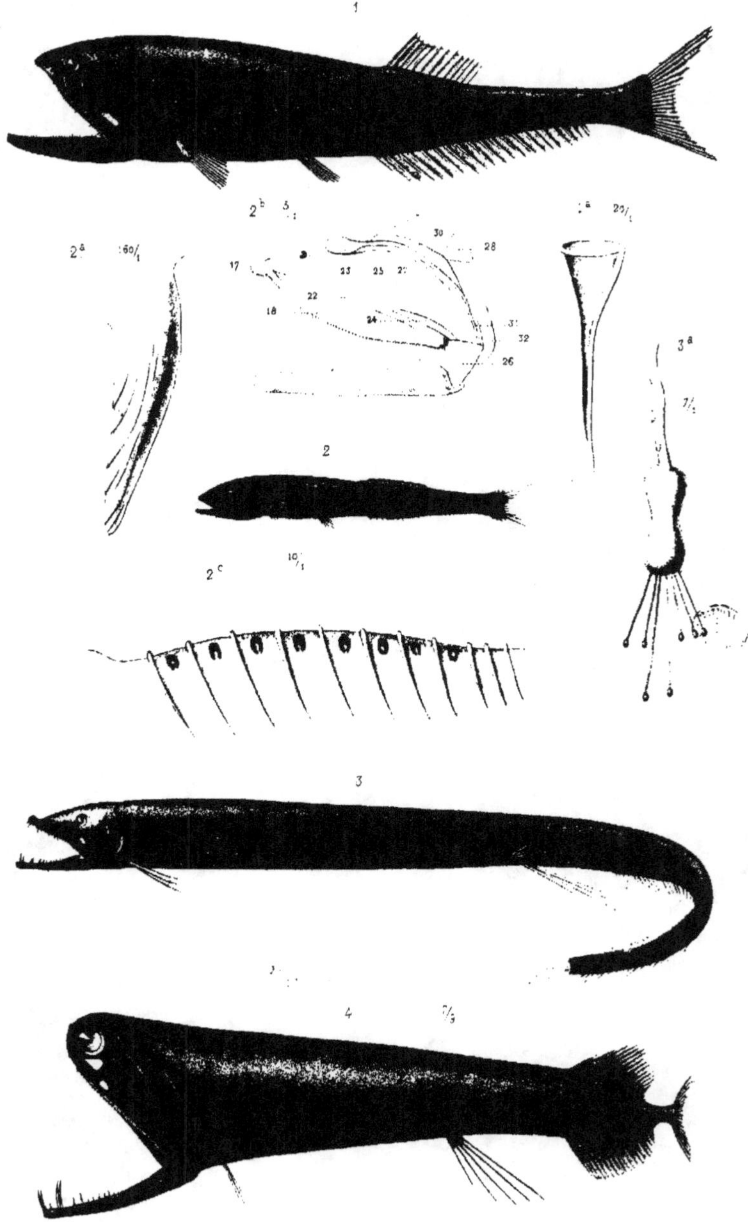

Bideault ad nat del. et lith.   Imp. Becquet tr Paris

1. Neostoma bathyphilum, n. sp. __ 2. N. quadrioculatum, n. sp.
3. Eustomias obscurus, n. g. & sp. __ 4. Malacosteus choristodactylus, n. sp

Rudeault ad nat del et lith.

Imp Becquet fr Paris

1 Bathypterois dubius. n sp — 2 Neoscopelus macroiepidotus. Johns.

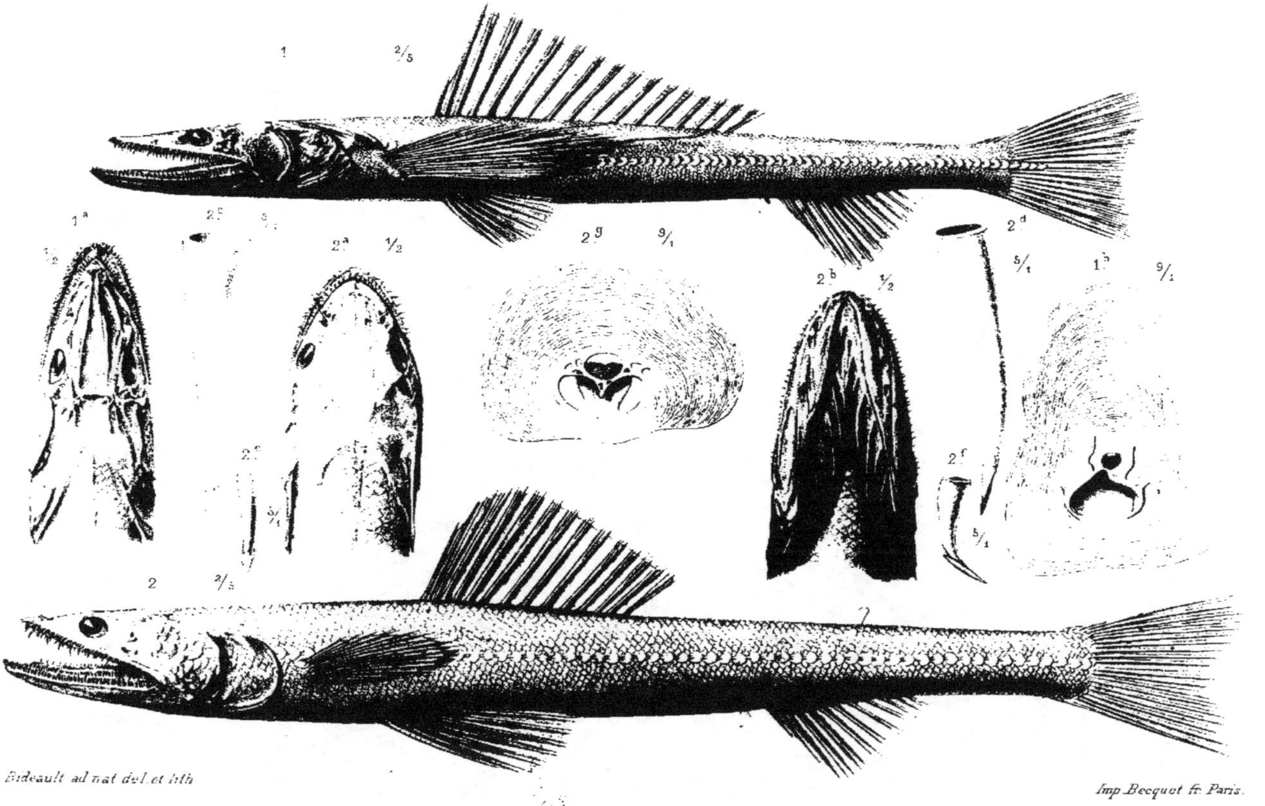

Bideault ad nat del. et lith

Imp. Becquet fr. Paris.

1. Bathysaurus Agassizii, Good et Bean — 2. B. obtusirostris, n sp.

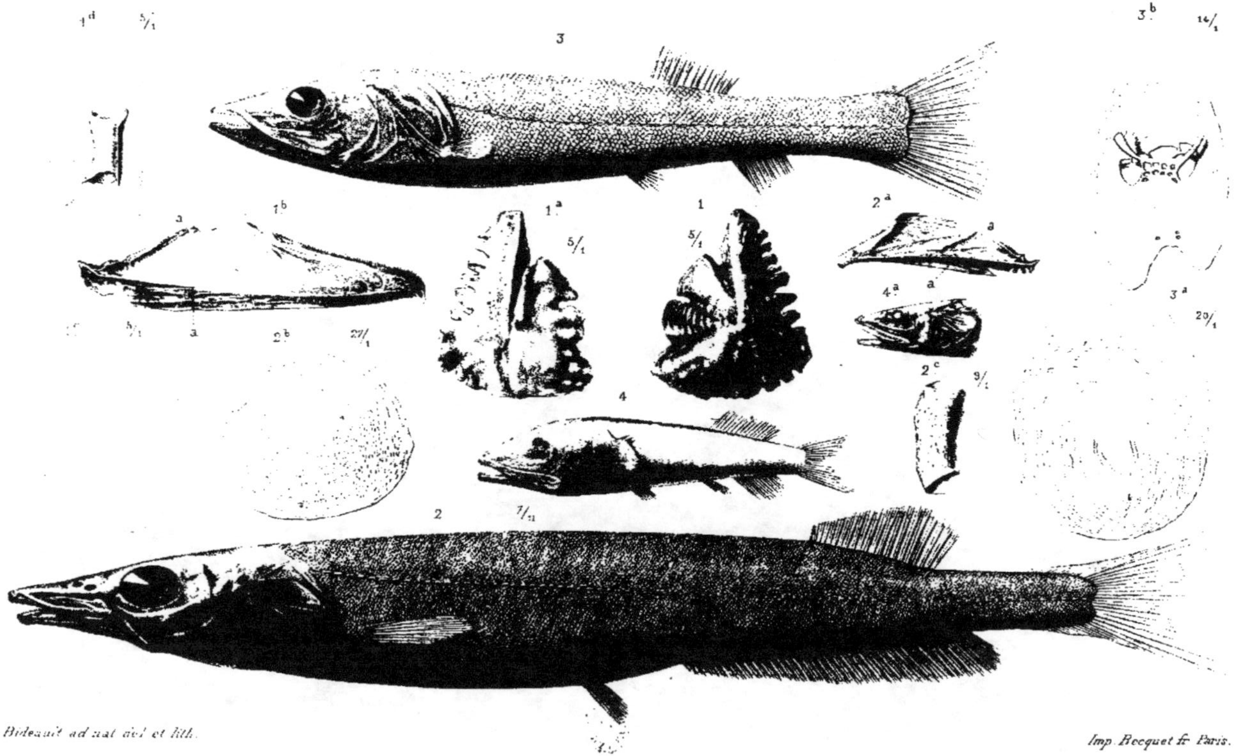

Bideault ad nat del et lith. Imp. Becquet fr Paris.

1. Alepocephalus rostratus, Risso._2. A. macropterus, n. sp._3. Bathytroctes melanocephalus, n sp.
4. Anomalopterus pinguis, n.g. et sp.

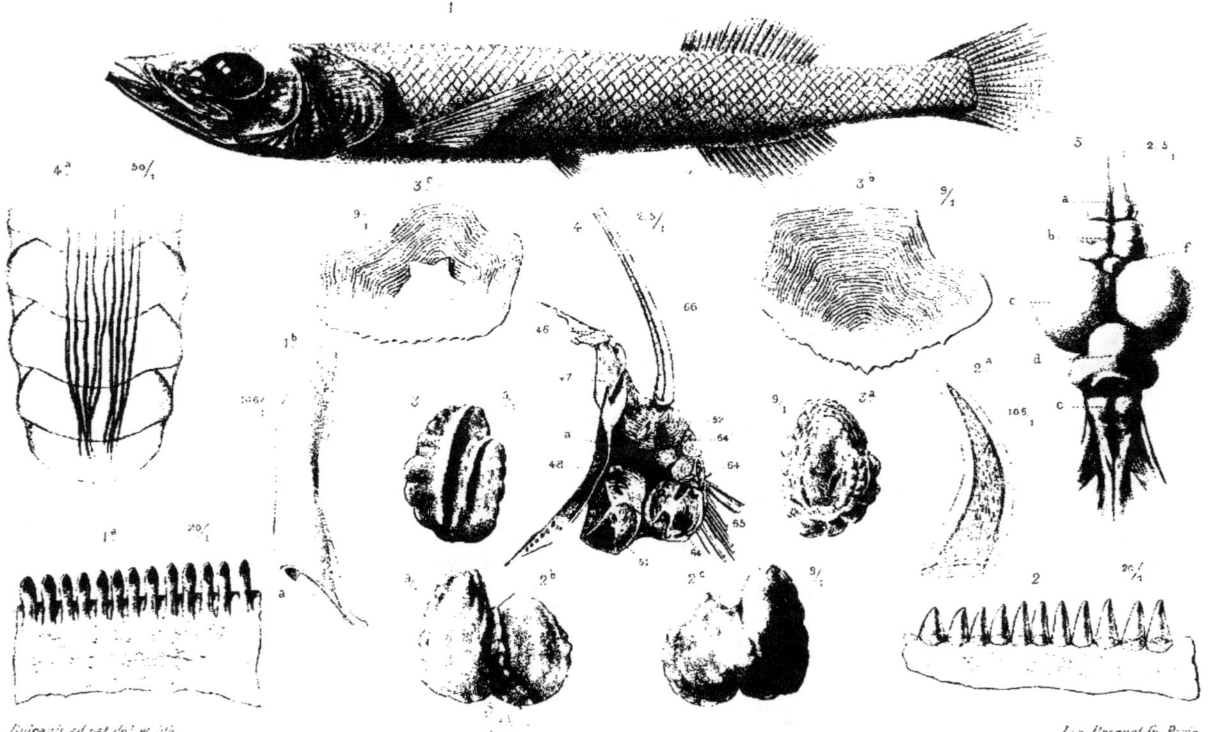

Bocage ad nat del. et lith.

Imp. Becquet fr. Paris.

1. Bathytroctes homopterus n. sp. — 2. B. attritus. n. sp. — 3. Aulopus Agassizi. Bonap.
4. Bathypterois dubius n. sp. — 5. Alepocephalus rostratus Risso.

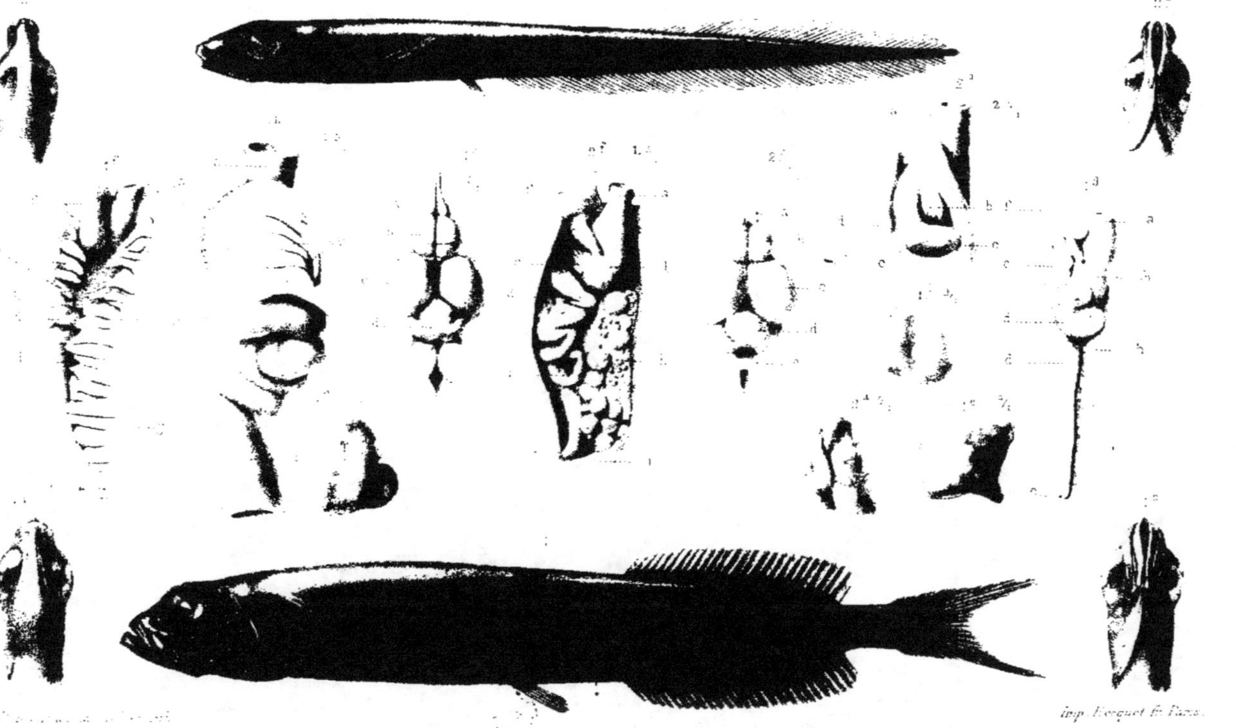

imp. Becquet fr. Paris.

X. ....ichthys sociatis n. sp. — 2. Leptoderma macrops n. g. n. sp.

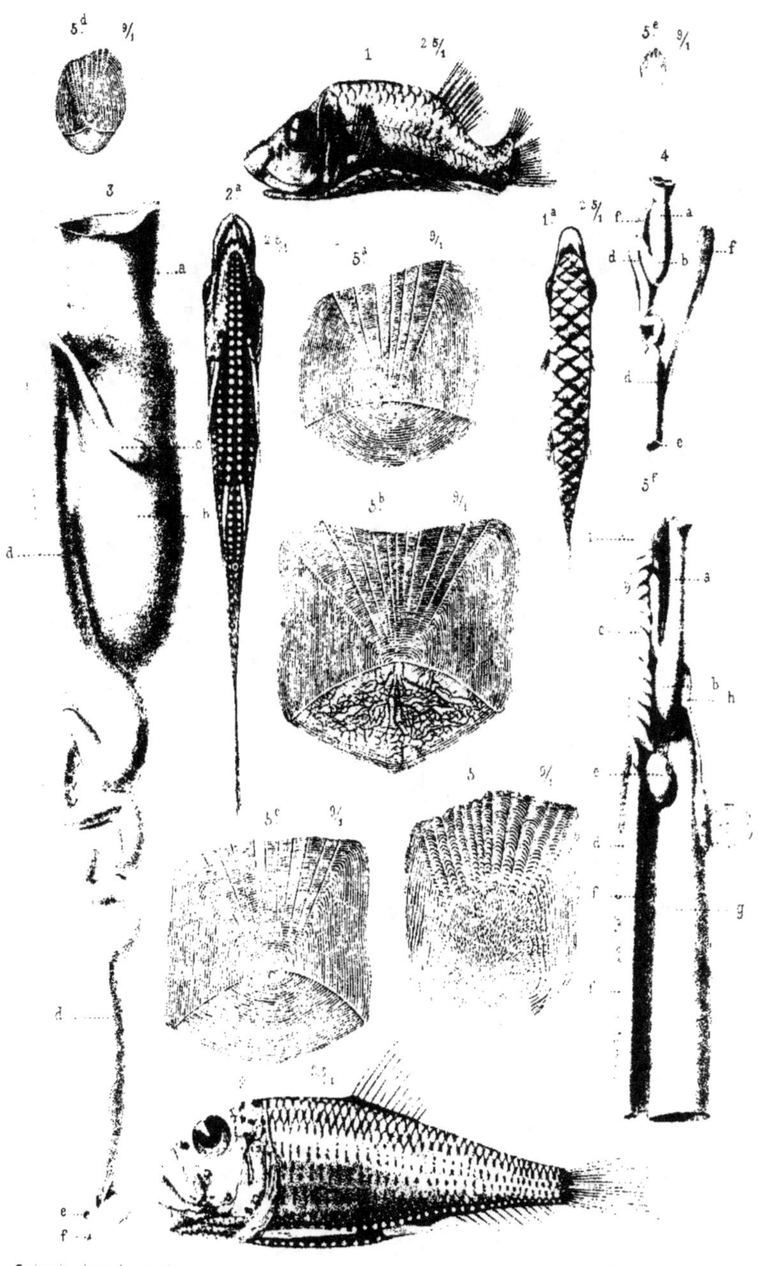

1. Opisthoproctus soleatus, n.g.et sp.__ 2. Ichthyococcus ovatus, Cocco.
3. Bathysaurus obtusirostris, n.sp.__ 4. Bathypterois dubius, n.sp.
5. Halosaurus Owenii, Johns.

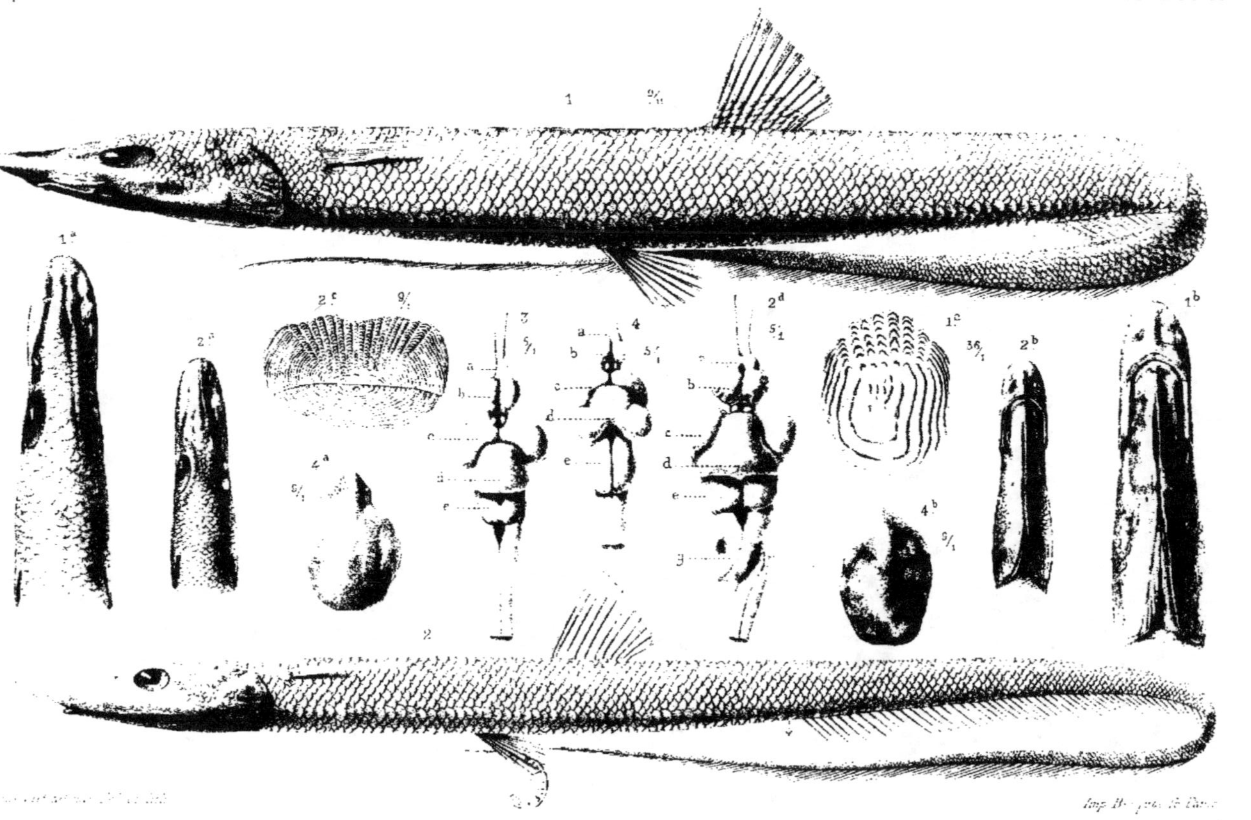

1. Halosaurus Owenii Johns. — 2. Halosaurus Johnsonianus n. sp. — 3. Halosaurus phalacrus n. sp.
4. Bathypterois dubius n. sp.

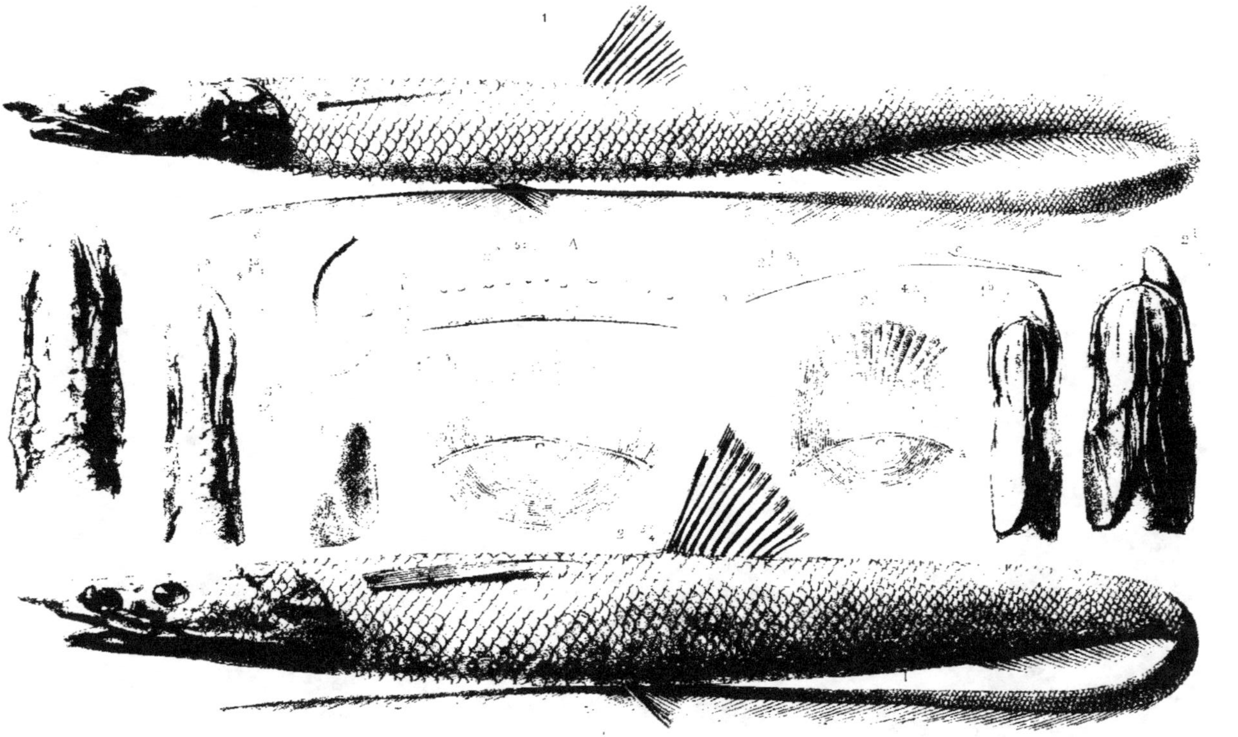

1. Halosaurus phalacrus n.sp. — 2. Halosaurus macrochir. Gunt.

Imp. Becquet ‑ Paris

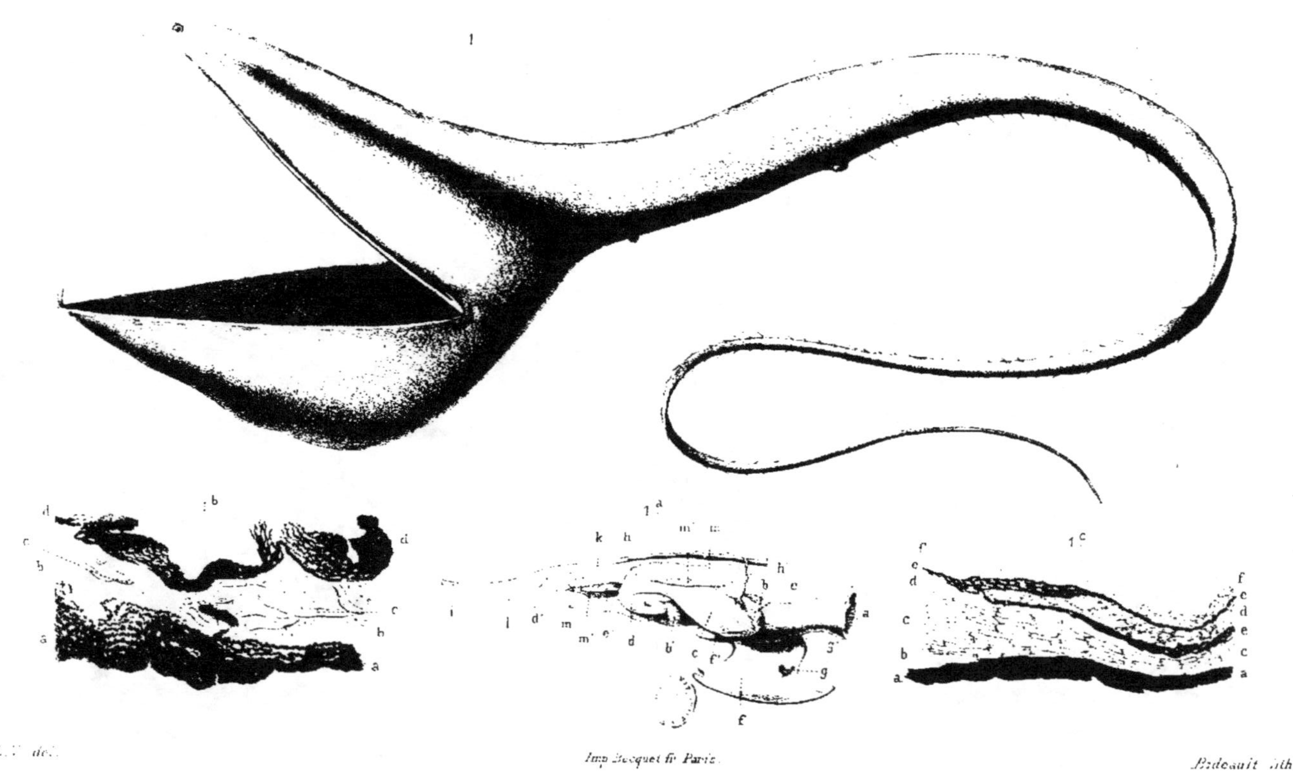

L.... del.

Imp. Becquet fr. Paris.

Bidcault lith.

Eurypharynx pelecanoïdes. Vaill.

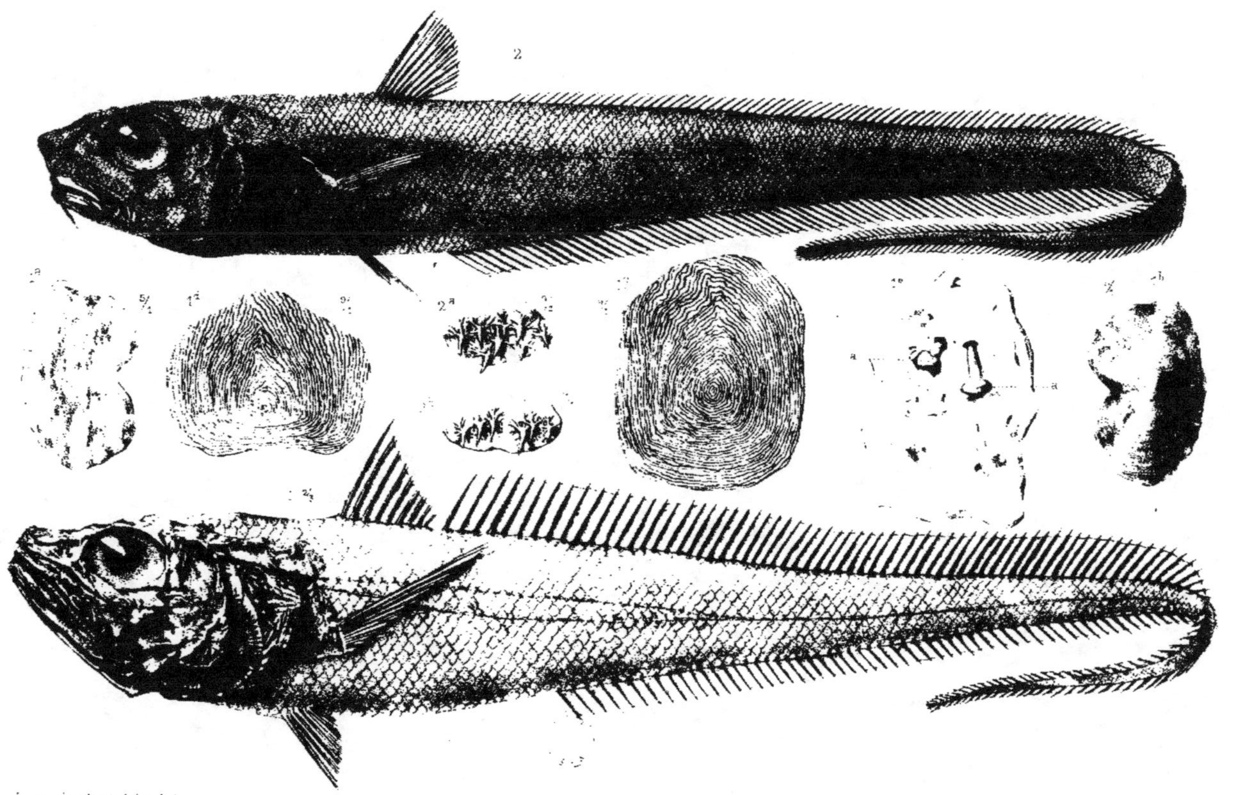

1. Bathygadus melanobranchus n. sp. 2. Coryphænoides asperrimus n. sp.

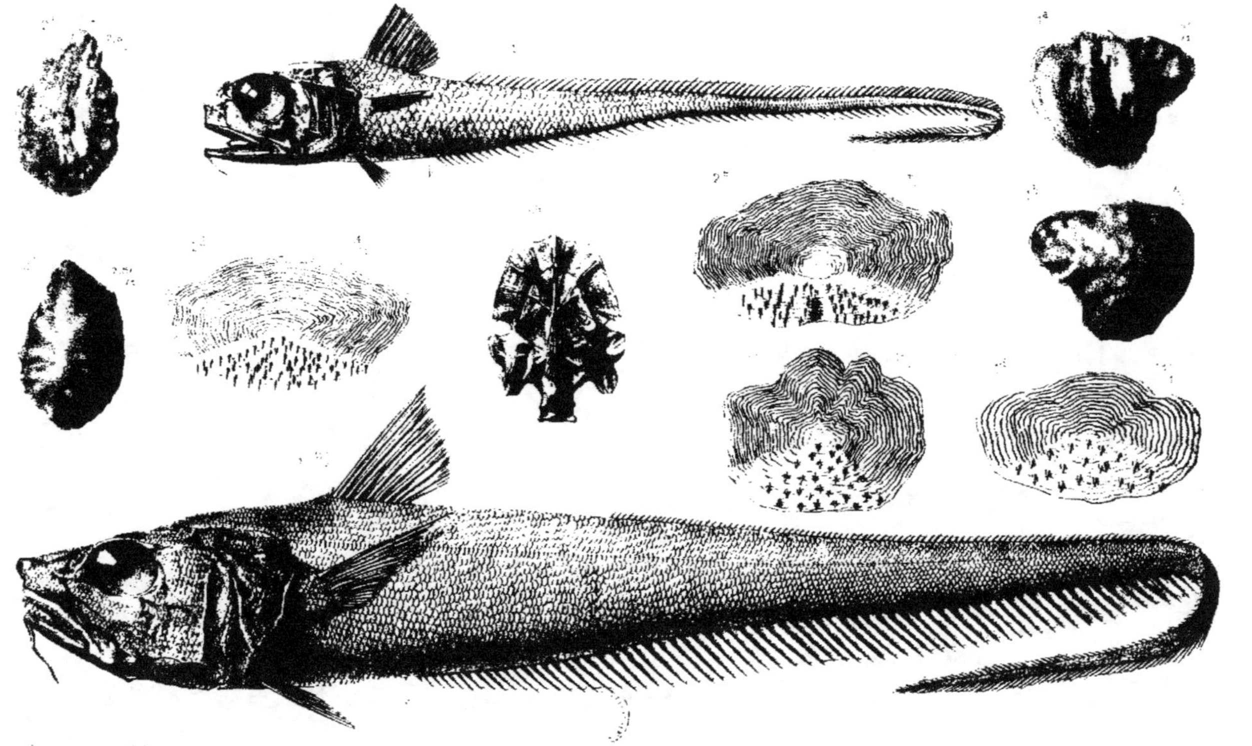

Boisselt ad nat. del. et lith.

Imp. Becquet fr. Paris.

1. Hymenocephalus crassiceps, Günt. — 2. Coryphœnoides gigas, n. sp.

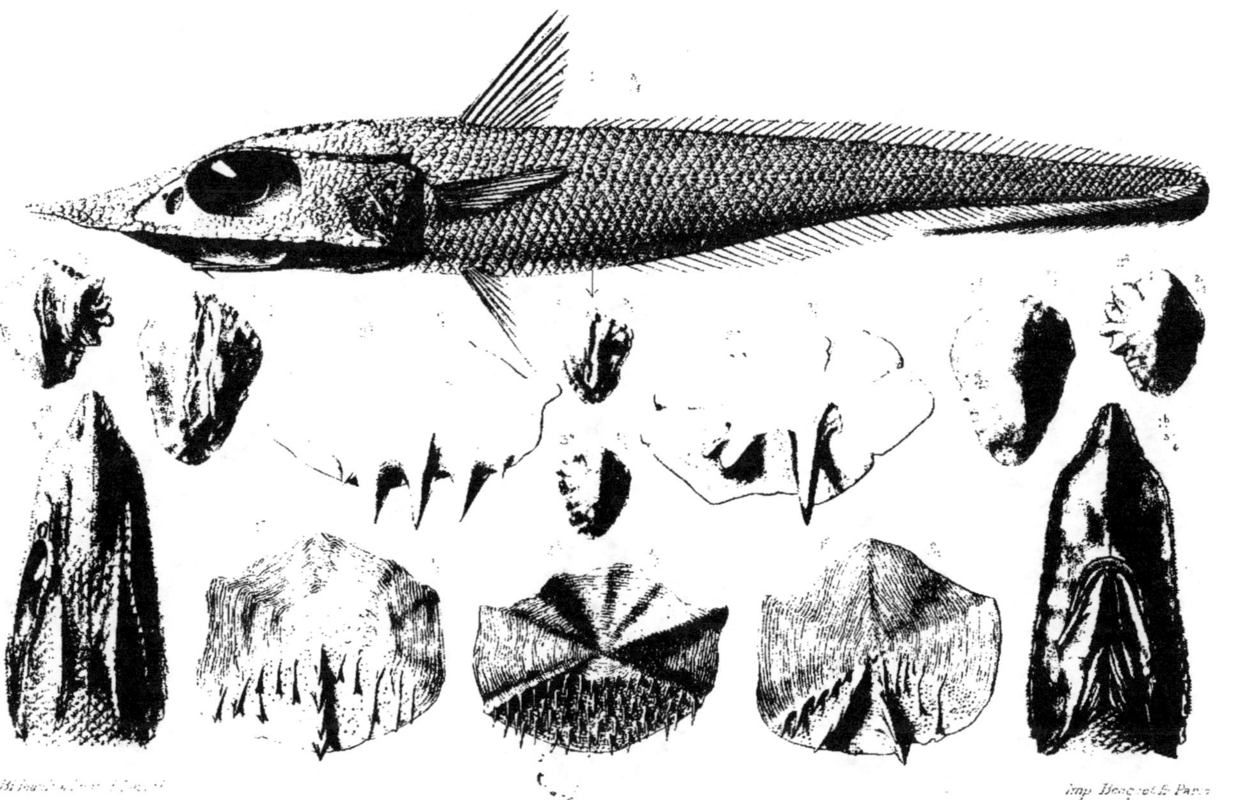

1. Macrurus japonicus, Schleg. — 2. M. trachyrhynchus, Risso.
3. M. cœlorhynchus, Risso.

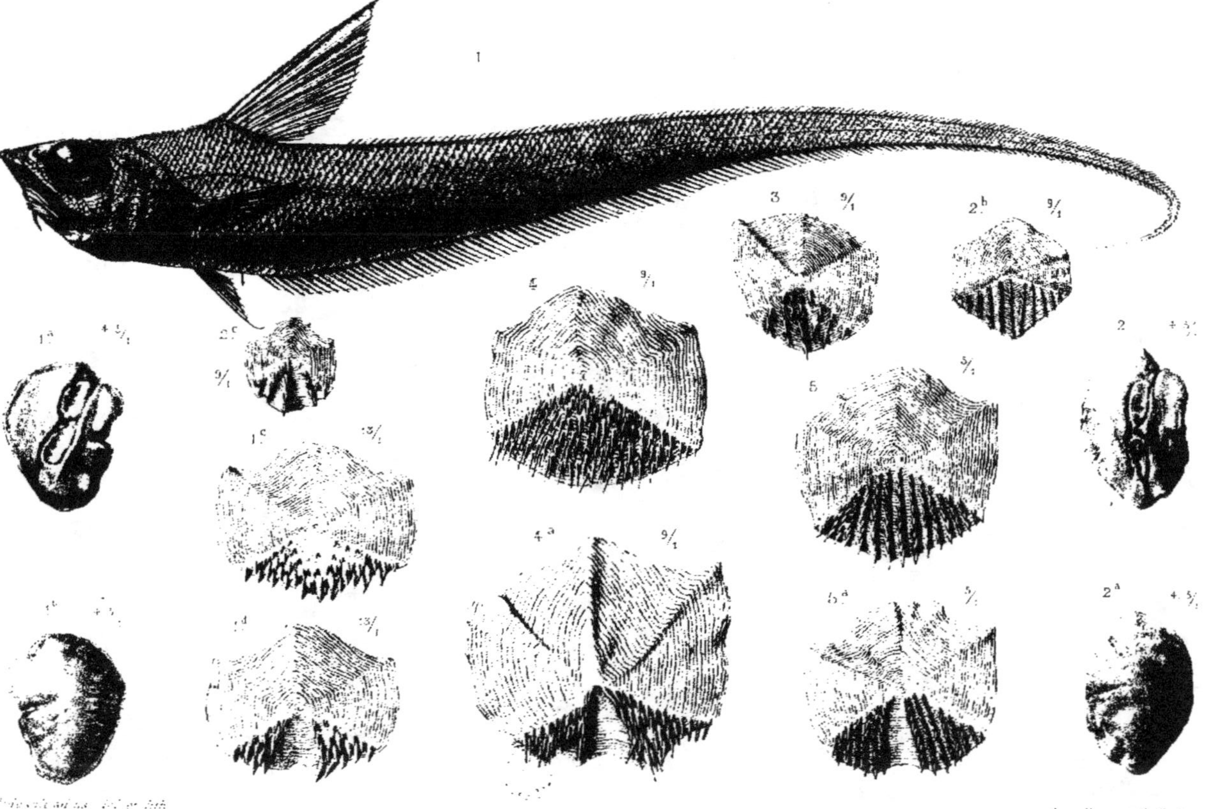

Imp. Becquet à Paris.

1. Macrurus smithophorus, n. sp. — 2. M. sclerorhynchus, Val. — 3. M. holotrachys, Gür.
4. M. zaniophorus, n. sp. — 5. M. macrolepidotus, Kaup.

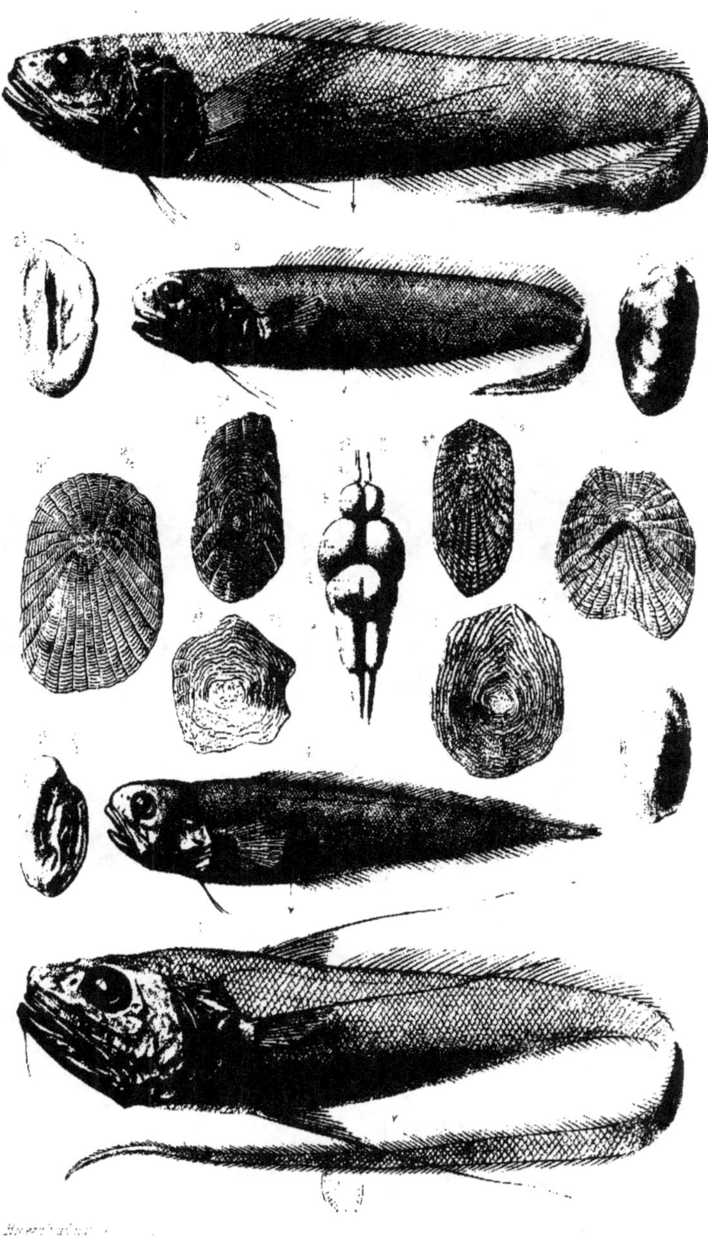

1. Hymenocephalus longifilis Bel. B. 2. Dicrolene ...
3. Sirembo monostoma, n. sp. 4. ...

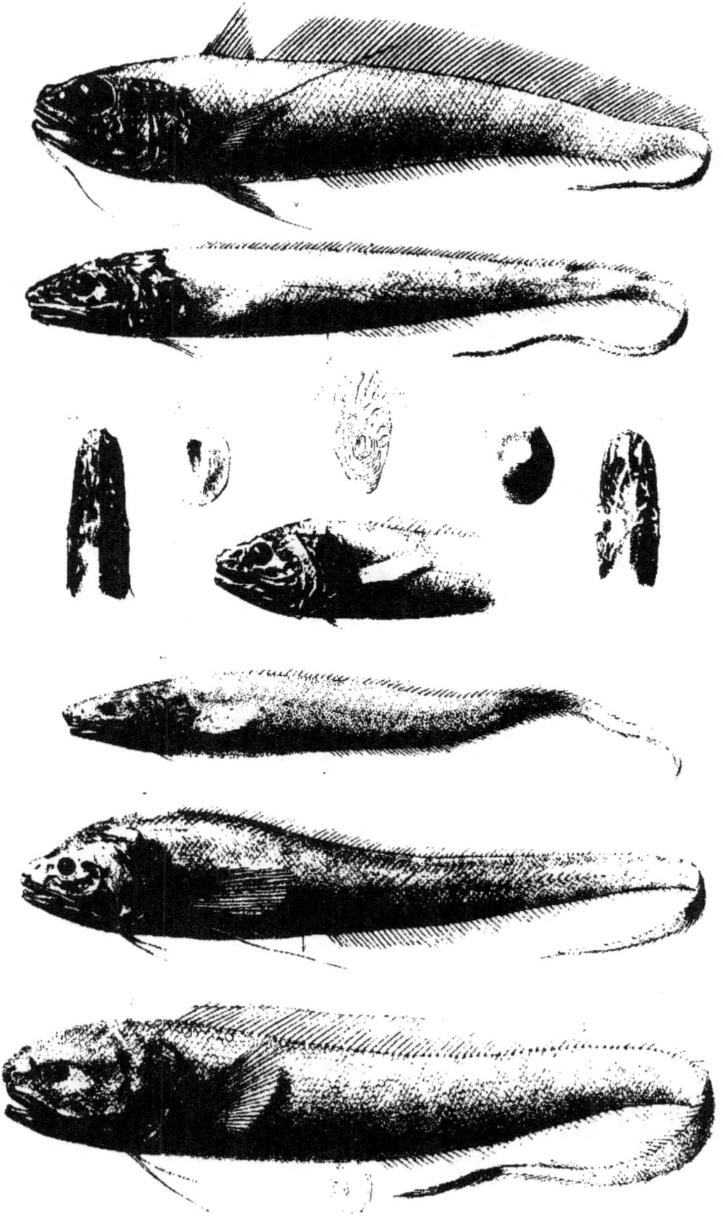

1. Eurypharynx ... _ 2. ... ...
3. Physiculus Dalwigkii, Kaup._ 4. Bregmaceros ...
5. Hylargyreus brumpes, n. sp._ 6. Mora mediterranea, Risso
7. Merlangus argenteus, Guich.

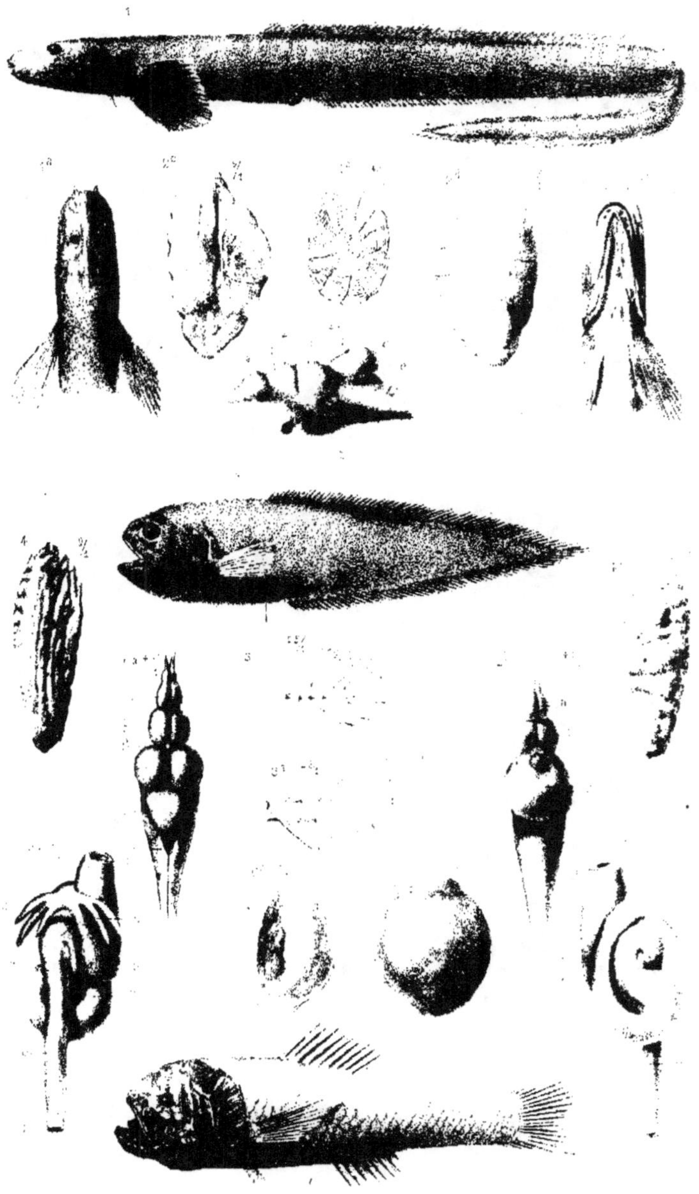

1. Lycodes albus. — 2. Halimacrops Dumerili. — 3. Gymnelichthys...
4. Phycis albidus, ... — 5. Melanogas... projecta... —
6. Scopelogadus mizolepis...

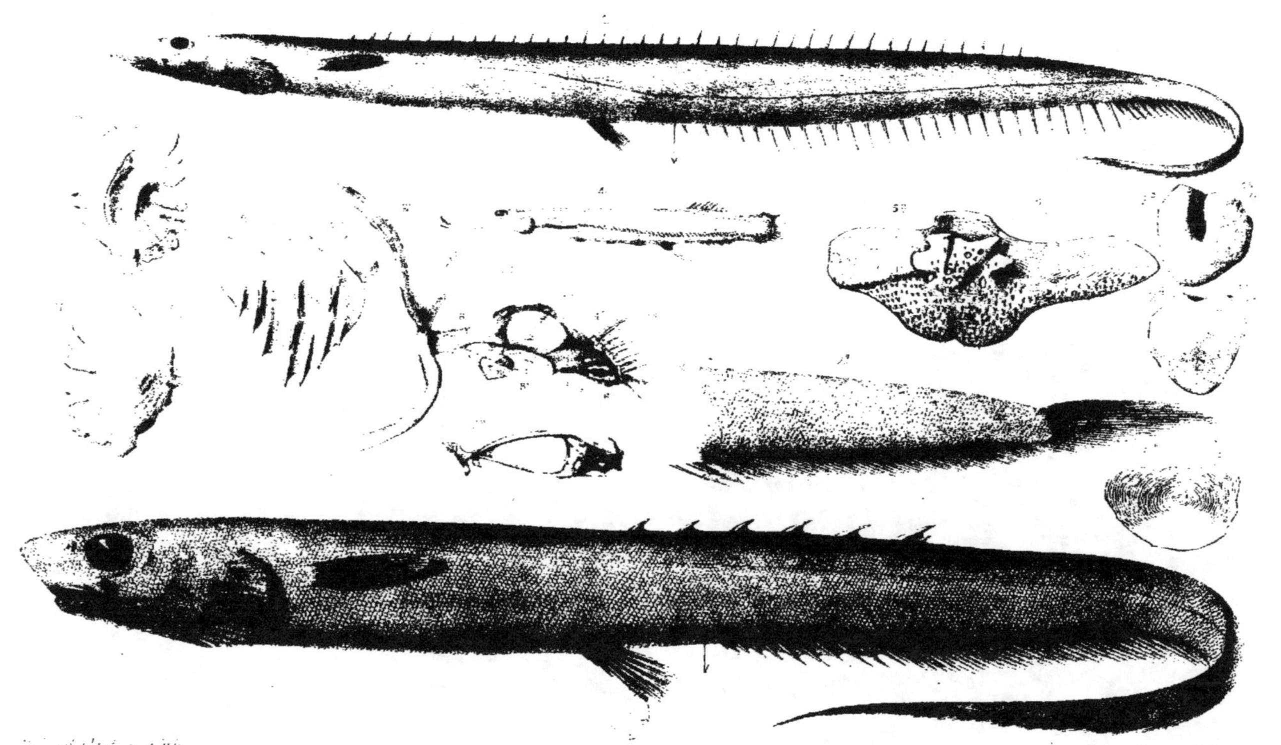

1. Notacanthus Rissoanus Fil. V. — 2. N. mediterraneus Fil. V. — 3. Centriscus scolopax Lin.
4. Aulostoma longipes sp. — 5. Hoplostethus mediterraneus C. V.

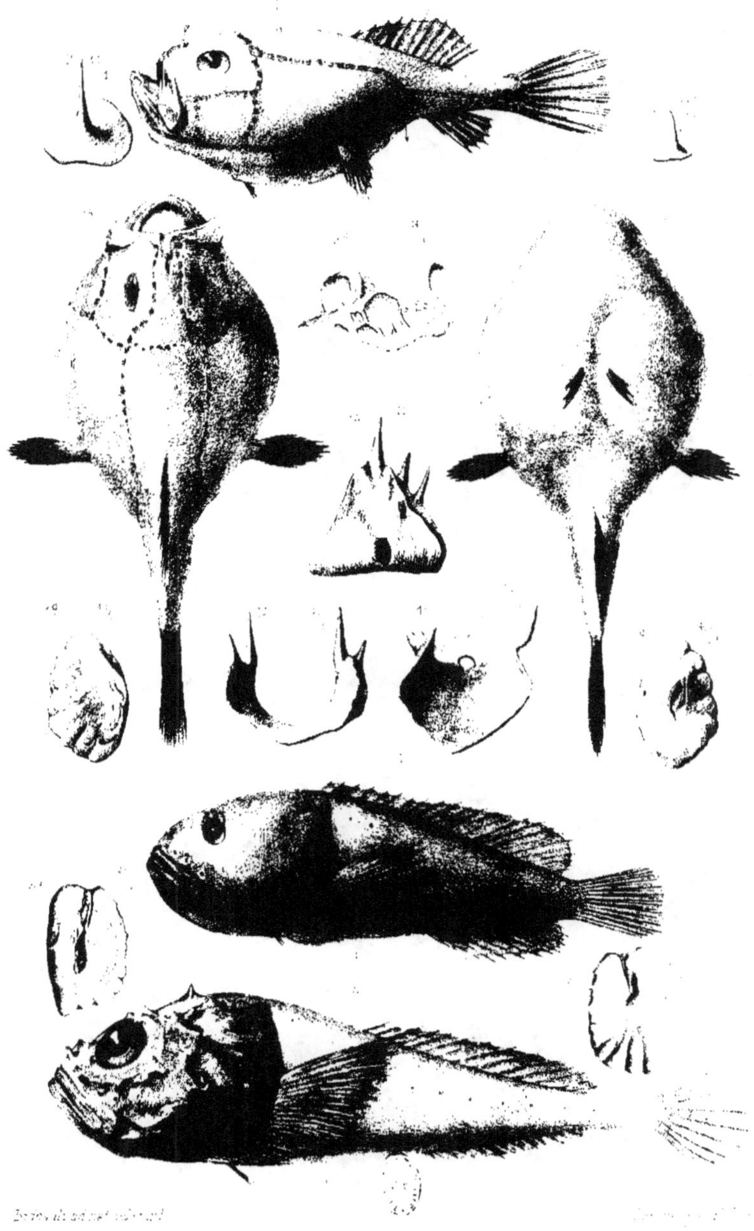

1. Chaunax pictus Lowe — 2. C. banariolus norm n — —
3. C.   Gervais

www.ingramcontent.com/pod-product-compliance
Lightning Source LLC
LaVergne TN
LVHW020941050726
842519LV00001B/103